普通高等学校计算机教育“十四五”系列教材

计算机基础与应用

黄晓波◎主　编

张　瑜　王丽丽◎副主编

中国铁道出版社有限公司
CHINA RAILWAY PUBLISHING HOUSE CO., LTD.

内 容 简 介

本书是一本学习计算机基础知识和掌握计算机基础操作技能的入门教材。全书共分为 7 章，主要内容包括计算机基础知识、Windows 7 操作系统、Word 2016 文档制作、Excel 2016 电子表格、PowerPoint 2016 演示文稿、Photoshop 图像处理、计算机网络与 Internet。本书在介绍知识点的同时，着重强调了操作技能的训练。各章配有课后习题，供读者深入理解知识点和练习测试时使用。

本书适合作为普通高等学校非计算机专业学生的计算机公共基础课程教材，也可作为成人教育和各类计算机培训学校的培训教材，同时还可作为计算机初学者参加计算机等级考试的自学参考书。

图书在版编目（CIP）数据

计算机基础与应用/黄晓波主编. —北京：中国铁道出版社有限公司，2021.12

普通高等学校计算机教育“十四五”系列教材

ISBN 978-7-113-28574-6

Ⅰ. ①计… Ⅱ. ①黄… Ⅲ. ①电子计算机-高等学校-教材 Ⅳ. ①TP3

中国版本图书馆 CIP 数据核字(2021)第 241158 号

书　　名：计算机基础与应用
作　　者：黄晓波

策　　划：钱　鹏　　　　**编辑部电话：**（010）83552550
责任编辑：钱　鹏　许　璐
封面设计：刘　颖
责任校对：孙　玫
责任印制：樊启鹏

出版发行：中国铁道出版社有限公司（100054，北京市西城区右安门西街 8 号）
网　　址：http://www.tdpress.com/51eds/
印　　刷：三河市兴博印务有限公司
版　　次：2021 年 12 月第 1 版　2021 年 12 月第 1 次印刷
开　　本：787 mm×1 092 mm　1/16　**印张：**21　**字数：**484 千
书　　号：ISBN 978-7-113-28574-6
定　　价：55.00 元

前　言

计算机技术的日益普及和广泛应用对高等学校的计算机基础教学提出了更高的要求。为进一步推动高等学校的计算机基础教学改革和内容更新，编者组织人员编写了以 Windows 7、Office 2016、Photoshop CS5 为核心的计算机基础与应用教材。本书是针对普通高等学校非计算机专业的计算机公共基础课教材，专门为在校大学生及希望通过自学掌握计算机基本操作技能的学员而编写。本书编写时遵循了高等教育的规律和特点，具有较宽的适用面，便于实施不同层次、不同对象的教学。考虑到教学内容的可操作性、可扩展性和可选择性，编写内容时尽量做到少而精，力求帮助读者理解和掌握基本概念，以计算机基本操作和计算思维能力培养为核心，突出应用计算机技能解决实际问题的能力培养。

本书共 7 章，每章均配有习题和参考答案。第 1 章计算机基础知识，讲述了计算机的发展历史、特点、应用领域、分类和发展趋势，计算机中信息的表示与存储，计算机的软硬件系统组成，以及计算机病毒与防治；第 2 章 Windows 7 操作系统，讲述了 Windows 7 的版本、用户界面，Windows 7 的基本操作、文件管理、显示管理、程序管理、用户管理和个性化设置，并介绍了 Windows 7 附件中的实用小工具；第 3～5 章分别讲述了 Office 2016 办公软件中的 Word 2016 文档制作、Excel 2016 电子表格和 PowerPoint 2016 演示文稿三大软件的常用操作方法和使用技巧；第 6 章讲述了 Photoshop CS5 图像处理软件的基本概念、文件的创建、图层、选区、工具箱中工具的使用技巧及蒙版的相关知识；第 7 章讲述了计算机网络的基础知识、Internet 的基本概念和应用、网络的安全与防护。

本书由黄晓波任主编，张瑜、王丽丽任副主编，郭广楠、孙海滨参与编写。具体分工如下：第 1 章、第 2 章、第 7 章由黄晓波编写，第 3 章、第 6 章由张瑜、孙海滨编写，第 4 章、第 5 章由王丽丽、郭广楠编写。全书由黄晓波、张瑜统稿。

本书由长期从事计算机基础课程一线教学、有丰富教学经验和实践经验的教师编写。书中的案例都进行了精心的设计，具有较强的代表性和实用性，案例操作步骤详细，配合操作图片，方便教学及自学。本书适合作为普通高等学校非计算机专业学生的计算机基础课程教材，也可作为成人教育和各类计算机培训学校的培训教材，同时还可作为计算机初学者参加计算机等级考试的自学参考书。

由于编者水平有限，书中难免有疏忽、不足之处，恳请广大读者提出宝贵意见。

编　者

2021 年 8 月

前言

目　录

第1章 计算机基础知识 «‹

计算机的诞生和互联网的普及应用是 20 世纪人类文明史上最伟大的成就。目前，计算机已成为人们学习、工作和生活中不可或缺的工具，它正在改变着人类的生活、工作和学习方式，推动着经济的发展和社会的进步。掌握计算机的基础知识和应用，已然成为当下社会中人们必备的技能之一。本章主要介绍计算机的发展与应用、信息的表示与存储、计算机的软硬件系统以及计算机病毒与防治等。

1.1 计算机概述

在人类文明的历史长河中，计算工具也经历了从简单到复杂、从低级到高级的发展过程。计算机是电子数字计算机的简称，是一种能自动、高速、精确地进行数据处理的现代化电子装置，它能自行按照已设定好的程序对数据进行加工处理、存储和传送，并输出人们需要的信息。

1.1.1 计算机发展简史

1946 年，世界上第一台电子数字积分式计算机（Electronic Numerical Integrator And Computer，ENIAC）在美国宾夕法尼亚大学研制成功。这台计算机结构复杂、体积庞大，它重达 30 t，由 18 000 只电子管、7 000 只电阻、10 000 只电容、50 万导条线组成，运算能力为 5 000 次/s，还不及现在手持计算器的十分之一。但是，ENIAC 的诞生宣告了电子计算机时代的到来，其意义在于奠定了计算机发展的基础，开辟了计算机科学技术的新纪元。从第一台电子计算机诞生到现在，计算机技术有了突飞猛进的发展。

1. 计算机的发展历程

人们通常根据所采用电子元器件的不同将计算机的发展过程划分为电子管、晶体管、集成电路及大规模/超大规模集成电路四个阶段，分别称为第一代至第四代计算机。

（1）第一代计算机（1946—1959年）：其主要元器件是电子管，运算速度为每秒几千次到几万次，内存容量仅为 1 000 ~ 4 000 字节，主要用于科学计算。电子管计算机体积庞大、造价昂贵、速度低、可靠性差、不易使用、维护困难。

（2）第二代计算机（1959—1964年）：其主要元器件是晶体管，运算速度为每秒几十万次。与电子管计算机相比，晶体管计算机体积小、运算速度高、可靠性好，应用领域已从科学计算扩展到了数据处理和事务处理。

（3）第三代计算机（1964—1975 年）：其主要元器件采用小规模集成电路（SSI）和

中规模集成电路（MSI），运算速度为每秒百万次。第三代计算机的功耗、体积、成本等进一步下降，而速度及可靠性相应提高，并且实现了标准化和系列化，应用范围也扩展到了科学计算、数据处理、工业控制等多个领域。

（4）第四代计算机（1975年至今）：其主要元器件采用大规模集成电路（LSI）和超大规模集成电路（VLSI），运算速度为每秒几百万次到上亿次，最新的微型计算机的处理芯片都可以达到每秒运算几百亿次。随着微电子技术的发展，目前一个邮票大小的芯片上可以集成几十亿个元器件，功耗、体积都大幅减少，运算速度和可靠性大幅提高，应用范围也覆盖了社会的各个领域。

2. 我国计算机技术的发展概况

总的来说，我国的计算机事业起步晚，发展快。

1958年6月，我国第一台计算机诞生，这台小型电子管数字计算机被命名为“103”机，第二年，我国第一台大型电子管数字计算机“104”机也研制成功。“103/104”等系列机的出现填补了我国计算机领域的空白，为形成我国自己的计算机工业奠定了基础。

1965年，我国第一台大型晶体管计算机109乙型机研制成功。“109”系列机运行了15年，有效算题时间10万h以上，在我国“两弹”试验中发挥了重要作用，被誉为“功勋机”。

1971年，我国又研制出以集成电路为重要器件的DJS系列计算机。1974年8月，多功能小型通用数字机通过鉴定，宣告系列化计算机产品研制取得成功，这种产品生产了近千台，标志着中国计算机工业走上了系列化批量生产的道路。

在计算机专家和科技工作者的不懈努力下，1983年12月，我国自行研制的第一个巨型机系统（“银河”超高速电子计算机系统）研制成功，它的向量运算速度为每秒一亿次以上，软件系统内容丰富，中国从此跨入了世界巨型电子计算机的行列。这台计算机后来被称为“银河Ⅰ”巨型机。

1992年，10亿次巨型机“银河Ⅱ”通过鉴定。1997年，每秒130亿次浮点运算的“银河Ⅲ”并行巨型机研制成功。

1999年9月，峰值速度达到每秒1 117亿次的曙光2000-II超级服务器问世。同年，每秒3 840亿次浮点运算的“神威”并行计算机研制成功并投入运行。我国成为继美国、日本之后世界上第三个具备研制高性能计算机能力的国家。

2000年，每秒浮点运算速度3 000亿次的曙光3000超级服务器研制成功。

2002年，我国第一个自主产权的通用处理器“龙芯1号”研制成功。此后，在2003年到2007年期间又研制成功“龙芯2号”的改进型号“龙芯2B”“龙芯2C”“龙芯2E”“龙芯2F”，每个芯片的性能都是前一个芯片的3倍，实现了通用处理器的跨越发展。

2004年6月，曙光4000A研制成功，峰值运算速度为每秒11万亿次，是当时国内计算能力最强的商品化超级计算机。中国成为继美、日之后第三个跨越了10万亿次计算机研发、应用的国家。

2007年，我国首台采用国产高性能通用处理器芯片“龙芯2F”和其他国产器件、设备和技术的具有自主知识产权的万亿次高性能计算机“KD-50-I”在中国科技大学研制成

功，这是一台体积仅 0.89 m^3 的万亿次高性能计算机，成为我国高性能计算机国产化的一次重大突破。

2008 年 8 月，曙光 5000A 研制成功，以峰值速度 230 万亿次的成绩跻身世界超级计算机前十位，标志着中国继美国之后，第二个成功研制出浮点速度在百万亿次的超级计算机。

2013 年，中国国防科技大学研制的“天河二号”超级计算机，以每秒 5.49 亿亿次的峰值速度和每秒 3.39 亿亿次的持续计算速度，成为全球最快的超级计算机。

2016 年，中国国家并行计算机工程与技术研究中心研制的“神威·太湖之光”超级计算机使用了 100%的“中国芯”，并在此后连续三年蝉联“全球超级计算机五百强排行榜”冠军。

这一系列辉煌成就标志着我国综合国力的增强，标志着我国巨型机的研制已经达到国际先进水平。

1.1.2 计算机的主要特点

作为人类智力劳动的工具，计算机具有以下特点：

（1）处理速度快。现代计算机每秒可以运行几百万条指令，数据处理速度非常快，使过去人工需要几年或几十年完成的科学计算能在几小时或更短时间内完成。

（2）计算精度高。计算机具有其他计算工具无法比拟的计算精度，目前已达到小数点后上亿位的精度。

（3）存储容量大。随着大容量的磁盘、光盘等外部存储器的发展，计算机存储容量达到 PB 级。

（4）可靠性高。现代计算机连续无故障运行时间可达几十万小时以上，具有极高的可靠性。

（5）自动化程度高。根据事先编制好的程序，计算机可以自动工作，无须人工干预，直至工作完成。

（6）适用范围广，通用性强。计算机对于不同的问题，只是执行的程序不同，因而计算机具有很强的通用性，能应用于不同的领域。

1.1.3 计算机的应用领域

计算机的应用主要分为数值计算和非数值计算两大类。信息处理、计算机辅助设计、计算机辅助教学、过程控制等均属于非数值计算，其应用领域远远大于在数值计算中的应用。计算机的主要应用领域可以分以下几个方面。

1. 科学计算（数值计算）

科学计算也称数值计算，主要解决科学研究和工程技术中产生的大量数值计算问题，这是计算机最初也是最重要的应用领域。例如，在地球物理领域的气象预报、水文预报、大气环境的研究，在宇宙空间探索领域的人造卫星轨道计算等。

2. 数据处理（信息处理）

数据处理是指对数据进行收集、传输、存储和处理等一系列活动的总称，是目前计算机应用最广泛的领域之一。数据处理已广泛地应用于办公自动化、企事业计算机辅助管理与决策、情报检索、动画设计等各个行业。

3．过程控制

过程控制又称实时控制，是指用计算机实时采集控制对象的数据，加以分析处理后，按系统要求对被控制对象进行控制。工业生产领域的过程控制是实现工业生产自动化的重要手段，利用计算机代替人对生产过程进行监视和控制，可以大大提高劳动生产率。

4．计算机辅助设计和制造

计算机辅助设计（Computer Aided Design，CAD）是利用计算机系统辅助设计人员进行工程或产品设计，以实现最佳的设计效果。它已广泛应用于飞机、汽车、机械、电子、建筑和轻工等设计领域。

计算机辅助制造（Computer Aided Manufacturing，CAM）是利用计算机系统进行生产设备的管理、控制和操作，从而提高自动化程度。

将 CAD、CAM 和数据库技术等集成在一起，实现设计生产自动化，这种技术被称为计算机集成制造系统（CIMS）。它的实现将真正做到工厂无人化。

5．人工智能

人工智能（Artificial Intelligence，AI）是研究、理解和模拟人类智能行为及其规律的一门学科。近年来，人工智能技术得到了飞速发展，例如，人脸识别、语音识别等都是这个领域的典型应用。

6．网络应用

计算机技术和现代通信技术的结合构成了计算机网络。计算机网络的建立解决了一定区域范围内计算机和计算机之间的数据通信和资源共享，大大丰富了人类交流的方式，深刻影响了人类社会的发展。

1.1.4 计算机的分类

依照不同的标准，计算机有多种分类方法。

1．按性能分类

按计算机的主要性能，如输入/输出量、存储量、处理速度等，计算机可分为超级计算机、大型计算机、小型计算机、微型计算机、工作站和服务器六类。

1）超级计算机（巨型机）

超级计算机是功能最强、运算速度最快、存储容量最大的一类计算机，多用于国家高科技领域和尖端技术研究，如用于气象、太空、能源和医药等领域以及战略武器研制中的复杂计算等，是一个国家发展水平和综合国力的重要标志。目前全世界最强大的超级计算机包括日本的 Fugaku、美国的 Summit 和中国的“神威·太湖之光”等。

2）大型计算机

与超级计算机不同的是，大型计算机主要用于大型企业、复杂商业管理和大型数据库系统等，如银行金融交易及数据处理、人口普查、企业资源规划等，它更注重可靠性、安全性、兼容性和大规模的数据输入/输出。

3）小型计算机

小型计算机规模较小，结构简单，运行环境要求低，处理能力、可靠性比微型计算机高，适合中小型企业或机构使用，主要用于工业自动控制、测量仪器等的数据采集处理等。

4）微型计算机

微型计算机也称个人计算机（PC）或桌面计算机，如台式机、笔记本计算机、平板计算机等。它体积小，灵活方便，被广泛应用于人们的日常办公、生活和娱乐中，深刻地改变了人们的生活方式。

5）工作站

工作站主要应用在图形图像处理、计算机辅助设计以及计算机网络等专业领域，是一类具有强大的数据运算、图形图像处理能力或网络处理能力的高性能计算机。

6）服务器

服务器是一种以微型计算机为基础，通过网络对外提供服务的计算机。相对于普通PC来说，服务器的稳定性、安全性、网络处理能力等方面的要求更高。

2. 按数据类型分类

按处理数据的类型的不同，电子计算机可分为数字计算机、模拟计算机和数模混合计算机三种。

1）数字计算机

数字计算机所处理的数据都是用“0”“1”数字代码的数据形式来表示，这些数据在时间上是离散的，称为数字量。

2）模拟计算机

模拟计算机要处理的数据都是以电压或电流量等的大小来表示，这些数据在时间上是连续的，称为模拟量。

3）数模混合计算机

数模混合计算机要处理的数据用数字和模拟两种数据形式表示，它既能处理数字量，也能处理模拟量，并可以对数字量和模拟量进行相互转化。

目前的电子计算机绝大多数都是数字计算机。

3. 按使用范围分类

按使用范围，计算机可以分为通用计算机和专用计算机。

1）通用计算机

通用计算机的使用范围广泛，可以完成不同的应用任务。个人计算机就是典型的通用计算机。

2）专用计算机

专用计算机是为完成某些特定任务而专门设计研制的计算机，用途单纯，结构较简单，工作效率也较高。如银行的自动取款机、日本SONY出品的PlayStation游戏机、Kindle电子书阅读器等都属于专用计算机。

1.1.5 计算机的发展趋势

计算机技术一直保持着高速发展的趋势，近十几年来，越来越多引人瞩目的新产品被研发出来，计算机的发展也越来越向功能巨型化、体积微型化、资源网络化和处理智能化方向发展。

1．计算机的发展趋势

1）功能巨型化

功能巨型化是指研制速度更快的、存储量更大的和功能更强大的巨型计算机。它们的运算能力在每秒万亿次以上、内存容量在几百吉字节以上，主要应用于天文、气象、地质和核技术、航天飞机和卫星轨道计算等尖端科学技术领域。

2）体积微型化

体积微型化是指利用微电子技术和超大规模集成电路技术，把计算机的体积进一步缩小，价格进一步降低。计算机的微型化已成为计算机发展的重要方向，笔记本计算机、智能手机的大量面世，就是计算机微型化的一个标志。

3）资源网络化

资源网络化就是利用通信技术和计算机技术相结合，把分布在不同地点的计算机互联起来，以实现计算资源、存储资源、数据资源、知识资源、专家资源的全面共享，从而让用户享受可灵活控制的、智能的、协作式的信息服务，并获得前所未有的方便体验。例如，“云计算”技术就是资源网络化的典型应用。

4）处理智能化

处理智能化是指计算机具有模拟人的感觉和思维过程的能力，是计算机发展的一个重要方向。智能化的研究包括模拟识别、物形分析、自然语言的生成和理解、自动程序设计、专家系统、学习系统和智能机器人等。例如，被广泛研究的“无人驾驶汽车”就是计算机智能化的一个典型应用。也许未来，人们驾驶的就是一台计算机，而“车”只是计算机控制的一个外围设备。

2．新一代计算机

1）量子计算机

量子计算机是一类遵循量子力学规律进行高速数学和逻辑运算、存储及处理量子信息的物理装置。量子计算机中的数据用量子位（qubit）表示，可同时处理的数据量比普通计算机大许多。据测算，具有 50 个量子位的量子计算机，其运算速度就能超过目前世界上最快的超级计算机。2020 年 12 月 4 日，中科大潘建伟院士团队构建了 76 个光量子计算机原型机“九章”，求解数学算法高斯波色取样的速度只需要 20 s，而目前最快的超级计算机求解这一问题需要 6 亿年。

量子计算机的出现必将对现有的安全保密体系、国家安全防护等领域产生重大的冲击。

2）生物计算机（分子计算机）

生物计算机的运算过程就是蛋白质分子与周围物理化学介质的相互作用过程。计算机的转换开关由酶来充当，而程序则在酶合成系统本身和蛋白质的结构中极其明显地表示出来。

蛋白质分子比硅晶片上的电子元件要小得多，彼此相距很近，因此生物计算机具有体积小、耗电少、运算快、存储量大的特点。目前正在研究的DNA分子计算机能在生化环境下，甚至在生物有机体中运行，并能以其他分子形式与外部环境交换，因此它将在医疗诊治、遗传追踪和仿生工程中发挥巨大作用。

3）纳米计算机

纳米计算机是用纳米技术研发的新型高性能计算机。纳米技术是从20世纪80年代初迅速发展起来的新的前沿科研领域，现在纳米技术正从微电子机械系统起步，把传感器、电动机和各种处理器都放在一块硅芯片上而构成一个系统。应用纳米技术研制的计算机内存芯片，其体积只有数百个原子大小，相当于人类头发丝直径的千分之一。

1.2　信息的表示与存储

现代社会被称为数字化的信息社会。所谓“数字化”实际上就是将各种各样的信息用计算机能够识别、处理、存储和传输的二进制编码来表示。因此，数字化问题也就是计算机中的信息表示问题。

计算机科学中的信息通常被认为是能够用计算机处理的有意义的内容或消息，它们以数据的形式出现。数据是对客观事物的符号表示，如数值、文字、语言、图形、图像等，数据是信息的载体。

1.2.1　计算机中的数据与数据单位

1．计算机中的数据

数据是计算机处理的对象，一般分为数值数据（整数、小数等）和非数值数据（字符、图形、图像、声音、视频等）。需要强调的是，无论哪一种数据，在计算机内部都是以二进制形式表示的，简单地说，就是以“0”和“1”这两个数字来表示。

计算机内部用二进制表示信息，主要原因有以下四点：

（1）电路简单。计算机是电子设备，需要用不同的电路状态来表示不同的数码。二进制只有“0”和“1”两个数码，所以用两种电路状态就可以表示。实际上，世界上第一台电子计算机ENIAC最初采用的是十进制，需要处理10种电路状态，相比二进制要复杂得多。

（2）可靠性高。用电信号表示数码的两个状态，数码越少，电信号就越少、越简单，数字的传输和处理越不容易出错，计算机工作的可靠性就越高。

（3）简化运算。二进制的运算法则简单，可以使计算机运算器的结构大为简化，控制也随之简化。

（4）逻辑性强。计算机的工作是建立在逻辑运算基础上的，逻辑代数是逻辑运算的理论依据，二进制的0和1两个数码正好可以代表逻辑代数中的“真”和“假”。因此，用二进制计算具有很强的逻辑性。

2. 计算机中的数据单位

1）位

计算机中度量数据的最小单位是位（bit），一个二进制的码数就是 1 位。

2）字节

计算机中存储和组织数据的基本单位是字节（Byte，简称 B），一个字节由 8 位二进制数字组成，也就是 1 B=8 bit。

由于字节单位比较小，所以又定义了 KB（千字节）、MB（兆字节）、GB（吉字节）、TB（太字节）等常用的度量单位，其换算规则为：

1 KB = 1 024 B = 2^{10} B

1 MB = 1 024 KB = 2^{20} B

1 GB = 1 024 MB = 2^{30} B

1 TB = 1 024 GB = 2^{40} B

3）字长

字长是指计算机一次能够并行处理的二进制位数，也称为计算机的一个“字”。字长直接反映了一台计算机的计算能力和计算精度，是计算机的一个重要性能指标。计算机的字长通常是字节的整倍数，如 8 位、16 位、32 位等，目前个人计算机已经达到 64 位，大型机可达到 128 位。

1.2.2 进位计数制及转换

计算机内部只能采用二进制，但在日常生活中人们习惯使用十进制。下面将介绍数制的基本概念及不同数制之间转换的方法。

1. 进位计数制

用一组数码符号排列，由低位向高位进位计数的方法称为进位计数制，简称数制。

（1）数码：用来表示数制的基本符号，如 0,1,2,3…。

（2）基数：数制使用的数码个数。基数用 R 表示，称为 R 进制，进位规律是“逢 R 进一”。例如，十进制的基数是 10，用“0,1,2,3,4,5,6,7,8,9”这十个基本符号表示，进位规律是“逢十进一”。

（3）位权：数码所代表的实际数值，同一个数码在不同的位置，它所代表的实际数值是不同的。例如，对于十进制数$(334)_{10}$其每一个数码的位权及实际代表的数值如表 1-1 所示。

表 1-1　十进制数$(334)_{10}$数码位权及实际数值

数　码	3	3	4
位权	10^2	10^1	10^0
位权展开式	3×10^2	3×10^1	4×10^0
实际数值	300	30	4

因此，对于任意一个具有 n 位整数、m 位小数的 R 进制数 N，其位权展开式为：

$$(N)_R = a_{n-1}R^{n-1} + a_{n-2}R^{n-2} + \cdots + a_1R^1 + a_0R^0 + a_{-1}R^{-1} + \cdots + a_{-m}R^{-m}$$

【例 1-1】将十进制数 9587 按权展开。

$$(9587)_{10}=9\times10^{3}+5\times10^{2}+8\times10^{1}+7\times10^{0}$$

【例 1-2】将二进制数 110.01 按权展开。

$$(110.01)_{2}=1\times2^{2}+1\times2^{1}+0\times2^{0}+0\times2^{-1}+1\times2^{-2}$$

2. 常用的进位计数制及表示方法

在计算机科学中，除二进制和十进制外，常用的进位计数制还有八进制和十六进制。

（1）十进制（Decimal）：基数为 10，包含 10 个数字符号，即 0，1，2，3，4，5，6，7，8，9。逢十进一。

（2）二进制（Binary）：基数为 2，包含 2 个数字符号，即 0，1。逢二进一。

（3）八进制（Octal）：基数为 8，包含 8 个数字符号，即 0，1，2，3，4，5，6，7。逢八进一。

（4）十六进制（Hexadecimal）：基数为 16，包含 10 个数字符号和 6 个英文字母，即 0，1，2，3，4，5，6，7，8，9，A，B，C，D，E，F。逢十六进一。

上述几种进制数之间数字符号的对应关系如表 1-2 所示。

表 1-2　各进制之间数字符号的对应关系表

十进制	二进制	八进制	十六进制
0	0000	0	0
1	0001	1	1
2	0010	2	2
3	0011	3	3
4	0100	4	4
5	0101	5	5
6	0110	6	6
7	0111	7	7
8	1000	10	8
9	1001	11	9
10	1010	12	A
11	1011	13	B
12	1100	14	C
13	1101	15	D
14	1110	16	E
15	1111	17	F

进位计数制的表示方法有圆括号下标法和字母表示法两种。

（1）圆括号下标法：将数用圆括号括起来，基数写在右下角标。例如，$(9857)_{10}$、$(110.01)_{2}$、$(1A7)_{16}$分别表示十进制的 9857、二进制的 110.01 和十六进制的 1A7。

（2）字母表示法：在数字后面加一个英文字母表示该数所使用的进位计数制。十进制用 D 表示，二进制用 B 表示，八进制用 O 表示，十六进制用 H 表示，比如 110.01B、1A7H。通常的，十进制的 D 可以省略，也就是说不加任何修饰地写一个数，就表示采用的是十进制计数法。

3．进制间的转换

1）非十进制数转换成十进制数

非十进制数转换成十进制数的方法是按权展开。

【例 1-3】将二进制数 110.01 转换成十进制数。

$$(110.01)_2 = 1\times 2^2 + 1\times 2^1 + 0\times 2^0 + 0\times 2^{-1} + 1\times 2^{-2} = 4 + 2 + 0.25 = (8.25)_{10}$$

【例 1-4】将十六进制数 B7E 转换成十进制数。

$$(B7E)_{16} = 11\times 16^2 + 7\times 16^1 + 14\times 16^0 = 2816 + 112 + 14 = (2942)_{10}$$

2）十进制数转换成非十进制数

将十进制数转换成任意非十进制数的方法基本相同，整数部分采用“除基取余法”，小数部分采用“乘基取整法”。以十进制数转换成二进制数为例，整数部分采用“除 2 取余法”，小数部分采用“乘 2 取整法”。具体步骤如下：

① 把十进制数的整数部分除以 2 得一个商和余数，商再除以 2 又得一个商和余数，依次除下去直到商是 0 为止；

② 以最先除得的余数为最低位，最后除得的余数为最高位，从最高位到最低位依次排列，便得到这个十进制整数的等值二进制整数；

③ 把十进制数的小数部分乘以 2 得一个新的数 D_1，取 D_1 的整数部分为对应二进制小数的最高位；把 D_1 的小数部分再乘以 2 又得到一个新的数 D_2，再取 D_2 的整数部分为对应二进制小数的次高位；依次进行，直到乘 2 后的小数部分是 0 为止（或满足精度要求），便得到这个十进制小数的等值二进制小数。

【例 1-5】将十进制数（125.8125）$_{10}$ 转换为二进制数。

先对整数部分进行转换，步骤如下：				小数部分转换成二进制数的步骤如下：		
2	125	余数		0.8125	取整	
2	62	1	低位	× 2		高位
2	31	0	↑	1.6250	1	↓
2	15	1		× 2		
2	7	1		1.2500	1	
2	3	1		× 2		
2	1	1		0.5000	0	
	0	1	高位	× 2		
				1.0000	1	低位
即（125）$_{10}$=（1111101）$_2$				即（0.8125）$_{10}$=（0.1101）$_2$		

因此，转换结果为$(125.8125)_{10}=(1111101.1101)_2$。

3）八进制数和十六进制数转换成二进制数

八进制数和十六进制数转换成二进制数非常简单，由于 16 是 2 的 4 次幂，所以可以用 4 位二进制数码来表示 1 位十六进制数码，同理，可以用 3 位的二进制数码来表示 1 位八进制数码。它们之间的对应关系可以参考表 1-2。

【例 1-6】将十六进制数 $(1AC0.6D)_{16}$ 转换成二进制数。

1	A	C	0	.	6	D
0001	1010	1100	0000	.	0110	1101

即 $(1AC0.6D)_{16}=(0001\ 1010\ 1100\ 0000.\ 0110\ 1101)_2$。

【例 1-7】将八进制数 $(2731.62)_8$ 转换成二进制数。

2	7	3	1	.	6	2
010	111	011	001	.	110	010

即 $(2731.62)_8=(010\ 111\ 011\ 001.\ 110\ 010)_2$。

4）二进制数转换为八进制数和十六进制数

其过程与八进制数和十六进制数转换成二进制数相反，即将 3 位（或 4 位）二进制数码代之与其等值的 1 位八进制（或十六进制）数码。

【例 1-8】将二进制数 $(10111100101.00011001101)_2$ 转换成十六进制数。

0101	1110	0101	.	0001	1001	1010
5	E	5	.	1	9	A

即 $(10111100101.00011001101)_2 = (5E5.19A)_{16}$

1.2.3 非数值数据在计算机中的表示

在计算机中，不仅数值型数据采用二进制形式表示，字符、汉字、图形、声音等非数值型数据也要用特定的规则进行二进制编码才能进行识别和处理。

1. 西文字符的编码

在计算机、通信设备和仪器仪表等各种自动化设备中被广泛使用的西文字符编码是 ASCII 码（American Standard Code for Information Interchange，美国信息交换标准代码），该编码被国际标准化组织 ISO 采纳，作为国际通用的信息交换标准代码。

ASCII 码有 7 位码和 8 位码两种版本，国际通用的 7 位 ASCII 码称为 ISO646 标准，也称为标准 ASCII 编码。它用 7 位二进制表示一个字符，总共能表示 $2^7=128$ 种不同的字符，包括 52 个大小写英文字母、10 个阿拉伯数字、32 个通用控制符号（如回车、换行等）和 34 个专用符号（如标点符号、运算符等）。

8 位 ASCII 码也称为扩展 ASCII 编码，它用 8 位二进制表示一个字符，总共能表示 $2^8=256$ 种不同的字符，通常各个国家都将该扩展的部分作为自己国家语言文字的代码。

计算机内部用一个字节（8 位二进制）存放一个 7 位的标准 ASCII 编码，最高位为统一设置为 0（有些系统也把最高位设置为校验码）。

标准 ASCII 编码表如表 1-3 所示，表中每个字符都对应一个数值，称为该字符的

ASCII 码值。其排列次序为 $b_6b_5b_4b_3b_2b_1b_0$，其中 b_6 为最高位，b_0 为最低位。

表 1-3　标准 ASCII 编码表

$b_3b_2b_1b_0$	$b_6b_5b_4$							
	000	001	010	011	100	101	110	111
0000	NUL	DLE	SP	0	@	P	、	p
0001	SOH	DC1	!	1	A	Q	a	q
0010	STX	DC2	“	2	B	R	b	r
0011	ETX	DC3	#	3	C	S	c	s
0100	EOT	DC4	$	4	D	T	d	t
0101	ENQ	NAK	%	5	E	U	e	u
0110	ACK	SYN	&	6	F	V	f	v
0111	BEL	ETB	‘	7	G	W	g	w
1000	BS	CAN	(	8	H	X	h	x
1001	HT	EM	)	9	I	Y	i	y
1010	LF	SUB	*	:	J	Z	j	z
1011	VT	ESC	+	;	K	[	k	{
1100	FF	FS	,	<	L	\	l	¦
1101	CR	CS	–	=	M	]	m	}
1110	SO	RS	.	>	N	^	n	~
1111	SI	US	/	?	O	_	o	DEL

例如，“回车”的符号是 CR（Carriage Return），编码是 0001101，对应的十进制数是 13；大写字母“A”的编码为 1000001，对应的十进制数是 65；小写字母“a”的编码为 1100001，对应的十进制数是 97。

2．汉字的编码

为使计算机可以处理汉字，也需要对汉字进行编码。与西文字符的编码相比，汉字的编码更复杂，汉字编码有汉字输入码、汉字内码、汉字字形码、汉字地址码等。计算机进行汉字处理的过程，实际上是各种汉字编码间的转换过程。

1）汉字输入码

汉字输入码是为使用户能够使用西文键盘输入汉字而编制的编码，也称外码。汉字输入码有许多种不同的编码方案，大致分为以下几类：

（1）音码：以汉语拼音字母和数字为汉字编码，如全拼输入法和双拼输入法。

（2）形码：根据汉字的字形结构对汉字进行编码，如五笔字型输入法。

（3）音形码：以拼音为主，辅以字形字义进行编码，如自然码输入法。

（4）数字码：直接用固定位数的数字给汉字编码，如区位输入法。

同一个汉字在不同输入码编码方案中的编码一般不同。例如，使用全拼输入法输入“嵌”字，就要键入“qian”（然后选字），而用五笔字型的输入码，则是“mafv”。

2）汉字内码

计算机内部只能处理二进制数据，因此，不论用何种输入码，输入的汉字在机器内部都要转换成统一的二进制编码，然后才能处理。为了规范汉字在计算机内的表示，国家标准局制定了中华人民共和国国家标准 GB 2312—1980《信息交换用汉字编码字符集 基本集》，即国标码。根据国标码的规定，每一个汉字都有确定的二进制代码，以便在计算机内存储和处理。

与西文的 ASCII 码不同的是，国标码需要用两个字节来存储，并且为了不与 ASCII 码产生混淆，国标码每个字节的最高位都被置为 1，这就形成了汉字的机内码，简称汉字内码。因此，国标码与内码之间的关系是：汉字内码=汉字的国标码+8080H。

3）汉字字形码

汉字字形码是存放汉字字形信息的编码，是汉字的输出码，它与汉字内码一一对应。每个汉字的字形码是预先存放在计算机内的，称为汉字库。当输出汉字时，计算机根据内码在字库中查到其字形码，得知字形信息，然后就可以显示或打印输出了。

描述汉字字形的方法主要有点阵字形法和轮廓字形法两种。点阵字形法比较简单，用一个排列成方阵的点的黑白来描述汉字，输出速度快，但是放大后会出现锯齿，不美观。轮廓字形采用数学方法描述汉字的轮廓曲线，字形精度高，但输出前要经过复杂的数学运算处理。

4）汉字地址码

汉字地址码是指汉字库（这里主要指汉字字形的点阵式字模库）中存储汉字字形信息的逻辑地址码。它与汉字机内码间有着简单的对应关系，从而简化了汉字内码到汉字地址码的转换。

5）各种汉字编码之间的关系

汉字的输入、输出和处理的过程，实际上是汉字各种编码之间的转换过程，如图 1-1 所示。

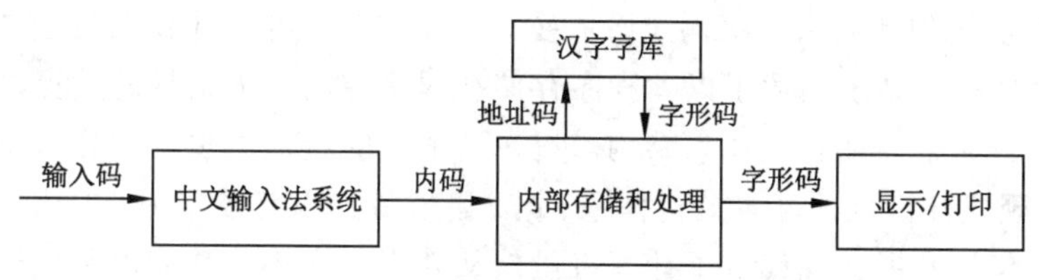

图 1-1 汉字各种编码之间的转换过程

汉字通过汉字输入码输入计算机内，然后通过各种中文输入法系统转换为内码，以内码的形式进行存储和处理。在汉字的显示和打印过程中，处理机根据汉字内码计算出地址码，按地址码从字库中取出汉字输出码，实现汉字的显示或打印输出。

1.3 计算机系统组成

一个完整的计算机系统包括硬件系统和软件系统两大部分。

硬件系统是指由电子、机械和光电类器件组成的计算机部件和设备的总称，是组成计算机的物理装置，是计算机完成各项工作的物质基础。软件系统是在计算机硬件设备上运行的各种程序、相关文档和数据的总称。

没有软件系统的计算机称为“裸机”，是没办法工作的，计算机硬件脱离了软件就成了无用的机器。同样的，软件脱离了硬件就失去了运行的物质基础。因此，计算机的软件系统和硬件系统二者相互依存，缺一不可，共同构成完整的计算机系统。计算机系统的组成如图 1-2 所示。

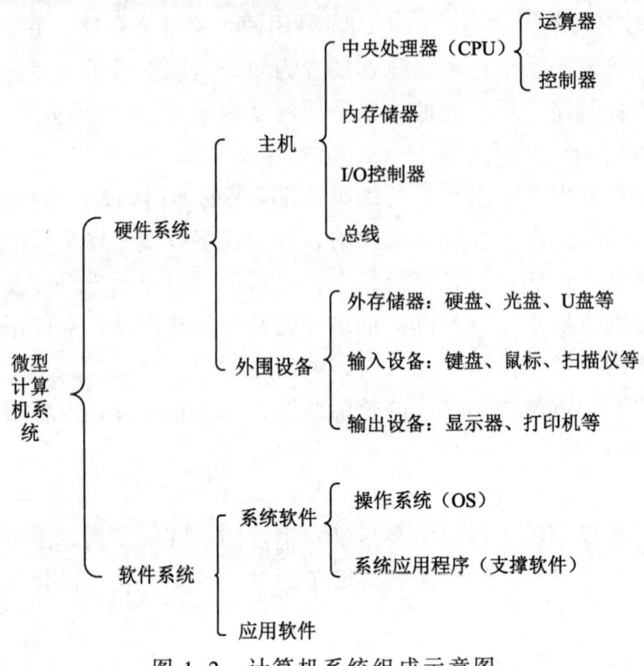

图 1-2　计算机系统组成示意图

1.3.1　计算机系统结构

1946 年，美籍匈牙利数学家冯·诺依曼等人在题为“电子计算机装置逻辑设计的初步讨论”一文中深入系统阐述了以“程序存储和程序控制”为指导的计算机逻辑设计思想，勾勒出一个完整的计算机体系结构。冯·诺依曼的这一思想是计算机发展史上的里程碑，奠定了现代计算机的基本结构体系，冯·诺依曼也因此被誉为“现代计算机之父”。

经过几十年的发展，现代电子计算机虽然从外观、大小、功能上千差万别，但本质上都是基于冯·诺依曼提出的设计思路，正因为此，现在的电子计算机也被称为冯·诺依曼型计算机。

1. 计算机的设计思想

冯·诺依曼型计算机的基本设计思想为：

（1）计算机的硬件应包括运算器、控制器、存储器、输入设备和输出设备五个基本部件。

（2）计算机内部采用二进制表示指令和数据。

（3）存储程序控制。程序和数据存放在内存储器中，即“程序存储”的概念。计算机启动后，在无须人工干预的情况下，由程序控制计算机按规定的顺序逐条取出指令，

并自动执行指令规定的任务。

因此，计算机的硬件体系结构如图 1-3 所示。

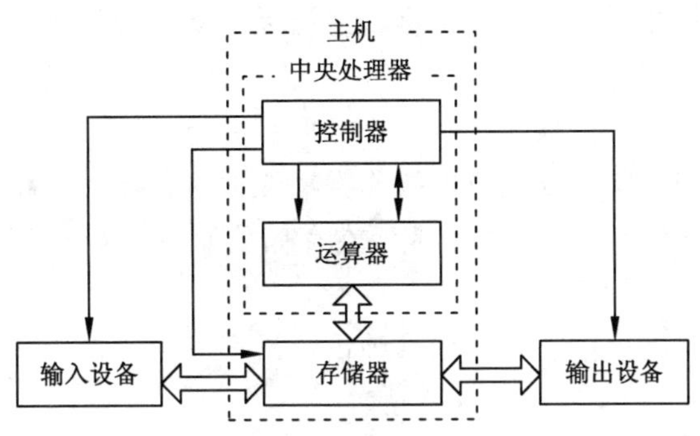

图 1-3　计算机的硬件体系结构示意图

1）运算器

运算器也称算术逻辑部件（Arithmetical and Logical Unit，ALU），是执行各种运算的装置。主要功能是对二进制数码进行算术运算或逻辑运算。

2）控制器

控制器（Control Unit，CU）是计算机神经中枢，指挥计算机各个部件自动、协调地工作。主要功能是按预定的顺序不断取出指令进行分析，然后根据指令要求向运算器、存储器等各个部件发出控制信号，让它们完成指令所规定的操作。

中央处理器（CPU）是计算机进行信息处理的核心部件，它包括运算器和控制器两部分。

3）存储器

存储器又称内存储器（或主存储器），是计算机中用来存放正在运行的程序和数据的部件，它是计算机能够实现“存储程序控制”的基础。为了便于信息的访问，内存储器被划分为若干个存储单元，每一个存储单元都有统一的编号，称为存储单元的地址。在控制器的调度下，运算器可以直接从存储单元中取数据进行运算。

4）输入设备

输入设备（Input Device）的主要作用是把程序和原始数据转换成计算机内部能够识别的信息，并把它们送到计算机中。常见的输入设备有键盘、鼠标、扫描仪、触摸屏等。

5）输出设备

输出设备（Output Device）的主要功能是将计算机处理的结果或工作过程按人们需要的方式输出。常见的输出设备有显示器、打印机、绘图仪等。

2. 计算机的指令系统

指令是能被计算机识别并执行的二进制代码，一条指令就是一组二进制代码，它规定了计算机能够完成的某一个基本操作。例如，加、减、乘、除、存数、取数都是一个基本操作，可以分别用一条指令来实现。

计算机所能执行的所有指令的集合称为计算机的指令系统，也称机器语言。要注意的是，指令系统是依赖于计算机的，即不同计算机的指令系统所包含的指令的种类、格式、数量都有可能不同。例如，大型计算机和微型计算机的指令系统是不同的，即使同为微型计算机，IBM 公司生产的计算机和苹果公司生产的计算机的指令系统也不尽相同。但一般的，计算机的指令系统均包括数据传送指令、算术运算指令、逻辑运算指令、程序控制指令和输入/输出指令等。

微型计算机的指令通常由操作码和操作数两部分组成。

（1）操作码：指明该指令要完成的操作类型或性质，如加、减、存数、取数等。

（2）操作数：指明操作对象的内容或所在存储单元地址（地址码）。操作数在大多数情况下是地址码。

计算机指令序列就是程序，是指用某种设计语言编写的指示计算机动作的一组指令（或语句）的有序集合。

3．计算机的总线

总线就是一组硬件连线，它提供了一个公共的信息通道，把计算机的各个部件连接起来并实现信息传输。总线的宽度决定了总线传输信息的能力，一般用二进制数据的位数来表示。计算机采用总线结构，简化了系统的构成，便于系统扩展。

（1）按连接的设备，总线可以分为内部总线、系统总线和外部总线。

① 内部总线：运算器和控制器之间的信息通道被称为内部总线，它们都被集成在中央处理器（CPU）中。

② 系统总线：CPU 和存储器之间的信息通道被称为系统总线。

③ 外部总线：通常把 CPU 和内存储器称为计算机的主机，输入、输出设备以及一些扩展设备称为计算机的外围设备（简称外设），那么计算机主机和外围设备之间的信息通道就称为外部总线。

（2）按传输的信息内容，总线可分为数据总线、地址总线、控制总线。

① 数据总线：用来传输数据信息。数据总线的宽度通常与计算机（主要是 CPU）的字长是一致的，例如，CPU 的字长是 64 位，则其数据总线的宽度也是 64 位，表示同时可以处理 2^{64} 个二进制数据。

② 地址总线：用来传输地址信息。地址总线的宽度决定了 CPU 可直接访问的内存空间的大小，例如地址总线的宽度是 32 位，那么 CPU 可以直接访问的物理内存大小就是 2^{32}=4 GB，如果是 64 位的地址总线，理论上可以访问的物理内存大小可以达到 2^{64}=2 048 PB（1PB=1 024 × 1 024 GB）。

③ 控制总线：主要用来传输控制信号和时序信号。控制总线的宽度根据计算机系统的实际需求来定，一般都取决于 CPU 的设计。

4．I/O 接口

伴随着计算机技术的飞速发展，种类繁多、功能各异的外围设备也大量出现，这些外围设备的组成和工作原理千差万别（机械式、电子式、光电式），所采用的信号形式也各不相同（数字信号、模拟信号、混合信号），工作速度也差异巨大（高速设备、低速设备）。由于外围设备的多样性和复杂性，这些外围设备不可能像内存储器一样通过系统总线直接和 CPU 相连，CPU 也无法直接对所有的外围设备进行管理和控制，因此 CPU 和

外围设备之间必须有一个中间环节，这就是接口电路。

接口电路（Interface）是 CPU 与外围设备之间连接的一种电路部件，简称接口，也称 I/O 接口。I/O 接口工作示意图如图 1-4 所示。

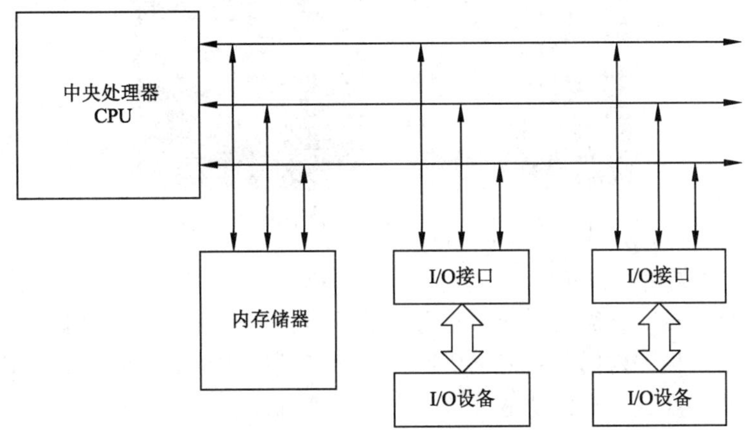

图 1-4　I/O 接口工作示意图

I/O 接口是 CPU 和外围设备之间进行信息交换的中间站，用来解决 CPU 和外围设备在信息交换时存在的速度不匹配、信号形式不一致等诸多矛盾问题，方便 CPU 对各种不同的外围设备进行统一的管理和控制，从而提高 CPU 以及整个计算机系统的工作效率。

1.3.2　计算机硬件系统组成

计算机的硬件系统就是组成计算机的各种物理部件和设备的总称。随着计算机技术的发展，计算机硬件的种类越来越多，功能也越来越齐全，下面就常见的计算机硬件进行简单介绍。

1．中央处理器（Central Processing Unit，CPU）

CPU 是计算机硬件系统的核心，主要由运算器和控制器两大部件组成，还包括若干寄存器和高速缓存（Cache），计算机所有的运算和控制都由它来完成。现在的 CPU 往往采用多核处理器结构，即一个 CPU 中包含多个运算器和控制器，例如八核处理器就有八个独立的算术逻辑单元，运算速度更快。

微型计算机中通常只有一个 CPU，但大型计算机（特别是超级计算机）往往会安装有多个 CPU，依靠多个 CPU 的并行处理，可以获得超级的运算能力。例如，我国的“神威·太湖之光”超级计算机是由 40 个运算机柜和 8 个网络机柜组成，它有 10 649 600 个 CPU 核芯。

1）CPU 的分类

CPU 有通用型和嵌入式两种类型，区别主要在于应用模式的不同。一般的，通用型 CPU 追求高性能，功能比较强，能运行复杂的操作系统和大型应用软件；嵌入式 CPU 则追求处理特定问题的实时性、可靠性和低功耗等，主要应用于工业控制等嵌入式领域。

微型计算机一般采用通用型 CPU，主要以美国的 Intel 公司和 AMD 公司的产品为主，

图 1-5 是目前比较主流的 Intel Core i7 和 AMD Ryzen 5 两款 CPU 的外形图。

图 1-5　Intel 和 AMD 公司 CPU 外形图

2）CPU 的主要性能指标

CPU 的性能是整个计算机系统最重要的技术指标之一，人们往往用 CPU 的性能来划分微型计算机的规格。但同时我们也要明白，计算机的性能由多种因素决定，内存的大小、硬盘的读写速度、显卡的功能等也是影响计算机性能的重要因素。

CPU 的性能指标主要有以下几种：

（1）运算速度：即 CPU 在单位时间内执行指令的数目，以 MIPS 为单位，即每秒执行多少百万条指令。

（2）字长：即 CPU 一次能处理的二进制位数。例如，字长 64 位的 CPU 一次能处理 64 位长度的二进制指令。很显然，字长越大，CPU 的运算速度和效率就越高。

（3）主频：即 CPU 单位时间内的平均执行次数，也是 CPU 内部数字脉冲信号的震荡速度，所以单位是 Hz，如 Intel Core i7 3.8GHZ。主频的大小是人们选购 CPU 产品时最重要的参考依据，但要注意的是，一个 CPU 的整体性能是由多个指标共同决定的，主频和运算速度并没有绝对的相关性，主频高并不意味着运算速度就一定快，还和可以同时处理的指令位数（字长）有关。

（4）制造工艺：CPU 是半导体集成电路技术的集大成者，制造工艺越先进，集成度越高，在同样大小尺寸的芯片上就可以集成更多的元器件，性能就可以更高。一个 32 nm 制程的 CPU 可以在一张普通邮票大小的硅片上集成近 20 亿个元器件。目前可量产的 CPU 制造工艺已经达到 5～10 nm。

2．存储器（Memory）

存储器是计算机用来存储信息的设备，是计算机硬件系统非常重要的组成部分。

根据用途的不同，存储器可以分为内部存储器和外部存储器。

内部存储器又称内存或主存，是计算机用来存放正在运行的程序和数据的部件，是计算机能够实现“存储程序控制”的基础。内存的特点是容量小，存取速度快，断电后存储的信息会丢失，可以被 CPU 直接访问。

外部存储器又称辅助存储器，简称外存或辅存，是计算机用来永久存放信息的部件。它的特点是容量大，存储速度相对较慢，断电后信息可以永久保存。它不能被 CPU 直接访问，即外存中的信息必须先调入到内存才能被 CPU 访问。常见的外存设备有硬盘、光盘、U 盘等。

根据存储材料（存储介质）的不同，存储器可分成磁存储器、光存储器和半导体存储器。

1）*磁存储器*

磁介质存储是目前应用广泛的一种信息存储技术，它利用了铁磁材料的特性与电磁感应的原理来记录数据。常见的磁介质存储设备有磁鼓和磁盘（如硬盘等），实物图片如图 1-6、图 1-7 所示。

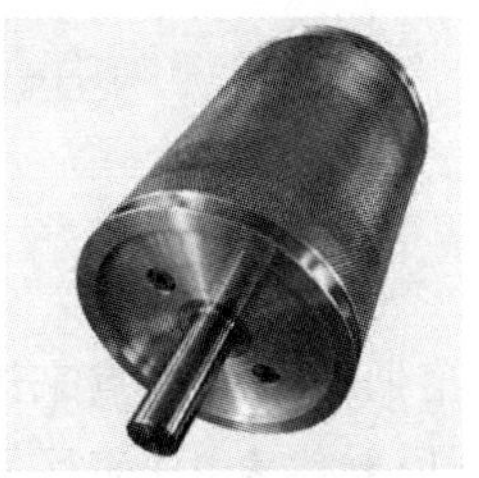

图 1-6　磁鼓

图 1-7　硬盘

微型计算机上的机械硬盘就是一种典型的磁存储设备。机械硬盘的结构如图 1-8 所示，它主要有以下几个组成部分：

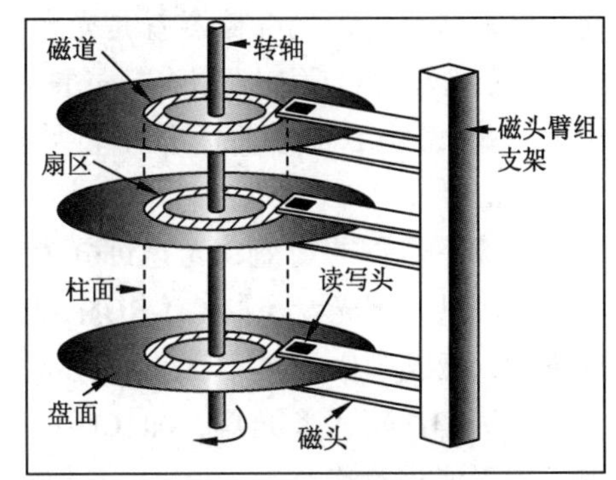

图 1-8　机械硬盘结构图

（1）电机：属于机械设备，电机带动磁头臂进行横向运动，以此来控制磁臂精准定位到磁道，并驱动主轴旋转，硬盘工作产生的噪声和热度均来源于此。

（2）转轴：硬盘工作时，转轴带动盘面顺时针旋转，再配合磁头臂的横向运动，从而保证磁头可以访问盘面上的任何区域。转轴的旋转速度称为转速（Rotational Speed），即硬盘盘片在一分钟内所能完成的最大转数，它是硬盘内部数据传输率的关键因素之一，是衡量磁盘性能的一个重要指标。

（3）盘面：一个硬盘可以包含多个盘面，盘面上有很多磁粉（磁粒子），它是存储信息的主体。这些盘面都安装在一个同心轴上，盘面又被划分成多个磁道和扇区。扇区是磁盘中最小的物理存储单位，是磁盘读写的基本单位。盘面是否光滑平整以及磁粉是否均匀分布在盘面上都是影响硬盘工作可靠性的因素之一。

（4）磁头：用来改变磁粉的磁性，读写数据。现在的磁盘都是利用空气动力学，将磁头漂浮在盘面上面一点距离来控制磁头和盘面的距离，以减少对盘面的损伤。硬盘读写数据时，磁头从起始位置到达目标磁道位置，并且从目标磁道上找到要读写的数据扇区所需的时间被称为平均访问时间（Average Access Time），这也是硬盘的一个技术指标，它体现了硬盘的读写速度。

（5）接口：硬盘和主板之间的传输协议，主要有 ATA、SATA、SCSI 等标准。接口的类型决定了硬盘的外部数据传输速率（Data Transfer Rate），这也是衡量硬盘读写数据快慢的性能指标之一，单位为兆字节每秒（MB/s）。目前所采用的 SATA 3.0 接口理论传输速度可以达到 600 MB/s。不同接口类型的硬件连接线是不同的，它们的外形如图 1-9 所示。

图 1-9　不同类型的接口连接线

2）光存储器

光存储的工作原理就是用激光束在盘片上雕刻出凹凸不同的点来进行数据的记录，读取时根据激光反射的角度（例如，反射代表 0，不反射代表 1）来区别二进制数字信号的 0 或 1。

目前最常见的光存储器就是光盘。光盘是一个统称，其中最常见的是 CD（Compact Disc）光盘和 DVD（Digital Versatile Disc）光盘。CD 的标准容量是 650 MB（音乐 CD 要稍大一些），DVD 的单面标准容量为 4.7GB，双面容量为 9.4GB，双面双层标准容量可达到 18GB。

按读写数据的功能，光盘可分为：

（1）只读型光盘，如 CD-ROM、DVD-ROM 等，数据在出厂时已经刻录好，用户不允许再写入数据。

（2）一次写入型光盘，如 CD-R、DVD-R 等，允许用户写入一次，一旦数据被刻录后，就不能进行修改。

（3）可擦写型光盘（CD-ReWritable），如 CD-RW、DVD-RW 等，允许用户多次重复写入。

相应的，计算机中读取光盘数据的设备称为光盘驱动器（简称光驱），可以对光盘进行写入操作的光盘驱动器又称为“刻录机”。要注意的是：由于 DVD 的存储密度比 CD 大，需要更短波长的激光束才能聚焦和定位，所以 CD 光驱是无法读取 DVD 光盘的，而 DVD 光驱一般都可以读取 CD 光盘。

光驱的性能指标主要就是数据读取速度，通常以光驱在读取光盘时所能达到的最大光驱倍速（X 倍速）来表示，如 16X（16 倍速）、50X（50 倍速）等。目前 CD 光驱的最大速度是 56 倍速，DVD 光驱的最大速度是 48 倍速。对于 50 倍速的光驱，理论上的数据传输率应为 150×50=7 500 KB/S（每秒千字节）。

一般的 DVD 需要波长为 650 nm 的红色激光来读取或写入数据，而目前最新的光盘总类为蓝光光盘（Blu-ray Disc，BD），它利用波长较短（405 nm）的蓝色激光读取和写入数据，容量能达到 25 GB 或 50 GB，并且存取速度远超 CD 和 DVD。

3）半导体存储器

半导体存储器是一种大规模集成电路，是半导体材料应用技术的一种。目前，在整个半导体元器件市场中，半导体存储器的比重占 20%～30%。计算机中的内存就是一种

典型的半导体存储器。

半导体存储器可分成两类：ROM（Read Only Memory，只读存储器，非易失型存储器）和 RAM（Random Access Memory，随机存储器，易失型存储器）。

RAM 最大的特点是断电后数据会丢失，所以称为易失型存储器。它又分为两种：

（1）DRAM（动态随机存储器）："动态"两字指的是，在工作时这种存储器每隔一段时间要刷新充电一次，否则内部的数据就会消失。DRAM 最主要的产品就是计算机的内存。DRAM 技术也在不断地发展，现在的内存一般被称为 SDRAM（同步动态随机存储器），到目前已发展了四代，称为 DDR4 SDRAM。图 1-10 是一个计算机的内存条实物图。

图 1-10　计算机的内存条

（2）SRAM（静态随机存储器）：它不需要刷新电路就能保存其内部存储的数据，所以读写速度更快，容量小、功耗大，最主要的用途是 CPU 的一、二级缓存。缓存（Cache）是存储技术中一个很重要的概念，是为了缓解设备之间处理速度不同从而提高系统工作效率的一种机制，例如 CPU 中都有缓存，就是为了解决 CPU 和内存工作速度不匹配的问题。

RAM 的技术发展已经非常成熟了，目前主流的半导体存储技术主要集中在 ROM 上。

ROM 的特点是断电后数据不丢失。最初，ROM 里存储的数据在出厂时已固定，是不能被更改的，也称为掩模 ROM。在早期的计算机中，掩模 ROM 的主要用途是保存计算机的基本输入输出程序（Basic Input Output System，BIOS），它是微型计算机系统开机后加载的第一个软件，为计算机提供最底层、最直接的硬件设置和控制。在以前 BIOS 是不允许被更新的，出厂时已经被固定。

随着存储技术的发展，ROM 也不再是只读的了，出现了可以读写数据的可擦除可编程只读存储器（EEPROM），它的电路更简单，存储密度更大，应用领域更广泛。目前，这种 EEPROM 的主流品种就是闪存（FLASH-ROM）。

根据数据读写方式的不同，FLASH-ROM 又分为两种：

（1）NAND Flash：是目前闪存中的主要产品。它的速度要低于内存，但高于传统的机械硬盘，且密度高、成本低，被广泛应用于 U 盘、SSD 固态硬盘、eMMC（嵌入式存储系统，如智能手机的硬盘）等产品。

（2）NOR Flash：它的特点是芯片内执行（Execute in Place，也就是程序无须写入内存，可以直接在 NOR 中运行），效率极高，但读写速度较慢、容量小、成本高，现在多用于计算机 BIOS、机顶盒、USB Key 等小容量代码存储场景，近年来也被应用于 AMOLED 显示屏、TWS 蓝牙耳机中。

半导体存储器种类繁多，表 1-4 列举了常见半导体存储器的特点、分类和用途。

表 1-4　半导体存储器的特点、分类和用途

	分　类	用　途	特　点
只读存储器（ROM）	掩模 ROM	在早期的计算机中用来保存 BIOS	内容永久性，断电后信息不会丢失。
	NAND Flash	广泛应用于 U 盘、SSD 固态硬盘、智能手机的硬盘等	
	NOR Flash	计算机 BIOS、机顶盒、USB Key、AMOLED 显示屏、TWS 蓝牙耳机等	
随机存储器（RAM）	静态 RAM（SRAM）	典型的应用是 CPU 中的缓存	断电后信息会丢失。
	动态 RAM（DRAM）	典型的应用是计算机的内存	

3. 输入设备

输入设备是向计算机输入信息的设备，微型计算机中最常见的输入设备就是键盘和鼠标。

1）键盘（Keyboard）

键盘是最常用也是最主要的输入设备。通过键盘可以将英文字母、数字、标点符号等输入计算机中，从而向计算机发出命令、输入数据等。其实物如图 1-11 所示。

图 1-11　键盘

键盘按键布局并非是按照字母顺序排列的，目前大多采用称为“QWERTY”的按键布局方式，同时在外形上也更趋向人体工程学设计，可完善用户体验。

2）鼠标（Mouse）

鼠标是计算机显示系统纵横坐标定位的指示器，它的使用是为了使计算机的操作更加简便，从而代替键盘输入烦琐的指令。世界上第一个鼠标出现在 1968 年，是美国科学家道格拉斯·恩格尔巴特（Douglas Englebart）制作的。

从内部结构和原理来分，鼠标可以分为机械鼠标、光电鼠标和无线鼠标三种，如图 1-12 所示。

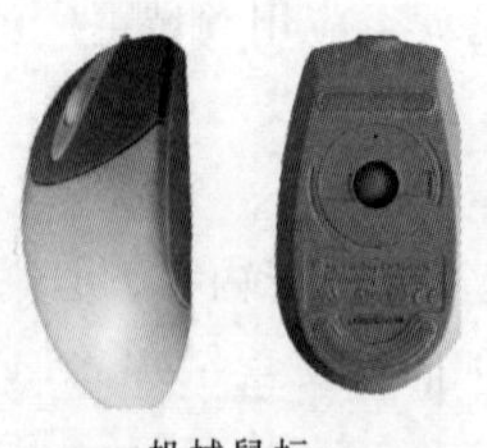

机械鼠标

光电鼠标

无线鼠标

图 1-12　三种类型的鼠标

3）其他输入设备

除键盘和鼠标外，常见的输入设备还包括扫描仪、条形码阅读器、光学字符阅读器（OCR）、触摸屏、手写笔、麦克风和数码相机等。

4. 输出设备

输出设备是将计算机中的信息传送到外部介质，并转化成人们所需要的表示形式。在微型计算机中，最常见的输出设备是显示器和打印机。

1）显示器（Monitor）

常见的显示器有阴极射线管显示器（Cathode Ray Tube，CRT）和液晶显示器（Liquid Crystal Display，LCD）两种，如图 1-13 所示。

CRT 显示器

LCD 显示器

图 1-13 显示器

LCD 显示器是目前的主流显示器，它的优点是机身薄、占地小、辐射小。CRT 显示器由于体积大，在微机系统中已逐渐被淘汰。LCD 显示器主要性能指标有分辨率、刷新率、可视角度、响应时间等。

2）打印机

打印机的种类和型号很多，常见的打印机有针式打印机、喷墨打印机和激光打印机三种。

（1）针式打印机：其原理是利用机械动作，通过针的运动撞击色带，在纸上印出一列点。它的特点是结构简单、成本低，但打印速度慢，且噪声大，如图 1-14 所示。

（2）喷墨打印机：喷墨打印机属于非击打式打印机，和激光打印机一样都是靠电磁作用实现打印的。喷墨打印机的特点是噪声小、重量轻、印字清晰，缺点是速度慢，字迹保存性差。如图1-15 所示。另外，喷墨打印机的墨盒是影响打印质量和成本的重要因素，相比整机，喷墨打印机的墨盒价格更高。

（3）激光打印机：激光打印机是目前被广泛使用的非击打式打印机。它的主要特点是打印速度快，印字的质量高、噪声小，可适用纸张范围广泛，如图 1-16 所示。

图 1-14 针式打印机

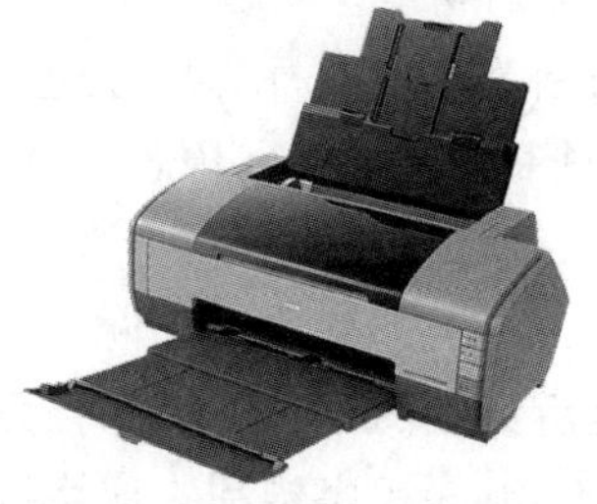
图 1-15 喷墨打印机

图 1-16 激光打印机

3）其他输出设备

其他常见的输出设备还有绘图仪、声音输出设备（音箱或耳机）、视频投影仪等。

5. 主板

主板（mainboard）也称母板，是用来连接 CPU、内存、硬盘以及显卡、声卡、网卡、光驱等各种计算机硬件部件的集成电路板。主板上安装了组成计算机的主要电路系统，如 BIOS 芯片、I/O 控制芯片、控制开关接口、直流电供电接插件以及各种扩展卡槽等。主板是微型计算机最基本也是最重要的部件之一，主板的类型和档次决定着整个微机的类型和档次。主板示意图如图 1-17 所示。

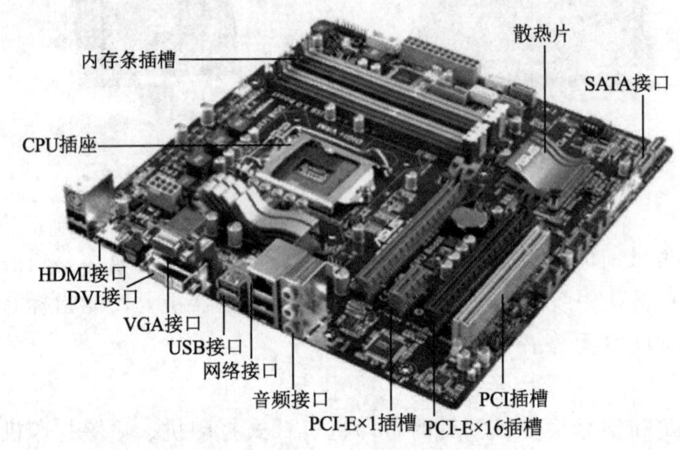

图 1-17　主板示意图

1）芯片组

主板的核心是芯片组，它决定了主板的规格、性能和大致功能。传统的芯片组构成一直沿用北桥芯片与南桥芯片搭配的方式。

（1）北桥芯片：是系统控制芯片，起着主导作用，也称主桥（Host Bridge）。北桥芯片主要负责 CPU、内存和显卡三者之间的数据交换，主板所支持的 CPU 的类型和主频、内存的类型和最大容量、显卡的类型和工作频率等都是由北桥芯片决定的。随着 CPU 技术的发展，如今北桥芯片的功能逐渐被 CPU 所包含，自身结构不断简化，甚至在主板芯片组中已不复存在。

（2）南桥芯片：主要决定主板的功能。主板上的各种接口、KBC 键盘控制、PS/2 鼠标控制、RTC 时钟控制、USB 控制等都由南桥芯片管理。另外，主板上的一些集成芯片（如集成显卡、集成声卡、集成网卡等）也由南桥芯片控制。

2）BIOS 芯片

BIOS（Basic Input Output System）即基本输入输出系统，它是一组被固化到计算机中的程序，也是计算机系统开机后加载的第一个程序，为计算机提供最底层、最直接的硬件控制。如果没有 BIOS，或者 BIOS 程序错乱，计算机是无法启动的。正因为此，在早期的计算机中，BIOS 被存放在主板的掩模 ROM 芯片（只读存储器）中，以保证它不被修改或破坏。现在的一些主板也把 BIOS 存放在 NOR Flash 存储芯片中，以便对主板的

功能进行更新，但对于普通用户来说，这种操作是有很大风险的。

BIOS 的主要功能是自检及初始化，负责启动计算机，一般包括三个部分：

（1）加电自检（Power on self test，POST）：用于计算机开机后对基本硬件进行检测，通常包括对 CPU、内存、ROM、主板、CMOS 存储器、I/O 接口、显示卡、硬盘及键盘等进行测试，一旦发现问题，就会给出提示信息或鸣笛警告。

（2）初始化：包括创建中断向量，设置寄存器，对一些外围设备进行初始化和检测等。其中很重要的一项内容是对一些硬件的工作参数进行设置，从而影响这些硬件的工作模式，这个过程又称为“BIOS 设置”。例如，可以设置 CPU 的工作主频，或者设置计算机启动后的引导盘为光盘（或 U 盘等）。由于 BIOS 程序一般是存放在 ROM 中的，是不能被修改的，所以这些系统的参数被存放在主板上一个特殊的 RAM 存储器，即 CMOS 芯片中。因此，在一些技术资料中也把对计算机硬件系统参数的设置过程称为“CMOS 设置”。这两种说法的本质是一致的，但更准确的说法应该是“通过 BIOS 程序对 CMOS 中的参数进行设置”。

（3）引导程序：在加电自检和初始化完成后，BIOS 会从启动盘（硬盘、光盘等）的开始扇区读取引导记录，并把控制权交给引导记录，由引导记录装载操作系统，完成计算机的启动工作，此后，计算机的控制权就交给了操作系统。如果引导程序没有找到引导记录，则提示“无法引导计算机”等信息。

3）CMOS 芯片

前面提到过，CMOS 芯片是用来保存计算机的一些重要的系统参数的，例如计算机的当前日期和时间、计算机的开机密码、计算机启动时访问的启动盘顺序等。实际上，CMOS 是主板上一块特殊的 RAM 存储器，它的全称是“互补金属氧化物半导体”。由于 RAM 的特点是断电后数据会丢失，所以 CMOS 芯片需要单独的电池供电，才能在计算机断电后不会丢失其存储的系统参数信息。图 1-18 所示为主板上给 CMOS 芯片供电的纽扣电池实物图。

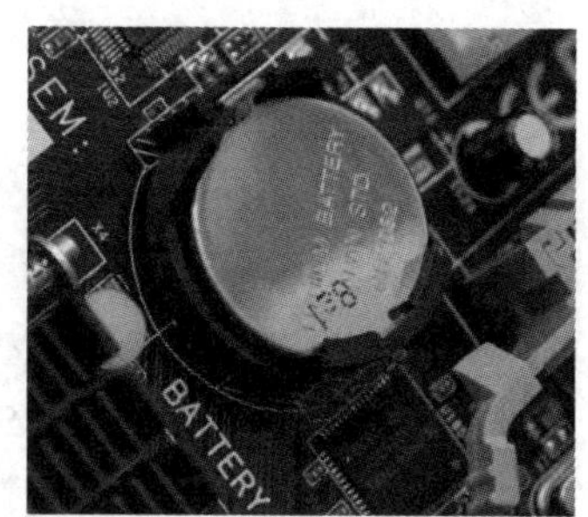

图 1-18　给 CMOS 芯片供电的纽扣电池

一般 CMOS 电池的寿命为 5 年，如果计算机的使用环境比较好（密封、常温、干燥等），其寿命也可以延长为 8～10 年，如果 CMOS 电池失效就会影响计算机系统参数的保存。

4）集成芯片

集成芯片主要指主板上集成的音频处理芯片（集成声卡）、网络连接芯片（集成网卡）、显示芯片（集成显卡）等。一般来说，主板上集成芯片的性能比对应的独立板卡设备的性能要弱，并且由于是固化在主板上，无法单独升级换代。但是，集成芯片的优点是功耗更低，发热量更小，并且大幅降低了计算机整机的成本。

5）插槽

微型计算机主板上的插槽一般包括 CPU 插槽、内存插槽和扩展插槽。

（1）CPU 插槽：用于安装和固定 CPU 芯片。图 1-19 所示为 CPU 插槽和一个 CPU 芯片的背面示意图。CPU 插槽里有许多孔位，对应 CPU 中密密麻麻的晶体管，这种接口称为针脚式接口。CPU 插槽外围一般会有固定罩或固定拉杆，在安装 CPU 时，需要将固定罩或固定拉杆打开，插入 CPU 后再合上固定罩或固定拉杆。

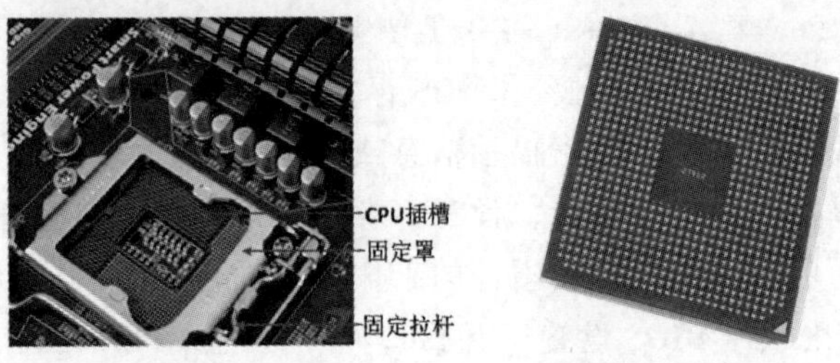

图 1-19　主板上 CPU 插槽及 CPU 背面示意图

（2）内存插槽：用于安装内存条，它决定了主板所支持的内存种类和容量。内存插槽线数与内存条的引脚一一对应，线数越多插槽越长。现在计算机一般都有 2～4 根内存插槽，可以灵活地扩充内存容量，如图 1-20 所示。

图 1-20　内存插槽

（3）扩展插槽：也称为总线扩展插槽，任何外围设备（如网卡、声卡、显卡等）都需要连接到这些扩展插槽上才能与主板进行通信。通过在插槽上安装不同的外围设备，可以对计算机的相应子系统进行局部升级，使计算机的机型配置有更大的灵活性。主板上的总线扩展插槽有 ISA/EISA、PCI、AGP、PCI-E 等接口类型。ISA/EISA 总线插槽的带宽窄、速度慢，现在已被淘汰，AGP 总线插槽以前是图形显示卡的专用插槽，现在也逐渐被市场淘汰，目前市场主流的是 PCI 和 PCI-E 总线插槽。PIC-E（PCI Express）也称为“下一代 PCI 总线”，它兼容 PCI 接口类型，是目前市场上最主流的总线扩展插槽，它的传输速率很快，理论上可以达到 8 GB/s。

6）接口

目前主板上的接口一般包括 SATA 接口、PS/2 接口、USB 接口、音频接口、VGA 显示接口以及一些数字多媒体接口。

（1）SATA 接口：用于连接 SATA 硬盘和 SATA 光驱等存储设备。SATA 是一种新型的总线接口，它采用串行的方式传输数据，并且可以对传输的指令进行检查，如果发现错误会自动进行矫正，从而提高数据传输的可靠性。SATA 接口有 1.0、2.0 和 3.0 三个版本，目前 SATA3.0 接口的数据传输速率能达到 600 MB/s。SATA 接口如图 1-21 所示。

（2）PS/2 接口：以前用于键盘和鼠标的连接，属于串行接口，一般来说，绿色的表示鼠标接口，紫色的表示键盘接口。但现在的键盘和鼠标通常都采用 USB 接口连接。

（3）USB 接口：也属于串行接口，支持热插拔，是目前外围设备的主流接口方式。

USB 接口现在有 2.0、3.0 和 3.1 等多种规范，USB3.1 传输速率可以达 10 Gbit/s，并且向下兼容，即所有 USB2.0 的设备都可以直接在 USB3.0 的接口上使用。

（4）音频接口：音频接口主要连接麦克风或者耳机、音响等设备，实现模拟音频信号的输入或输出。为了获得更为震撼的音频效果，现在的多媒体计算机大多配置有 SPDIF 光纤数字音频接口，该接口传输数字信号，且不受电子干扰，可以获得更高的音频质量。图 1-22 所示为普通音频接口和 SPDIF 光纤数字音频接口的外形图。

图 1-21　SATA 接口

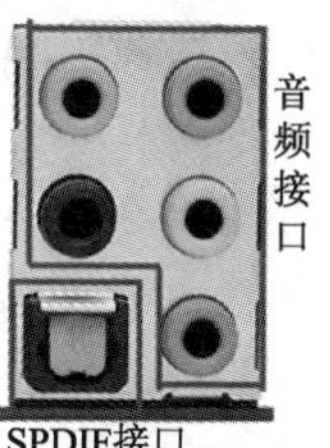

图 1-22　音频接口

（5）视频输出接口：最常见的视频输出接口是 VGA 接口，它向显示器输出模拟信号。随着多媒体处理技术的发展，现在的计算机主板一般还会提供 HDMI、DVI、DP 等数字多媒体接口，其外形图如图 1-23 所示。

① HDMI 接口：High Definition Multimedia Interface，高清晰度多媒体接口。是一种数字化音频/视频接口技术，可同时传输数字视频和音频信号，最高数据传输速度为 2.25 GB/s。

② DVI 接口：Digital Visual Interface，数字视频接口。可以传输数字视频信号，速度快，色彩纯净，画面清晰。DVI 接口共有三大类：DVI-A、DVI-D、DVI-I，目前微型计算机上应用较为广泛的是 DVI-D 接口标准。

③ DP 接口：Display Port，高清数字显示接口，可同时传输数字视频和音频信号。DP 接口的传输速度更快，支持的图像分辨率也更高。

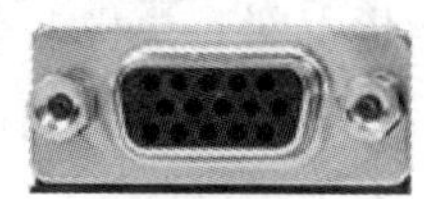

VGA 接口

HDMI 接口

DVI-D 接口

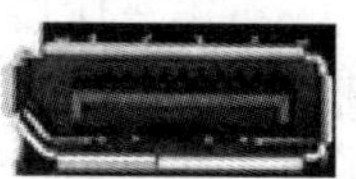

DP 接口

图 1-23　常见的视频输出接口

1.3.3　计算机软件系统组成

计算机软件是为运行、管理和维护计算机而编制的各种程序、数据和文档的总称。程序是指令序列的集合，它规定了计算机要进行的操作，文档是开发软件过程中所建立的技术资料，程序是软件的主体。

计算机软件系统一般可分为系统软件和应用软件两大类。

系统软件是指那些能够管理、监控和维护计算机软硬件资源，为用户或应用软件提供基本操作和服务的一类软件。一般来说，系统软件就是指操作系统，也包括语言处理程序、数据库管理系统和硬件驱动程序等。

1. 操作系统

操作系统（Operating System，OS）是管理计算机所有软硬件资源并使之协调、有效工作的软件，它是直接运行在计算机硬件之上的最基本、最核心的系统软件，是用户和计算机的接口，所有的应用软件和其他系统软件都必须在操作系统的支持下才能运行。

1）操作系统的发展

操作系统的功能演化纵贯计算机的发展历史，与计算机硬件系统的发展息息相关。

（1）第一阶段：无操作系统。在第一代以电子管为逻辑器件的计算机时代是没有操作系统的，由用户采用人工操作方式直接使用计算机的硬件系统。其过程为：用户将“写”有程序的纸带或卡片装入输入机，然后通过控制台启动程序，如果程序运行无误，用户就取得计算结果并卸下纸带或卡片。很显然，在此过程中，大量时间被花费在烦琐的人工操作上，计算机的利用率非常低。而且，由于需要用户直接操作计算机硬件，计算机的使用难度也非常大。

（2）第二阶段：批处理系统。批处理技术最早出现于 20 世纪 50 年代，由于计算机处理速度的提高，手工操作与计算速度极其不匹配，因此设计了监督程序（管理程序）摆脱手工操作。用户交给计算机做的工作称为作业，批处理操作实现作业的自动转换处理。用户将作业提交给系统操作员，操作员将作业成批输入计算机中，由监督程序识别一个作业并进行处理后，再取下一个作业。这种自动定序的处理方式被称为“批处理”方式，由于是串行执行作业，因此这种早期的批处理方式又称为单道批处理。

单道批处理系统的出现被认为是现代操作系统的雏形，但作业仍然需要串行处理，CPU 的利用率没有最大化，因此又出现了多道批处理系统。即在内存中存放多道用户程序，当一道程序在执行过程中需要等待外部设备输入/输出时，让另一道程序使用 CPU，从而大大提高 CPU 的使用效率。

批处理系统的特点是用户脱机使用计算机，成批处理作业，提高了 CPU 的使用效率，但缺点是用户的作业一旦提交，就无法再进行交互。

（3）第三阶段：分时操作系统。分时技术出现在 20 世纪 60 年代中期，是指多个用户通过终端共享一台主机 CPU 的工作方式。为使一个 CPU 为多道程序服务，将 CPU 划分为很小的时间片，采用循环方式将这些 CPU 时间片分配给排队队列中等待处理的每个程序。分时操作系统的特点是允许多个用户同时运行多个程序，每个程序都独立操作、独立运行、互不干涉，因此也被称为多用户多任务操作系统。多道程序与分时系统的出现标志着操作系统的正式形成，此后操作系统逐步进入实用化。

随着集成电路技术的更新与发展，计算机的成本被大大降低，价格不再是阻拦计算机普及的门槛，那么降低计算机的使用难度，提高其易用性就显得十分重要。因此，操作系统也朝着满足大众需求、具备图形化用户界面、集成丰富实用功能的方向发展，本书第 2 章所介绍的 Windows 7 操作系统就是一个典型代表。

2）操作系统的功能

从管理计算机软硬件资源的角度来看，操作系统通常包括 5 大功能模块：

（1）处理机管理：也称 CPU 管理。当多个程序同时运行时，解决处理机（CPU）的时间分配问题。

（2）存储器管理：也称内存管理，为每一个运行的程序和数据分配存储空间，并保证互不干扰。另外，操作系统一般还提供虚拟内存管理功能，以保证在较小的内存空间里运行较大的应用程序。

（3）设备管理：也称 I/O 设备管理，根据用户或应用程序的请求分配设备资源，同时响应设备的访问请求（也称中断）。计算机的 I/O 设备种类繁多，操作特性差异大，设备管理是操作系统最复杂且和硬件联系最紧密的功能。

（4）文件管理：负责文件的组织、存储和检索等，并为用户提供对文件的操作界面。

（5）作业管理：也称用户作业管理，作业是用户在一次计算过程或一次事务处理中要求计算机所做的所有工作。操作系统负责对所有进入计算机的作业进行调度和控制，以尽可能高效地使用计算机的软硬件资源。

3）操作系统的分类

操作系统的种类繁多，分类方法也不尽相同，通常有以下几种：

（1）根据系统的响应速度可分为：分时操作系统和实时操作系统。在一些工业控制领域，如自动驾驶系统，计算机必须对测量的数据及时、快速地进行处理和反应，以便达到控制的作用。这种有响应时间要求的快速处理过程称为实时处理过程，能够实现实时处理过程的就是实时操作系统。

（2）根据同时管理的用户数可分为：单用户操作系统和多用户操作系统。第一个商业化的微机操作系统 DOS 就是典型的单用户操作系统，目前绝大多数操作系统都是多用户操作系统。

（3）根据可同时运行的应用程序数量可分为：单任务操作系统和多任务操作系统。早期的操作系统。例如，DOS、Windows 的早期版本等都是单任务操作系统，目前绝大多数操作系统都是多任务操作系统。

（4）根据提供的用户界面可分为：字符界面操作系统和图形界面操作系统。字符界面操作系统采用命令行的方式，运行时占用的计算机资源较少，但需要操作员记忆大量的命令，操作难度大，多应用在大型机、服务器以及早期的个人计算机上，如 UNIX、Linux、DOS 等。图形界面操作系统采用了窗口、菜单、图标等元素，界面美观易用，用户体验更好，目前绝大多数个人计算机都采用图形界面操作系统，如 Windows、Mac 等。

4）典型的常用操作系统

计算机所使用的操作系统通常是由计算机的硬件架构和所要完成的功能决定的，如应用于个人计算机上的 Windows 系列和 Mac 系列操作系统，应用于网络服务器上的 Linux 和 UNIX 操作系统，应用于手机等智能终端上的 Android 和 iOS 操作系统等。

（1）Windows 操作系统：Windows 操作系统是美国微软（Microsoft）公司推出的多用户多任务图形界面操作系统，被广泛应用于个人计算机及部分服务器上，是目前最流行的桌面操作系统。

（2）Mac 操作系统：Mac OS 是美国苹果（Apple）公司推出的操作系统，它是苹果公司自己制造的个人计算机上的专用操作系统。实际上，个人计算机市场一直都存在着两种技术路线，一类是以美国 IBM 公司为代表的被广泛使用的机型，它采用开放式架构，成本低廉、兼容性好，因此这类计算机又被称为“IBM 及其兼容机”；另一类就是苹果公司生产的 Macintosh 计算机（简称 Mac 机），它价格昂贵，兼容性差，但因其精美的外观和流畅的设计受到众多爱好者的推崇，一直在多媒体处理、工业设计等领域独领风骚。一般情况下，Mac 机是不能直接安装 Windows 操作系统的，同样，IBM 及其兼容机也不能直接安装 Mac OS。

（3）UNIX 操作系统：UNIX 是 1969 年美国 AT&T 贝尔实验室开发的一款字符界面的多用户多任务操作系统，它功能强大、工作效率高、规模小（核心代码仅 1 万多行），并且具有卓越的稳定性和可靠性，一直都是大型机、服务器、工作站上的首先操作系统。UNIX 虽然有众多版本，但基本操作和命令都是一样的，而且每一个版本都提供了额外的 GUI 用户界面（称为 Shell），以方便用户使用。

（4）Linux 操作系统：Linux 是在 UNIX 操作系统的基础上发展起来的。1991 年，芬兰赫尔辛基大学的大学生 Linus Torvalds 首先对外发布了一套全新的应用在微机上的类 UNIX 操作系统，这就是 Linux 的原型。其后经过遍布于全世界的程序员们的共同努力，加上一些大公司的支持，Linux 操作系统不断更新和完善，并以其微小内核、高稳定性、高扩展性、低硬件要求、强大的网络功能等特点，成为目前使用最广泛的类 UNIX 操作系统。

相对于昂贵的商业操作系统，Linux 最大的特点是免费的、开源的，任何人都可以从网络上免费获得其源代码，并可以对其修改、参考、学习或用于商业产品，并且 Linux 与 UNIX 的兼容性非常好，大多数 UNIX 的程序都可以在 Linux 上直接运行。很多研究机构或者企事业单位都在此基础上开发了自己的 Linux 操作系统，目前比较流行的有 Ubuntu Linux、Manjaro Linux 和 RedHat Linux 等。

（5）Android 操作系统：Android（安卓）是美国谷歌（Google）公司推出的一款基于 Linux 内核的操作系统，主要应用于手机、平板计算机等智能移动终端。Android 系统的核心代码是免费和开源的，各个厂商都可以基于此核心代码开发自己的手机操作系统，这使得 Android 平台的应用增长非常迅速，已成为目前最流行的移动终端操作系统。

（6）iOS 操作系统：iOS 是美国苹果公司为其智能移动终端开发的专用操作系统，被应用在苹果公司的各类产品中，如 iPhone、iPad、iPod、iWatch 等。目前全球移动终端操作系统市场基本上被 Android 系统和 iOS 系统所瓜分，根据 2020 年的统计数据，Android 系统的市场占有率达到了 75.8%，iOS 的市场占有率为 22.8%。

（7）鸿蒙系统：鸿蒙系统是中国华为公司在 2019 年发布的一款“面向未来”的操作系统，英文名为 Harmony OS。鸿蒙系统是一款基于微内核的面向全场景的分布式操作系统，现已适配智慧屏、手机、平板计算机等，未来将适配智能汽车、可穿戴设备等多种终端设备。鸿蒙系统的定位不仅仅是一个手机或某一个设备的单一系统，而是一个可将所有智能设备连接起来的通用型系统平台，是一个面向“万物互联”的操作系统。鸿蒙系统是时代的产物，代表中国高科技必须开展的战略突围，是中国解决诸多“卡脖子”问题的一个带动点。

2. 语言处理程序

计算机本身是个毫无生命的机器，要使计算机能够为人类完成各种各样的工作，就必须让它执行相应的程序。所谓程序，就是用语言描述的某一问题的解决步骤，是符合

一定语法规则的符号序列。人们借助计算机能够理解的语言告诉计算机要做什么以及如何做，这就是程序设计，这种“语言”就是程序设计语言。

程序设计语言的种类非常丰富，功能也越来越强大，从其发展历史看大致可分为三个阶段。

1）机器语言

本质上，计算机只能识别由二进制代码 0 或 1 组成的序列所表示的指令，这种二进制的代码序列就是机器语言，或者说，机器语言就是计算机能够识别的指令的集合，是计算机的指令系统。例如，以下是某计算机的两条机器指令：

加法指令：10000000

减法指令：10010000

用机器语言编写的程序能被计算机直接识别和执行，但机器语言不直观，对于人类来说，机器语言难记忆、难理解、难编写，对程序员的要求极高，而且不同的计算机系统其指令系统是不同的，所以机器语言程序的可移植性极差（就是在一台计算机上编写的机器语言程序在另一台计算机上可能无法执行），编程效率极低。

2）汇编语言

20 世纪 50 年代中期，开始使用一些“助记符号”来表示机器语言中的机器指令，这样便形成了汇编语言。助记符一般都是表示一个操作的英文字母的缩写，与机器语言相比，它更便于人类识别和记忆。例如，上例中的加法和减法指令用汇编语言描述如下：

```
ADD A,B
SUB A,B
```

但是，计算机并不能直接识别和执行用汇编语言编写的程序，它必须经过一个叫汇编语言处理程序的系统软件翻译成机器语言后才能执行，这个过程称为“编译”。在这个过程中，非机器语言所编写的程序称为源程序（或源代码），编译后的机器语言程序称为目标程序（或目标代码）。

汇编语言指令和机器语言指令之间具有一一对应的关系，因此，不同的计算机系统其汇编语言也不尽相同，可移植性差，并且程序编写时仍需要对计算机内部结构非常熟悉，难度依然很大。和机器语言一样，汇编语言也属于低级语言。

3）高级语言

20 世纪 60 年代，开始出现了更接近于人类自然语言形式的高级程序设计语言。高级语言的一条语句相当于多条汇编语言指令或机器语言指令，表达能力强。在使用高级语言时，程序员不需要熟悉计算机的指令系统，可以把更多的精力集中在解决问题的方法步骤（算法）上。同时，高级语言不依赖于具体的计算机，为某种类型的计算机编写的高级语言程序，可以很方便地移植到其他类型的计算机上运行，这就大大降低了编程的难度，提高了编程的效率和质量，不仅扩展了计算机的应用领域，而且为团队协作开发大规模软件提供了可能性，比如 Linux、UNIX、Windows 等大型操作系统都是由高级语言 C 语言编写而成的。

当然，高级语言也不能被计算机直接识别和执行，使用高级语言编写的程序也要经过相应语言处理程序的编译、解释和连接等过程，才能生成可以在计算机上直接运行的软件。

高级语言种类丰富，发展至今大概有上百种，C、C++、C#、Java、Python 等都是高级语言中的杰出代表。

3. 数据库管理系统

数据库（Database）是按照一定的数据结构进行组织、描述和存储数据的仓库。数据库的特点是较小的数据冗余、较高的数据独立性和易扩展性，并可为各种用户共享。数据库技术是管理信息系统、办公自动化系统、决策支持系统等各类信息系统的核心部分，是进行科学研究和决策管理的重要技术手段。

数据库管理系统（Database Management System，DBMS）就是对数据库完成建立、存储、筛选、排序、检索、复制、输出等一系列操作的系统软件。目前，应用比较广泛的数据库管理系统有 Oracle、SQL Server、MySQL 等。

4. 应用软件

应用软件是为解决某一具体问题而编制的程序。根据服务对象的不同，可分为通用软件和专用软件两种。

1）通用软件

为解决某一类问题所设计的软件称为通用软件。如办公软件（WPS、Microsoft Office 等）、辅助设计软件（AutoCAD、3DMax 等）、杀毒软件（瑞星、360 杀毒、卡巴斯基等）、图像处理软件（PhotoShop 等）。

2）专用软件

专门适应特殊需求的软件称为专用软件。例如，单位自己组织开发的教学管理系统、人事管理系统等。

1.4 计算机病毒与防治

《中华人民共和国计算机信息系统安全保护条例》为计算机病毒下过明确的定义：计算机病毒是指编制或在计算机程序中插入的破坏计算机功能或者破坏数据，影响计算机使用并且能够自我复制的一组计算机指令或程序代码。简单地说，计算机病毒是一种人为制造的、能对计算机系统起破坏作用的程序。

1. 计算机病毒的特点

计算机病毒一般具有破坏性、寄生性、传染性、潜伏性和隐蔽性五大特点。

（1）破坏性：计算机病毒可以破坏系统、删除或修改数据，甚至格式化整个硬盘、占用系统资源、降低计算机运行效率。

（2）寄生性：计算机病毒寄生在其他程序之中，不易被人发觉。

（3）传染性：计算机病毒具有传染性，可以从一种存储媒介传染到另一种存储媒介。特别的，随着计算机网络的发展和普及，病毒的传播速度之快令人难以置信。

（4）潜伏性：有些病毒像定时炸弹一样，发作时间是预先设计好的，如著名的“黑色星期五”病毒就在每周五开始发作。病毒不到预定时间一点都觉察不出来，等到条件具备的时候一下就爆发开来，令人猝不及防。

（5）隐蔽性：计算机病毒具有很强的隐蔽性，如果不依靠特定的杀毒软件，用户一般很难发现和清除它们。

2. 计算机感染病毒后的常见症状

计算机病毒虽然很难检测，但只要细心留意计算机的运行状况，往往可以发现计算机感染病毒的一些异常情况。例如：

（1）磁盘文件数无故增多；

（2）系统的内存空间明显变小；

（3）文件的日期/时间值被修改（用户自己并没有修改）；

（4）可执行文件的大小明显增加；

（5）正常情况下可以运行的程序却突然因内存不足而不能运行；

（6）程序加载或执行时间比正常明显变长；

（7）计算机经常出现死机或不能正常启动等现象。

3. 计算机病毒的分类

从已发现的计算机病毒来看，小的病毒程序只需几十条指令，不到百字节，而大的病毒程序简直像个操作系统，由上万条指令组成。计算机病毒一般可分成5种主要类型。

（1）引导区型病毒：主要通过移动硬盘、U盘、光盘等可移动存储介质在操作系统中传播，感染硬盘的引导区并传染到整个硬盘。这类病毒在计算机启动时会先于系统文件装载到内存中，获得控制权并进行破坏和传染。这类病毒很难被清除干净。

（2）文件型病毒：是文件感染者，也称为寄生病毒。通常感染扩展名为com、exe、bat、drv、ovl、sys等可执行文件或系统文件。被感染的文件一旦运行，病毒程序就会首先启动。

（3）混合型病毒：这类病毒综合了引导区型和文件型病毒的特征，通过两种方式来传染，提高了病毒的传染性和存活率。此种病毒最难杀灭。

（4）宏病毒：宏病毒是寄存在Microsoft Office文档或模板的宏中的病毒。它只感染Microsoft Office文档文件（DOCX）和模板文件（DOTX），与操作系统没有特别的关联。当对感染宏病毒的Word文档操作时，它就进行破坏和传播。

（5）Internet病毒（网络病毒）：此类病毒大多是通过E-mail传播的，破坏特定扩展名的文件，并使邮件系统变慢，甚至导致网络系统崩溃。随着计算机网络的发展和普及，网络病毒是需要防范的重点。

4. 计算机病毒的清除

一旦发现计算机染上病毒，一定要及时清除，以免造成损失。普通用户必须借助杀毒软件对病毒进行清除，目前常用的杀毒软件有360杀毒、金山毒霸、瑞星和卡巴斯基等。另外需要注意的是，杀毒软件依靠病毒库中已知的病毒特征码来查杀病毒，所以用户要定期更新杀毒软件的病毒库，这样才能查杀最新的病毒或病毒变种。

5. 计算机病毒的预防

计算机感染病毒了再去想办法杀毒，实际上已经是亡羊补牢，正确的做法是对计算机病毒采取“预防为主”的方针，并从切断其传播途径入手。计算机病毒主要通过移动存储设备（如光盘、U 盘和移动硬盘等）和计算机网络两大途径进行传播，所以可以采取以下几条预防措施：

（1）专机专用：重要部门的计算机应专机专用，禁止与任务无关的人员接触该计算机，以防止潜在病毒传入。

（2）固定启动方式：对配有硬盘的计算机，应该从硬盘启动系统，如果非要用其他媒介启动系统，则一定要保证系统盘无病毒。

（3）安装杀毒软件并定期查杀：定期用杀毒软件对计算机系统进行检测，发现病毒后及时消除，同时还要注意及时更新杀毒软件的病毒库。

（4）慎用网上下载的软件：网上下载的软件一定要检测后再用，更不要随便打开陌生人发来的电子邮件或下载邮件附件。

（5）备份重要数据：定期备份重要的文件资料或系统数据，以免遭受病毒破坏后无法恢复。

习　题

一、选择题

1. 第一台电子计算机是 1946 年在美国研制的，其英文缩写名是（　　）。

   A. ENIAC　　B. EDVAC　　C. EDSAC　　D. MARK-II

2. 通常人们所说的一个完整的计算机系统应包括（　　）。

   A. 主机、键盘和显示器　　B. 硬件系统和软件系统

   C. 主机和其他外围设备　　D. 系统软件和应用软件

3. 计算机之所以按人们的意志自动进行工作，最直接的原因是因为采用了（　　）。

   A. 二进制数制　　B. 高速电子元件

   C. 存储程序控制　　D. 程序设计语言

4. 微型计算机主机的主要组成部分是（　　）。

   A. 运算器和控制器　　B. CPU 和内存储器

   C. CPU 和硬盘存储器　　D. CPU、内存储器和硬盘

5. 计算机软件系统包括（　　）。

   A. 系统软件和应用软件　　B. 编译系统和应用系统

   C. 数据库管理系统和数据库　　D. 程序、相应的数据和文档

6. 微型计算机中，控制器的基本功能是（　　）。

   A. 管理计算机系统的全部软硬件资源，为用户提供良好的使用界面

   B. 对用户存储的文件进行管理，方便用户

   C. 执行用户输入的各类命令，指挥计算机各个部件自动协调地工作

   D. 为汉字操作系统提供运行基础

7. 计算机的硬件主要包括中央处理器、存储器、输出设备和（　　）。

   A. 键盘　　B. 鼠标　　C. 输入设备　　D. 显示器

8. 下列各组设备中，完全属于外围设备的一组是（　　）。

A. 内存储器、磁盘和打印机　　B. CPU、软盘驱动器和 RAM
C. CPU、显示器和键盘　　D. 硬盘、软盘驱动器、键盘

9. RAM 的特点是（　　）。
A. 断电后，存储在其内的数据将会丢失
B. 存储在其内的数据将永久保存
C. 用户只能读出数据，但不能随机写入数据
D. 容量大但存取速度慢

10. 组成一个字节的二进制位数是（　　）。
A. 4　　B. 8　　C. 16　　D. 32

11. 微型计算机硬件系统中最核心的部件是（　　）。
A. 硬盘　　B. I/O 设备　　C. 内存储器　　D. CPU

12. 电子计算机最早的应用领域是（　　）。
A. 数据处理　　B. 生活娱乐　　C. 工业控制　　D. 科学计算

13. 一条计算机指令中通常包含（　　）。
A. 数据和字符　　B. 操作码和操作数
C. 运算符和数据　　D. 被运算数和结果

14. KB（千字节）是度量存储器容量大小的常用单位，1 KB 等于（　　）。
A. 1 000 个字节　　B. 1 024 个字节
C. 1 000 个二进位　　D. 1 024 个字

15. 下列叙述中，正确的是（　　）。
A. CPU 能直接读取硬盘上的数据　　B. CPU 能直接存取内存储器中的数据
C. CPU 由存储器和控制器组成　　D. CPU 主要用来存储程序和数据

16. 在计算机技术指标中，MIPS 用来描述计算机的（　　）。
A. 运算速度　　B. 时钟主频　　C. 存储容量　　D. 字长

17. 下列存储器中，存取速度最快的是（　　）。
A. U 盘　　B. 内存　　C. 光盘　　D. 固态硬盘

18. 第二代计算机采用的主要元器件是（　　）。
A. 电子管　　B. 小规模集成电路
C. 晶体管　　D. 大规模集成电路

19. （　　）是计算机唯一能直接识别和执行的程序语言。
A. 汇编语言　　B. 机器语言　　C. 高级语言　　D. 源程序

20. 下列一组数据中最大的数是（　　）。
A. $(227)_8$　　B. $(1FF)_{16}$　　C. $(1010001)_2$　　D. 789

二、简答题

1. 简述计算机系统的组成。
2. 简述冯·诺依曼型计算机的主要特点。
3. 简述操作系统的主要功能。
4. 简述计算机病毒的特点、分类及预防措施。

第 2 章 Windows 7 操作系统

自 1985 年推出 Windows 1.0 以来，微软公司至今已累计发行了 30 多个正式版本的 Windows 操作系统。Windows 系列产品覆盖了桌面操作系统、嵌入式操作系统、服务器操作系统、移动终端操作系统等多个领域，已成为目前全世界最流行、应用最广泛的操作系统。

本章将介绍 Windows 7 操作系统的基本概念和使用方法，包括用户界面、文件和文件夹的基本操作、个性化设置以及系统常用工具的使用等。

2.1 Windows 7 简介

Windows 7 是微软公司在 2009 年 10 月发行的一款多用户、多任务、图形化界面的操作系统，可供家庭及商业工作环境、个人计算机、平板计算机、多媒体中心等使用，稳定性、兼容性和视觉效果大大增强，目标是使用户在工作中更有效地合作交流，从而提高效率，并更富于创造性。

2.1.1 Windows 7 的版本

关于 Windows 7 操作系统的版本，有两个方面。

1. 32 位和 64 位

操作系统之所以区分 32 位和 64 位是因为计算机硬件系统的发展。我们都知道，CPU 也是分 32 位和 64 位的，它们的区别是 CPU 在单位时间内能一次性处理的二进制位数的不同，64 位的 CPU 具有更快的处理速度和更大的寻址空间。从 32 位到 64 位，CPU 的架构发生了根本性的改变，操作系统和应用软件也要进行修改，才能匹配新架构的优点，最大程度地发挥计算机硬件的性能。

Windows 7 操作系统分为 32 位和 64 位两个版本，选择哪一种，需要综合考虑计算机的硬件配置和用户的个人实际需求。对于普通个人用户来说，主要体现在以下两点：

（1）32 位的 Windows 7 最大支持 4 GB 的物理内存，而 64 位最大可支持 192 GB 的物理内存。所以，如果计算机的内存大于 4 GB，应选择 64 位的 Windows 7，以最大程度地发挥硬件性能；如果计算机的内存小于 4 GB，应优先选择 32 位的 Windows 7，这是因为 64 位的系统要比 32 位的占用更多的资源，在物理内存不足够多的情况下，选择 64 位的系统反而会使计算机的整体工作效率变低。

（2）应用软件也是区分 32 位和 64 位的。32 位的操作系统仅支持 32 位的应用软件，它是不能运行 64 位应用软件的；64 位的操作系统两种类型都支持，但在 64 位系统下运

行 32 位的应用软件并不能感觉到性能的提升，只有 64 位的应用软件才能最大化发挥 64 位平台的优势。因此，如果用户需要运行 64 位的应用软件，应选择 64 位的操作系统。实际上，64 位 Windows 7 操作系统的设计初衷就是为了满足机械设计和分析、三维动画、视频编辑和创作以及高性能计算等领域的客户需求的，只是随着计算机硬件及程序设计技术的发展，64 位操作系统已全面普及开来。

另外，32 位的 CPU 只能安装 32 位的操作系统，64 位的 CPU 可以安装 32 位与 64 位的操作系统。

2. Windows 7 的版本类型

Windows 7 总共有 6 个版本，各个版本的区别如下：

（1）初级版（Windows 7 Starter）：这是功能最少的版本，缺乏 Aero 特效功能，没有 64 位支持，没有 Windows 媒体中心和移动中心等，对更换桌面背景也有限制。它主要应用在一些低端计算机上，通过系统集成或 OEM 产品上预装获得，并限于某些特定类型的硬件。

（2）家庭普通版（Windows 7 Home Basic）：这是简化的家庭版，支持多显示器，有移动中心，限制部分 Aero 特效，没有 Windows 媒体中心，没有远程桌面，只能加入不能创建家庭网络组。64 位系统仅支持 8 GB 物理内存。它仅在新兴市场投放，如中国、印度、巴西等。

（3）家庭高级版（Windows 7 Home Premium）：此版本面向家庭用户，满足家庭娱乐需求，包含所有桌面增强和多媒体功能，如 Aero 特效、多点触控功能、媒体中心、建立家庭网络组、手写识别等，不支持 Windows 域、Windows XP 模式、多语言等功能。64 位系统可支持 16 GB 物理内存。可以通过全球 OEM 厂商和零售商获得。

（4）专业版（Windows 7 Professional）：此版本面向软件爱好者和小企业用户，满足办公开发需求，包含加强的网络功能，如活动目录和域支持、远程桌面等，另外还有网络备份、位置感知打印、加密文件系统、演示模式、Windows XP 模式等功能。64 位系统可支持 192 GB 物理内存。可以通过全球 OEM 厂商和零售商获得。

（5）企业版（Windows 7 Enterprise）：此版本是面向企业市场的高级版本，满足企业数据共享、管理、安全等需求。包含多语言包、UNIX 应用支持、BitLocker 驱动器加密等功能。通过与微软有软件保证合同的公司进行批量许可出售，不在 OEM 厂商和零售市场发售。

（6）旗舰版（Windows 7 Ultimate）：旗舰版面向高端用户和软件爱好者，拥有的功能与企业版基本相同，仅仅在授权方式及其相关应用及服务上有区别。专业版用户和家庭高级版用户可以付费通过 Windows 升级服务随时升级到旗舰版。

本章以 64 位 Windows 7 Ultimate（旗舰版）为例介绍基本操作和使用。

2.1.2 Windows 7 的启动与退出

1. 启动 Windows 7 操作系统

步骤 1：依次按下显示器和主机上的电源开关，系统开始进行自检。

步骤2：当出现欢迎界面时，选择要登录的用户，必要时输入登录密码，按【Enter】键，就可以登录到Windows 7系统。

2．退出Windows 7操作系统

退出Windows 7可以通过关机、休眠、注销等操作来实现。

1）关机

步骤1：关闭所有已打开的窗口，退出所有运行的程序。

步骤2：单击“开始”按钮，在弹出的“开始”菜单中单击“关机”按钮。

步骤3：系统自动保存相关的信息，保存完毕后主机的电源自动关闭，指示灯熄灭。

步骤4：最后关闭显示器电源，这样就安全地关闭了计算机。

在开机和关机过程中，一定要按顺序正确操作。开机时，先打开外设（如打印机、扫描仪等）的电源，然后打开显示器电源，最后打开主机电源。关机时，要先关主机，后关显示器，而且关机之前先退出所有运行的程序，通过“开始”菜单正确关机。不要直接关闭主机电源，以防丢失数据，损坏系统。

2）注销

Windows 7是一个多用户操作系统，每个用户都拥有自己的工作环境。当需要退出Windows 7操作系统时也可以通过注销用户的方式来实现。注销操作的具体步骤如下：

步骤1：单击“开始”按钮，在弹出的“开始”菜单中单击“关闭”按钮右边的箭头，然后在弹出的“关闭选项”列表中选择“注销”选项。

步骤2：此时系统关闭当前用户操作环境中的程序和窗口，稍后弹出Windows 7系统的“用户登录”界面。

3）切换用户

在“关闭选项”列表中还有“切换用户”选项，通过它也可以退出Windows 7系统回到“用户登录”界面。与“注销”的区别是，执行“注销”操作后计算机关闭当前所有的工作，处于没有任务的状态等待另一个用户的重新进入；“切换用户”可以在保留当前用户工作的同时迅速地切换到另外一个用户账户中。

4）睡眠

睡眠是一种节能状态，睡眠仅仅是待机，当用户希望再次开始工作时，可使计算机快速恢复全功率工作（通常在几秒之内）。让计算机进入睡眠状态就像暂停DVD播放机一样，计算机会立即停止工作，并做好继续工作的准备。睡眠通常会将当前的工作保存在内存中并消耗少量的电量，关闭屏幕和硬盘，但不关闭电源。睡眠情况下，用户移动鼠标或者按下键盘上的任何键就会唤醒计算机。

5）休眠

休眠是退出Windows 7操作系统的另一种方法，主要为便携式计算机设计的电源节能状态。休眠时将打开的文档和程序保存到硬盘中，然后关闭计算机。当需要重新启动计算机时，只需要按下机箱上的电源键将计算机从休眠状态中唤醒，休眠前的工作状态全部恢复，用户可以继续操作Windows 7系统。休眠可以最大程度地节省电力。

6）锁定

当用户有事需要暂时离开，但是计算机还在工作，用户不希望让人查看或更改计算机的用户信息时，可以通过该功能按钮来锁定计算机。

2.1.3 Windows 7 的用户界面

Windows 系列操作系统采用图形用户界面（GUI），从 Windows 3.0 开始就确定了这种图形界面的基本形式，它一般由桌面、窗口、菜单、图标等基本元素组成。

1. 桌面

登录到 Windows 7 系统之后，首先展现在用户面前的就是桌面。桌面就像工作台，是用户组织工作、与计算机交互的场所。

Windows 7 的桌面主要由桌面背景、桌面图标和任务栏 3 部分组成，如图 2-1 所示。

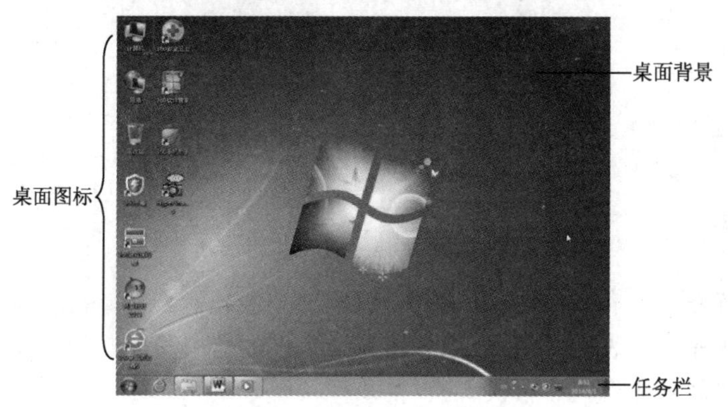

图 2-1 Windows 7 的桌面

1）桌面背景

桌面背景是指 Windows 7 桌面的背景图案，又称为桌布或者墙纸，用户可以根据自己的喜好更改桌面的背景图案。

2）桌面图标

桌面图标由图标和说明文字组成，图标是形象化的标识，文字则表示它的名称或者功能。桌面图标分为两种，一种是系统图标，另一种是快捷方式图标。

3）任务栏

任务栏是桌面最下方的水平长条，它主要由"开始"按钮、程序按钮区、通知区域和"显示桌面"按钮 4 部分组成。任务栏的主要功能是显示用户当前打开的程序窗口的对应按钮，使用该按钮可以对窗口进行还原到、切换以及关闭等操作。另外，通知区域显示了计算机的一些重要信息，如系统时钟、网络连接情况等。

2. "开始"菜单

"开始"菜单是 Windows 7 系统中最常用的组件之一，它是计算机程序、文件夹和设置操作的重要入口，如图 2-2 所示。"开始"菜单由"固定程序"列表、"常用程序"列表、"所有程序"菜单、"启动"菜单、"搜索"框和"关机"按钮等几部分组成。

1）"固定程序"列表

该列表中的程序会固定地显示在"开始"菜单中，用户通过它可以快速打开其中的应用程序。此菜单中默认的固定程序只有两个，分别是"Windows Media Center"（即多媒体中心）和“入门”。

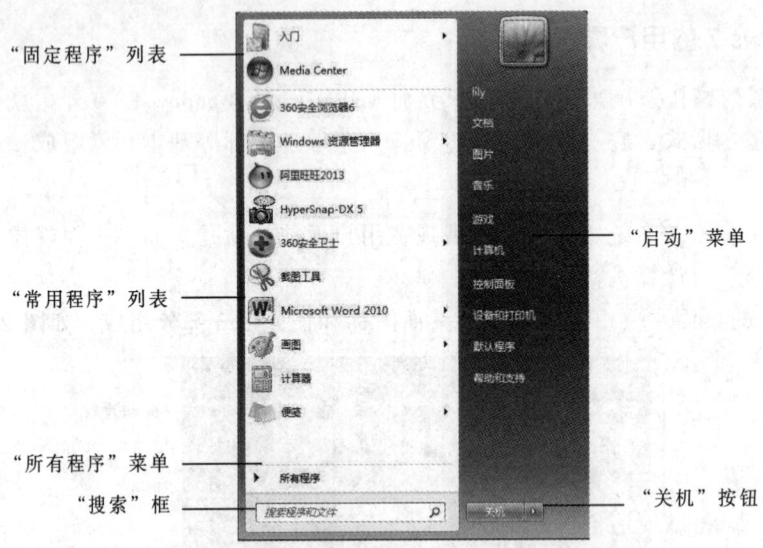

图 2-2　Windows 7 的“开始”菜单

2）“常用程序”列表

在“常用程序”列表中会列出 10 个用户最常用的应用程序，如果超过了 10 个，它们会按照使用时间的先后顺序依次替换。

3）“所有程序”菜单

用户在“所有程序”菜单中可以找到系统中安装的所有应用程序。

4）“搜索”框

通过“搜索”框，用户可以快速地查找系统中已安装的程序或文件。

3．窗口

窗口是 Windows 用户界面的基本框架。通常情况下每个应用程序启动后，都会打开一个或多个窗口，窗口是人机交互的基本界面。虽然各个窗口的内容和作用不同，但是其外观却大同小异。一般窗口都是由标题栏、地址栏、搜索框、菜单栏、工具栏、窗格、工作区和状态栏几部分组成，如图 2-3 所示。

1）标题栏

在 Windows 7 的窗口中，标题栏只显示了控制按钮区。在控制按钮区中有 3 个控制按钮，分别为“最小化”按钮、“最大化”按钮和“关闭”按钮，使用这些按钮可以对窗口进行放大、缩小、还原和关闭的操作。

2）地址栏

显示文件和文件夹所在的路径以及网址等信息。

3）搜索框

将所要查找的目标名称输入搜索框中，按【Enter】键或者单击“搜索”按钮即可开始查找。

图 2-3　Windows 7 的窗口

4）菜单栏

菜单栏由多个包含命令的菜单组成，每个菜单又由多个菜单项组成。单击某个菜单按钮便会弹出相应的下拉菜单，用户可以从中选择相应的菜单项来完成相应的操作。

5）工具栏

工具栏由常用的命令按钮完成，单击相应的按钮即可执行相应的操作。有些工具按钮的右侧有一个下箭头按钮 ，说明单击该工具按钮可以弹出下拉列表。

6）工作区

工作区是整个窗口中最大的矩形区域，用于显示窗口中的操作对象和操作结果。当工作区中显示的内容太多时，就会在窗口的右侧出现垂直滚动条，单击滚动条两端的 和 按钮，或者拖动滚动条都可以使窗口中的内容垂直滚动。

7）状态栏

状态栏位于窗口的最下方，主要用于显示当前窗口的相关信息或被选中对象的状态信息。可以通过选择“查看”菜单中的“状态栏”菜单项来控制状态栏的显示和隐藏。

4. 对话框

对话框也是一种窗口，但与普通窗口的区别在于，对话框一般不能改变大小。对话框是人机交互的一种常见方式，用来获取用户的设置并执行相应的操作。一般来说，对话框中包含选项卡、列表框、下拉列表、微调框、命令按钮、单选按钮和复选框等组件。如“文件夹选项”对话框如图 2-4 所示。

1）标题栏

标题栏位于对话框的最上方，标明了该对话框的名称，对话框一般没有最大化和最小化按钮，只有关闭按钮。

2）选项卡

选项卡也称为折叠卡，是一种界面布局方式，可以在有限的平面内展示更多的内容。如图 2-4 中的“文件夹选项”对话框由“常规”“查看”“搜索”3 个选项卡组成。

3）列表框

通常列表框又称为下拉列表，右侧有一个下箭头按钮▾。单击下箭头按钮即可将其展开，用户可以从弹出的列表中选择需要的选项，如图 2-5 所示。

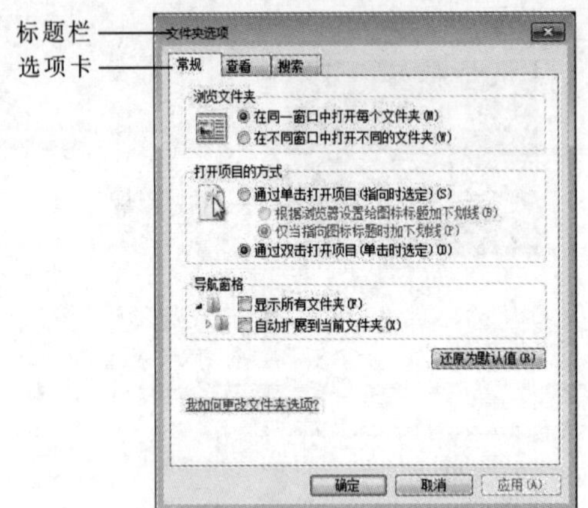

图 2-4 “文件夹选项”对话框

图 2-5 下拉列表

4）微调按钮

微调按钮包括一对紧靠在一起的上下箭头，使用微调按钮可以增加或缩小某个特定的数值。微调按钮往往会和文本框一起出现，用户既可以通过文本框直接输入数值，也可以通过微调按钮来调整数值，如图 2-6 所示。

5）单选按钮

单选按钮经常以一个小圆圈○的形式出现，被选中的单选按钮中间会出现一个实心的小圆点◉。通常多个单选按钮会组成一组，用户只能选择其中的一个，如图 2-6 所示。

6）复选按钮

复选按钮的表现形式是小正方形□，当某个复选按钮被选中时，会出现☑标识。与单选按钮不同的是，用户可以同时选中多个复选框，各个复选框的功能是叠加的，如图 2-6 所示。

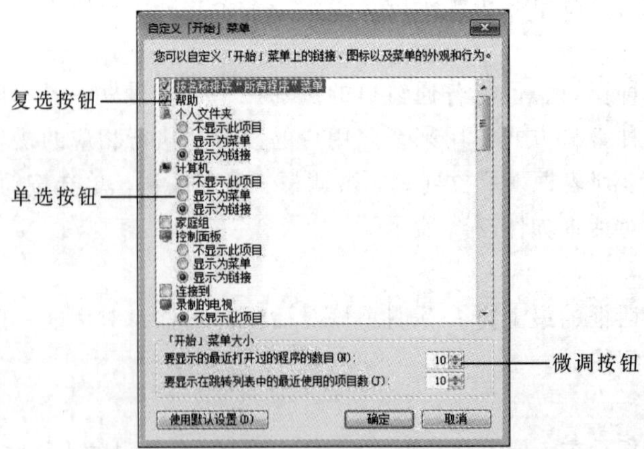

图 2-6 微调按钮、单选按钮和复选按钮

5. 菜单

菜单是一种形象化的称呼，Windows 系统将各种命令分门别类地集合在一起就构成了菜单。在应用程序的窗口中通常都有菜单栏，基本上包含了能够完成所有功能的命令。在 Windows 7 操作系统中还有一种菜单被称为快捷菜单，用户只要在各种对象上（如图标、文件、文件夹等）、桌面空白处、任务栏空白处等区域右击，即可弹出一个快捷菜单，其中包含对选中对象的一些操作命令，利用快捷菜单可以快速实现某些功能。

菜单中的命令又称为菜单项。菜单项的形式多种多样，它可以表示选取状态，如果菜单项后面有一个三角符号▸表示会弹出一个子菜单（级联菜单），如果菜单项后面有三个点号“...”，单击该菜单项会弹出一个对话框，如图 2-7 所示。

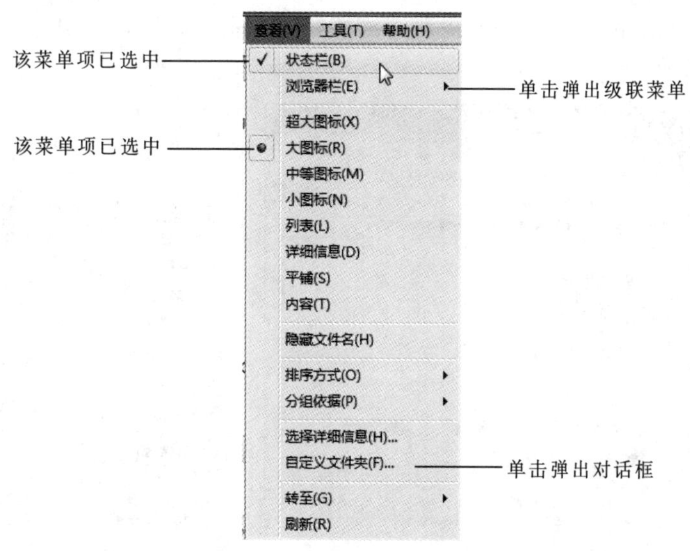

图 2-7　菜单项的标识符号

2.2　Windows 7 的基本操作

2.2.1　桌面图标的操作

桌面上的图标一般有两种，一种是系统图标，一种是应用程序的快捷方式图标。桌面图标提供了执行 Windows 7 系统功能或启动应用程序的一种快捷方式，但是如果桌面上放置了太多的图标，不仅影响桌面的整洁和美观，而且也占用磁盘空间，还会影响计算机系统的运行速度，因此要经常对桌面进行整理，以提高系统运行的速度和稳定性。

1. 排列桌面图标

在桌面空白处右击，在弹出的快捷菜单中选择“排序方式”菜单项，在其级联菜单中可以看到桌面图标的有 4 种排列方式：名称、大小、项目类型和修改日期。选择其中一项，桌面图标就会据此进行排列。

2．查看图标

在弹出的快捷菜单中选择“查看”菜单项，在其级联菜单中可以看到桌面图标的 3 种显示方式：大图标、中等图标和小图标，据此可以改变图标显示的大小。另外，该菜单项中还包含了其他设置桌面图标的命令，例如可以通过勾选或取消选择“显示桌面图标”菜单项，从而显示或隐藏桌面图标。

3．添加桌面图标

1）添加系统图标

步骤 1：在桌面的空白区域右击，在弹出的快捷菜单中选择“个性化”菜单项，弹出图 2-8 所示的“个性化”窗口。

步骤 2：单击左侧窗格中的“更改桌面图标”超链接，弹出“桌面图标设置”对话框，如图 2-9 所示。

图 2-8 “个性化”窗口

图 2-9 “桌面图标设置”对话框

步骤 3：在“桌面图标”组合框中选中相应的复选框，即可将相应的图标显示在桌面上。

2）添加应用程序快捷方式图标

例如，要在桌面上添加 Excel 2016 应用程序快捷方式图标，有两种方式。

（1）单击“开始”按钮，在“开始”菜单中的“所有程序”中找到“Microsoft Excel 2016”菜单项，右击，在弹出的快捷菜单中选择“发送到”→“桌面快捷方式”即可。

（2）在桌面空白区域右击，在弹出的快捷菜单中选择“新建”→“快捷方式”菜单项，弹出图 2-10 所示的“创建快捷方式”对话框。通过“浏览”按钮找到 Excel 2016 的可执行文件，单击“下一步”按钮，然后在对话框中输入快捷方式的名称，单击“完成”按钮即可。

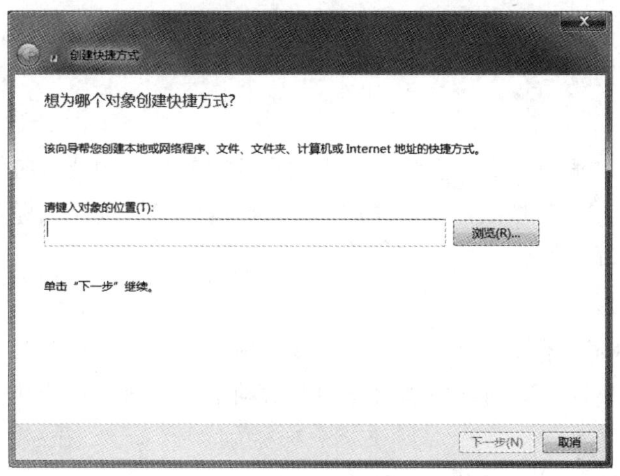

图 2-10 “创建快捷方式”对话框

2.2.2 窗口的基本操作

Windows 7 是一个多任务操作系统，可以同时运行多个应用程序，也就是说可以同时打开多个应用程序窗口。Windows 7 的窗口其实分为两种，一种是普通窗口，一种是对话框，两者最大的区别是窗口可以改变大小、可以移动，对话框可以移动，但不能改变大小。

1. 改变窗口大小

在对窗口进行操作的过程中，用户可以根据需要对窗口的大小进行调整。

1）利用控制按钮改变窗口大小

（1）“最小化”按钮。

单击窗口右上角的“最小化”按钮，窗口将以图标按钮的形式缩放到任务栏的程序按钮区中。单击此图标按钮即可将该窗口恢复到原始大小。

（2）“最大化”按钮。

单击“最大化”按钮可将窗口放大到整个屏幕大小，这样可以看到窗口中的更多内容。此时“最大化”按钮变成了“向下还原”按钮，单击该按钮即可将窗口恢复到原始大小。

（3）“关闭”按钮。

单击“关闭”按钮，可将窗口关闭，这也是退出应用程序的一种方式。

2）手动调整窗口大小

当窗口没有处于最大化或者最小化状态时，可以通过手动方式调整窗口的大小。将鼠标指针移至窗口四周的边框上，当指针呈双向箭头显示时，按住鼠标左键不放并拖动即可进行调整。

（1）将鼠标指针移至窗口状态栏的右下角，当指针呈“⤡”形状显示时，按住鼠标左键拖动即可按比例改变窗口的大小。

（2）将鼠标指针移至窗口右侧边框上，当指针呈“⇔”形状显示时，按住鼠标左键拖动即可改变窗口的宽度。

（3）将鼠标指针移至窗口下边框上，当指针呈“⇕”形状显示时，按住鼠标左键拖动即可改变窗口的高度。

2．移动窗口

窗口的位置可以根据需要随意移动，当用户要移动窗口的位置时，只需将鼠标指针移至窗口的标题栏上，此时鼠标指针变成“⇖”形状，然后按住鼠标左键不放并将其拖动到合适的位置再释放鼠标即可。

3．切换窗口

虽然在 Windows 7 系统中可以同时打开多个窗口，但当前活动窗口只能有一个。用户在操作过程中经常需要在当前活动窗口和非活动窗口之间进行切换，切换窗口的方法有以下几种。

（1）利用【Alt+Tab】组合键。

若想在众多程序窗口中快速地切换到需要的窗口，可以通过【Alt+Tab】组合键实现。如果用户的计算机支持 Aero 特效，按住【Alt+Tab】组合键，则会弹出窗口缩略图方块，如图 2-11 所示。按住【Alt】键不放，再按下【Tab】键逐一挑选窗口缩略图方块，当方框移动到需要使用的窗口缩略图方块时松开按键，即可打开相应的窗口。

图 2-11　窗口缩略图方块

（2）利用【Alt+Esc】组合键。

用户也可以通过【Alt+Esc】组合键在窗口之间切换。使用这种方法可以直接在各个窗口之间切换，但是不会出现窗口缩略图方块。

（3）利用任务栏上的程序按钮区。

应用程序每打开一个窗口，就会在任务栏上的程序按钮区中出现一个相应程序的图标按钮。通过单击其中的程序图标按钮，即可在各个程序窗口之间进行切换。

4．排列窗口

桌面上有多个窗口的时候，其排列方式有层叠窗口、堆叠显示窗口、并排显示窗口三种形式。在任务栏的空白处右击，在弹出的快捷菜单中选择不同的窗口排列命令，如图 2-12 所示。例如选择“层叠窗口”命令，即可实现窗口的层叠排列。当不需要层叠窗口时，右击任务栏的空白处，在弹出的快捷菜单中选择“撤销层叠”命令。

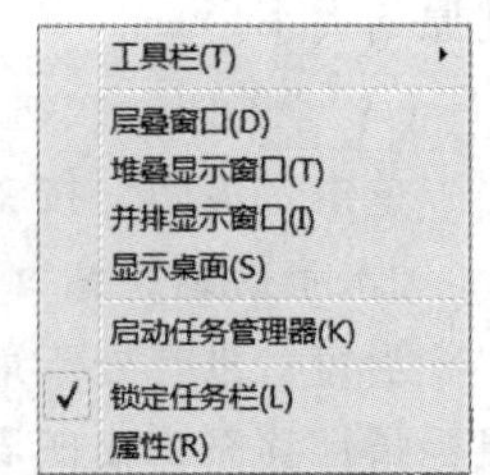

图 2-12　排列窗口选项

2.2.3　任务栏的基本设置

Windows 7 的任务栏主要由“开始”按钮、程序按钮区、通知区域和“显示桌面”按钮 4 部分组成，如图 2-13 所示。

图 2-13 Windows 7 的任务栏

1. 设置任务栏的外观

用户可根据自己的喜好或使用习惯对任务栏的外观进行设置。在任务栏的空白区域右击，在弹出的快捷菜单中选择“属性”命令，弹出“任务栏和[开始]菜单属性”对话框，在“任务栏”选项卡中有许多设置项目，如图 2-14 所示。

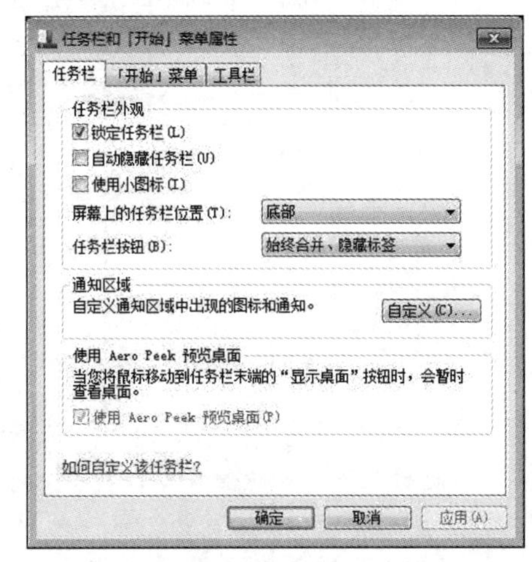

图 2-14 “任务栏和[开始]菜单属性”对话框

（1）“锁定任务栏”：用户在日常使用时，有时会不小心将任务栏拖动到屏幕的左侧或者右侧，有时还会将任务栏的宽度拉伸，且很难调整到原来的状态，为了避免这些情况的发生，将“锁定任务栏”这个复选框勾选上，可以将任务栏锁定。

（2）“自动隐藏任务栏”：当用户需要的工作面积较大时，就可以隐藏屏幕下方的任务栏，这样可以让桌面显得更大一些，此时选中“自动隐藏任务栏”复选框即可。这时，若想要在桌面中显示任务栏，只需将鼠标指针移动到屏幕最下方，任务栏就会自动显示出来，移开鼠标指针，任务栏又会自动隐藏起来。

（3）“使用小图标”：可以把任务栏中的图标变小，这样可以节省任务栏的有限空间，也不会影响任务栏的其他操作。

（4）“屏幕上的任务栏显示位置”：在“屏幕上的任务栏位置”下拉列表中用户可以设置任务栏在桌面的上、下、左、右 4 个不同位置显示。默认情况下，任务栏是在桌面的最底部。

（5）“任务栏按钮”：用来定义任务栏程序按钮区中的按钮模式，3 种模式分别是“始终合并、隐藏标签”“当任务栏被占满时合并”“从不合并”，读者可自行体验 3 种模式的显示方式。

2. 自定义通知区域

通知区域位于任务栏右侧，除了包含系统时钟、音量、网络以及操作中心等图标之外，还包含一些正在运行的程序图标。

当通知区域显示出的图标很多时，就会显得很杂乱，这时可以选择将某些图标始终保持为可见，而其他一些图标保留在溢出区。用户自定义图标在通知区域的显示行为的操作步骤如下。

步骤 1：在“任务栏和[开始]菜单属性”对话框中，单击“通知区域”组合框中的“自定义”按钮。

步骤 2：弹出“通知区域图标”窗口，如图 2-15 所示。其中列出了各个图标及其行为，行为分 3 种：“显示图标和通知”“隐藏图标和通知”“仅显示通知”。例如选择“网络”图标为“隐藏图标和通知”。

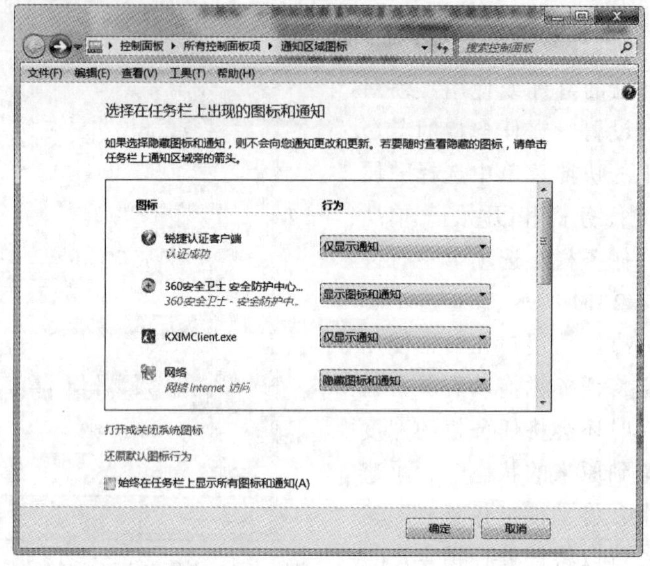

图 2-15 “通知区域图标”窗口

步骤 3：单击“确定”按钮，返回“任务栏和[开始]菜单属性”对话框，单击“确定”按钮，返回任务栏，可以看到该选项的图标按钮已经在通知区域消失了。

步骤 4：如果用户想要查看隐藏的图标，可以单击通知区域中的“显示隐藏的图标”按钮，即可将隐藏的图标显示出来。

3. 工具栏的设置

在 Windows 7 中，任务栏不但有了全新的外观，而且增加了很多新的功能，因此又被称为“超级任务栏”。可以通过工具栏设置将文件、文件夹或者地址栏、桌面等各种功能组件放置在任务栏上，以满足用户的快速操作需要。

在任务栏的空白区域右击，在弹出的快捷菜单中选择“工具栏”命令，随之弹出其级联菜单，如图 2-16 所示。

通过勾选相应的菜单项，可以将该功能添加到任务栏上。例如，选择“Tablet PC 输入面板”命令，就会在其前面出现一个标识，表示当前为选中状态，此时在任务栏的通知区域中就可以看到“Tablet PC 输入面板”的图标按钮，如图 2-17 所示。

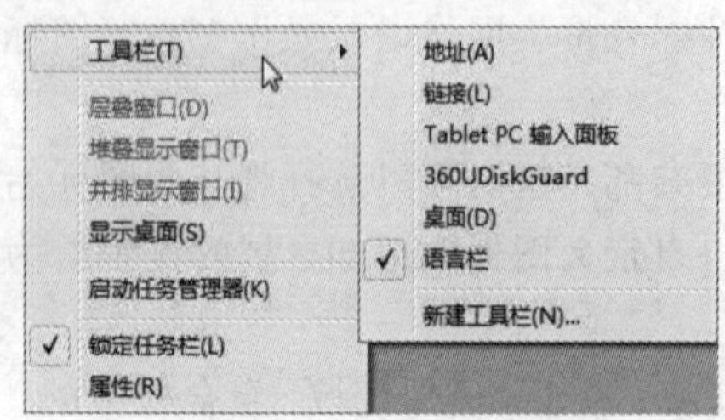

图 2-16 自定义工具栏

图 2-17 任务栏的通知区域

此时，双击“Tablet PC 输入面板”的图标按钮就可以打开 Tablet PC 输入法界面，如图 2-18 所示。该输入法是 Windows 7 自带的支持通过鼠标手写输入的工具。

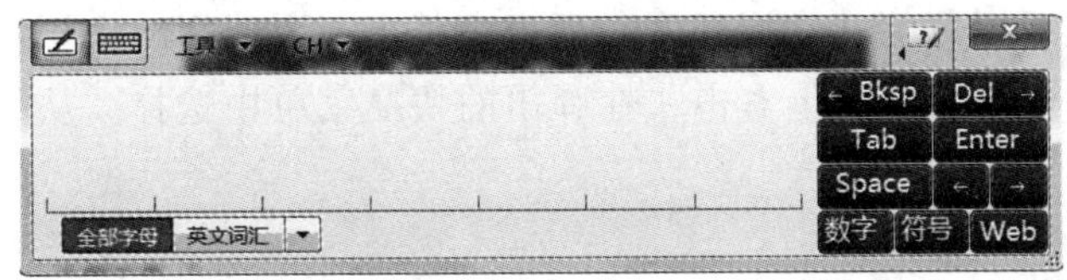

图 2-18　Tablet PC 输入法

另外，还可以通过“新建工具栏”菜单项，将任意的文件或文件夹添加到任务栏上。

2.2.4 “开始”菜单的设置

Windows 7 的“开始”菜单使用户可以快速地找到要执行的程序，完成相应的操作。为了使“开始”菜单更符合自己的使用习惯，用户可以对其进行自定义设置。

1. “固定程序”列表

（1）将常用程序添加到“固定程序”列表

“固定程序”列表会固定地显示在“开始”菜单中，用户可以快速打开其中的应用程序。用户可以将一些常用的程序添加到该列表中，以方便使用。例如，向“固定程序”列表中添加 Windows 7 自带的“画图”程序的具体步骤如下。

步骤 1：选择“开始”→“所有程序”→“附件”命令，在其中的“画图”菜单项上右击，在弹出的快捷菜单中选择“附到[开始]菜单”。

步骤 2：单击“返回”按钮返回到“开始”菜单中，可以看到已经将“画图”程序添加到“固定程序”列表中。

（2）删除“固定程序”列表中的程序

当“固定程序”列表中的程序不再使用时，可以将其删除。在“固定程序”列表中选择要删除的程序，右击，在弹出的快捷菜单中选择“从[开始]菜单解锁”菜单项，随即可以看到选中的程序已经从“固定程序”列表中消失了。

2. “常用程序”列表

用户平常使用的一些程序都会在“常用程序”列表中显示出来，默认情况下，该列表中最多会显示 10 个常用的程序。用户可以设置在该列表中显示的程序的数目。

步骤 1：在“开始”按钮上右击，在弹出的快捷菜单中选择“属性”命令，随即弹出“任务栏和[开始]菜单属性”对话框。

步骤 2：单击“自定义”按钮，弹出“自定义[开始]菜单”对话框，如图 2-19 所示。

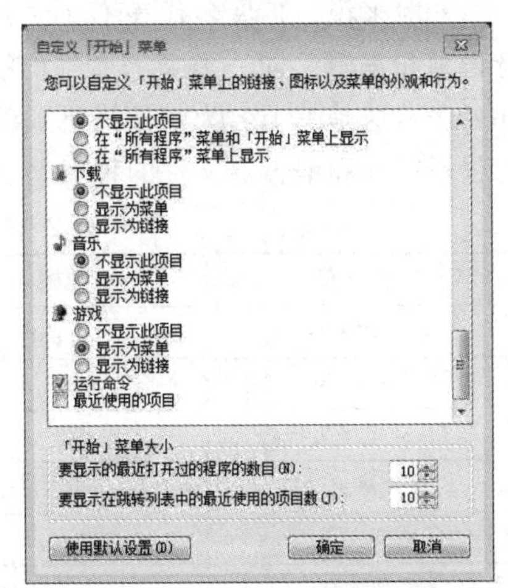

图 2-19　“自定义[开始]菜单”对话框

步骤 3：在“要显示的最近打开过的程序的

数目”中输入数值或通过微调按钮调整数值，设置完毕单击“确定”按钮，返回“任务栏和[开始]菜单属性”对话框，单击“确定”按钮即可。

此外，用户也可以删除“常用程序”列表中某个不再使用的应用程序，只需在“常用程序”列表中某应用程序项上右击，在弹出的快捷菜单中选择“从列表中删除”命令即可。

2.3 Windows 7 的文件管理

计算机中的数据是以文件的形式组织和存储的，任何操作系统都具有对文件进行组织、存储、检索的功能。Windows 7 通过资源管理器为用户提供文件的图形化操作界面。

2.3.1 文件和文件夹的概念

1. 文件

文件是数据的一种组织形式，是具有符号名的一组相关数据信息的集合。该符号名用来标识文件，称为文件名。Windows 7 的文件名由两个部分组成：主文件名和扩展名，主文件名与扩展名之间用英文输入法的小数点“.”隔开。一般来说，主文件名体现了文件的内容，扩展名体现了文件的类型。

1）文件的命名规则

Windows 7 的文件命名规则有以下几点：

（1）文件名可以由英文字母、汉字和数字等组成，英文字母不区分大小写。

（2）文件名中不能含有/、\、:、*、?、"、<、>、|这些特殊字符。

（3）文件名最长不得超过 255 个字符。

（4）文件名中可以包含任意多个空格和小数点，最后一个小数点后的字符串是扩展名。

（5）同一个文件夹下不能有完全相同的两个文件名。

2）关于扩展名

一般来说，扩展名代表了文件的类型，同时也表示了该文件可以由哪种应用程序进行识别和编辑，同一类型的文件的扩展名是相同的。例如，“计算机基础.docx”这个文件名表示这是一个名为“计算机基础”的 Word 文档文件，该文件一般用 Office Word 应用程序打开和编辑。文件的种类繁多，表 2-1 列出了一些常见文件类型的扩展名。

表 2-1　常见文件类型的扩展名

文件类型	扩展名	文件类型	扩展名
纯文本文件	.txt	压缩文件	.rar、.zip
Word 文档	.doc、.docx	程序文件	.exe
Excel 电子表格	.xls、.xlsx	数据文件	.dat
幻灯片演示文稿	.ppt、.pptx	系统文件	.sys
声音文件	.wav	网页文件	.html、.htm
音像文件	.avi、.mp3、.rm、.wma	动画文件	.swf
图像文件	.bmp、.jpg、.tif	数据库文件	.dbf、.accdb

2. 文件夹

操作系统通过文件夹（也称目录）对文件进行管理，可以把文件夹理解为存放文件的容器，但本质上，文件夹也是一种文件。Windows 7 采用多层次结构（树状结构）对文件进行管理，在这种结构中每一个磁盘有一个根文件夹，它包含若干文件和子文件夹，子文件夹又可以包含若干文件和子文件夹，这样依次类推下去就可以形成多级文件夹结构。

用户可以使用文件夹分门别类地存放和管理计算机中不同类型和功能的文件，提高了文件的查找和使用效率。另外，使用文件夹的另一大优点就是为文件的共享和保护提供了方便。

文件在计算机中的存放位置被称为“路径”，例如 Windows 7 系统中字体文件的存放路径如图 2-20 所示，也可以描述为“C:\Windows\Fonts”。

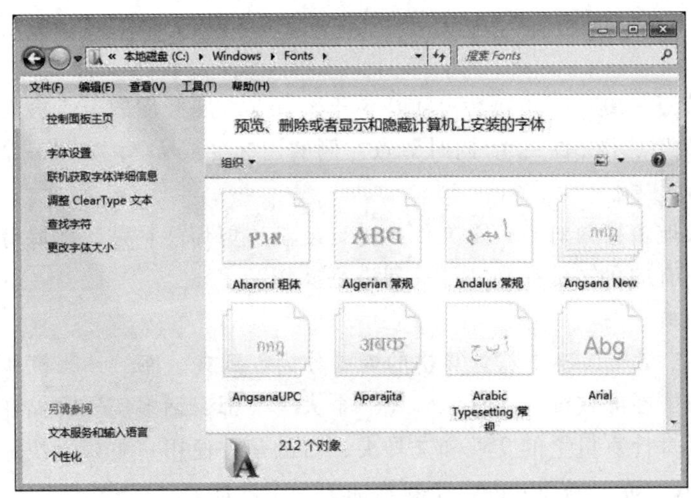

图 2-20　字体文件的路径

2.3.2　Windows 7 资源管理器

资源管理器是 Windows 7 操作系统进行文件管理的工具，也是提供给用户进行文件操作的可视化图形界面。它将计算机系统中的文件、文件夹以及硬盘、光驱、虚拟光驱、打印机等外围设备以树形结构显示，用户可以通过这个树形结构对计算机上的资源进行操作管理。

资源管理器对应的程序是 explorer.exe，可以通过双击桌面上的“计算机”图标或者通过【Win+E】组合键打开资源管理器，界面如图 2-21 所示。

1. 导航窗格

1）基本操作

导航窗格是将本地以及通过网络共享的所有的资源以一种树形结构显示出来的窗口，这种树形结构上的每一个项目都称为一个节点，对于本地资源来说，每一个节点都代表一个文件夹。用户可以在此窗口中单击相应的节点，右侧的窗口工作区就会将该节点下的所有文件和文件夹列出，同时在地址栏显示该节点的路径。

图 2-21　Windows 7 的资源管理器

通过单击节点左侧的三角图标 ▹ 可以展开该节点，展开后的节点会在下方列出该节点下的所有子节点（子文件夹），同时节点左侧的图标变成了 ◢，如果一个节点下没有子节点，它的图标是 ▮。

当用户在导航窗格内对某一个文件夹进行复制、剪切、粘贴、删除等操作时，会将该文件夹及其所有的子文件夹和文件一起进行操作。

2）“库”的概念

默认情况下，Windows 7 将计算机的资源分为收藏夹、库、计算机和网络 4 大类，并以根节点的形式在导航窗格内显示。每一个大类下都有诸多实际存储在本地计算机硬盘或其他网络共享计算机上的文件和文件夹，目的是方便用户更好更快地组织、管理及应用资源。其中，“库”是 Windows 7 新增加的一个功能。

库（Libraries）是 Windows 7 操作系统借鉴 Ubuntu 操作系统而推出的一个文件管理模式。在 Windows XP 时代，文件管理主要是以用户的个人意愿，以文件夹的形式作为基础分类进行存放。但随着文件数量和种类的增多，加上用户行为的不确定性，往往会造成文件存储混乱、重复存储等情况。而库的管理方式更加接近于快捷方式，库可以将用户需要的文件和文件夹的链接统统集中到一起，就如同网页收藏夹一样，不管它们原来深藏在本地计算机或局域网当中的任何位置，只要单击库中的链接，就能快速打开添加到库中的文件夹。它们还会随着原始文件夹的变化而自动更新，并且可以以同名的形式存在于库中。

Windows 7 提供了 4 个库，分别是文档库、音乐库、图片库和视频库。例如，用户可以把计算机上的所有照片都添加到图片库中，而不用关心这些照片文件在硬盘上的具体存储位置。用户也可以新建库，类型由用户决定，方法是在导航栏的库上右击，在弹出的快捷菜单中选择“新建”选项中的“库”即可，如图 2-22 所示。

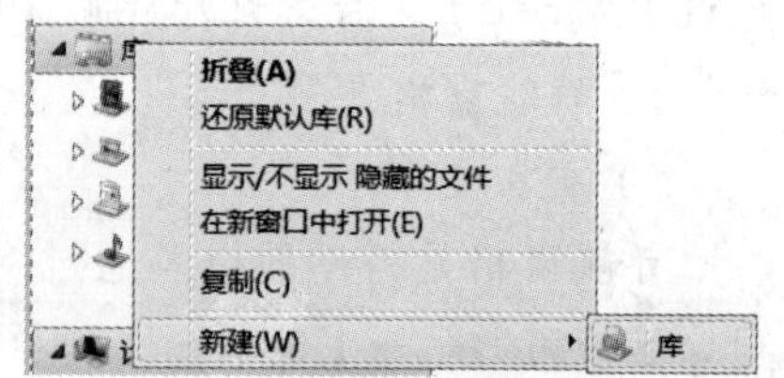

图 2-22　新建库

要说明的是，Windows 7 对“库”这种文件管理方式是给予厚望的，被宣传为文件管理的革命，但时至今日，由于其利用率的低下，“库”在 Windows 7 系统中并没有被广泛应用。

2. 细节窗格

细节窗格显示当前窗口工作区内容的统计情况。如果在导航窗格内选中一个文件夹，则细节窗格显示该文件夹包含对象的总数；如果在工作区内选中某个文件或文件夹，则细节窗格显示该文件或文件夹的类型、修改时间、创建时间等信息。

3. 工具栏

工具栏内包含一些常用的工具命令，可对当前窗口工作区内选定文件进行操作。工具栏最左侧的“组织”按钮和最右侧的“更改您的视图”、“显示预览窗格”两个按钮是不变的，其余的工具按钮都是根据选择的对象而发生变化。

1)“更改您的视图”按钮

单击“更改您的视图”按钮右侧的下箭头，在弹出的下拉列表中会列出 8 个视图选项，可以更改文件或文件夹图标的大小和显示方式，分别为“超大图标”“大图标”“中等图标”“小图标”“列表”“详细信息”“平铺”“内容”。

2)“组织”按钮

单击“组织”按钮右侧的下箭头可弹出下拉菜单，其中包括“复制”“粘贴”“删除”等对文件和文件夹的常规操作。除此之外，还可以通过“布局”菜单项调整资源管理器窗口的显示风格，如图 2-23 所示。例如，取消对细节窗格的勾选，则资源管理器窗口下方就不会显示细节窗格等。

单击“文件夹和搜索选项”可以弹出“文件夹选项”对话框，该对话框中有“常规”“查看”“搜索”3 个选项卡，用户可以设置一些对文件和文件夹显示及搜索的选项。例如，为了避免一些重要的文件被误删除，可以设置“隐藏受保护的操作系统文件”和“不显示隐藏的文件、文件夹或驱动器”，如图 2-24 所示。

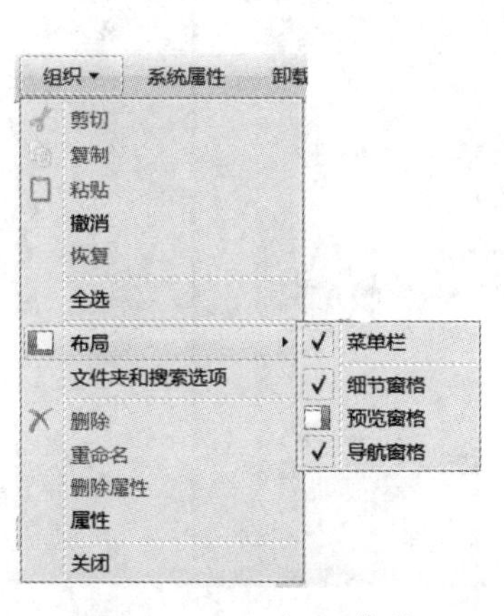

图 2-23 “组织”菜单

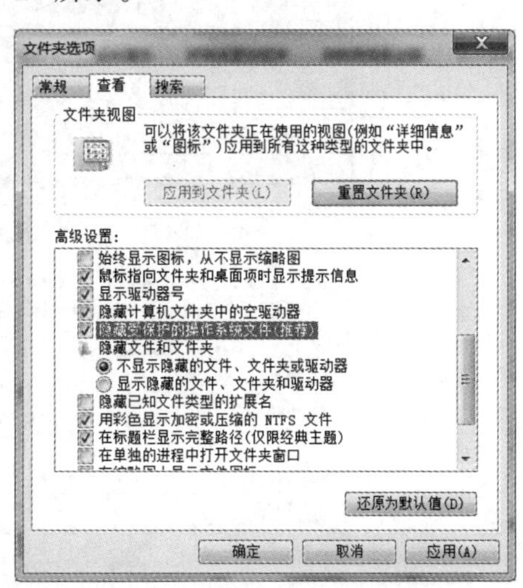

图 2-24 “文件夹选项”对话框

4. 地址栏

地址栏用来显示当前窗口工作区所在的具体路径，用户也可以在地址栏内直接输入想要显示的文件夹路径。例如，在地址栏中输入“C:\Program Files”，按【Enter】键执行，便可在窗口工作区得到该路径下的所有文件及文件夹列表，如图 2-25 所示。

图 2-25　在地址栏输入路径并执行

还可以在地址栏内输入 FTP 地址，从而将 Windows 7 的资源管理器用作 FTP 管理器。例如，当前一台 FTP 服务器地址为“26.60.176.148”，用户在地址栏内输入该 FTP 地址，按【Enter】键后便弹出“登录身份”对话框，输入相应的用户名和密码后单击“登录”按钮，即可在工作区内显示 FTP 上的文件和文件夹列表，如图 2-26 所示。FTP 的相关概念在本书第 7 章还有叙述。

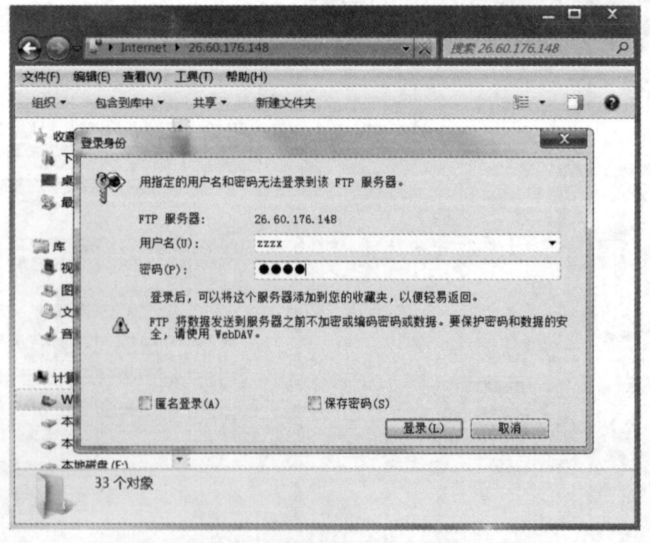

图 2-26　资源管理器用作 FTP 管理器

5. 搜索栏

通过搜索栏，用户可以对指定路径进行文件或文件夹的搜索，用户只需在搜索栏内输入想要查找的文件或文件夹名，Windows 7 系统就会自动查找，并把结果显示在工作区内。默认情况下，搜索栏是对当前窗口工作区所在路径进行搜索，如果想对整个计算机搜索的话，通过左边的“导航窗格”选中“计算机”，再进行搜索即可。

用户在进行搜索的时候，可以使用通配符“?”和“*”。通配符的意思就是表示这个符号可以代表任意的字符，其中“?”表示匹配任意一个字符，“*”表示匹配任意个任意的字符。例如，在地址栏里输入“??t*d.exe”，表示在当前路径下查找文件主名的第三个字符为 t、最后一个字符为 d、扩展名为 exe 的文件。再如，“*.config”表示在当前路径下查找所有扩展名为 config 的文件，如图 2-27 所示。

图 2-27 搜索所有扩展名为 config 的文件

6. 工作区

资源管理器窗口的工作区是对文件和文件夹进行复制、剪切、粘贴、删除等操作的主要区域。

2.3.3 文件和文件夹的基本操作

前面已经对文件和文件夹有了基本的认识，下面介绍关于它们的一些基本操作，包括选择、复制、移动、删除、重命名和压缩等。

1. 选择文件或文件夹

默认情况下，单击一个文件或文件夹，即为选中。如果要同时选择多个文件或文件夹，操作步骤如下：

（1）选择多个相邻的文件或文件夹：单击选中第一个文件或文件夹，按住【Shift】键后，再单击选择最后一个文件或文件夹，这两者之间的所有文件或文件夹都会被选中。

（2）选择多个不相邻的文件或文件夹：单击选中第一个文件或文件夹，按住【Ctrl】键，再单击其他要选择的文件或文件夹即可。在此过程中，若要取消已选中的一个文件或文件夹，同样按住【Ctrl】键，再单击一次该文件或文件夹即可。

（3）全选所有文件

要想迅速选中一个文件夹中所有的文件，在资源管理器窗口中单击“编辑”菜单，在下拉菜单中选择“全选”命令或者按【Ctrl+A】组合键。要取消当前的所有选择，在空白区域处单击即可。

2. 复制或移动文件或文件夹

不管复制还是移动，总有一个从甲位置到乙位置的过程，甲位置称为源，乙位置称为目标。复制操作是指对原来的文件或文件夹不做任何改变，只是在目标位置生成一个完全相同的文件或文件夹；移动操作是指在目标位置上生成一个与原来位置上完全相同的文件或文件夹，而原来位置上的文件或文件夹被自动删除。

实际上，复制和移动操作都需要借助“剪贴板”来完成。剪贴板（ClipBoard）是Windows 7 系统提供的一个用于暂存和共享数据的内置工具，它是内存中的一块区域。在 Windows 7 中，任何对象都可以通过剪贴板进行中转。

复制与移动的操作步骤通常如下：

步骤 1：打开“资源管理器”，选中要被复制或移动的文件或文件夹。

步骤 2：若是复制，则选择“编辑”菜单中的“复制”命令，或者使用【Ctrl+C】组合键；若是移动，则选择“编辑”菜单中的“剪切”命令，或者使用【Ctrl+X】组合键。此时被复制或移动的文件或文件夹被暂存到剪贴板内。

步骤 3：打开目标文件夹所在的位置。选择“编辑”菜单中的“粘贴”命令，或者使用【Ctrl+V】组合键，刚才存放在剪贴板上的对象就被粘贴到了目标位置。

3. 重命名文件或文件夹

1）给单个文件或文件夹重命名

可以通过以下 3 种方法对单个文件或文件夹进行重命名操作。

（1）通过“组织”下拉列表

选择需要重命名的文件或文件夹，选择工具栏上的“组织”→“重命名”命令。此时，所选的文件或文件夹的名称处于可编辑状态，直接输入新文件或文件夹的名称，然后在窗口的空白区域单击即可。

（2）通过右键快捷菜单

选择需要重命名的文件或文件夹，然后单击鼠标右键，从弹出的快捷菜单中选择“重命名”。此时所选文件或文件夹的名称处于可编辑状态，直接输入新文件或文件夹的名称，然后在窗口的空白区域单击即可。

（3）通过鼠标单击

选择需要重命名的文件或文件夹，然后再单击所选文件或文件夹的文件名即可使其文件名处于可编辑状态，此时直接输入新文件或文件夹的名称，然后在窗口的空白区域单击即可。

2）给多个文件或文件夹重命名

如果用户需要对多个相似的文件或文件夹进行重命名操作，则可以使用批量重命名

文件或文件夹的方法，具体操作步骤如下：

步骤 1：选择需要重命名的多个文件或文件夹，例如选中图 2-28 所示的三个图片文件。

步骤 2：选择工具栏上的“组织”→“重命名”命令，此时所选文件中的第一个文件的名称会处于可编辑状态。

步骤 3：直接输入新的文件名，例如输入“我的照片”。

步骤 4：在窗口的空白区域单击或者按【Enter】键，即可完成对所选文件的批量重命名。重命名后文件的名称都是以用户设置的名称且按顺序依次排列的，如图 2-29 所示。

图 2-28　批量重命名前

图 2-29　批量重命名后

4. 删除与恢复文件或文件夹

为了防止重要的文件被误删除，Windows 操作系统提供了“回收站”机制。回收站是计算机硬盘上的一块区域，默认情况下，被删除的文件或文件夹都存放在回收站里，用户可以随时从回收站里恢复文件，或者从回收站里彻底删除。

1）删除文件或文件夹

删除文件或文件夹的操作非常简单。在选中要删除的文件或文件夹后，可以选择“组织”→“删除”命令，或者选择右键快捷菜单中的“删除”命令，或者按【Delete】键，此时会弹出一个确认对话框，如图 2-30 所示。单击“是”按钮，被删除的文件或文件夹就被移动到回收站里。注意：如果从移动存储介质（如 U 盘）中删除文件或文件夹，是不会被放到回收站中的，会被彻底删除。

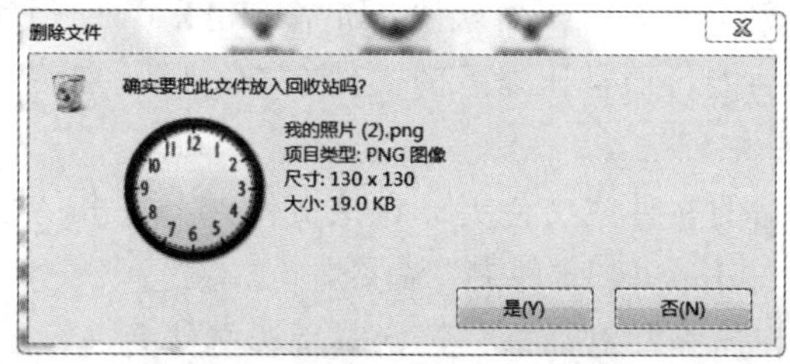

图 2-30　删除文件并放到回收站

2）彻底删除文件或文件夹

也可以在删除文件或文件夹的同时按住【Shift】键，此时会弹出“删除文件”对话框，如图 2-31 所示。单击“是”按钮，被删除的文件或文件夹会被彻底删除，不放在回收站里。

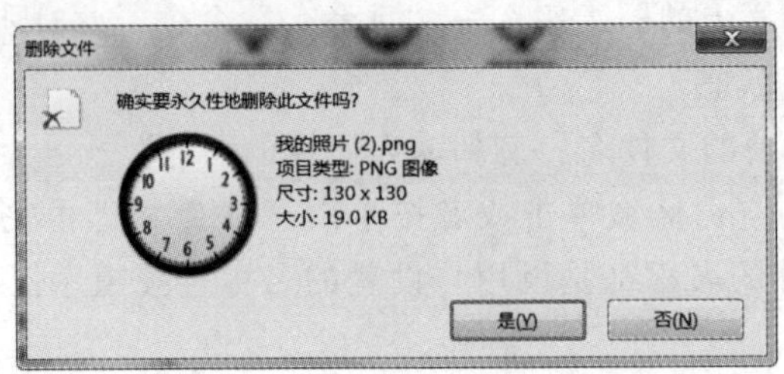

图 2-31　彻底删除文件

3）恢复文件或文件夹

对于删除后被存放在回收站里的文件或文件夹，用户可以将其恢复，具体操作步骤如下：

步骤 1：双击桌面上的“回收站”图标，弹出“回收站”窗口，窗口中将显示出被删除的所有文件或文件夹，选择要恢复的文件或文件夹，然后单击工具栏中的“还原此项目”按钮。

步骤 2：此时，被删除的文件或文件夹会重新移动到原来存放位置。如果单击工具栏中的“还原所有项目”按钮可以还原“回收站”中的所有文件和文件夹。

需要注意的是：本文所谓的“被彻底删除的文件或文件夹”，是指那些在删除后不放入回收站中的文件或文件夹。实际上，Windows 7 并不是真正地把它们从磁盘上抹去，而只是在存储它们的位置做一个特殊的标记（标记这些数据被删除了）。也就是说，对于“被彻底删除的”文件或文件夹，Windows 7 系统虽然不能通过正常的方式访问和识别它们，但它们包含的数据还存放在计算机的磁盘上，并没有消失，还可以通过一些特殊的应用软件（如 EasyRecovery、数据恢复精灵等）对这些数据进行修复，从而恢复“被彻底删除”的文件或文件夹。关于具体的原理及操作方法，本书不再详述。

5. 压缩与解压缩文件或文件夹

对一些较大的文件或文件夹进行压缩，不仅可以减少占用的磁盘空间，而且可以把多个文件压缩成一个文件（这个过程也被形象地称为“打包”），便于移动和传递，能够方便地实现文件的共享。

通常用户更喜欢使用第三方的压缩软件（如 WinRAR 等），但实际上 Windows 7 操作系统自带了压缩文件的功能，而且压缩后的文件在 Windows XP 系统中也可以解压缩。

1）压缩文件或文件夹

步骤 1：选择要压缩的文件或文件夹，在该文件夹上右击，在弹出的快捷菜单中选择“发送到”→“压缩（zipped）文件夹”命令。

步骤 2：弹出“正在压缩”对话框，开始对所选文件夹进行压缩。

步骤 3：“正在压缩”对话框自动关闭后，在当前路径下将出现对应的压缩包文件，并且主文件名处于可编辑状态，用户可以输入一个新的文件名称，默认情况下文件的扩

展名为.zip。

（2）解压缩文件或文件夹

步骤 1：在 zip 压缩包文件上右击，在弹出的快捷菜单中选择“全部提取”菜单项。

步骤 2：弹出“提取压缩（Zipped）文件夹”对话框，在“文件将被提取到这个文件夹”文本框中输入文件的存放路径，或者单击文本框右侧的“浏览”按钮对文件的存放路径进行设置。单击“提取”按钮，弹出正在复制项目对话框。

步骤 3：复制完成后，将会在指定的路径中出现解压缩后的文件或文件夹。

6．设置文件或文件夹的特殊属性

文件或文件夹除了具有类型、位置、大小以及创建时间等通用属性外，还有一些可以修改的特殊属性（也称为系统属性），如只读、隐藏等。

在文件或文件夹上右击，在弹出的快捷菜单中选择“属性”命令，弹出“属性”对话框。在“常规”选项卡里会有该文件的类型、打开方式、大小、创建时间等信息，如图 2-32 所示。对于图片文件来说，在“详细信息”选项卡里还会有图片的分辨率、长宽尺寸、颜色位数等信息，如图 2-33 所示。

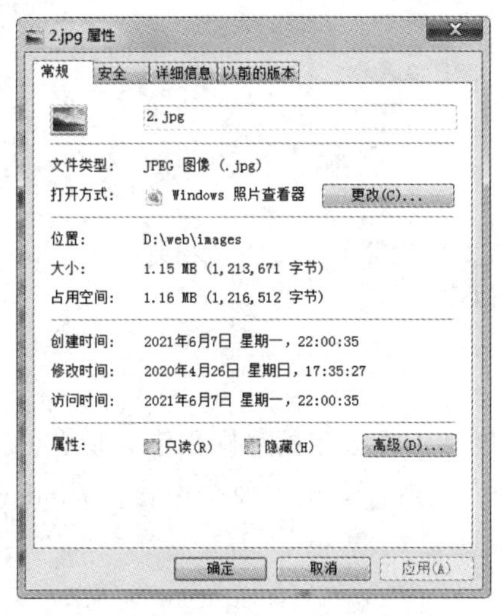

图 2-32　文件的常规信息

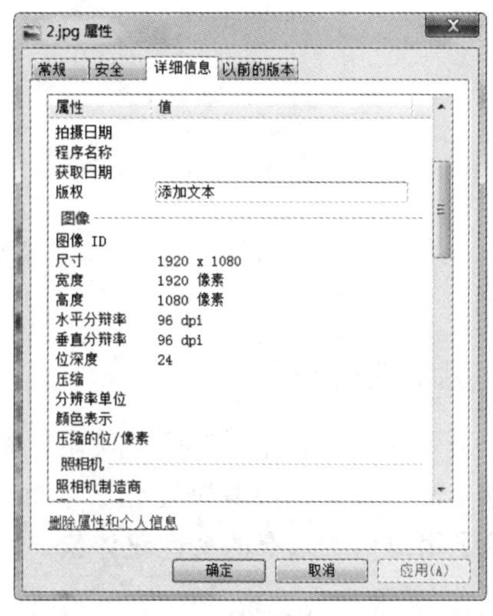

图 2-33　文件的详细信息

在“常规”选项卡里就可以修改文件或文件夹的只读、隐藏等系统属性。对于文件夹来说，修改它的属性时会弹出图 2-34 所示的“确认属性更改”对话框，用户可以选择该属性的作用范围。

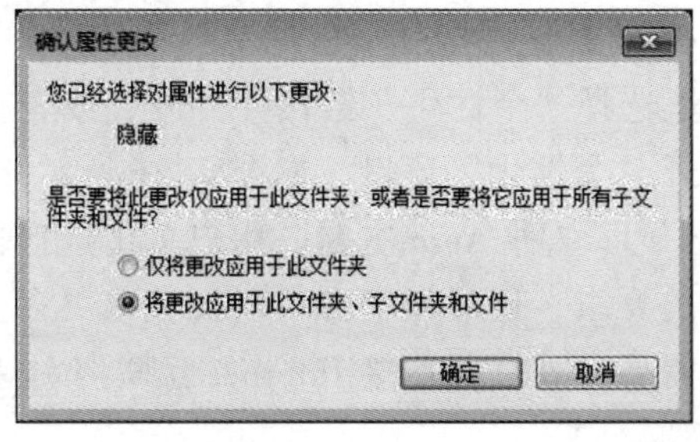

图 2-34　“确认属性更改”对话框

2.4 Windows 7 的高级应用

Windows 7 的高级应用包括界面外观的个性化设置、用户账户管理、应用程序管理和设备管理等，这些功能基本上都可以通过 Windows 7 的控制面板来完成。控制面板是 Windows 7 自带的进行系统性能维护的一个重要工具，它是将整个 Windows 软硬件设置都集中在一起的一个管理界面。用户可以通过“开始”菜单的“控制面板”选项打开控制面板主页，如图 2-35 所示。本例控制面板的显示方式为小图标。

图 2-35　控制面板

2.4.1 个性化设置

系统界面外观是影响用户使用计算机的舒适度和工作效率的潜在因素，现在的人们追求生活个性化、穿着个性化、手机铃声个性化，当然计算机也要个性化，Windows 7 带给了用户前所未有的个性化体验。

1. 更改外观主题

主题是系统界面外观中图片、颜色、提示声音等的组合，主要包括桌面背景、窗口边框颜色、声音、屏幕保护程序。Windows 7 提供了多个内置的外观主题，包括不同颜色的窗口、多组风格背景图片以及与其风格匹配的系统声音等，可以满足用户的个性化需求。

更改外观主题的具体操作步骤如下。

步骤 1：在控制面板里选择“个性化”链接并打开，或者在桌面的右键快捷菜单中选择“个性化”命令，打开“个性化”窗口，如图 2-36 所示。

步骤 2：Windows 7 内置了 7 种 Aero 主题，用户单击选择任何一种即可更换。如果内置的主题不能满足用户的要求，还可以单击“联机获取更多主题”来获取更多网络上共享的桌面主题（该功能需要计算机已连接 Internet 互联网）。

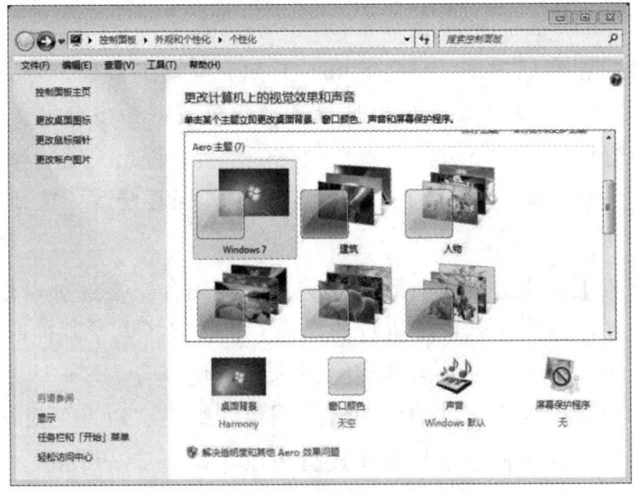

图 2-36 “个性化”窗口

2. 设置桌面背景

步骤 1：单击“个性化”窗口下方的“桌面背景”按钮，弹出“桌面背景”窗口，如图 2-37 所示。从“图片位置”下拉列表中选择图片的位置，也可以通过“浏览”按钮指定图片所在位置。例如选择“Windows 桌面背景”选项，下放就会出现该位置中的所有图片，单击选择其中一张或多张。

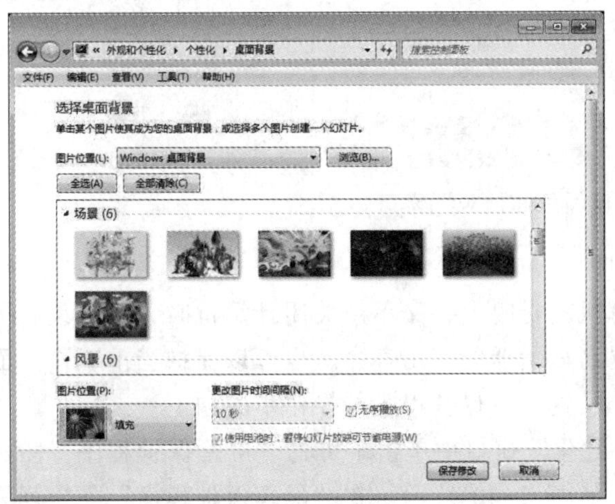

图 2-37 “桌面背景”窗口

步骤 2：如果用户选择了多张图片作为桌面背景，那么这些图片可以像幻灯片那样轮流播放。在窗口下方的“更改图片时间间隔”下拉列表中，设置图片切换的时间间隔，如 10 秒。也可以选中“无序播放”复选框，这样图片就会随机切换显示。

步骤 3：由于图片和桌面的大小尺寸可能不一致，所以作为桌面背景的图片有 5 种显示方式，分别为填充、适应、拉伸、平铺和居中，用户可以在窗口左下角的“图片位置”下拉列表中选择适合自己的选项。

步骤 4：设置完毕后单击“保存修改”按钮即可。

3. 设置窗口边框颜色

窗口边框颜色是指窗口边框、任务栏和“开始”菜单的颜色。系统内置主题提供了不同颜色的 Aero 效果，如果需要也可以选择其他颜色或进一步自定义颜色。

在“个性化”窗口中单击下方的“窗口颜色”图标，弹出“窗口颜色和外观”窗口，如图 2-38 所示。根据需要进行更改，设置完毕单击“保存修改”按钮即可。

4. 声音

声音指在计算机上发生事件时听到的相关声音的集合。事件可以是用户执行的操作（如登录计算机），或者是计算机系统执行的操作（如收到新电子邮件时发出的提示）。系统内置主题提供了不同声音，如果需要也可以选择其他声音。

在“个性化”窗口中单击下方的“声音”图标，弹出“声音”对话框，在“声音”选项卡的“程序事件”列表框中根据需要进行更改，如图 2-39 所示。

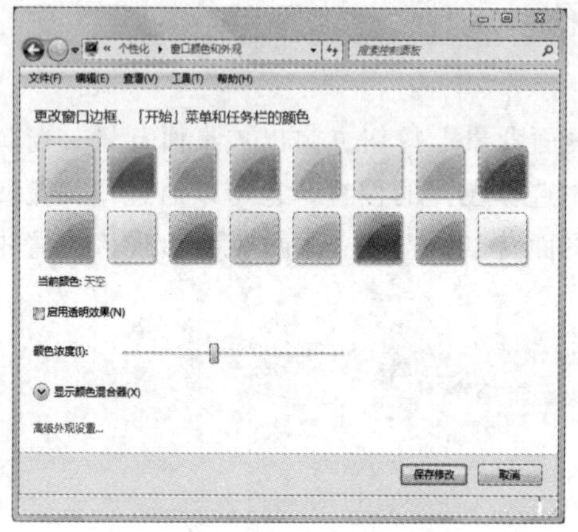

图 2-38 “窗口颜色和外观”窗口

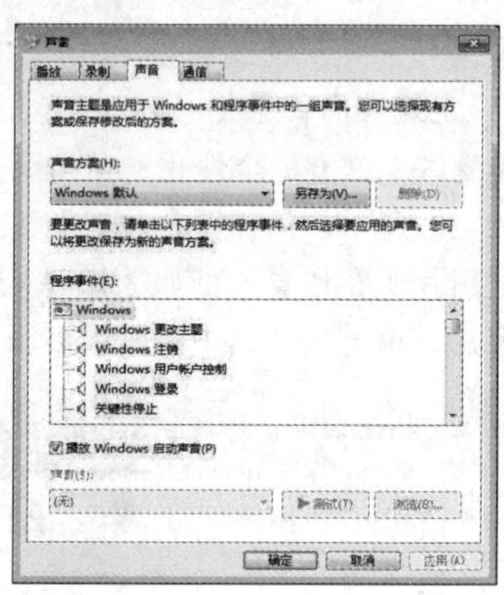

图 2-39 “声音”对话框

5. 屏幕保护程序

当用户离开计算机较长时间，又不想关闭计算机时，可以设置屏幕保护程序来保护显示器，不仅可以提高显示器的使用寿命，也可以保护当前工作界面不被外人看到，起到安全保密的作用。设置屏幕保护程序的操作步骤如下

步骤 1：在“个性化”窗口中单击下方的“屏幕保护程序”图标，弹出“屏幕保护程序设置”对话框，如图 2-40 所示。在“屏幕保护程序”下拉列表中，选择一种保护程序，在上方区域中可以预览设置效果，单击“预览”按钮，可以预览保护程序的全屏效果。

步骤 2：在“等待”文本框中设置屏幕保护程序开始时间，当用户在定义的时间内没有对计算机进行任何操作，屏幕保护程序就会自动开始运行。

步骤 3：勾选“在恢复时使用密码保护”复选框，可以设置在恢复时使用密码保护，以防止他人在用户离开期间未经允许使用用户的计算机。这个密码就是登录 Windows 7 系统的用户密码。

步骤 4：单击“设置”按钮，弹出“照片屏幕保护程序设置”对话框，可以对屏幕保护程序播放的图片、图片的切换速度、图片的播放顺序等进行设置，如图 2-41 所示。

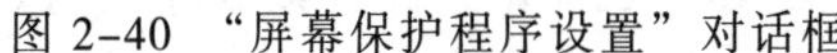

图 2-40 “屏幕保护程序设置”对话框

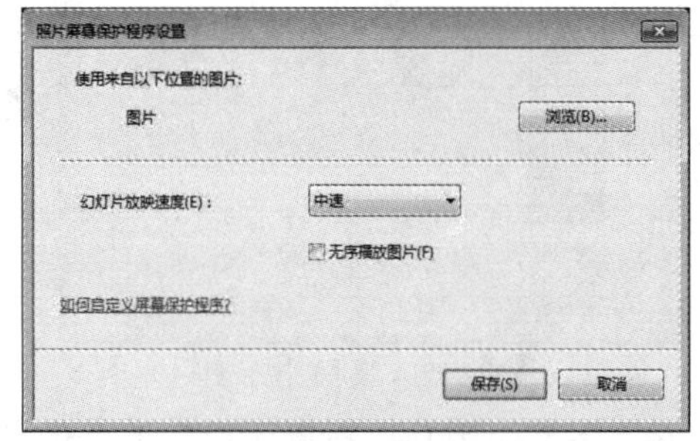

图 2-41 “照片屏幕保护程序设置”对话框

另外，在图 2-40 所示的“屏幕保护程序设置”对话框中，单击“更改电源设置”超链接，会打开 Windows 7 的电源管理窗口，可以设置关闭显示器、关闭硬盘、使计算机进入睡眠状态，从而减少计算机的功耗，节省电力。电源管理对以电池供电为主的移动终端设备（如笔记本计算机等）非常实用。

6. 为桌面添加小工具

从 Windows Vista 开始，Windows 系统桌面上又增加了一个新成员，即“桌面小工具”。在 Windows 7 中，这些小工具得到进一步的改善，变得更加美观实用。它们不仅可以实时显示网络上的信息，为用户展现最新的天气状况、新闻条目、货币兑换比率等，还可以实时显示用户计算机中的信息，为用户的日常使用带来各种便利和休闲娱乐功能等。

1）添加桌面小工具

在 Windows 7 中，这些精巧的桌面小工具已经摆脱了边框的限制，可以放置在桌面上的任意位置。下面介绍添加桌面小工具的具体步骤。

步骤 1：在桌面的空白处右击，然后在弹出的快捷菜单中选择“小工具”命令。

步骤 2：打开小工具的管理界面，如图 2-42 所示，窗口中列出了系统自带的几款实用小工具。

步骤 3：选中界面中的某个小工具后，单击“显示详细信息”按钮，然后从弹出的“详细信息”面板中可以查看该工具的具体信息、用途、版本以及版权等。

步骤 4：用户从中可以选择想要添加到桌面上的小工具，最简便的方法是直接将小工具拖动到桌面上，也可以在小工具上右击，然后在弹出的快捷菜单中选择“添加”命令。

2）设置桌面小工具的显示效果

如果用户想在桌面上添加多个小工具，而又担心桌面看起来过于繁杂，可以对小工具的显示模式进行相应的设置，通过不透明度的调整让其与桌面背景可以更好地匹配。在小工具上右击，在弹出的快捷菜单中选择“不透明度”命令，并从级联菜单中选择一个数值，如图 2-43 所示。桌面上小工具的显示效果即可改变。

图 2-42　桌面小工具

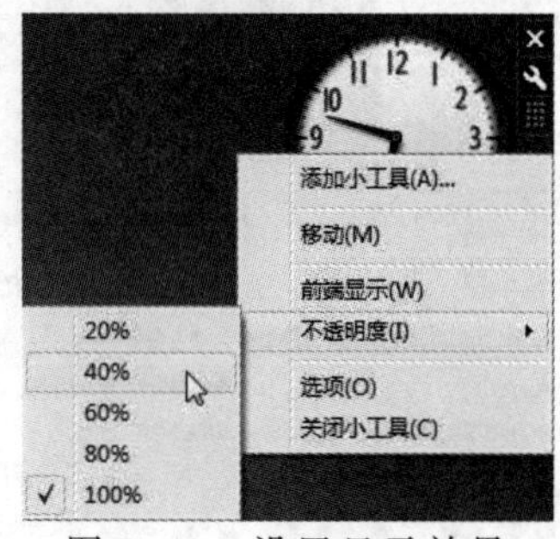

图 2-43　设置显示效果

对于多数小工具，用户还可以进行更多的设置，如外观显示，配置参数等。例如，在“时钟”小工具上右击，在弹出的快捷菜单中选择“选项”命令，弹出设置界面。系统提供了 8 种显示样式供用户挑选，单击◉和◉按钮可以选择时钟样式，还可以为其选择外观显示效果、时钟名称、时区设置等。

通过单击小工具管理界面中的“联机获取更多小工具”超链接，可以从官网上下载更多美观实用的小工具。

2.4.2　显示管理

通过控制面板中的“显示”链接可以打开“显示”窗口，如图 2-44 所示。用户可以在这里更改显示器设置、改变屏幕上文本的大小等，以便更容易阅读屏幕上的内容。

1. 屏幕分辨率

屏幕分辨率就是屏幕上显示的像素个数。例如，分辨率为 1 600×1 280，即水平像素数为 1 600 个，垂直像素数为 1 280 个。分辨率越高，像素的数目越多，显示效果就越精细。

单击显示窗口中的“更改显示器设置”，或者在桌面空白处右击，选择快捷菜单中的“屏幕分辨率”命令，打开图 2-45 所示的“屏幕分辨率”窗口。

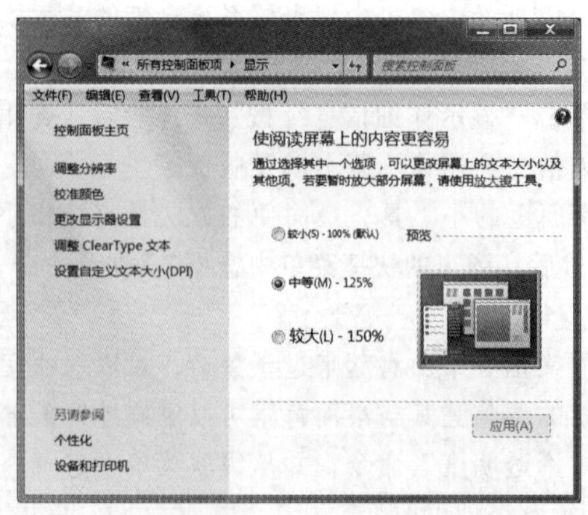

图 2-44　“显示”窗口

图 2-45　“屏幕分辨率”窗口

一般情况下，当计算机的显卡和显示器正确安装了驱动程序后，Windows 7 系统会为用户自动推荐合适的屏幕分辨率。用户也可以在“分辨率”列表中更改。

2. 屏幕刷新频率

刷新频率是屏幕每秒画面被刷新的次数。如果刷新频率过低，屏幕会出现闪烁现象，降低观看体验，严重时甚至会导致用户眼睛疲劳和头痛。一般来说，LCD 显示器的刷新频率应该能达到 60 Hz。

在“屏幕分辨率”窗口中单击右下方“高级设置”，会打开“监视器和适配器属性”对话框。该对话框共有 4 个选项卡，“适配器”选项卡里展示了计算机显示适配器（即显卡）的类型、显存容量、驱动程序及所支持的显示分辨率等基本信息，如图 2-46 所示。“监视器”选项卡里展示了显示器的类型、驱动程序、刷新频率、支持的颜色等基本信息，如图 2-47 所示。

图 2-46 “适配器”选项卡

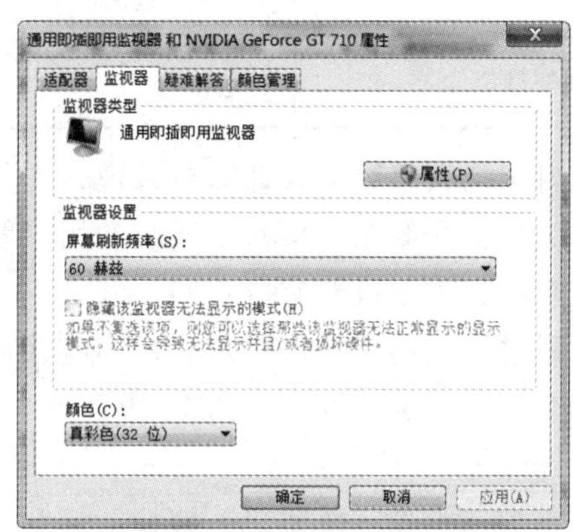

图 2-47 “监视器”选项卡

3. 用户界面文本显示尺寸

一些大尺寸、高分辨率的显示器在实际使用时，往往会存在屏幕上显示的文本太小的情况，影响阅读体验。Windows 7 提供了对显示的文本大小进行单独调节的功能。在图 2-44 所示的显示管理窗口的工作区列出了三种文本显示模式，分别是较小（100%）、中等（125%）和较大（150%），用户可以通过单选按钮选择，也可以单击“设置自定义大小文本（DPI）”打开“自定义 DPI 设置”对话框，进行更精确的调整，如图 2-48 所示。

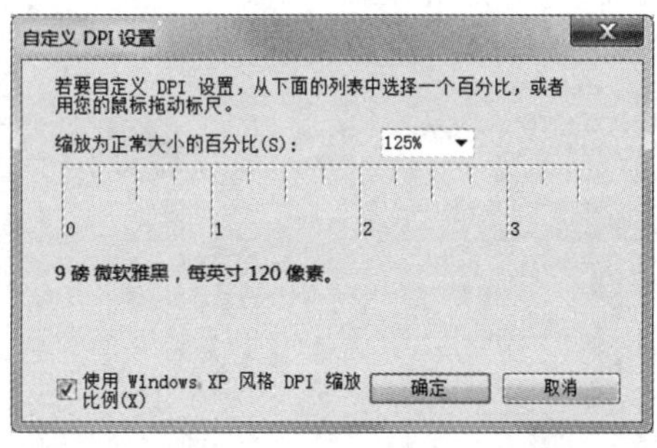

图 2-48 “自定义 DPI 设置”对话框

2.4.3 用户管理

Windows 7 是一个多用户操作系统，同时允许多个用户登录，每个用户都可以拥有自己的文件和系统设置。Windows 7 通过用户账户管理哪些用户可以访问哪些文件和系统资源，相应的，用户通过自己的用户名和密码访问自己的账户。

Windows 7 操作系统共有十种类型的账户，他们所拥有的权限各不相同。这十种类型是超级用户（Power User)、超级管理员账户、管理员账户（Administrator)、标准账户、来宾账户（Guest)、备份操作员（Backup Operators)、网络操作员（Network Configuration Operators)、远程登录用户（Remote Desktop Users)、域用户（Replicator）和系统帮助组（Help Services Group)。一般比较常用是管理员账户、标准账户和来宾账户，这几种账户的权限如表 2-2 所示。

表 2-2　常见账户的权限级别

账户类型	权限级别
管理员账户	对系统进行最高级别的控制，有着对系统的完全访问权，可以做任何更改。
标准账户	是一个受限账户，只能进行个人管理设置和基本的系统设置，而且该系统设置不会对其他用户或对计算机安全产生影响。
来宾账户	临时账户，一般用于网络的远程登录，是一个受限账户，不允许对系统设置进行更改

对于绝大多数个人计算机来说，一般都是在管理员账户下操作使用。下面以管理员账户为例，介绍 Windows 7 系统的用户管理功能。注意：如果以其他类型的用户账户登录，功能和界面可能有所不同。

通过控制面板的“用户账户”链接可以打开“用户账户”窗口，显示了当前登录的用户名、账户类型等，如图 2-49 所示。在此窗口中还可以更改、删除当前用户的密码、登录图片等。

单击“管理其他账户”链接，打开“管理账户”窗口，此窗口列出了系统内所有的用户账户以及启用情况，如图 2-50 所示。

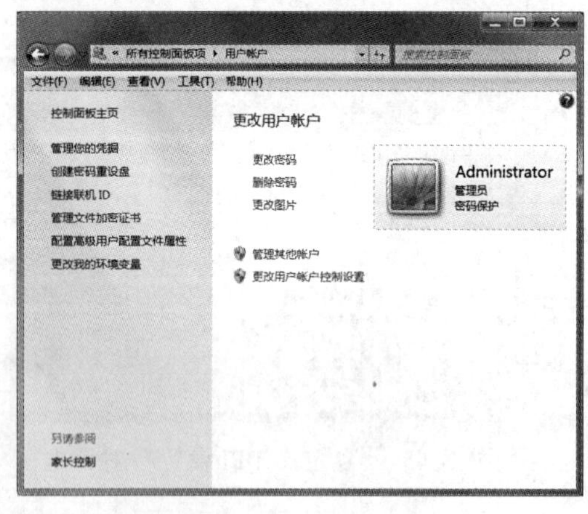

图 2-49　“用户账户”窗口

图 2-50　“管理账户”窗口

1. 创建新账户

在“管理账户”窗口中，单击“创建一个新账户”超链接，打开“创建新账户”窗口，如图 2-51 所示。填写账户名称（如 XXX)，选择账户类型（如标准账户)，然后单击“创建账户”按钮就可以创建一个新账户 XXX。

2. 更改账户

在“管理账户”窗口中单击某一个用户账户，打开“更改账户”窗口，如图 2-52 所示。在这里可以更改账户的名称、密码（如没有密码则创建新密码）、类型等。如果以管理员身份登录系统，也可以删除其他账户。由于系统为每个用户账户都设置了不同的文件，包括桌面、文档、音乐、收藏夹、视频文件等，因此，在删除某个用户账户时，如果用户想保留账户的这些文件，可以单击“保留文件”按钮，否则单击“删除文件”按钮。

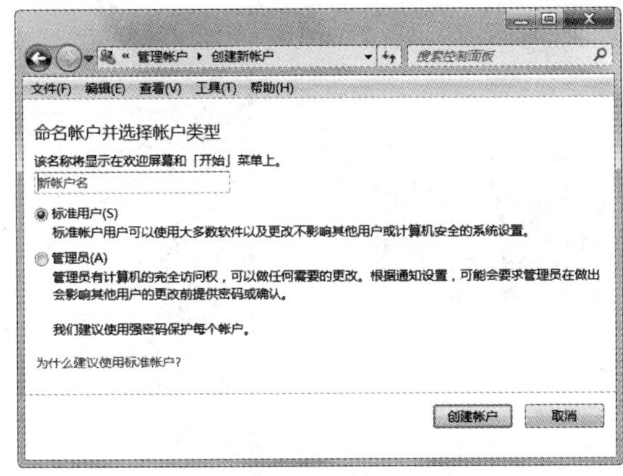

图 2-51 “创建新账户”窗口

图 2-52 “更改账户”窗口

3. 设置家长控制

可以通过 Windows 7 操作系统中的“家长控制”功能对儿童使用计算机的方式进行协助管理，以此来限制儿童使用计算机的时段、可玩的游戏类型以及可以运行的程序等。进行家长控制的操作步骤如下：

步骤 1：在“控制面板”窗口中单击“家长控制”超链接，打开“家长控制”窗口，如图 2-53 所示。

步骤 2：选择 × × × 账户为需要被控制的账户，弹出“用户控制”窗口，选择“启用，应用当前设置”单选按钮，如图 2-54 所示。

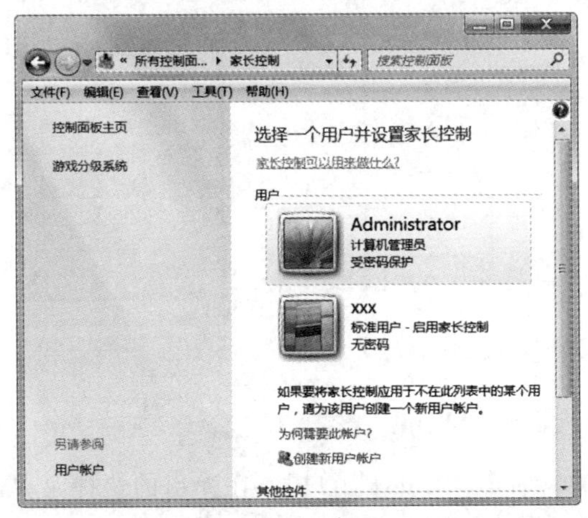

图 2-53 “家长控制”窗口

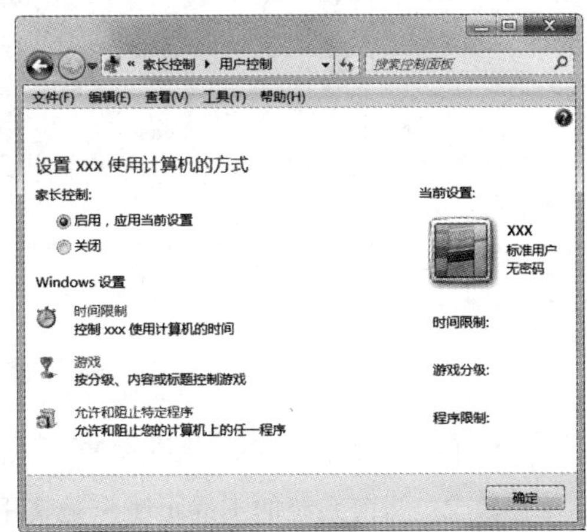

图 2-54 “用户控制”窗口

步骤 3：在这里可以对该账户设置使用计算机的时间、可玩的游戏以及允许和阻止特定程序，从而提供一个良好的使用环境，保护未成年人免受不良信息的伤害。例如，通过单击“时间限制”超链接，弹出“时间限制”窗口，在日期和时间表格中单击并拖动来设置要阻止或允许的时段，其中白色方块代表允许，蓝色方块代表阻止，如图 2-55 所示。

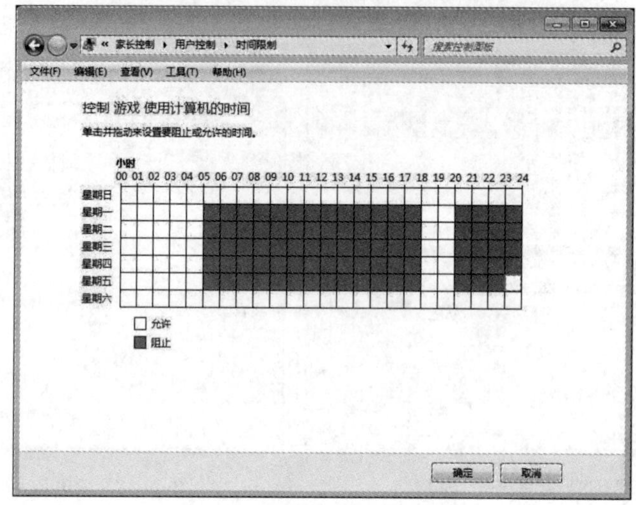

图 2-55 “时间限制”窗口

4．启用或禁用账户

在管理员账户权限下可以进行启用或禁用其他账户的操作。操作步骤如下：

步骤 1：右击桌面图标“计算机”，在弹出的快捷菜单中选择“管理”命令，打开“计算机管理”窗口。在导航栏内选择“计算机管理(本地)”→“本地用户和组”→“用户”，窗口工作区将显示所有的用户账户，如图 2-56 所示。

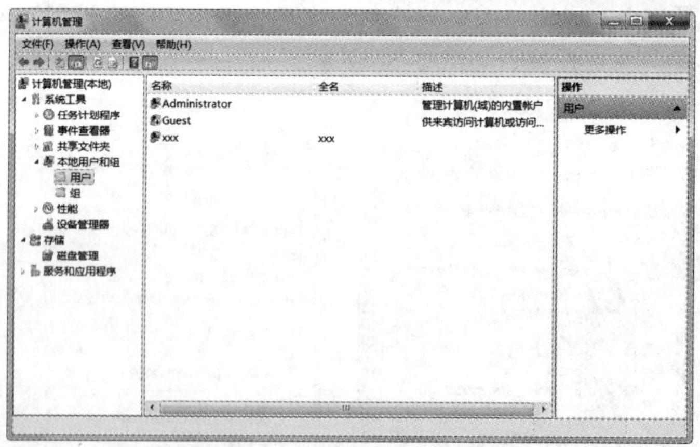

图 2-56 “计算机管理”窗口

步骤 2：当前系统的 Guest 账户是禁用的，右击“Guest 用户”，在弹出的快捷菜单中选择“属性”命令，打开“Guest 属性”对话框，如图 2-57 所示。

图 2-57 “Guest 属性”对话框

步骤 3：在“常规”选项卡里将已经勾选的“账户已禁用”复选框取消，单击“确定”按钮即可将 Guest 账户启用。如果需要重新禁用该账户，再将此复选框勾选上即可。

2.4.4 应用程序管理

尽管 Windows 7 系统提供了强大和丰富的功能，但也不可能满足所有用户的各种需求，用户往往会安装各种各样的软件（应用程序），来满足对计算机的使用需求。

一般来说，用户安装的所有程序都会在“开始”菜单的“所有程序”列表中出现。用户也可以通过控制面板的“程序和功能”链接，打开“程序和功能”窗口，查看当前系统所有已经安装的功能和第三方应用程序，如图 2-58 所示。

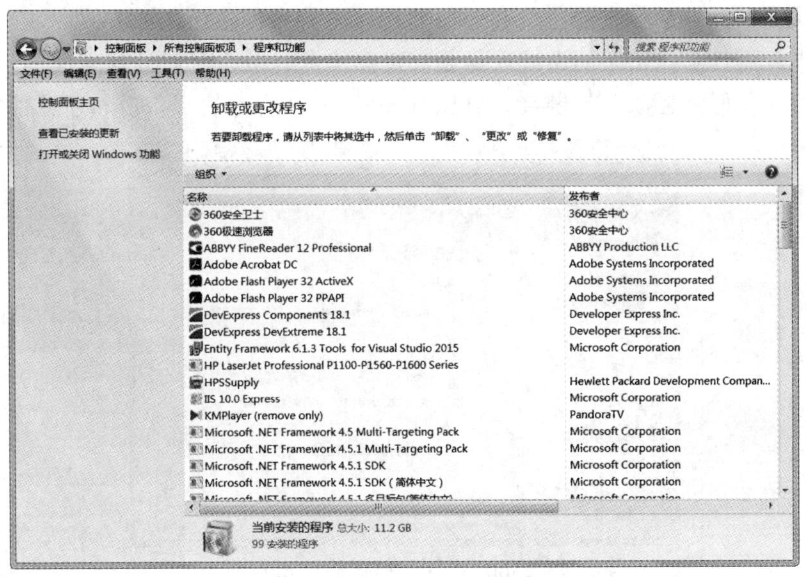

图 2-58 “程序和功能”窗口

1. 安装应用程序

现在的应用程序一般都提供安装向导，用户根据界面上的提示信息，可以很方便地安装所需要的软件，用户只需要仔细阅读提示信息，避免一些捆绑软件、垃圾软件趁虚而入就可以了。当然，对于一些大型软件或系统软件，还需要在安装后进行配置才能正常使用，需要用户认真研读安装说明或软件说明书等文档。

2．卸载程序

卸载应用程序的方法也很简单，在“程序和功能”窗口的工作区内，右击想要卸载的程序，选择“卸载/更改”，然后按照提示操作即可。需要提醒的是：不建议用户用手动删除程序文件的方式来卸载程序，一是可能卸载不干净，二是有可能误删一些重要的系统文件，严重的甚至可能引起系统崩溃。

3．安装或删除 Windows 系统组件

系统组件是 Windows 7 提供的系统功能。Windows 7 提供了很多系统组件，有些在安装 Windows 7 操作系统的时候集成在系统内，有些则没有，当用户需要时就要通过“打开和关闭 Windows 功能”来安装。

打开图 2-59 所示的“Windows 功能”对话框，里面列出了可供安装的 Windows 7 系统组件。如果需要安装某个功能，选中前面的复选框即可；如需删除某个功能，取消选中前面的复选框。然后单击“确定”按钮，根据提示即可完成组件的安装或删除。

图 2-59 “Windows 功能”对话框

2.4.5 备份与还原

Windows 7 提供了强大的备份和还原功能，支持多种备份还原方式。不仅备份与还原的速度快，而且制作出来的系统映像是高度压缩的，减少了对硬盘空间的占用。通过控制面板的“备份和还原”超链接，可以打开图 2-60 所示的“备份和还原件”窗口。

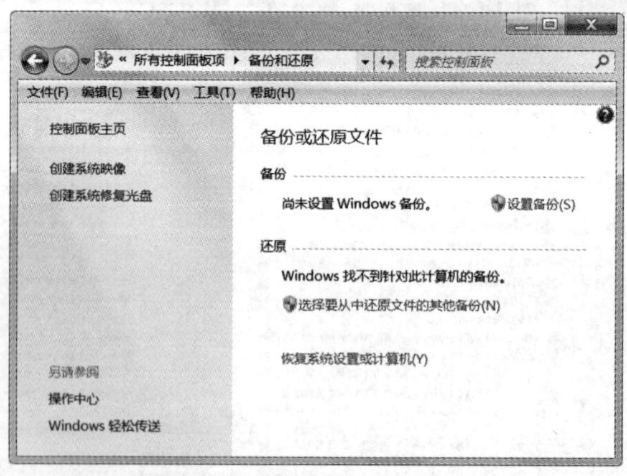

图 2-60 “备份和还原”窗口

1．备份系统

1）利用系统镜像备份 Windows 7

Windows 7 系统备份和还原功能中新增了“创建系统映像”功能，可以将整个系统

分区备份为一个系统映像文件，以便日后恢复。

步骤 1：单击左侧导航窗格中的“创建系统映像”，弹出“你想在何处保存备份”对话框。该对话框中列出了 3 种存储系统映像的设备，这里选择“在硬盘上”单选按钮，然后单击下面的列表框，选择一个存储映像文件的分区。

步骤 2：单击“下一步”按钮，打开“您要在备份中包括哪些驱动器”对话框，在列表框中可以选择需要备份的分区，系统默认已经选中了系统分区。

步骤 3：单击“下一步”按钮，打开“确认您的备份设置”对话框，列出了用户选择的备份设置，单击“开始备份”按钮。

步骤 4：系统开始创建映像文件，显示出备份进度，创建映像所需的时间与映像文件的大小有关。

步骤 5：映像创建完成后会弹出“是否要创建系统修复光盘”的信息提示框。

步骤 6：如果用户装有刻录光驱，可以单击“是”按钮，弹出“创建系统修复光盘”对话框，按照提示创建一张修复光盘，否则就单击“否”按钮退出。

步骤 7：备份完成后在弹出的对话框中单击“关闭”按钮即可完成系统映像的备份。

2）创建系统还原点

在 Windows 7 中，可以为系统创建一个还原点。还原点就是一个时刻点，如果以后系统出现问题，则可以将其还原到已经创建的还原点上，让系统恢复到能够正常运行的状态。用户可以创建多个还原点。创建还原点的具体操作步骤如下：

步骤 1：在“控制面板”窗口中，单击“系统”超链接，打开“系统”窗口。

步骤 2：在“系统”窗口中单击窗口左侧窗格中的“系统保护”超链接。弹出“系统属性”对话框，切换到“系统保护”选项卡，如图 2-61 所示。

步骤 3：可以看到系统默认打开了操作系统所在分区的系统保护功能，用户可以选择列表中的可用驱动器，然后单击“配置”按钮，弹出“系统保护我的资料（D:）”对话框，如图 2-62 所示。在“还原设置”功能区进行还原设置，在“磁盘空间使用量”功能区拖动“最大使用量”滑块调节可用的磁盘空间，也可以单击“删除”按钮删除原有的还原点来释放空间。

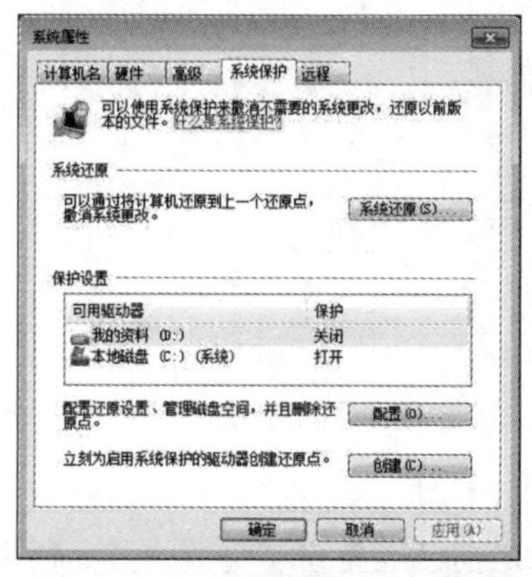

图 2-61 “系统属性”对话框

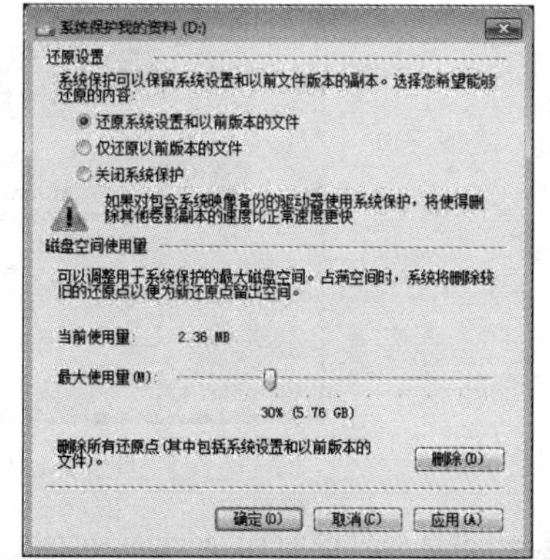

图 2-62 “系统保护我的资料（D:）”对话框

步骤 4：设置完毕后单击“确定”按钮，返回“系统属性”对话框。单击“创建”

按钮，弹出“创建还原点”界面，在文本框中输入还原的描述信息，然后单击“创建”按钮，开始创建还原点。

步骤 5：片刻之后，弹出“已成功创建还原点”提示框，单击“关闭”按钮即可。

2. 还原系统

当系统出现问题时，用户可以使用创建的备份文件对系统进行还原。

1）利用系统镜像还原 Windows 7

当系统出现问题影响使用时，就可以使用先前创建的系统映像来恢复系统。注意：因为恢复操作会覆盖现有文件，所以在进行恢复之前，用户必须将重要文件进行备份（复制到其他非系统分区），否则可能造成重要文件丢失。具体步骤如下：

步骤 1：在图 2-60 所示的“备份或还原文件”窗口中单击“恢复系统设置或计算机”链接。打开“恢复”窗口，如图 2-63 所示。单击下方的“高级恢复方法”超链接。

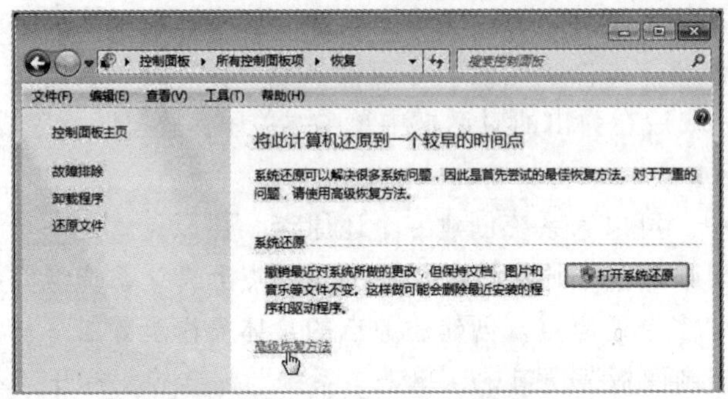

图 2-63 “恢复”窗口

步骤 2：在“高级恢复方法”窗口中，单击“使用之前创建的系统映像恢复计算机”，如图 2-64 所示。

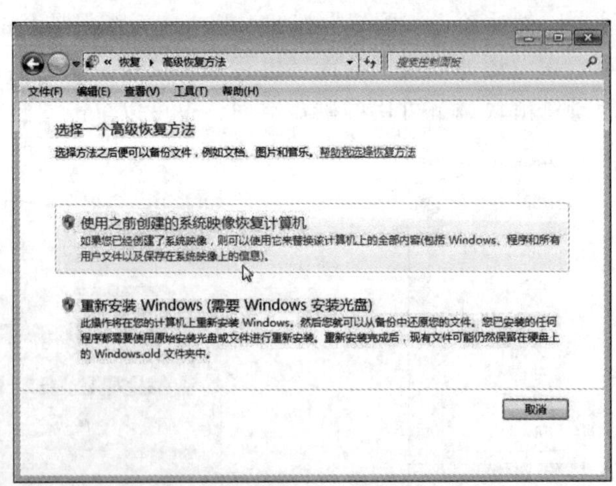

图 2-64 “高级恢复方法”窗口

步骤 3：在“您是否要备份文件”窗口中，因为之前已经备份了重要文件，所以这里可以单击“跳过”按钮（如果之前没有备份重要文件，单击“立即备份”按钮）。

步骤 4：接着会打开“重新启动计算机并继续恢复”窗口，单击“重新启动”按钮，

计算机将重新启动。

步骤 5：重新启动后，计算机将自动进入恢复界面，在“系统恢复选项”对话框中选择键盘输入法，例如选择系统默认的“中文（简体）-美式键盘”。

步骤 6：在“选择系统镜像备份”对话框中，选择“使用最新的可用系统映像”单选按钮，单击“下一步”按钮，在“选择其他的还原方式”对话框中根据需要进行设置，一般无须修改，使用默认设置即可。

步骤 7：单击“下一步”按钮，打开的对话框中列出了系统还原设置信息，单击“完成”按钮，弹出警示信息，单击“是”按钮，开始从系统映像还原计算机。

步骤 8：还原完成后会弹出对话栏，询问是否重新启动计算机，重启即可。

2）还原点还原

还原点还原是指将系统的库、个性设置、系统设置等还原到以前的某个时间。它不会删除安装在系统盘中的程序和软件，因此可能无法彻底修复系统故障。具体操作步骤如下：

步骤 1：按照前面介绍的方法打开“系统属性”对话框，切换到“系统保护”选项卡，单击“系统还原”按钮。

步骤 2：弹出“还原系统文件和设置”界面，选择完毕后单击“下一步”按钮。

步骤 3：弹出“将计算机还原到所选事件之前的状态”界面，界面中显示了可用的还原点。选择还原点后，还可以查看还原操作会对哪些程序和驱动程序进行更改。

步骤 4：单击“扫描受影响的程序”按钮，弹出“正在扫描受影响的程序和驱动程序”提示框。

步骤 5：扫描完成就会弹出详细的将被删除的程序和驱动信息。用户可以查看所选择的还原点是否正确，如果不正确还可以返回重新选择，单击“关闭”按钮。

步骤 6：返回“将计算机还原到所选事件之前的状态”界面，单击“下一步”按钮，弹出“确认还原点”界面，确认选择了正确的还原点后，单击“完成”按钮。

步骤 7：弹出“启动后，系统还原不能中断。您希望继续吗？”确认对话框，单击“是”按钮系统开始准备还原。

步骤 8：弹出“正在准备还原系统”提示框，此时不要进行任何操作，等待计算机自动重启。

步骤 9：计算机重启后，还原操作继续进行。

步骤 10：还原完成会再次自动重启，登录到桌面后会弹出“系统还原已成功完成”的提示框。

2.5 Windows 7 的常用附件

2.5.1 写字板

写字板是 Windows 系统提供的文字编辑程序，它虽然没有 Office Word 功能那么强大，但胜在小巧方便。写字板除了文字编辑功能之外，还提供了一些高级编辑和格式化功能。

选择“开始”→“所有程序”→“附件”→“写字板”命令，打开图 2-65 所示的写字板窗口。

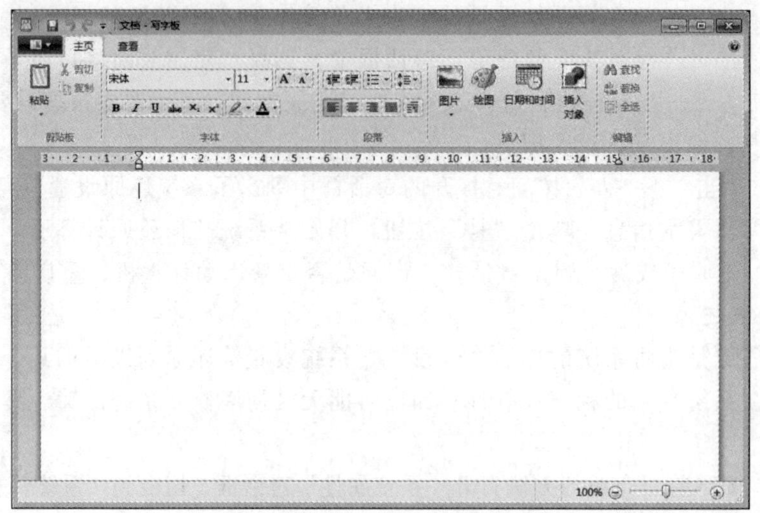

图 2-65　Windows 7 的写字板

该窗口由快速访问工具栏、标题栏、写字板按钮、选项卡、功能选项组、标尺、文档编辑区和缩放工具等部分组成，结构与一般窗口基本一致。“写字板按钮”提供了“新建”“保存”“打印”等命令。

默认情况下，窗口工具栏由两个选项卡组成，主要的功能都在“主页”选项卡内，包含 5 个功能选项组：

（1）剪贴板：用户选中文档中的某段文字，然后进行复制、剪切、粘贴操作。

（2）字体：用于对文档中的选中文字进行字体、字号和颜色等设置。

（3）段落：对文档进行段落设置，如设置对齐格式、缩进格式、行距等。

（4）插入：在文档中插入图片、日期时间等对象。

（5）编辑：在编辑的文档中查找或替换特定的字符。

“查看”选项卡内有“缩放”“显示或隐藏”“设置”3 个功能选项组，用于对当前文档进行显示方式的设置。

2.5.2　画图程序

画图程序是一款图形图像处理及绘制软件，利用它可以手工绘制图形，也可以对图像进行简单的编辑处理，支持不同格式图形文件的转换。

选择“开始”→“所有程序”→“附件”→“画图”命令，出现图 2-66 所示的默认窗口。默认窗口由标题栏、快速工具栏、菜单栏、菜单选项卡和功能选项组、图形编辑工作区、状态栏等组成。

默认情况下，窗口工具栏由两个选项卡组成，主要的功能都在“主页”选项卡内，包含 5 个功能选项组：“剪贴板”“图像”“工具”“形状”“颜色”，可以完成作图以及图像的选择、裁剪、着色、翻转等操作。“查看”选项卡内有 3 个功能选项组：“缩放”“显

示或隐藏”“设置”，用于对图形图像显示方式的设置。另外，在用户操作过程中，还可能出现其他动态选项卡，可完成特定功能。

图 2-66　Windows 7 的画图程序

下面以一个简单的例子说明如何使用画图工具。例如，用画图工具画一个红心，并在其中输入文字，操作步骤如下：

步骤 1：在“主页”选项卡的“颜色”组中选择红色为前景色。单击“形状”组中的“形状”按钮，在下拉列表中选中“心形”形状♡，在编辑窗口中绘制一个心形。

步骤 2：单击“工具”组中的“用颜色填充”按钮，用鼠标移动心形区域，单击心形，红心就完成了。

步骤 3：单击“工具”中的“文本”按钮，将鼠标指针移到红心下方的空白绘图区域，按住鼠标左键不放拖动出一个文本编辑框，输入文字“一颗红心，两手准备”。此时工具栏上新出现了“文本”动态选项卡，可以对输入的文字进行字体、字形、字号、颜色等设置。

步骤 4：完成作图后，可以单击保存按钮，或者通过主菜单中的“保存”菜单项，保存文件。默认情况下，保存文件的扩展名为.png，也可以选择保存为 bmp、jpg 等其他类型图形文件。

2.5.3　截图工具

截图工具是 Windows 7 新增的实用性很强的工具之一，用户可以利用该工具抓取当前界面中任何区域，并保存为图片。

选择“开始”→“所有程序”→“附件”→“截图工具”命令，打开截图工具窗口，此时桌面上的其他窗口进入半透明不活动状态，如图 2-67 所示。拖动鼠标截取所需的图片区域，被截取的图片将会自动进入“截图工具”主窗口，如图 2-68 所示。用户可以对其进行编辑，截图工具中的编辑工具与画图程序类似。

图 2-67　Windows 7“截图工具”窗口

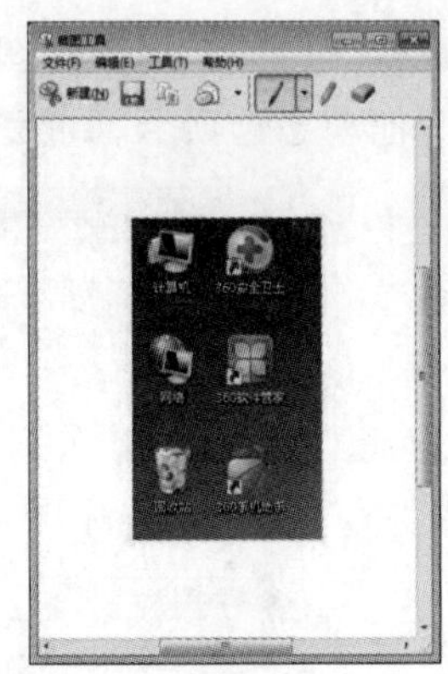

图 2-68　“截图工具”主窗口

选择“文件”→“另存为”命令，打开保存文件对话框，选择保存路径并给文件命名，即可保存截图文件。如果需要将截取的图片插入其他文件或窗口，可选择“编辑”菜单下的“复制”命令，然后在需要插入图片的窗口右击，在弹出的快捷菜单中选择“粘贴”命令。

截图工具默认的是“矩形截图”方式，也可以通过单击工具栏中的“新建”按钮右侧的下拉按钮，在弹出的列表中选择其他的截图方式，程序还提供了“任意格式截图”“窗口截图”“全屏幕截图”3 种方式，如图 2-69 所示。

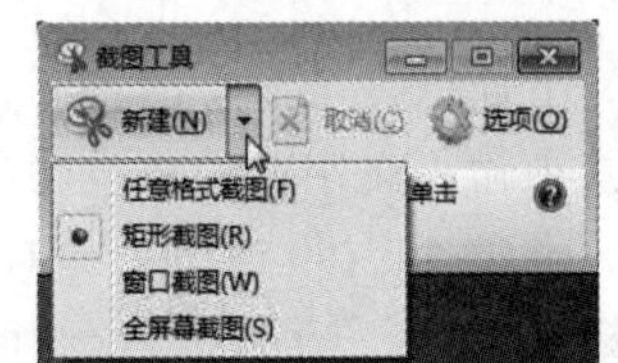

图 2-69　截图工具【新建】菜单

例如，如果选择“任意格式截图”，用户在当前桌面进入半透明状态时，可按住并任意不规则拖动鼠标选取所需图片区域，然后单击，确定截图；如果选中“窗口截图”，此时当前窗口周围将出现红色边框，表示该窗口为截图窗口，单击，确定截图；如果选中“全屏幕截图”，会截取当前整个屏幕。

另外，Windows 7 还提供了两个快捷键，实现对当前窗口或全屏截图，而不必通过截图工具。【Print Screen】键可以实现全屏截图，【Alt+Print Screen】组合键可实现当前窗口截图，并把截取的图片自动存放于剪贴板中。

2.5.4　磁盘管理

Windows 7 自带了很多磁盘管理工具，可以实现对计算机硬盘的清理、碎片整理等功能，从而保护数据安全，提高计算机系统的工作效率。

1. 磁盘清理

Windows 7 在运行过程中经常会产生很大垃圾文件或临时文件，使用“磁盘清理”功能可清理磁盘空间，包括删除 Internet 临时文件、删除已下载的组件和程序文件、清空回收站等。具体操作步骤如下。

选择“开始”→“所有程序”→“附件”→“系统工具”→“磁盘清理”命令，打开“磁盘清理：驱动器选择”对话框，选择需要清理的磁盘，如 C 盘。单击“确定”按钮，弹出“(C:)的磁盘清理”对话框，如图 2-70 所示。选中需要清理的内容，单击“确

定”按钮即可开始清理。

图 2-70 磁盘清理对话框

2. 磁盘碎片整理

当磁盘中有大量碎片时，会减慢磁盘访问的速度，降低磁盘的综合性能。Windows 7 提供的磁盘碎片整理程序主要有两个功能：

（1）分析本地卷、合并碎片文件和文件夹，以便每个文件或文件夹都可以占用卷上单独而连续的磁盘空间。这样，系统就可以更有效地访问文件和文件夹，以及更有效地保存新的文件和文件夹。

（2）通过合并文件和文件夹，磁盘碎片整理程序还将合并卷上的可用空间，以减少新文件出现碎片的可能性。

磁盘碎片整理程序可以对 FAT32 和 NTFS 格式的文件系统卷进行碎片整理。具体操作步骤如下：

步骤 1：选择“开始”→“所有程序”→“附件”→“系统工具”→“磁盘碎片整理程序”命令，打开“磁盘碎片整理程序”对话框，如图 2-71 所示。

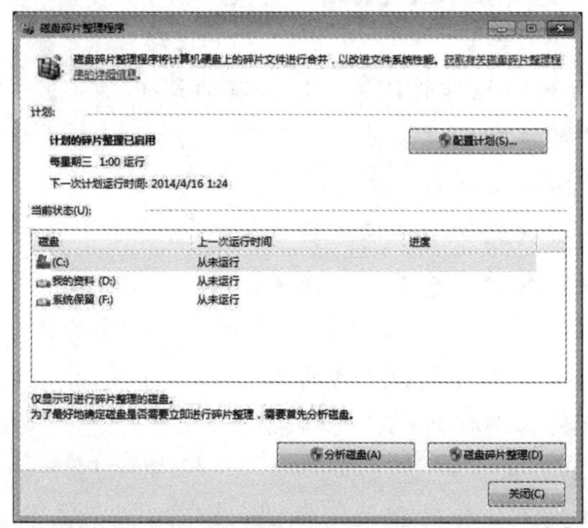

图 2-71 “磁盘碎片整理程序”对话框

步骤 2：在列表框中选中一个分区，单击“分析磁盘”按钮，即可分析出碎片文件占磁盘容量的百分比。

步骤 3：根据得到的这个百分比，确定是否需要进行磁盘碎片整理，在需要整理时单击“磁盘碎片整理”按钮即可。

习　题

一、选择题

1. 下列软件不是操作系统的是（　　）。

   A. Office　　B. UNIX　　C. MS-DOS　　D. Linux

2. 下列关于操作系统的叙述正确的是（　　）。

   A. Windows 是 PC 唯一的操作系统

   B. 操作系统属于应用软件

   C. 操作系统的五大功能是启动、打印、显示、文件存取和关机

   D. 操作系统是计算机软件系统中的核心软件

3. 操作系统的作用是（　　）。

   A. 管理计算机软件系统　　B. 管理计算机硬件系统

   C. 管理计算机系统的所有资源　　D. 规范用户操作

4. Windows 7 是一个（　　）。

   A. 实时操作系统　　B. 单用户多任务操作系统

   C. 单用户单任务操作系统　　D. 多用户多任务操作系统

5. 在 Windows 7 环境下，整个显示屏幕称为（　　）。

   A. 图标　　B. 窗口　　C. 桌面　　D. 资源管理器

6. 以下（　　）不属于 Windows 7 窗口的组成部分。

   A. 标题栏　　B. 状态栏　　C. 菜单栏　　D. 对话框

7. 在 Windows 7 中，不能对任务栏进行的操作是（　　）。

   A. 改变尺寸大小　　B. 删除　　C. 移动位置　　D. 隐藏

8. 以下有关 Windows 7 删除操作的说法，不正确的是（　　）。

   A. 从网络位置删除的项目不能恢复

   B. 从移动硬盘上删除的项目不能恢复

   C. 直接用鼠标拖入回收站的项目不能被恢复

   D. 超过回收站存储容量的项目不能被恢复

9. Windows 7 中的剪贴板是（　　）。

   A. 各种应用程序之间数据共享和交换的工具

   B. 存储图形或数据的物理空间

   C. “写字板”的重要工具

   D. “画图”的辅助工具

10. 在 Windows 7 中移动窗口时，鼠标指针要停留在（　　）处拖动。
  A. 标题栏　　B. 菜单栏　　C. 边框　　D. 状态栏
11. 在 Windows 7 中，除了能用截图工具复制当前活动的窗口，还可以用下列（　　）快捷键执行。
  A.【Ctrl+S】　　B.【Alt+PrintScreen】
  C.【PrintScreen】　　D.【Ctrl+V】
12. 在 Windows 7 中，用户可以同时启动多个应用程序，在启动了多个应用程序之后，用户可以按（　　）组合键在各个应用程序之间进行切换。
  A.【Alt+Shift】　　B.【Alt+Tab】　　C.【Ctrl+Alt】　　D.【Ctrl+Tab】
13. 在中文版 Windows 7 中，用（　　）组合键切换中、英文输入法。
  A.【Alt+Shift】　　B.【Ctrl+空格】　　C.【Shift+空格】　　D.【Ctrl+Tab】
14. 在 Windows 7 中，若系统长时间不响应用户的请求，为了结束该任务，需要启动任务管理器，所使用的组合键是（　　）。
  A.【Ctrl+Alt+Delete】　　B.【Ctrl+Shift+Alt】
  C.【Ctrl+Shift+Delete】　　D.【Shift+Alt+Delete】
15. Windows 7 中的回收站是（　　）。
  A. 硬盘中的一块区域　　B. 内存中的一块区域
  C. 软盘中的一块区域　　D. 高速缓存中的一块区域
16. Windows 7 中的剪贴板是（　　）。
  A. 硬盘中的一块区域　　B. 高速缓存中的一块区域
  C. 软盘中的一块区域　　D. 内存中的一块区域
17. 以下启动应用程序的方法中，不能正确启动的是（　　）。
  A. 从“开始”菜单往下选择相应的应用程序
  B. 在“开始”菜单中使用运行命令
  C. 在文件夹窗口双击相应的应用程序图标
  D. 右击相应的图标
18. 在资源管理器中，选择“编辑”→“复制”命令，完成的功能是（　　）。
  A. 将文件或文件夹从一个文件夹复制到另一个文件夹
  B. 将文件或文件夹复制到剪贴板
  C. 将文件或文件夹从一个磁盘复制到另一个磁盘
  D. 将文件或文件夹从一个文件夹移到另一个文件夹
19. 以下有关窗口的说法不正确的是（　　）。
  A. 窗口可以改变大小
  B. 可以在打开的多个窗口之间进行切换
  C. 窗口都有标题栏
  D. 窗口位置不能移动
20. 在桌面上排列图标的方式不包含（　　）。
  A. 名称　　B. 项目类型　　C. 大小　　D. 创建日期

二、简答题

1. Windows 7 的界面由哪些部分组成？
2. 简述窗口与对话框的区别是什么？
3. 简述删除与永久删除的区别是什么？它们各自的快捷键是什么？删除后的文件存放在什么位置？
4. 在搜索某个文件或文件夹时，用户可以借助什么通配符进行搜索？它们各自的用法是什么？

第 3 章

Word 2016 文档制作 <<<

Word 2016 是一个具有丰富的文字处理功能，图、文、表格混排，所见即所得，易学易用等特点的文字处理软件，是目前最受欢迎的文字处理程序之一。

本章主要介绍 Word 2016 的基本概念和使用 Word 进行文档编辑、排版、页面设置、表格制作和图形绘制等的基本操作。

通过本章的学习，要求了解 Word 基本功能，启动和退出方法。掌握文档的创建、打开、输入、保存、保护和打印等基本方法。熟悉文本的选定、插入与删除、复制与移动、查找与替换等基本编辑操作。掌握字体格式设置、段落格式设置、文档样式设置、文档页面设置和文档分栏等基本排版操作。掌握图片、图形、表格、文本框等对象的插入和编辑操作，使编辑的文档结构合理，版面整洁、美观。

3.1 Word 基础知识

3.1.1 启动/退出

1. 启动 Word 2016

方法 1：常规启动：单击“开始”按钮，选择“所有程序”/Word 2016 命令。

方法 2：通过桌面快捷方式启动：双击桌面上的 Word 2016 快捷图标。

方法 3：通过 Windows 7 任务栏启动：在将 Word 2016 锁定到任务栏之后，单击任务栏中的 Word 2016 图标按钮。

方法 4：通过现有文档启动：找到已经创建的文档，双击该文件图标。

2. 退出 Word 2016

方法 1：单击标题栏右端的关闭按钮（×）。

方法 2：单击“文件”菜单，选择“关闭”命令。

方法 3：按【Alt+F4】组合键。

方法 4：双击 Word 窗口左上角的空区域（位于“快速访问工具栏”的左侧）。

方法 5：单击 Word 窗口左上角的空区域或右击标题栏任意位置，在弹出的菜单中选择“关闭”命令。

3.1.2 操作界面

Word 2016 的工作界面主要由标题栏、快速访问工具栏、“文件”菜单、功能区、编辑区、状态栏、视图栏、显示比例控制栏、标尺、浮动工具栏等部分组成，如图 3-1 所示。

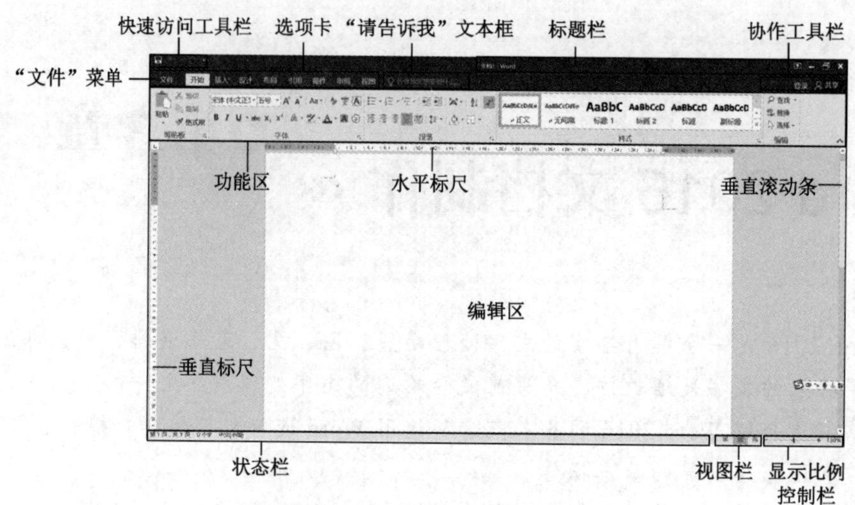

图 3-1　Word 2016 工作界面

1. 标题栏

标题栏位于 Word 2016 工作界面的最上方。它显示了文档的名称和程序名，功能区显示选项按钮，最小化、最大化和关闭按钮，如图 3-1 所示。

其中，功能区显示选项按钮（）提供了“自动隐藏功能区”“显示选项卡”“显示选项卡和命令”3 个选项，用户可以根据需要隐藏选项卡或功能区来扩大窗口工作区，以方便编辑和排版操作。

2. 快速访问工具栏

快速访问工具栏默认位于标题栏的左侧，用户可以根据需要修改设置，使其位于功能区下方。

快速访问工具栏的作用使用户能快速启动经常使用的命令。Word 默认的快速访问工具栏包括“保存”“撤销”“重复”“自定义快速访问工具栏”按钮。用户可以根据需要，使用“自定义快速访问工具栏”按钮添加或定义自己的常用命令。

单击“自定义快速访问工具栏”按钮，在弹出的下拉列表中选择一个左边复选框未选中的命令，可以在快速访问工具栏右端添加该命令按钮，如图 3-2 所示。

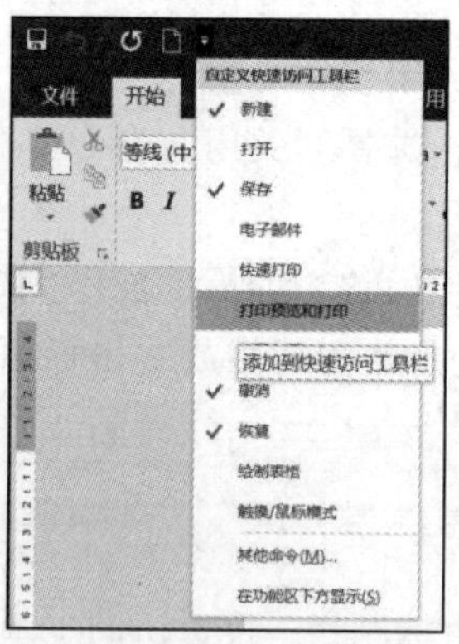

图 3-2　“自定义快速访问工具栏”下拉列表

在功能区中选择某一命令按钮，右击，在弹出的快捷菜单中选择“添加到快速访问工具栏”命令，即可添加该命令，如图 3-3 所示。

选择要删除的某个按钮，右击，在弹出的快捷菜单中选择“从快速访问工具栏删除”命令，即可删除该命令，如图 3-3 所示。

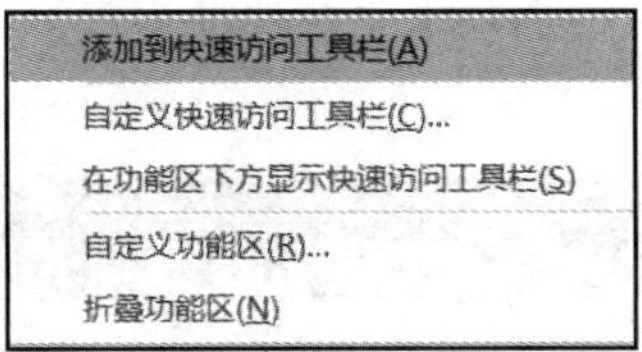

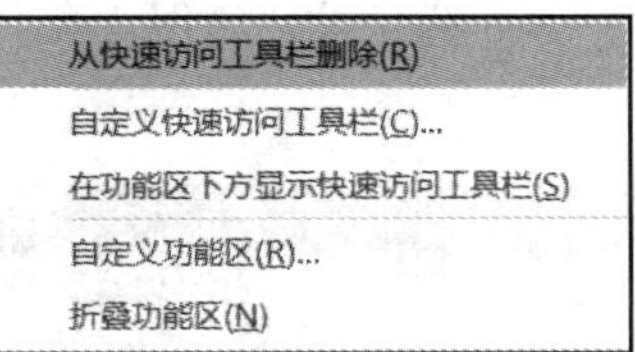

图 3-3 添加/删除快速访问工具栏按钮

3. “文件”菜单

“文件”菜单包含新建、打开、保存、打印、共享、导出和关闭等命令和功能，可以设置 Word 选项和查看信息，如图 3-4 所示。

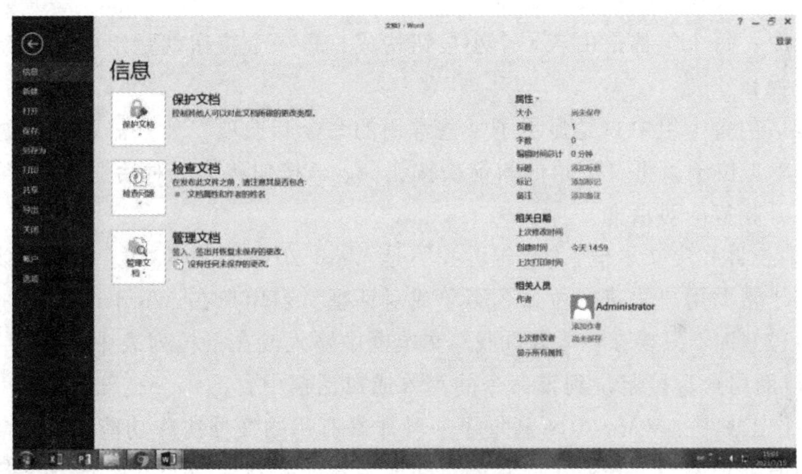

图 3-4 “文件”菜单

4. 功能区

功能区是用户创建文档的控制中心，它以选项卡的方式对命令进行分组和显示，非常直观，如图 3-5 所示。

在功能区的右下角还有一个“折叠功能区”按钮，可隐藏功能区以扩大 Word 窗口。如果想要恢复被隐藏的功能区，可以单击“功能区显示选项”按钮并选中“显示选项卡和命令”项。

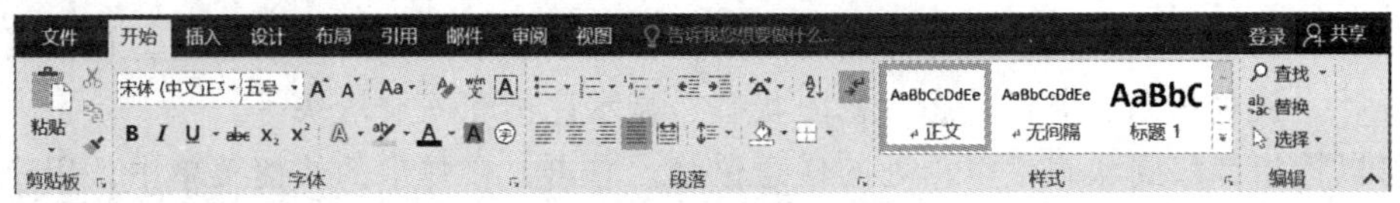

图 3-5 功能区

功能区由选项卡、组和命令按钮 3 部分组成。

（1）选项卡：Word 默认含有 8 个选项卡，分别是“开始”“插入”“设计”“布局”“引用”“邮件”“审阅”“视图”。单击某一选项卡就可以打开相应的功能区，此时该选项卡为活动选项卡，如图 3-5 所示的“开始”选项卡。若文档中插入了形状、图片、表格、艺术字、文本框、页眉或页脚等某些对象，选中一个对象后，在标题栏位置会出现一个额外选项卡，如图 3-6 所示的“绘图工具-格式”选项卡，此选项卡显示了用于处理所选对象的几组命令。

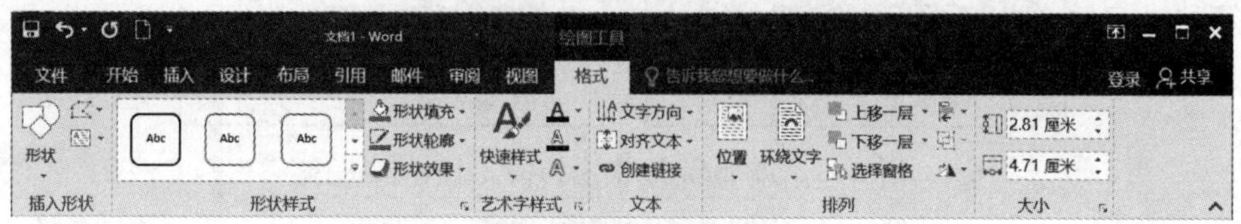

图 3-6　额外选项卡

（2）组：每个选项卡都包含若干组，例如开始选项卡的“字体”组和“段落”组等。这些组将一些相关操作命令按钮显示在一起。

（3）命令：每个组都是由若干个小按钮构成，每一个按钮就是组中的一个命令，用于执行某一操作。

在功能区的每个组中只是显示了一些常用的命令和选项，如果需要进行更加详细的设置，可以单击位于该组右下角的斜箭头按钮，该按钮称为“对话框启动器”，单击此按钮可以打开相应的对话框。

（4）“请告诉我”文本框：“请告诉我”是 Word 2016 新增的功能，它类似于一个搜索引擎，用于帮助用户快速定位命令菜单或对话框。当用户在 Word 中找不到所需要的命令和菜单位置时，只要在“请告诉我”文本框中输入或在下拉列表中选择命令的名称，Word 将会帮助用户直接定位到该命令的菜单或对话框中。

（5）协作工具栏：Word 2016 新增了一种非常有用的文档协作功能——联合编辑，它允许多人同时处理文档。要使用联合编辑功能，首先要登录 Word 账户，并将文档存放在云存储器中，然后使用共享功能邀请他人共同审阅和编辑存放在云存储器（Windows 文件资源管理器中名为“OneDrive”的资源项）中的 Word 文档。工具栏中“登录”按钮用于联合编辑时登录 Word 账户，“共享”按钮可将本地文档传送到云存储器中。

5. 编辑区

编辑区是指水平标尺以下和状态栏以上的屏幕显示区域，可以对文档进行输入、编辑和排版等操作。

6. 状态栏

状态栏位于 Word 2016 工作界面的最下方，用于显示文档的当前状态，包括页码、字数统计、校对状态、语言状态、视图状态、显示比例和缩放滑块等。

将鼠标指针移到状态栏空白处的任意位置，右击，在弹出的快捷菜单中，用户可以选中或取消相应设置项，此时状态栏中显示相应状态信息。

7．视图栏

Word 2016 提供了 5 种视图方式：页面视图、阅读版式视图、Web 版式视图、大纲视图和草稿视图。选择“视图”选项卡“视图”组中的视图按钮，就会切换到相应的视图方式。而文档视图工具栏仅提供了阅读视图、页面视图、Web 版式视图，

（1）页面视图：可以显示文档的打印结果外观，文档的显示与实际打印的效果一致。

（2）阅读版式视图：文档的内容根据屏幕的大小以适合阅读的方式显示，“文件”菜单、功能区等窗口元素被隐藏起来。

（3）Web 版式视图：以网页的形式显示文档，此视图适用于发送电子邮件和创建网页。

（4）大纲视图：根据文档的标题级别来显示文档的框架结构，可以方便地折叠和展开各种层级的文档，用于长文档的快速浏览和设置。

（5）草稿视图：取消了页面边距、分栏、页眉页脚和图片等元素，仅显示标题和正文，是最节省计算机系统硬件资源的视图方式。

8．显示比例控制栏

显示比例控制栏由“缩放级别”按钮和“缩放滑块”组成，用于更改正在编辑文档的显示比例。

9．标尺

标尺除了显示文字所在的实际位置、页边距尺寸外，还可以用来设置制表位、段落、左右缩进、首行缩进等。

标尺的显示/隐藏可以通过选择“视图”→“显示”→“标尺”命令实现。

10．浮动工具栏

在文档编辑过程中，为了提高编辑速度，同时便于用户操作，Word 采用“浮动工具栏”将一些文本编辑中常用的命令集合在一起，省去了用户到各个选项卡中寻找所需命令的过程。在编辑区选中文本后，一个工具栏会出现在所选文本的右上方，此工具栏就是“浮动工具栏”，如图 3-7 所示。

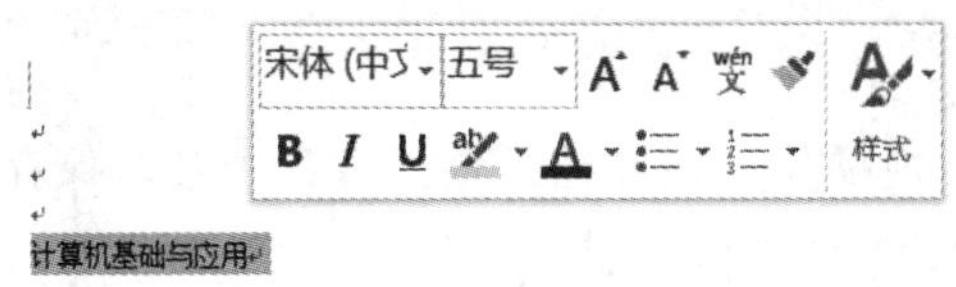

图 3-7　浮动工具栏

3.2　文档的基本操作

3.2.1　创建文档

1．创建空白文档

（1）启动 Word 自动创建空白文档。使用常规方法启动 Word 或使用快捷方式启动 Word 时，将自动打开空白文档。新创建的空白文档，临时文件名为“文档 1”，如果是第二次创建空白文档，则临时文件名为“文档 2”，其他的文件名以此类推。

（2）使用“文件”菜单创建空白文档。在选择“文件”→“新建”命令，在右侧的“可用模板”列表框中选择“空白文档”选项，即可创建一个空白文档，如图 3-8 所示。

（3）通过快速访问工具栏创建空白文档。将“新建”按钮（）添加到快速访问工具栏中，单击该按钮，即可创建一个空白文档。

（4）使用快捷键创建空白文档。在 Word 2016 窗口中，直接按【Ctrl+N】组合键，即可创建一个空白文档。

2. 创建模板文档

1）根据内置模板创建文档

选择“文件”→“新建”命令，在右侧选项区中单击需要的模板，即可快速创建出一个带有格式和基本内容的文档，如图 3-9 所示。

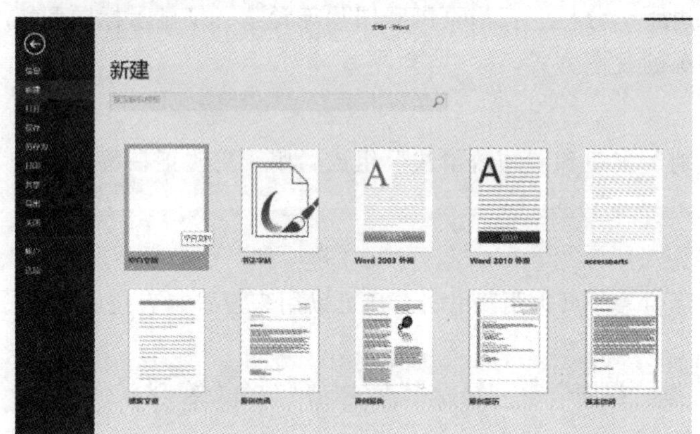

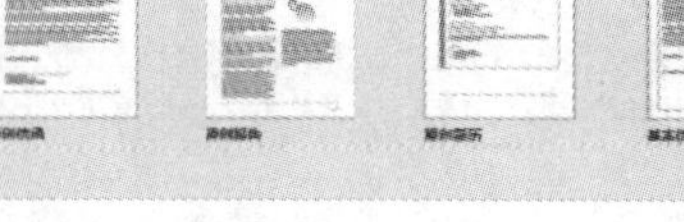

图 3-8　创建文档

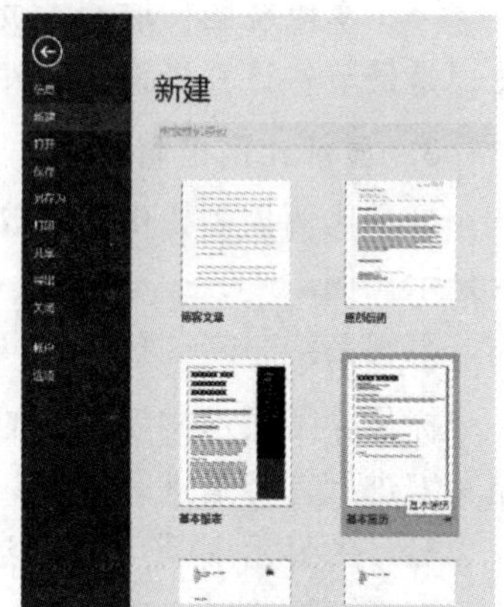

图 3-9　创建模板文档

2）官网模板库创建文档

在“新建”选项区的“搜索联机模板”文本框中，输入所需要的关键词，连线到微软官方网站的模板库中挑选所需的模板。

3.2.2　保存文档

文件的保存是一种常规操作，在文档的创建过程中及时保存工作成果，可以避免数据的意外丢失。

1. 保存新建文件

要保存新建文档，可直接单击快速访问工具栏中的“保存”按钮，或者选择“文件”→“保存”命令，或者直接按【Ctrl+S】组合键。

当用户第一次保存该文档时，Word 会自动转入“文件”菜单中的“另存为”页面，单击“浏览”按钮可以打开图 3-10 所示的“另存为”对话框，在“另存为”对话框中，选择好保存位置，输入文件名，并注意在“保存类型”下拉列表框中选择好文件的保存类型，单击“保存”按钮，即可将当前文档保存到指定的驱动器和文件夹，同时将当前窗口标题栏中的文件名变为新输入的文件名。文档保存后，该文档窗口并没有关闭，可以继续输入或编辑该文档。

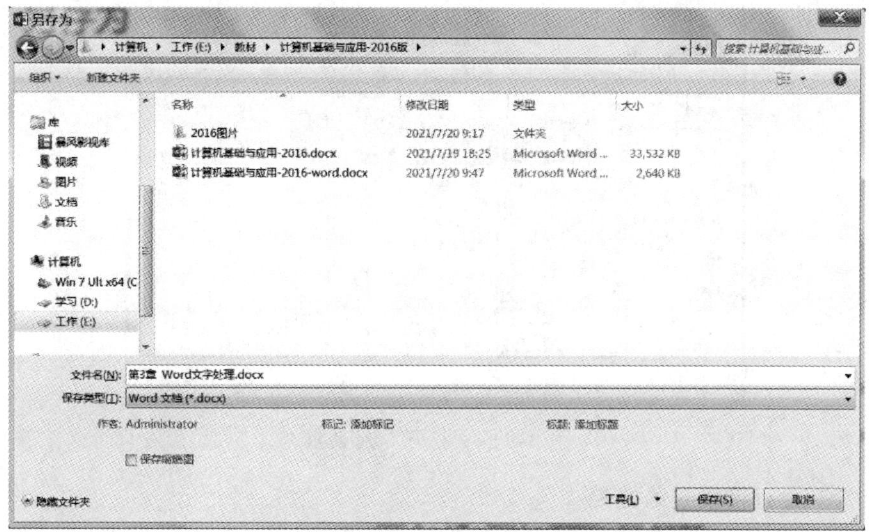

图 3-10 “另存为”对话框

默认情况下，Word 2016 文档类型是“Word 文档(*.docx)”；系统还提供用户选择 Word 2016 以前的版本，选择“Word 97-2003 文档(*.doc)”文件类型可以和旧版本兼容。“保存类型”下拉列表框中提供的类型还有 PDF、XPS、RTF、纯文本、网页等。如果希望保存的文件不被他人修改，并且希望能够轻松共享和打印这些文件，使得文件在大多数计算机上看起来均相同、具有较小的文件大小并且遵循行业格式，可以将文件转换为 PDF 或 XPS 格式，而无须其他软件或加载项。

2. 保存已有文档

第一次保存后文档就有了名字，之后对文档进行修改并进行保存时，直接选择“文件”→“保存”命令即可，不会打开“另存为”对话框，只是用当前文档覆盖原有文档，实现文档更新。

如果保存时不想覆盖修改前的内容，可选择“文件”→“另存为”命令，在图 3-10 所示的“另存为”对话框中输入新的保存位置、文件名、保存类型，单击“保存”按钮即可。

3.2.3 打开文档

1. 打开文档

Word 2016 允许用户通过以下几种方法打开文档。

(1)直接双击。Windows 操作系统会自动为所有.doc/.docx 等格式的文档进行关联，用户只需双击这些文档，即可启动 Word 2016，同时打开指定的文档。

(2)通过“文件”菜单。选择“文件”→“打开”命令，单击右侧的“浏览”命令弹出图 3-11 所示的“打开”对话框，选择相应文档，单击“打开”按钮即可。

(3)使用快捷键。在 Word 2016 窗口中，直接按【Ctrl+F12】组合键，打开“打开”对话框，选择相应文档，单击“打开”按钮即可。

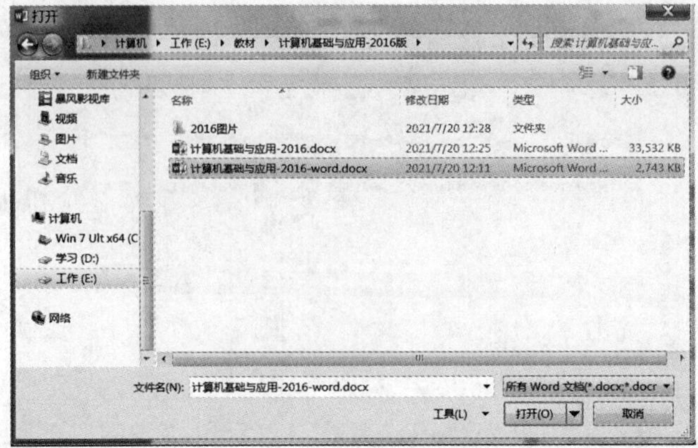

图 3-11 “打开”对话框

2. 打开最近使用过的文档

选择“文件”→“打开”命令，单击右侧的“最近”命令，在出现的图 3-12 所示的最近文档列表中，单击选定的 Word 文档名，即可打开用户指定的文档。

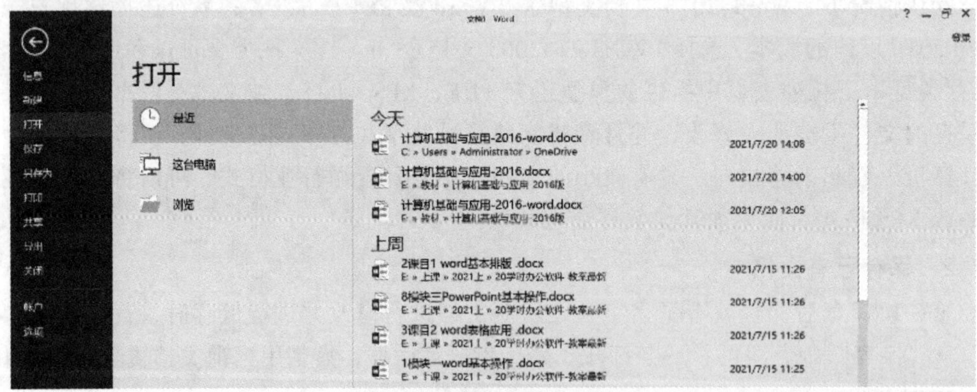

图 3-12 “最近”文档列表

3.2.4 文本的输入

输入文本包括输入汉字、英文字母及字符等，英文字母及一些符号可以直接按键盘上相应按键实现输入。输入汉字时需先切换到中文输入状态，然后敲击键盘实现输入。

1. 文本输入

启动 Word 2016 后，用户可以在窗口的编辑区内看到一个闪烁的垂直条，称为光标，它是文本输入的位置标志，即插入点。在输入文本时，插入点自左向右移动，插入点在什么位置，输入的文字就出现在什么位置。可以将鼠标指向文档的任意位置双击，实现快速定位光标，也就是“即点即输”。

在输入文本过程中，不用顾及是否到达行尾，系统自动检测并换行。如果未满一行就想换行的话，可以按【Enter】键，表示一个段落的结束，新的段落的开始。在按【Enter】键时，会在【Enter】键的位置留下一个弯箭头，此标志称为“段落标记”。

在输入时应注意如下问题：

（1）空格。空格在文档中占的宽度，不但与字体和字号有关，也与“半角”或“全角”输入方式有关。在“半角”方式下，空格占一个字符位置；在“全角”方式下，空格占两个字符位置。

（2）换行符。如果要另起一行，但不另起一个段落，可以输入换行符。可以使用【Shift+Enter】组合键或者单击“布局”选项卡“页面设置”组“分隔符”中的“自动换行符”即可。

（3）文档中的红色与蓝色波形下画线的含义。Word 用红色波纹线表示可能的拼写错误，用蓝色波形下画线表示可能的语法错误。

（4）文档中蓝色与紫色下画线的含义。Word 系统默认蓝色下画线的文本表示超链接，紫色下画线的文本表示使用过的超链接。

2. 自动更正

使用“自动更正”功能，可以更正输入、拼写错误的单词和快速插入在内置“自动更正”词条列出的符号，提高用户录入一些比较复杂且录入频率又高的文本或符号的效率。设置自动更正的步骤如下：

步骤 1：选择“文件”→“选项”命令。

步骤 2：弹出“Word 选项”对话框，在左侧窗格单击“校对”选项，在右侧窗格单击“自动更正选项”按钮。

步骤 3：弹出“自动更正”对话框，选择“自动更正”选项卡，如图 3-13 所示。

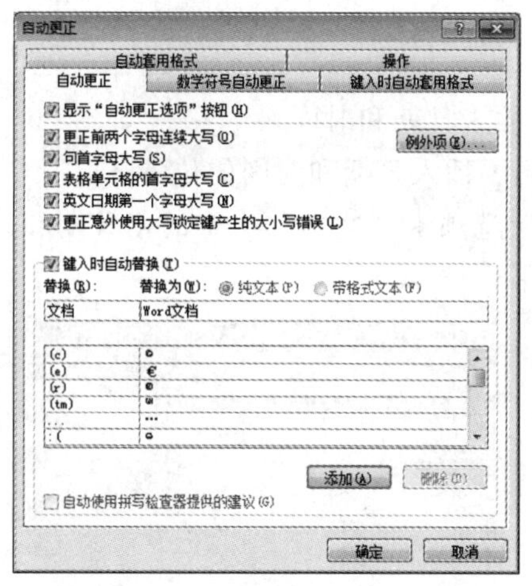

图 3-13 “自动更正”对话框

步骤 4：选中“键入时自动替换”复选框（如果尚未选中）。

步骤 5：如果内置词条列表不包含所需的更正内容，可以添加词条。方法是在“替换”文本框中输入经常拼写错误的单词或缩略短语，如“文档”，在“替换为”文本框中输入正确拼写的单词或缩略短语的全称，如“Word 文档”，单击“添加”按钮即可。

步骤 6：若某些词条不需要，则可以选中某词条，单击“删除”按钮即可。

3. 插入符号和特殊字符

输入键盘上没有的符号和字符时，需要利用插入符号的方式实现。

1）插入符号

步骤 1：选择要插入符号的位置，单击“插入”选项卡“符号”组中的“符号”按钮，可显示一些可以快速添加的符号按钮，直接选择完成操作，如果没有找到想要的符号，可选择“其他符号”选项。

步骤 2：弹出“符号”对话框，选择“符号”选项卡，如图 3-14 所示。

步骤 3：在“字体”下拉列表框中选择字体。

步骤 4：选择要插入的符号后单击“插入”按钮，完成后单击“关闭”按钮。

2）插入特殊字符

步骤 1：在“符号”对话框中选择“特殊字符”选项卡，如图 3-15 所示。

步骤 2：选择要插入的符号后单击“插入”按钮，完成后单击“关闭”按钮。

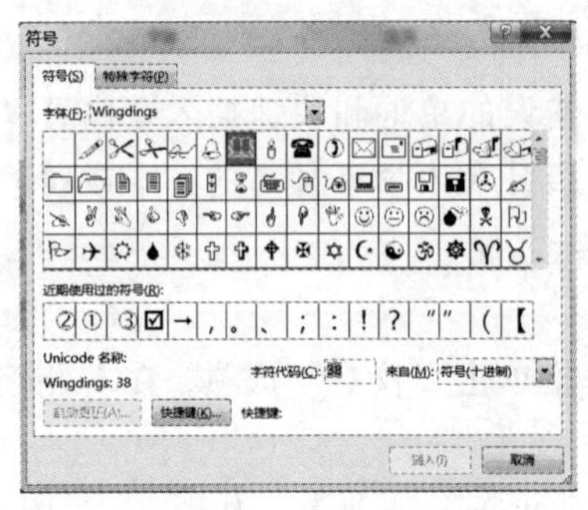

图 3-14 “符号”选项卡

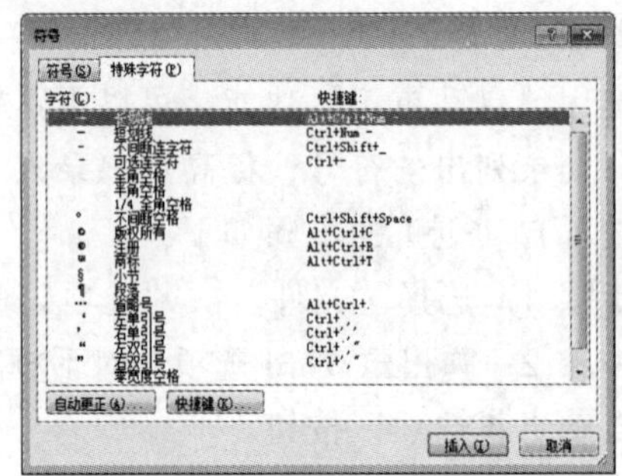

图 3-15 “特殊字符”选项卡

4. 插入日期和时间

Word 文档中可以直接插入日期和时间。

步骤 1：将插入点移到要插入日期和时间的位置。

步骤 2：单击“插入”选项卡“文本”组中的“日期和时间”命令，打开图 3-16 所示的“日期和时间”对话框。

图 3-16 “日期和时间”对话框

步骤 3：在“语言”下拉列表中选定“中文（中国）”或“英文（美国）”，在“可用格式”列表框中选择所需要的格式。如果选择“自动更新”复选框，则插入的日期和时间会自动更新，否则保持插入时的时间和日期。

步骤 4：单击“确定”按钮。

5. 插入文档属性信息

编写文档时，有时需要在某一页或某些页的特定区域（例如页眉或页脚）添加标题、作者、通信地址、联系方式等信息，手动输入费时费力，Word 提供“文档属性”功能，使用户能够便捷地完成信息的输入。

步骤 1：选择“文件”→“信息”命令，在打开的窗口中，输入所需插入的文档属性信息，例如作者、标题、主题、关键词等。

步骤 2：将插入点移动到编辑区要插入文档属性的位置。

步骤 3：单击“插入”选项卡“文本”组中的“文档部件”按钮，在下拉列表中选择“文档属性”命令，打开图 3-17 所示的“文档属性”列表。

自动图文集(A)
文档属性(D)
域(F)...
构建基块管理器(B)...
将所选内容保存到文档部件库(S)...
符号
备注
标题
单位
单位传真
单位地址
单位电话
单位电子邮件
发布日期
关键词
经理
类别
摘要
主题
状态
作者

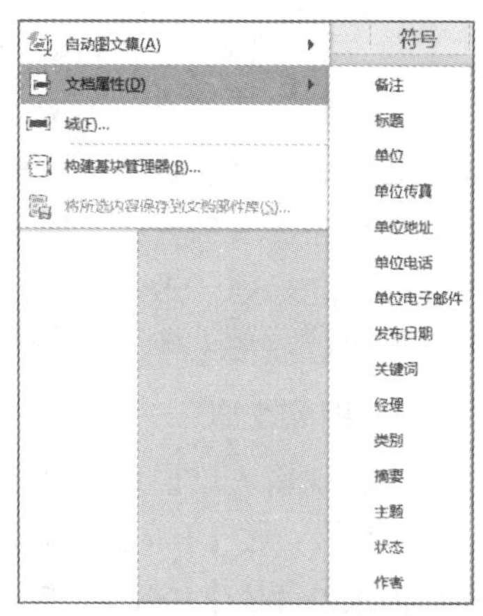

图 3-17 “文档属性”列表

步骤 4：单击“文档属性”列表中需要插入的项，则该项内容出现在插入点。

3.2.5 文本的选择

文本的选择有多种方式：

（1）拖动选择：把插入点光标“I”移至要选择部分的开始处，按住鼠标左键一直拖动到选择部分的末端，然后松开鼠标左键。该方法可以选择任何长度的文本块，甚至整个文档。

（2）对词组的选择：把光标放在某个词组（或英文单词、一组数字）上，双击即可将此词组选中。

（3）对句子的选择：按住【Ctrl】键并单击句子中的任何位置。

（4）对一行的选择：鼠标指向该行左侧空白区域（选定栏）内，当鼠标指针变成向右上方向的箭头时单击即可选中此行，如图 3-18 所示。

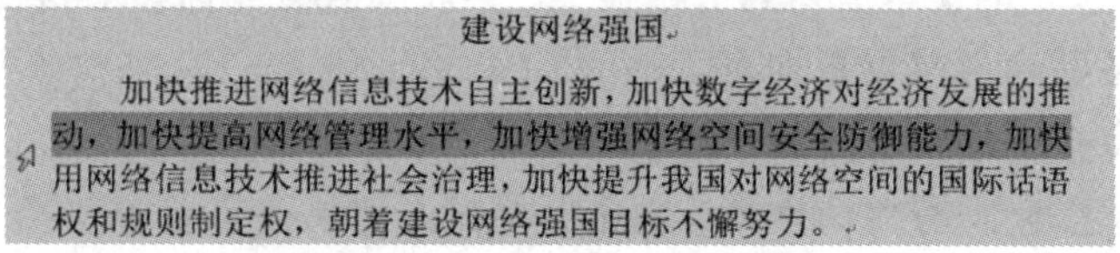

建设网络强国
加快推进网络信息技术自主创新，加快数字经济对经济发展的推动，加快提高网络管理水平，加快增强网络空间安全防御能力，加快用网络信息技术推进社会治理，加快提升我国对网络空间的国际话语权和规则制定权，朝着建设网络强国目标不懈努力。

图 3-18 “选定栏”选择行

（5）对多行的选择：选择一行，然后在选定栏中向上或向下拖动。

（6）对段落的选择：双击段落左边的选定栏，或三击段落中的任何位置。

（7）对整个文档的选择：将鼠标移到选定栏，三击即可，或使用【Ctrl+A】组合键选择整篇文档。

（8）对任意部分的快速选择：单击要选择的文本的开始位置，按住【Shift】键，然后单击要选择的文本的结束位置。

（9）对矩形文本块的选择：把插入光标置于要选择的文本的左上角，然后按住【Alt】键和鼠标左键，拖动到文本块的右下角，即可选择一块矩形区域。

3.2.6 插入和删除

1．插入文本

将光标定位到要插入文本的位置，输入文本即可。在默认状态下，新内容输入时，光标处的原内容会自动向右移动，新的内容插入文档中，不会覆盖原内容。

确认当前文档处在“插入”方式还是“改写”方式，在“插入”状态下输入的文字将插入到光标处。“改写”状态下此时输入的文字将覆盖光标处的文字。单击状态栏中“插入”按钮后或按【Insert】键输入状态变成改写状态。

2．删除文本

当发现输入错误后，可以随时将错误文本从文档中删除并重新输入新的内容。

方法1：按【Backspace】键，可删除光标左面的文字或字符。

方法2：按【Delete】键，可删除光标右面的文字或字符。

方法3：如果选定了文本，按【Backspace】键或【Delete】键，可删除选定的文本。

3.2.7 复制和移动

1．复制/移动文本

1）复制方法

方法1：将鼠标指针移动到选定的文本上，当鼠标指针变为↖时，按住【Ctrl】键的同时拖动鼠标，鼠标旁边有一条表示插入点的虚线，当虚线达到目标位置后，松开鼠标左键和【Ctrl】键，选定的文本即被复制到目标位置。

方法2：先将选定的文本复制到剪贴板上，再将插入点光标移动到目标位置，然后把剪贴板上的文本粘贴到当前位置即可。

2）移动方法

方法1：将鼠标指针移动到选定的文本上，当鼠标指针变为↖时拖动，达到目标位置后，松开鼠标左键，选定的文本即被移动到目标位置。

方法2：先将选定的文本剪切到剪贴板上，再将插入点光标移动到目标位置，然后把剪贴板上的文本粘贴到当前位置即可。

3）文本复制/剪切到剪贴板上

方法1：选择需复制/剪切的文本，右击，在弹出的快捷菜单中选择“复制”/“剪切”命令即可。

方法2：选择需复制/剪切的文本，单击“开始”选项卡“剪贴板”组中的“复制”按钮/“剪切”按钮即可。

方法3：选择需复制/剪切的文本，按【Ctrl+C】/【Ctrl+X】组合键即可。

提示：Word 2016提供的剪贴板默认存放24个最近“剪切”或“复制”的内容，用户可以根据需要选择其中一种粘贴到目标位置。

4）将剪贴板上的文本粘贴到目标位置

方法1：将光标移动到目标位置，右击，在弹出的快捷菜单中选择“粘贴选项”中的一种格式即可。粘贴选项提供了三种格式：“保留源格式”“合并格式”“只保留文本”。

方法 2：将光标移动到目标位置，单击“开始”选项卡“剪贴板”组中的“粘贴”按钮即可。

方法 3：将光标移动到目标位置，按【Ctrl+V】组合键即可。

2. 选择性粘贴

在复制文本后，可以将其粘贴为指定的样式，如网页或图片，这时用到 Word 的选择性粘贴功能。操作步骤如下：

步骤 1：选择需要复制的文本，按【Ctrl+ C】组合键进行复制。

步骤 2：选定要粘贴的位置，选择“开始”选项卡“剪贴板”组“粘贴”下拉列表中的“选择性粘贴”命令。

步骤 3：弹出图 3-19 所示“选择性粘贴”对话框，在“形式”列表框中选择一种合适的样式。

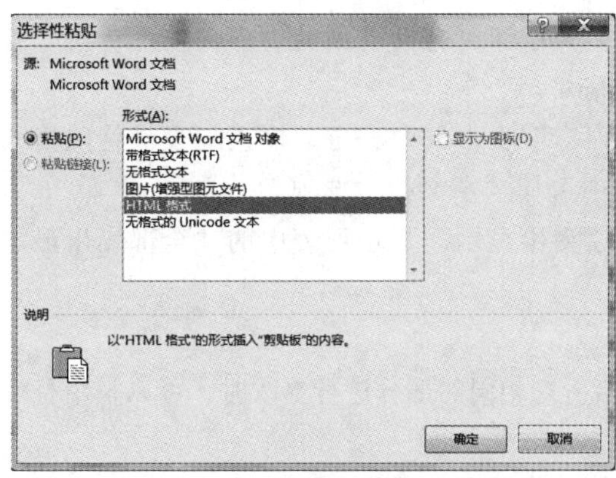

图 3-19 “选择性粘贴”对话框

步骤 4：单击“确定”按钮，即可指定样式粘贴内容。

3.2.8 查找和替换

1. 文本的查找

在文档内可以通过查找的方式快速找到需要的文本，无论是普通文本还是具有特殊条件的文本，都可以快速完成查找。

1）普通查找

步骤 1：单击“开始”选项卡“编辑”组中的“查找”按钮，或者按【Ctrl+F】组合键。

步骤 2：窗口左侧弹出图 3-20 所示的“导航”任务窗格，在“导航”窗格中输入要查找的文字。如“网络”，文档中的对应字符自动被标注出来，并显示文本中有几个匹配项。

2）特殊文本的查找

步骤 1：选择“开始”选项卡“编辑”组“查找”下拉列表中的“高级查找”命令。

步骤 2：弹出图 3-21 所示的“查找和替换”对话框，单击“查找内容”文本框，定位光标。

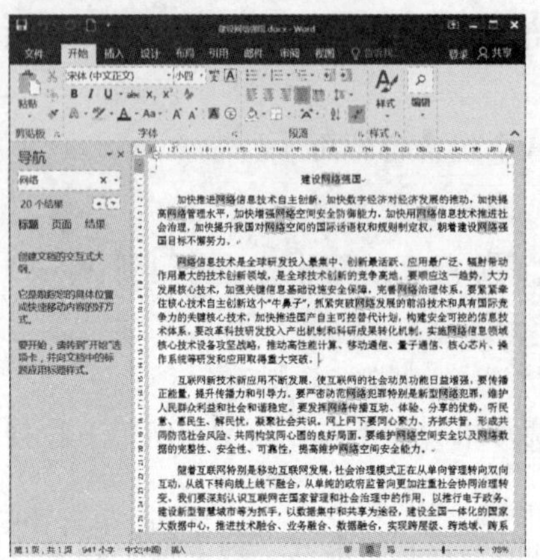
图 3-20 “导航”任务窗格

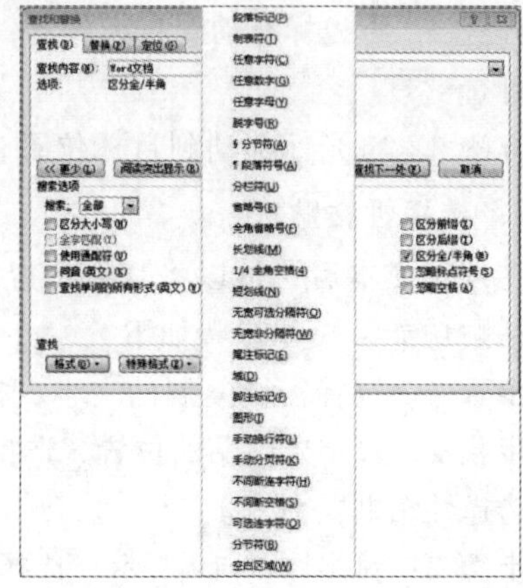
图 3-21 “查找和替换”对话框

步骤 3：单击“更多”按钮，打开隐藏的更多选项，单击“特殊格式”按钮，打开下拉菜单，选择查找的格式。

步骤 4：在“查找内容”文本框中，自动输入代表该特殊格式的通配符，在“在以下项中查找”下拉列表中选择“主文档”选项。

步骤 5：选择“阅读突出显示”下拉列表中的“全部突出显示”命令，查找到的内容会突出显示出来。

2. 文本的替换

需要对整篇文档中给所有相同的部分进行更改时，可以采用替换的方法快速达到目的。

1）普通替换

步骤 1：单击“开始”选项卡“编辑”组中的“替换”按钮，打开“查找和替换”对话框，或者按【Ctrl+H】组合键打开该对话框。

步骤 2：在“替换”选项卡的“查找内容”文本框中输入查找字符，在“替换为”文本框中输入替换的内容，单击“替换”按钮。每单击一次则自动查找和替换一处。

步骤 3：不断重复单击“替换”按钮，直至文档最后，完成文档中所有的查找内容均被替换的操作。也可以单击“全部替换”按钮，一次将文档中所有的查找内容都替换，并弹出提示框，提示完成几处替换。

2）特殊文本的替换

步骤 1：在“替换”选项卡中，将定位光标在“查找内容”输入框。单击“更多（M）>>”按钮，在打开的隐藏选项中单击“特殊格式”按钮/“格式”按钮，打开下拉列表，选择查找的格式。

步骤 2：将定位光标在“替换为”输入框中，再单击“特殊格式”按钮/“格式”按钮，打开下拉菜单，选择替换的格式。

步骤 3：单击“全部替换”按钮，系统自动完成对查找格式的全部替换。

3.2.9 撤销和恢复

1. 撤销文本

当出现误操作时，单击快速访问工具栏中的“撤销”按钮，取消刚才的误操作。如果需连续撤销多步误操作时，单击“撤销”按钮右侧的下拉按钮，在打开的下拉列表中选择要撤销的操作步骤。

2. 恢复文本

恢复和撤销的操作是相对的，它用于恢复被撤销的操作。单击快速访问工具栏中的“恢复”按钮即可。

3.3 文档的页面设置

3.3.1 页面布局的设置

文档的页面设置是指确定文档的外观，包括纸张规格、纸张来源、文字在页面中的位置、版式等。文档的页面设置可以在“布局”选项卡“页面设置”组中进行设置，也可以在“页面设置”对话框中进行设置。在“页面设置”对话框中可以对设置的内容选择“应用于”的范围，如“整篇文档”还是“插入点之后”的应用范围。

1. 纸张方向

纸张的方向有横向和纵向两种，默认的纸张方向是纵向。

单击“布局”选项卡“页面设置”组中的“纸张方向”下拉按钮，在下拉列表中选择“横向”或“纵向”纸张方向即可。

2. 纸张大小

Word 2016 默认的设置为 A4（21 cm×29.7 cm）纸。

设置纸张大小：

方法 1：单击“布局”选项卡“页面设置”组中的“纸张大小”下拉按钮，在纸张大小列表中选择合适的纸张类型。

方法 2：打开“页面设置”对话框，选择“纸张”选项卡，单击“纸张大小”文本框下拉按钮，在下拉列表中选择合适的纸张类型。

3. 页边距

页边距是页面四周的空白区域（用上、下、左、右的距离指定）。

设置页边距：

方法 1：单击“页面设置”组中的“页边距”下拉按钮，在“页边距”下拉列表中选择一种页边距类型。

方法 2：在“页面设置”对话框中选择“页边距”选项卡进行操作。

在“上”“下”“左”“右”等数值框中输入数值或调整数值，可以改变上、下、左、右边距。

在“装订线”数值框中输入数值或调整数值，打印后将保留出装订线距离。

在“装订线位置”下拉列表中可选择装订线的位置。

在“应用于”下拉列表中，可选择页边距的作用范围。

4．分隔符

分隔符分为分页符和分节符两种，分页符用来开始新的一页，分节符用来开始新的一节，不同的节内可以设置不同的排版方式，默认情况下整个文档是一节。

单击“页面设置”组中的“分隔符”按钮，在“分隔符”下拉列表中选择一种分隔符，即可在光标处插入该分隔符。

分隔符相关命令的作用如下：

（1）分页符：标记一页终止，并开始下一页。

（2）分栏符：指示分栏符后面的文字将从下一栏开始。

（3）自动换行符：分隔网页上对象周围的文字。

（4）下一页：插入一个分节符，并在下一页上开始新节。此类分节符通常应用在文档中开始新的一章。

（5）连续：插入一个分节符，新节从同一页开始。连续分节符可用在同一页上更改格式（如不同数量的列）的时候。

（6）奇数页：插入一个分节符，新节从下一个奇数页开始。应用在希望文档各章始终从奇数页开始。

（7）偶数页：插入一个分节符，新节从下一个偶数页开始。应用在希望文档各章始终从偶数页开始。

默认情况下，分隔符是不可见的，单击“段落”组中的↵按钮，可显示段落标记和分隔符，或单击 Word 文档的草稿视图，可显示单虚线分页符和双虚线分节符。在分隔符可见的情况下，在文档中选定分隔符后，按【Delete】键可将其删除。

5．分栏

分栏就是将文档的内容分成多列显示。设置分栏时，如果选定了段落，则选定的段落被设置成相应的分栏格式；如果没有选定段落，则当前节内的所有段落则设置成相应的分栏格式。

单击“布局”选项卡“页面设置”组中的“分栏”按钮，打开“分栏”列表，选择某一分栏样式后，就可以进行相应的分栏。选择“一栏”类型，即可取消分栏的设置。选择“更多分栏”命令，弹出图 3-22 所示的对话框，对分栏进行更详细的设置，分栏后的效果如图 3-23 所示。

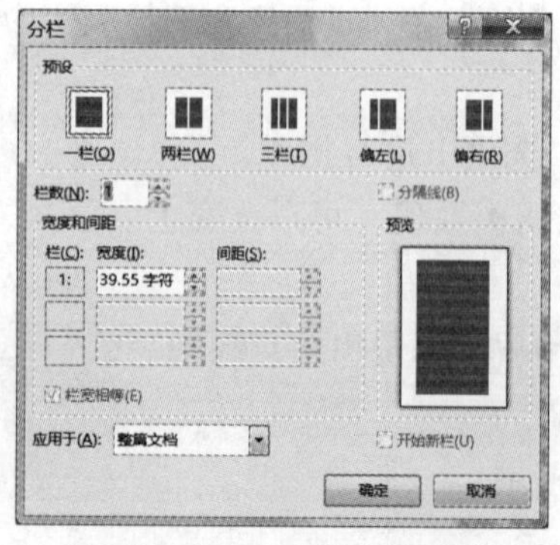

图 3-22 “分栏”对话框

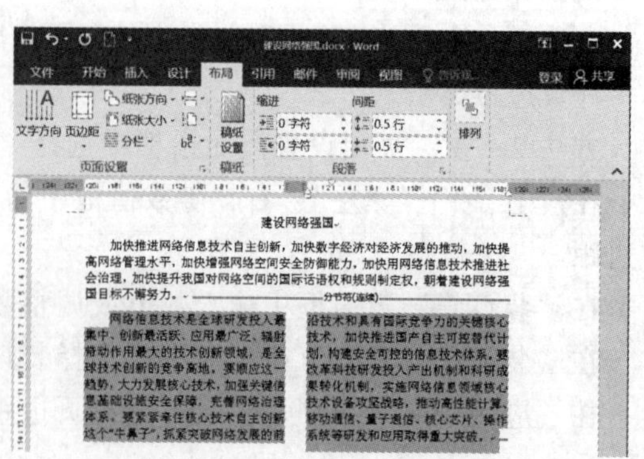

图 3-23 分栏效果图

提示：

（1）因为各栏宽度加间距之和等于页面宽度，所以如果要同时设置栏宽和间距，则应先调整页面宽度。

（2）在对整篇文档分栏（如两栏）时，如果显示结果未达到预期效果，则可先在文档结束处插入一个分节符，然后分栏。

（3）只有在“页面视图”或“打印预览”的方式下才能显示分栏效果。

3.3.2 页面背景的设置

文档的页面可以设置背景颜色、水印、页面边框等以增加页面的艺术效果，如图 3-24 所示。通过“设计”选项卡“页面背景”组中的命令按钮进行设置。

1. 页面颜色

Word 的页面背景色包括颜色，填充效果（如渐变、纹理、图案或图片）等。

单击“设计”选项卡“页面背景”组中的“页面颜色”按钮。弹出图 3-25 所示的下拉列表，选择某一种颜色或效果，单击“确定”按钮即可。

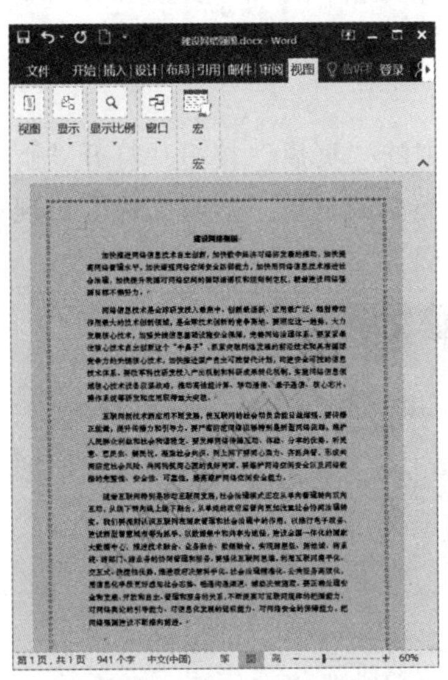

图 3-24 设置页面背景

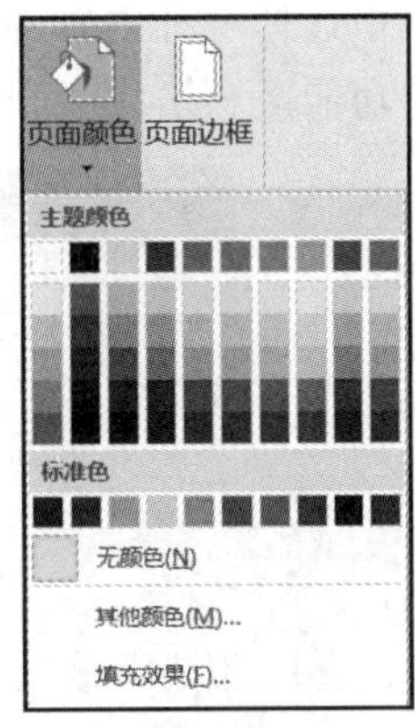

图 3-25 “页面颜色”下拉列表

2. 页面水印

单击“设计”选项卡“页面背景”组中的“水印”按钮。在弹出的下拉列表中选择某一内置水印即可给文档页面添加上相应的水印效果。若需自定义水印，可选择“自定义水印”命令，弹出图 3-26 所示的“水印”对话框，在“水印”对话框中选择图片水印或文字水印进行设置即可。

3. 页面边框

Word 文档中，除了可以给文字和段落添加边框外，还可以为文档的每一页添加边框。

单击“设计”选项卡“页面背景”组中的“页面边框”按钮，弹出“边框和底纹”对话框。在“设置”选项区域中选择“方框”选项，并在“样式”列表框中选择某种线

型，也可以在“艺术型”下拉列表框中选择一种带图案的边框线，选择应用的范围，单击“确定”按钮，如图 3-27 所示。

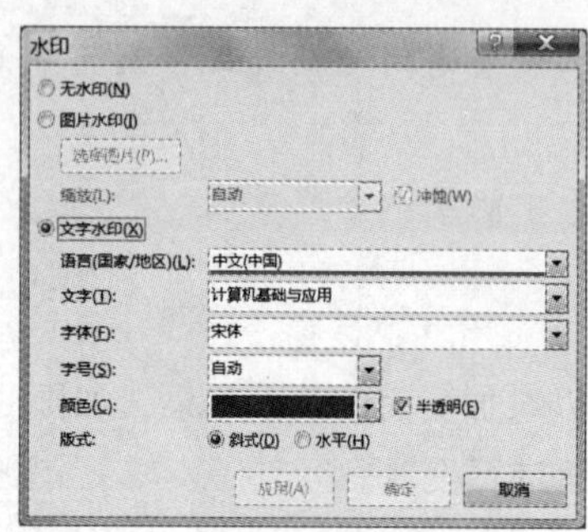

图 3-26 “水印”对话框

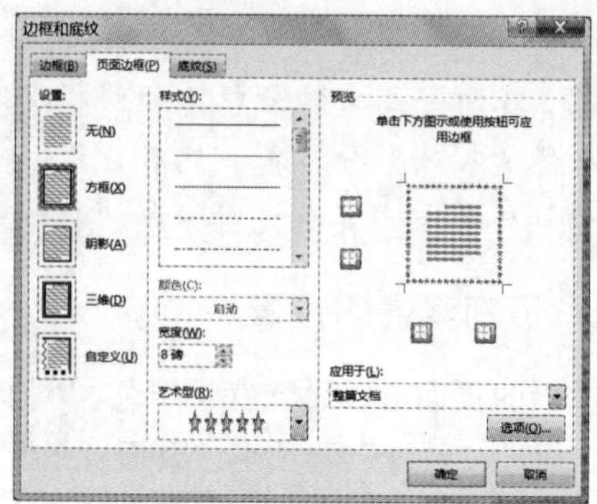

图 3-27 “边框和底纹”对话框

3.3.3 页眉/页码的插入

页眉、页脚在文档中每个页面页边距的顶部和底部区域。可以在页眉和页脚中插入文本或图形，如页码、章节标题、日期、公司徽标、文档标题、文件名或作者名等。

1. 插入页眉

步骤 1：单击“插入”选项卡“页眉和页脚”组中的“页眉”按钮，打开“页眉”样式列表，从中选择一种内置的页眉类型，可插入该类型的页眉，这时光标会出现在页眉中。同时，功能区会增添一个“设计”选项卡，如图 3-28 所示。

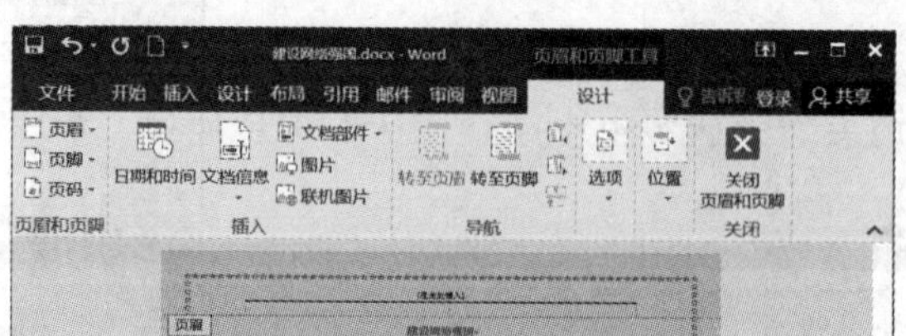

图 3-28 插入页眉

步骤 2：在页眉区域中输入文字或图形。在页眉编辑状态下，可以修改页眉中的内容，也可以输入新的内容。在页眉编辑过程中不能编辑文档。

步骤 3：在文档中双击，或选择“设计”选项卡的“关闭”组中的“关闭页眉页脚”命令，即可退出页眉编辑状态，返回文档编辑状态。

若要删除页眉，可在“页眉”列表中选择“删除页眉”命令，可以删除页眉。

2. 插入页码

步骤 1：单击“插入”选项卡“页眉和页脚”组中的“页码”按钮，打开“页码”下拉列表，从中可进行内置页码类型的选择：

（1）选择“页面顶端”命令，打开“页面顶端”子菜单，从中选择一种页码类型后，即可在页面顶端插入相应类型的页码。

（2）选择“页面底端”命令，打开“页面底端”子菜单，从中选择一种页码类型后，

即可在页面底端插入相应类型的页码。

（3）选择“页边距”命令，打开“页边距”子菜单，从中选择一种页码类型后，即可在页边距中插入相应类型的页码。

（4）选择“当前位置”命令，打开“当前位置”子菜单，从中选择一种页码类型后，即可在当前位置插入相应类型的页码。

步骤 2：选择“设置页码格式”命令，在“页码格式”对话框中单击“编号格式”文本框右侧的下拉按钮，在下拉列表中选择一种页码格式。

步骤 3：单击“确定”按钮，返回文档即可为文档插入页码。

若要删除页码，可在“页码”列表中选择“删除页码”命令，可以删除插入的页码。

3.4 文档的基本排版

文档输入后，需要根据文档的使用场合和行文要求对文档中的字符、段落、边框和底纹进行格式设置，使文档层次分明、界面美观，达到更好的视觉效果。

3.4.1 设置字符格式

字符格式可以通过“开始”选项卡“字体”组中的命令按钮、浮动工具栏中的相应按钮或“字体”对话框进行设置，如图 3-29 所示。

1. 设置字体、字号、字形

1）字体

字体是文字的一种书写风格，常用的中文字体有宋体、黑体、隶书等。

单击“开始”选项卡“字体”组中的“字体”下拉按钮，在字体列表中选择所需的字体。

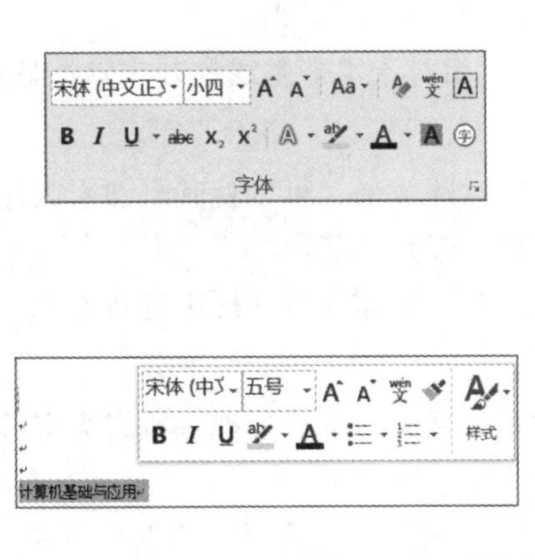

图 3-29 字符格式化工具

2）字号

字号即字符的大小。汉字字符的大小用初号、小二、五号、八号等表示。字号包括中文字号和数字字号，中文字号号数越大，字体越小；相反的，数字字号则数字越大，字体越大。在“开始”选项卡“字体”组“字号”下拉列表中选择所需的字号。

3）字形

字形是指附加于字符的属性，包括粗体、斜体、下画线等。单击“开始”选项卡“字体”组中的“加粗”（“B”）/“倾斜”（“I”）/“下画线”（“U”）等按钮。

2. 字符颜色和缩放比例

单击“开始”选项卡“字体”组“字体颜色”按钮A右侧的下拉按钮，弹出调色面板，在调色面板的方块中选择某种颜色。

字符间距、缩放比例、字符位置可以在“字体”对话框的“高级”选项卡进行设置，如图 3-30 所示。

图 3-30 “高级”选项卡

（1）缩放：将文字在水平方向上进行扩展或压缩。100%为标准缩放比例，小于100%时文字变窄，大于 100%时文字变宽。

（2）间距：通过调整“磅值”，加大或缩小文字的间距。

（3）位置：通过调整“磅值”，改变文字相对于水平基线提升或降低显示的位置。

3. 带特殊效果的文字

将文档中的一个词或一段文字设置一些特殊效果，可以使其更加引人注目，以强调或修饰字符效果的属性，如删除线、上下标、着重号等。

在“字体”组中找到相应的命令按钮或在“字体”对话框中进行设置。

4. 设置文本效果和版式

设置文本效果是指更改字符的填充方式、更改字符的边框，或者为字符添加阴影、映像、发光或三维旋转等效果，这样可以使文字更美观。

单击“字体”组中的“文本效果和版式”按钮A，在弹出的下拉列表中进行设置，其中包括 3×5 的艺术字选项以及“轮廓”“阴影”“映像”“发光”等特殊文本效果菜单。

3.4.2 设置段落格式

段落格式包括对齐方式、缩进量、行间距、段前和段后间距等。通过“开始”选项卡“段落”组中的命令按钮、浮动工具栏中的相应按钮或“段落”对话框进行设置，如图 3-31 所示。

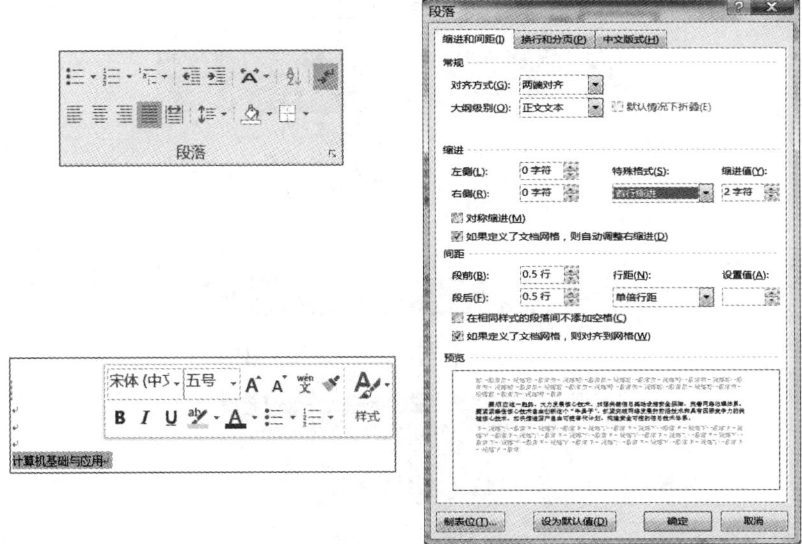

图 3-31　段落格式化工具

1. 对齐方式

段落的对齐方式：左对齐、居中对齐、右对齐、两端对齐和分散对齐，如图 3-32 所示。Word 2016 默认的对齐方式是两端对齐。

（1）左对齐：选中段落靠页面的左侧对齐。

（2）居中对齐：选中段落居中放置。

（3）右对齐：选中段落靠页面的右侧对齐。

（4）两端对齐：选中段落文字左右两端对齐，并自动调整字与字之间的间距，以便达到页面左右两端对齐的效果。

（5）分散对齐：使整个段落同时左右对齐，并根据需要调整字间距。

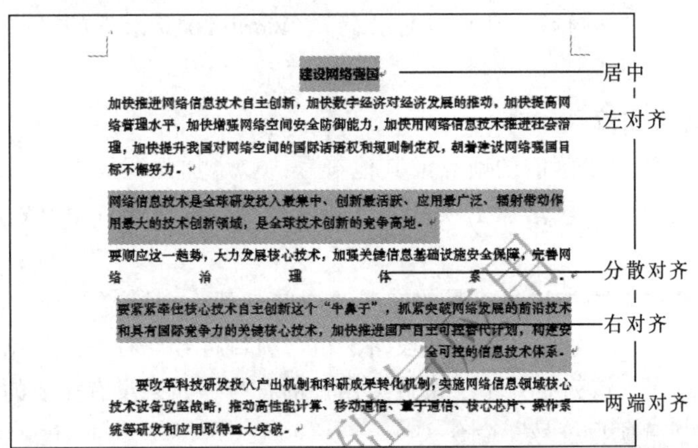

图 3-32　对齐方式

2．段落缩进

段落的缩进就是改变段落的边缘与页面边距之间的距离，段落缩进包括左缩进、右缩进、首行缩进和悬挂缩进 4 种，如图 3-33 所示。

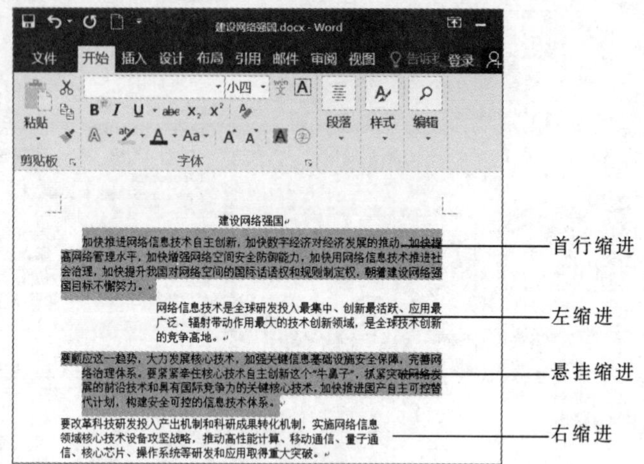

图 3-33　段落缩进

（1）左缩进：将段落的左端整体向右缩进一段距离。

（2）右缩进：将段落的右端整体向左缩进一段距离。

（3）首行缩进：将选中段落的第 1 行从左向右缩进一定的距离，而首行以外的各行都不进行缩进。

（4）悬挂缩进：与首行缩进相反，段落中首行文本位置不变，将首行以外的文本向右缩进一定的距离。

3．行间距和段间距

（1）行间距。行间距是段落中各行文本间的垂直距离。Word 2016 默认的行间距称为基准行距，即单倍行距。

（2）段间距。段间距是指相邻两段除行距外加大的距离，分为段前间距和段后间距。段间距默认的单位是“行”，还可以是“磅”。Word 2016 默认的段前间距和段后间距都是 0 行。

4．项目符号和编号

项目符号是放在段落前的圆点或其他符号，以增加强调效果。而编号是放在段落前的序号，增加顺序性。段落加上项目符号和编号后，该段则自动设置成悬挂缩进方式。

1）添加项目符号

步骤 1：选中要添加项目符号的文本（通常是若干个段落）。

步骤 2：单击“开始”选项卡“段落”组“项目符号”右侧的下拉按钮，弹出“项目符号库”下拉列表，该列表列出了最近使用过的符号，如果没有需要的项目符号，选择该列表下的“定义新项目符号”命令。

步骤 3：弹出“定义新项目符号”对话框，如图 3-34 所示，单击“符号”/“图片”

按钮，弹出相应对话框，在对话框中选择某一个符号或图片作为项目符号，单击“确定”按钮。

2）添加编号

添加编号与添加项目符号的操作类似，不同的是选择“定义新编号格式”命令后，打开图 3-35 所示的“定义新编号格式”对话框，在对话框中对编号进行指定格式和对齐方式的设置。

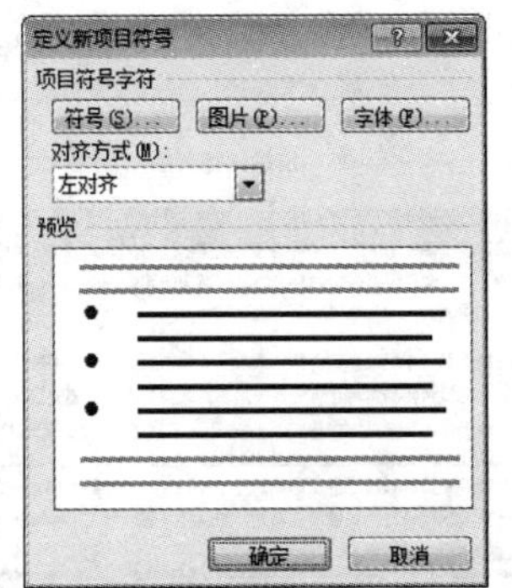

图 3-34 “定义新项目符号”对话框

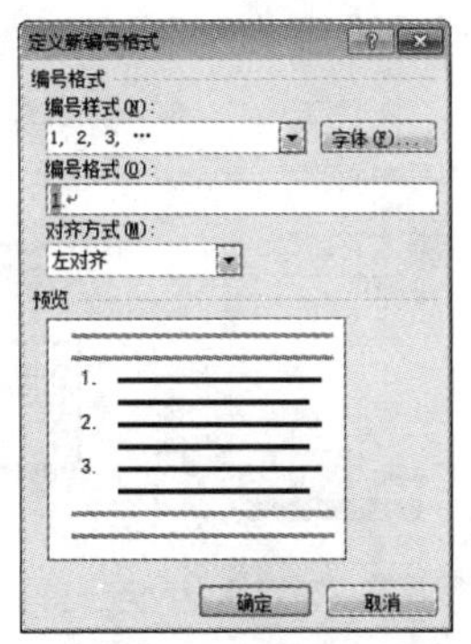

图 3-35 “定义新编号格式”对话框

5. 首字下沉

当用户希望强调某一段落或强调出现在段落开头的关键词时，可以采用首字下沉或悬挂设置。首字下沉就是把段落第一个字符进行放大，以引起读者注意，并美化文档的版面样式。首字悬挂就是段落的第一个字与段落之间是悬空的，下面没有字符。将插入点移到要设置或取消首字下沉段落的任意处，选择“插入”选项卡“文本”组中的“首字下沉”命令，在图 3-36 所示的首字下沉对话框中进行具体设置。

图 3-36 “首字下沉”对话框

3.4.3 边框和底纹

为文档中某些重要的文本或段落增设边框和底纹，以不同的颜色显示，能够使这些内容更引人注目，外观效果更加美观，起到突出和醒目的显示效果。

1. 边框

设置文字或段落的边框：

步骤 1：选择需要添加边框的文字或段落。

步骤 2：单击“开始”选项卡“段落”组“框线”右侧的下拉按钮，在“边框和底纹”下拉列表中选择“边框和底纹”命令，弹出“边框和底纹”对话框。

步骤 3：在“边框和底纹”对话框中选择“边框”选项卡，如图 3-37 所示，设置边框的线型、颜色、宽度等。在“应用于”下拉列表框中选择应用于“文字”/“段落”，单击“确定”按钮。如图 3-38 所示，第 3 段是段落边框，第 4 段是文字边框。文字与段落边框在形式上存在区别：前者是一个段落方块的边框，后者是由行组成的边框。

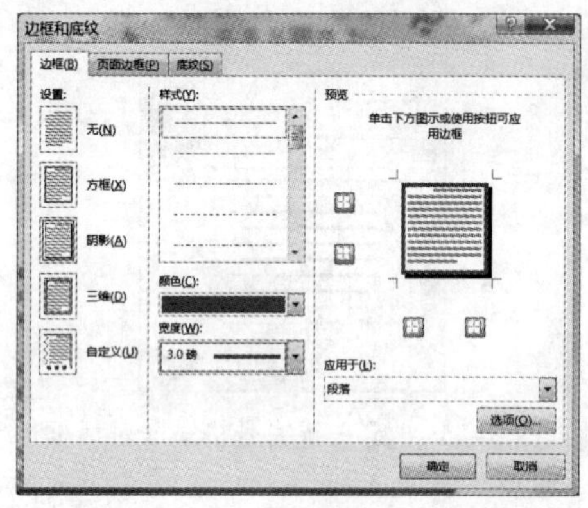

图 3-37 “边框和底纹”对话框

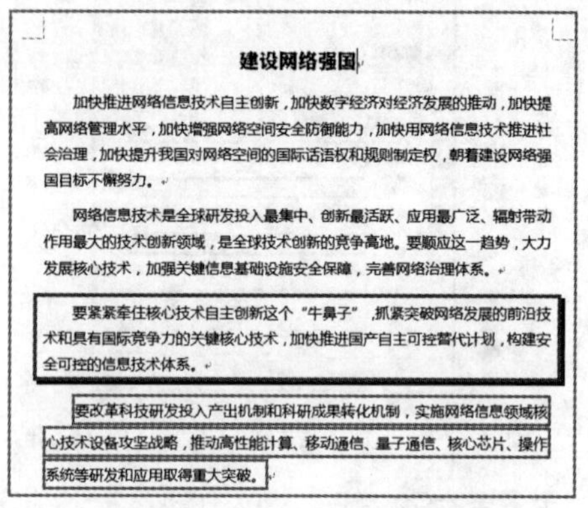

建设网络强国

加快推进网络信息技术自主创新，加快数字经济对经济发展的推动，加快提高网络管理水平，加快增强网络空间安全防御能力，加快用网络信息技术推进社会治理，加快提升我国对网络空间的国际话语权和规则制定权，朝着建设网络强国目标不懈努力。

网络信息技术是全球研发投入最集中、创新最活跃、应用最广泛、辐射带动作用最大的技术创新领域，是全球技术创新的竞争高地。要顺应这一趋势，大力发展核心技术，加强关键信息基础设施安全保障，完善网络治理体系。

要紧紧牵住核心技术自主创新这个“牛鼻子”，抓紧突破网络发展的前沿技术和具有国际竞争力的关键核心技术，加快推进国产自主可控替代计划，构建安全可控的信息技术体系。

要改革科技研发投入产出机制和科研成果转化机制，实施网络信息领域核心技术设备攻坚战略，推动高性能计算、移动通信、量子通信、核心芯片、操作系统等研发和应用取得重大突破。

图 3-38 设置边框效果图

2. 底纹

在“边框和底纹”对话框中选择“底纹”选项卡，根据版面需求设置底纹的填充颜色、图案的样式和颜色等，如图 3-39 所示。

设置底纹时，应用的对象也有“文字”/“段落”底纹的区别，可在“应用于”的下拉列表框中选择，如图 3-40 所示，设置的是文字底纹效果。

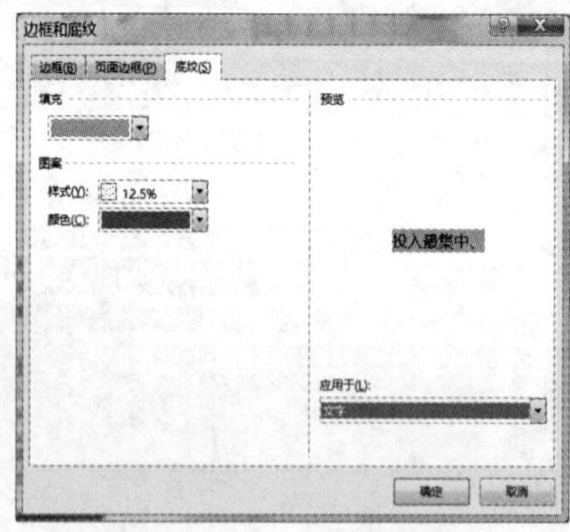

图 3-39 “底纹”选项卡

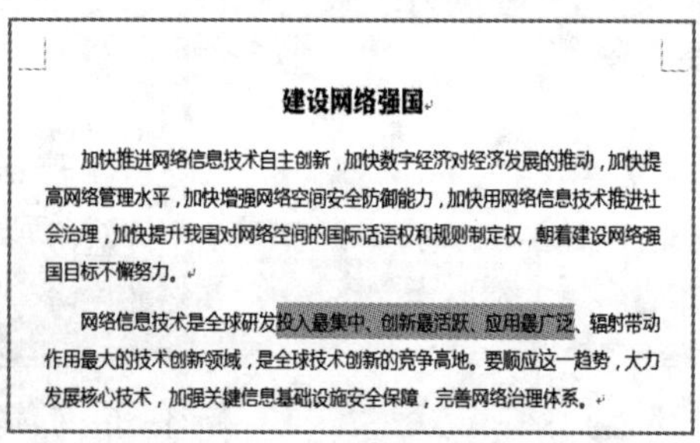

建设网络强国

加快推进网络信息技术自主创新，加快数字经济对经济发展的推动，加快提高网络管理水平，加快增强网络空间安全防御能力，加快用网络信息技术推进社会治理，加快提升我国对网络空间的国际话语权和规则制定权，朝着建设网络强国目标不懈努力。

网络信息技术是全球研发投入最集中、创新最活跃、应用最广泛、辐射带动作用最大的技术创新领域，是全球技术创新的竞争高地。要顺应这一趋势，大力发展核心技术，加强关键信息基础设施安全保障，完善网络治理体系。

图 3-40 设置底纹效果图

3.4.4 格式刷

如果文档中有多处需要用相同的格式，不必一一设置，可以使用格式刷来快速完成操作。使用格式刷的步骤如下：

步骤 1：选择已经设置好格式的文本或段落样本。

步骤 2：单击“开始”选项卡“剪贴板”组中的“格式刷”按钮，此时鼠标指针变成一个小刷子形状，将鼠标指针指向需复制格式的文本处拖动鼠标，被鼠标拖过的文本格式变成了样本格式，但内容不变。

步骤 3：双击“格式刷”按钮，可以将选择的格式复制多次，当格式复制完成后，再次单击“格式刷”按钮，将退出格式复制操作。

3.5 Word 表格的制作

表格是行和列的集合，行和列交叉的单元称为单元格。在文档中用表格显示数据既简明又直观。

3.5.1 表格的插入方式

单击“插入”选项卡“表格”组中的“表格”按钮，打开图 3-41 所示的下拉列表，Word 2016 的多种创建表格的方法都可以通过该列表实现。

1. 自动插入表格

在“插入表格”列表的表格区域拖动鼠标，文档会出现相应的行和列的表格，这种方式只能建立最大为 10 列、8 行的表格，如图 3-41 所示。

2. 使用“插入表格”对话框

若建立的表格行、列数较大，可用表格对话框的方法插入表格。

在“表格”下拉列表中选择“插入表格”命令，弹出图 3-42 所示的“插入表格”对话框。在“表格尺寸”区域，选择所需的行数和列数。在“自动调整操作”区域，选择调整表格大小的选项，单击“确定”按钮。

图 3-41 “表格”下拉列表

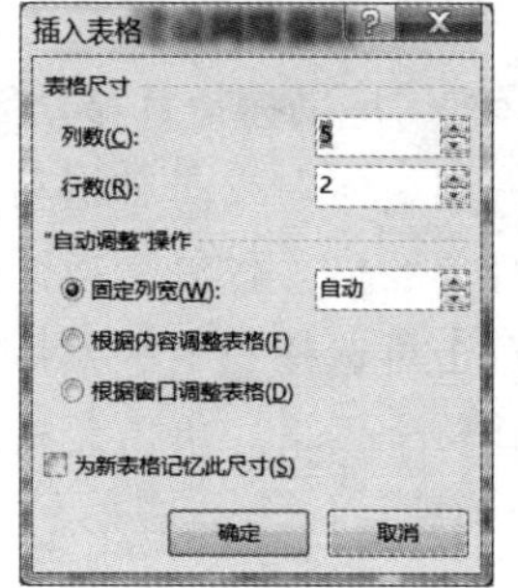

图 3-42 “插入表格”对话框

3. 手工绘制表格

若建立的表格是一个不规则的表格，可以利用手动绘制命令将表格插入文档中。

步骤 1：在“插入表格”列表中选择“绘制表格”命令。

步骤 2：将鼠标指针移动到需插入表格处，此时鼠标指针变成一根铅笔的形状，同时功能区出现“表格工具”选项卡，并处于激活状态，该选项卡分为“设计”选项卡和“布局”选项卡两个子选项卡。在文档中按下鼠标左键沿从左上角到右下角对角线方向拖动鼠标，释放鼠标后可以画出表格的外边框。

步骤 3：在表格外边框内，从左向右或从右向左拖动鼠标可以画出横线，从上向下或从下向上拖动鼠标画出竖线，沿对角线拖动鼠标画出斜线。

步骤 4：如果需要擦除某条表格线，单击“表格工具-布局”选项卡“绘图”组中的“橡皮擦”按钮，此时鼠标指针变成一块橡皮的形状，将鼠标指针对准需擦除的表格线单击，表格线被擦除。

4. 使用内置表格

使用 Word 2016 内置的表格格式，在“表格”下拉列表中选择“快速表格”命令，打开“内置”列表，从中选择一种表格类型即可。

3.5.2 表格的文本编辑

表格创建完成后即可在表格内输入内容，单击将光标定位于单元格内，按普通文本的输入方法输入即可。当一个单元格的文本输入完毕后，可以按键盘上的上下左右方向键使光标跳到下一个单元格继续输入，也可以按【Tab】键，使光标向右移动一个单元格再继续输入。如果输入的文本有多段，按【Enter】键可另起一段。如果输入的文本超过了单元格的宽度，系统会自动换行，并调整单元格的高度。

如果单元格内的文本输入有误，可以按【Delete】键或【Backspace】键将错误文本删除，再继续输入新的文本。

3.5.3 表格的基本操作

1. 选择表格

当需要对表格中的内容进行编辑时，一定要将表格相应部分选中。

（1）选择行。将鼠标指针移动到表格左侧的选定栏中，此时指针变成向右上方的箭头，单击可选择一行，向下或向上拖动鼠标可选择多行。

（2）选择列。将鼠标指针移动到表格上方的选定栏中，此时指针变成向右下的箭头，单击可选择一列，向左或向右拖动鼠标可选择多列。

（3）选择单元格。将鼠标指针移动到某单元格的左侧端线上，此时指针变成向右上方的箭头，单击可选择一个单元格，拖动鼠标可选择多个连续的单元格。

（4）选择整个表格。单击表格左上角的“全选”按钮，可将整个表格选中。

2. 行、列操作

1）插入行/列

方法 1：选择表格中要插入行（列）位置相邻的行（列），单击“表格工具-布局”选项卡“行和列”组中的“在上方插入”/“在下方插入”（“在左方插入”/“在右方插入”）按钮，则会在相应位置插入一行（列）；如果选中的是多行（列），那么插入的也是

同样数目的多行（列）。

方法 2：选择表格中要插入行（列）位置相邻的行（列），右击，在弹出的快捷菜单中选择相应命令即可。

方法 3：利用鼠标选择单行/列或多行/列，将鼠标指针移至左上角或右上角，当出现图 3-43、图 3-44 所示的形状时，单击图形上的加号，即可插入相应的行或列。

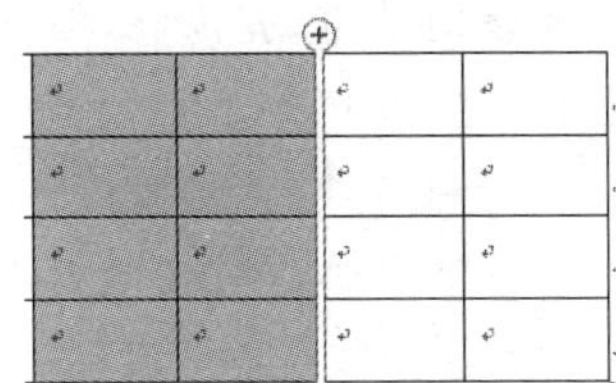

图 3-43　插入列

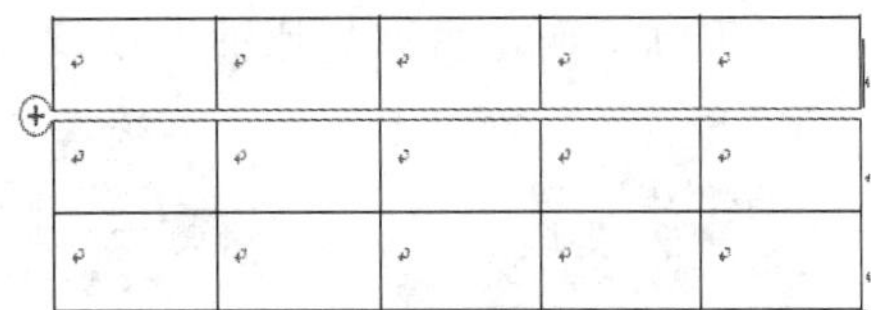

图 3-44　插入行

2）删除行/列

方法 1：选择表格中要删除的行/列，右击，在弹出的快捷菜单中选择“删除行”/“删除列”命令即可。

方法 2：选择表格中要删除的行/列，单击“布局”选项卡“行和列”组中的“删除”按钮，在弹出的“删除”下拉列表中选择“删除行”/“删除列”命令即可，如图 3-45 所示。

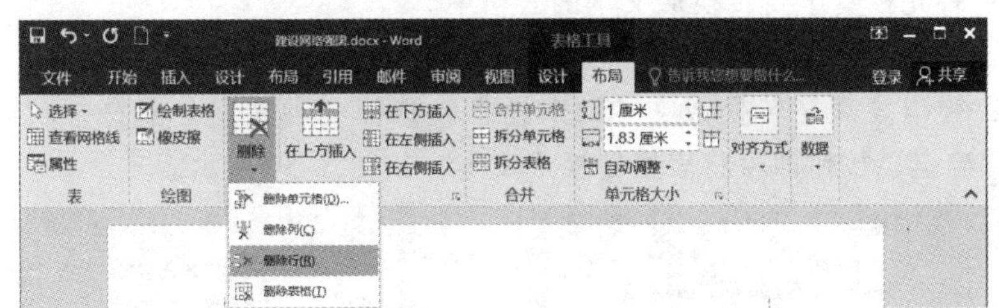

图 3-45　“表格工具-布局”选项卡删除行/列

同理，删除整个表格也可采用“删除”下拉列表中的“删除表格”命令。

3. 单元格操作

1）插入/删除单元格

在表格中插入/删除单元格的操作方法和插入/删除行和列的操作类似。

步骤 1：将光标定位于某个单元格中（此单元格称为活动单元格）。

步骤 2：右击，在弹出的快捷菜单选择“插入单元格”/“删除单元格”命令，弹出图 3-46、图 3-47 所示的对话框。

步骤 3：在“插入单元格”/“删除单元格”对话框中选择一种活动单元格移动方式，单击“确定”按钮。

2）合并单元格

合并单元格就是将若干个单元格合并成一个单元格，并将被合并的若干个单元格中的内容写入合并后的单元格中。

选择需合并的若干个单元格，单击“布局”选项卡“合并”组中的“合并单元格”

按钮，或者右击，在弹出的快捷菜单中选择“合并单元格”命令，即可完成合并单元格的操作。

3）拆分单元格

拆分单元格与合并单元格是相反的操作，是将一个单元格拆分成若干个单元格。

选择需拆分的单元格，单击“表格工具-布局”选项卡“合并”组中的“拆分单元格”按钮，弹出“拆分单元格”对话框，如图 3-48 所示。在该对话框的“列数”和“行数”文本框中分别输入需拆分成的列数或行数，单击“确定”按钮。

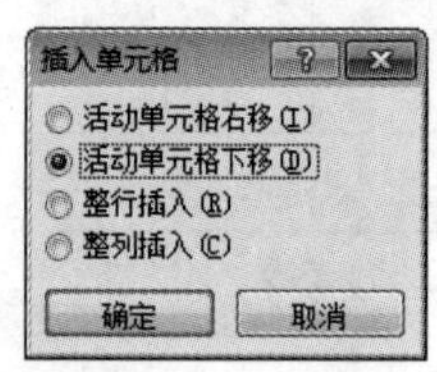

图 3-46 “插入单元格”对话框

图 3-47 “删除单元格”对话框

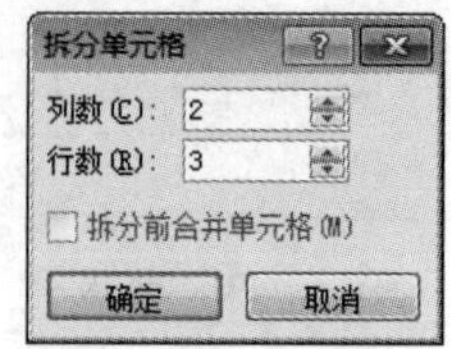

图 3-48 “拆分单元格”对话框

4．表格和文本转换

1）将表格转换成文本

以图 3-49 所示的表格为例，进行表格与文本的转换：

步骤 1：将光标置于要转换成文本的表格中。

步骤 2：单击“表格工具-布局”选项卡“数据”组中的“转换为文本”按钮。

步骤 3：弹出“表格转换成文本”对话框，选择一种文字分隔符，默认是“制表符”，单击“确定”按钮即可将表格转换成文本，如图 3-50 所示。

1302 班成绩表

姓名	计算机基础	高等数学	大学物理
魏延廷	64	80	73
杜庆生	80	78	85
周京生	76	86	91
万里	70	40	62

图 3-49 转换前的表格

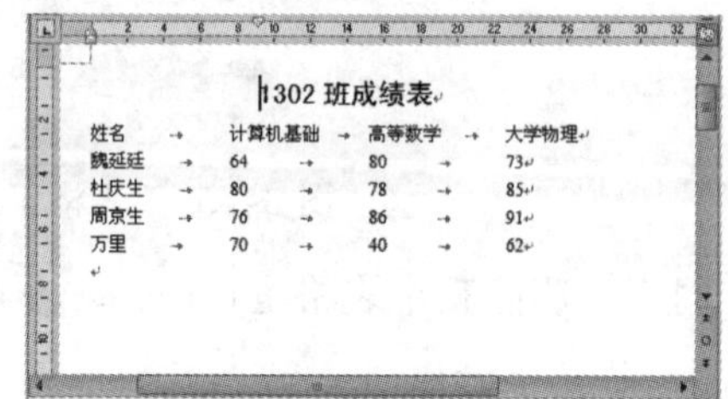

图 3-50 转换后的文本

在“表格转换成文本”对话框里提供了 4 种文本分隔符选项。

（1）段落标记：把每个单元格的内容转换成一个文本段落。

（2）制表符：把每个单元格的内容转换后用制表符分隔，每行单元格的内容成为一个文本段落。

（3）逗号：把每个单元格的内容转换后用逗号分隔，每行单元格的内容成为一个文本段落。

（4）其他字符：在对应的文本框中输入用作分隔符的半角字符，每个单元格的内容转换后用输入的字符分隔符隔开，每行单元格的内容成为一个文本段落。

2）将文本转换成表格

将用段落标记、逗号、制表符或其他特定字符分隔的文字转换成表格。

步骤 1：选择要转换成表格的文字，这些文字应类似如图 3-50 所示的格式编排。

步骤 2：单击“插入”选项卡“表格”组中的“表格”按钮。

步骤 3：在“表格”下拉列表中选择“文本转换成表格”命令。

步骤 4：弹出“将文字转换成表格”对话框，输入相关参数，如在“文字分隔位置”选项区域选择当前文本所使用的分隔符，单击“确定”按钮。

5．插入斜线表头

为了更清楚地指明表格的内容，需要在表头中用斜线将表格中的内容按类别分开。

步骤 1：将光标置于要制作斜线的单元格中（一般是表格的左上角单元格）。

步骤 2：单击“表格工具-设计”选项卡“表格样式”组中的“边框”按钮。

步骤 3：在“边框”下拉列表中只有两种斜线框线可供选择，选择“斜下框线”命令。

步骤 4：此时可看到已给表格添加斜线，向单元格中输入“科目”和“姓名”，完成斜线表头的绘制，效果如图 3-51 所示。

6．重复标题行

如果一个有标题行的表格跨两页或多页，默认情况下，下一页的表格没有标题行。将光标移动到表格的第 1 行，或选定开始的几行，单击“布局”选项卡“数据”组中的“重复标题行”按钮，可使表格自动重复标题行。

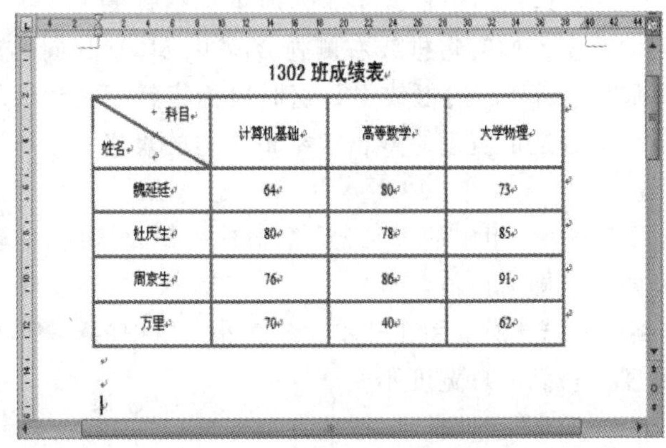

1302 班成绩表

科目 / 姓名	计算机基础	高等数学	大学物理
魏延廷	64	80	73
杜庆生	80	78	85
周京生	76	86	91
万里	70	40	62

图 3-51　添加一条斜线表头的表格

3.5.4　表格的格式设置

创建和编辑好表格以后，应对表格进行各种格式设置，使其更加美观。常用的格式设置包括数据对齐，设置行高、列宽，设置位置、大小，设置对齐、文字环绕，设置边框、底纹等。通常在“表格工具”的“布局”和“设计”子选项卡中进行设置。

1．数据对齐

表格中数据格式的设置与文档中文本和段落格式的设置大致相同，这里不再重复。与段落对齐不同的是，单元格内的数据可水平对齐，也可垂直对齐。使用“表格工具-布局”选项卡“对齐方式”组中的对齐工具，可同时设置水平对齐方式和垂直对齐方式。

2．行高、列宽

要设置行高、列宽，通常是使用“表格工具-布局”选项卡“单元格大小”组中的命令按钮，如图 3-52 所示。

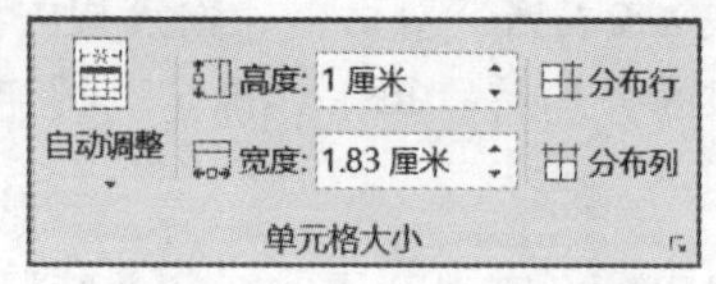

图 3-52 “单元格大小”组

1）设置行高

方法 1：移动鼠标指针到行的底边框线上，这时鼠标指针变成÷状，拖动鼠标即可调整该行的高度。

方法 2：在“单元格大小”组中的“行高”数值框 高度: 1.2 厘米 中输入或调整一个数值，当前行或选定行的高度即为该值。

方法 3：选定表格中的若干行，单击“单元格大小”组中的 分布行 按钮，即可将选定的行设置为相同的高度，它们的总高度不变。

2）设置列宽

方法 1：移动鼠标指针到列的边框线上，这时鼠标指针变为+||+状，拖动鼠标可增加或减少边框线左侧列的宽度，同时边框线右侧列会减少或增加相同的宽度。

方法 2：移动鼠标指针到列的边框线上，这时鼠标指针变为+||+状，双击鼠标，可将表格线左边的列设置成最合适的宽度。双击表格最左边的表格线，所有列均可被设置成最合适的宽度。

方法 3：在“单元格大小”组中的“列宽”数值框 宽度: 1.83 厘米 中输入或调整一个数值，当前列或选定列的宽度即为该值。

方法 4：选定表格中的若干列，单击“单元格大小”组中的 分布列 按钮，即可将选定的列设置为相同的宽度，它们的总宽度不变。

3．位置、大小

1）设置位置

将光标移动到表格上，表格的左上方会出现表格移动手柄⊞，拖动它可移动表格到不同的位置。

2）设置大小

将光标移动到表格的右下方，出现表格缩放手柄↘，拖动可改变整个表格的大小，同时保持行和列的比例不变。

4．表格文字对齐、环绕

表格文字环绕是指表格被嵌在文字段中时，文字环绕表格的方式，默认情况下表格无文字环绕，这时表格相对于页面对齐；若表格有文字环绕，表格则相对于环绕的文字对齐。

将光标移至表格内，单击“表格工具-布局”选项卡“表”组中的“属性”按钮，弹出图 3-53 所示的“表格属性”对话框，选择“表格”选项卡进行对齐、环绕设置。

单击“左对齐”框，表格左对齐。

单击“居中”框，表格居中对齐。

单击“右对齐”框，表格右对齐。

在“左缩进”数值框中，可输入或调整表格左缩进的大小。

单击“无”框，表格无文字环绕。

单击“环绕”框，表格有文字环绕。

图 3-53 “表格属性”对话框

5. 表格边框和底纹

1）边框

方法 1：“边框”组命令。

步骤 1：选择需进行设置的单元格或区域，单击“表格工具-设计”选项卡“边框”组中的“边框样式”按钮，选择一种线条的形状；单击“笔画粗细”按钮，设置线条的粗细；单击“笔颜色”按钮，设置线条的颜色，如图 3-54 所示。

步骤 2：单击“边框”组中的“边框刷”按钮，这时鼠标指针变成铅笔的形式，单击要绘制的边框即可将设置好的线条样式应用于表格的相应框线上。

方法 2：单击“设计”选项卡“边框”组中的“边框”下拉按钮，选择“边框和底纹”命令，在弹出的“边框和底纹”对话框中进行边框样式、颜色、宽度的设置。选择应用于“表格”还是“单元格”来区分边框的设置范围，如图 3-55 所示。

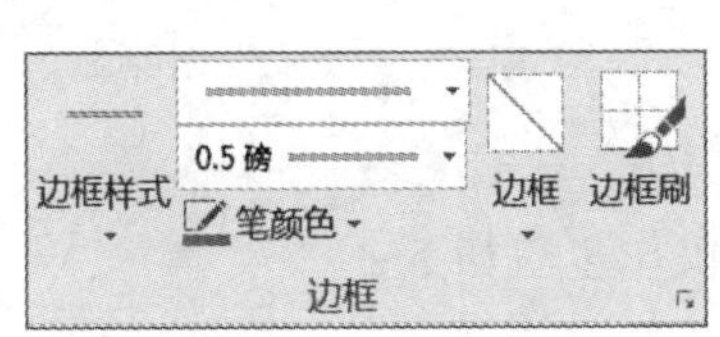

图 3-54 “边框”组

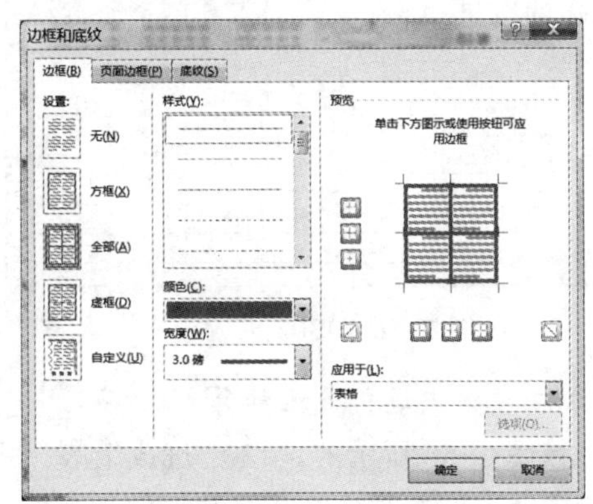

图 3-55 设置表格边框

2）底纹

选择需设置底纹的单元格或区域，单击“设计”选项卡“表格样式”组中的“底纹”按钮，从打开的下拉列表中选择一种底纹样式，可以对选择的单元格进行底纹修饰，或者在“边框和底纹”对话框的“底纹”选项卡中进行设置。

6. 套用表格样式

Word 2016 预设有许多常用的表格样式，用户可以对表格自动套用某一种样式，以简化表格的设置。在“表格工具-设计”选项卡“表格样式”组中包含近 100 种表格样式，单击其中的一种表格样式，当前表格自动套用该样式。

3.5.5 表格的高级应用

1．表格计算

在表格中执行计算时，可用 A1、A2、B1、B2 的形式引用表格单元格，其中字母表示“列”，数字表示“行”。

1）引用单独的单元格

在公式中引用单元格时，用逗号分隔单个单元格，而选定区域的首尾单元格之间用冒号分隔。

2）计算行或列中数值的总和

下面以图 3-56 所示的“1302 班成绩表”为例，介绍计算表格行或列中数值总和的操作方法。

步骤 1：单击要放置求和结果的单元格，即选择“总分”列下的单元格，单击“表格工具-布局”选项卡“数据”组中的“公式”按钮。弹出图 3-57 所示的“公式”对话框。

步骤 2：如果选定的单元格位于一行数值的右端，Word 将建议采用公式“=SUM（LEFT）”进行计算，单击“确定”按钮。如果选定的单元格位于一列数值的底端，Word 将建议采用公式“=SUM（ABOVE）”进行计算，单击“确定”按钮。

选择“总分”列下的其余单元格，重复步骤 1、步骤 2，完成该列数值的计算。

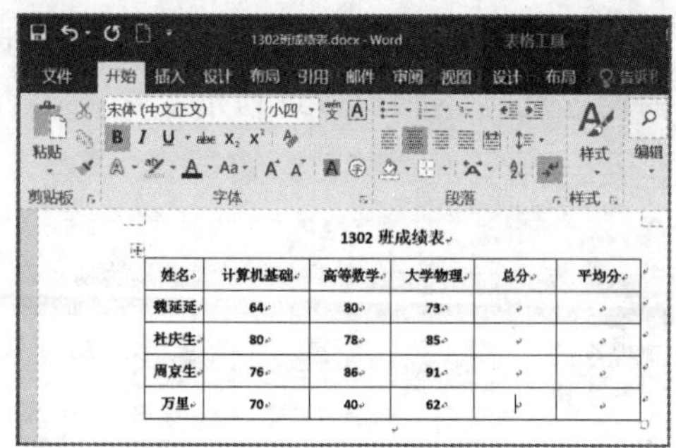

图 3-56　1302 班成绩表

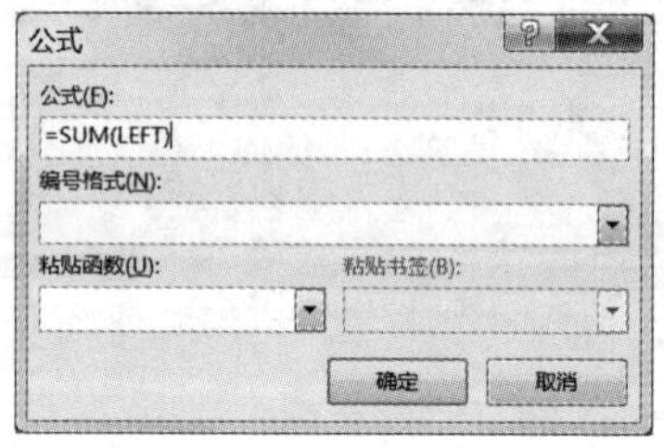

图 3-57　“公式”对话框

3）在表格中进行其他计算

计算图 3-56 所示的“1302 班成绩表”平均分的操作步骤如下：

步骤 1：单击要放置计算结果的单元格。

步骤 2：在“公式”对话框中，若给出的不是需要的公式，将其从“公式”框中删除。不要删除等号，如果删除了等号，需重新插入。

步骤 3：单击“编号格式”下拉按钮，在弹出的下拉列表中选择数据格式，这里计算保留到整数，所以选择“0.00”选项即可。

步骤 4：在“粘贴函数”框中，单击所需的公式。例如，求平均值单击 AVERAGE。

步骤 5：在公式的括号中输入单元格引用，如“b2:d2”，如图 3-58 所示，单击“确定”按钮。

重复上述操作，完成其余单元格的平均分计算，结果如图 3-59 所示。

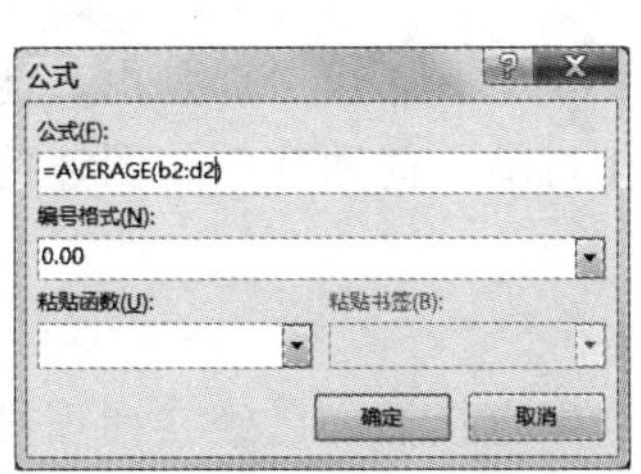

图 3-58　平均值计算

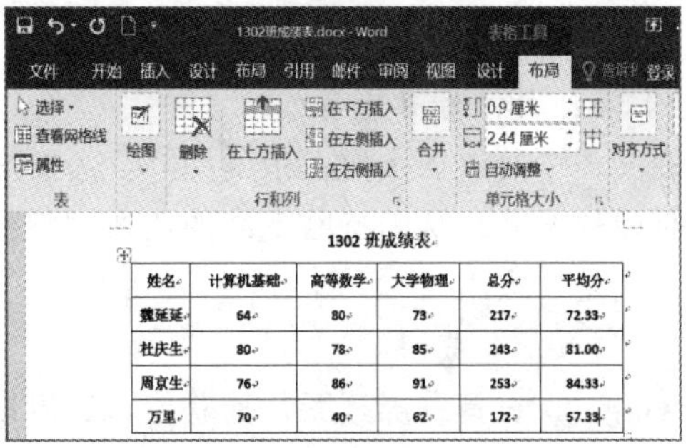

1302 班成绩表

姓名	计算机基础	高等数学	大学物理	总分	平均分
戴延延	64	80	73	217	72.33
杜庆生	80	78	85	243	81.00
周京生	76	86	91	253	84.33
万里	70	40	62	172	57.33

图 3-59　表格计算结果

2. 表格的排序

可以将表格中的文本、数字或数据进行排序。在表格中对文本进行排序时，可以选择表格中单独的列或整个表格进行排序。例如，对“1302 班成绩表”按“平均分”“大学物理”进行升序排列，操作如下：

步骤 1：选定要排序的列表或表格。

步骤 2：单击“表格工具-布局”选项卡“数据”组中的“排序”按钮。

步骤 3：弹出“排序”对话框，选择所需的关键字和类型，排序设置如图 3-60 所示，单击“确定”按钮。

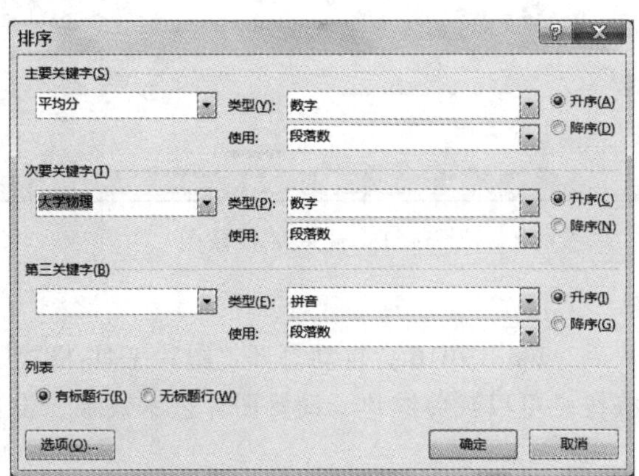

图 3-60　“排序”对话框

3.6　Word 的图文混排

为了达到图文并茂的效果，在文档中还可以使用各种对象（图片、剪贴画、形状、文本框或艺术字等）实现图文混排。

3.6.1　图片

在文档中使用图片，可以生动形象地阐述其主题和所需表达的思想。在插入图片时，要充分考虑文档的主题，使图片和主题和谐一致。

1. 图片的插入

1）来自文件的图片

在文档中可以插入磁盘中的图片。这些图片可以是 BMP 位图，也可以是由其他应用程序创建的图片，从因特网下载的或通过扫描仪及数码相机输入的图片等，图片的默认环绕方式是“嵌入式”。

2）插入屏幕截图

Word 2016 具有屏幕图片捕获能力，可以方便在文档中直接插入已经在计算机中开启的屏幕画面，并且可以按照选定的范围截取屏幕内容。操作步骤如下：

步骤 1：将光标定位在要插入图片的位置。

步骤 2：单击“插入”选项卡“插图”组中的“屏幕截图”按钮，打开图 3-61 所示的“可用的视窗”列表。

步骤 3：在“可用的视窗”列表中显示目前计算机中开启的应用程序屏幕画面，单击选择某一图片缩略图即可将该窗口画面作为图片插入到文档中。

步骤 4：如果需要截取窗口的一部分，可以选择下拉列表中的“屏幕剪辑”命令，然后在屏幕上用鼠标拖动选择某一屏幕区域作为图片插入文档中。

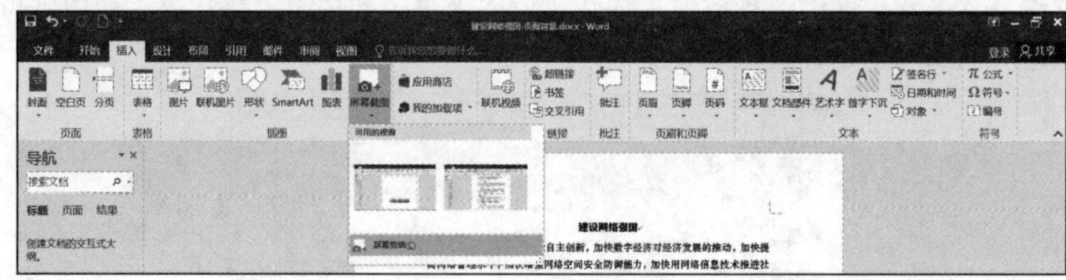

图 3-61　插入屏幕截图

2. 图片格式设置

在文档中插入图片后，Word 2016 会自动打开“图片工具-格式”选项卡，如图 3-62 所示。使用相应命令按钮，可以裁剪图片、设置图片艺术效果、设置图片样式、设置图片位置和大小等。

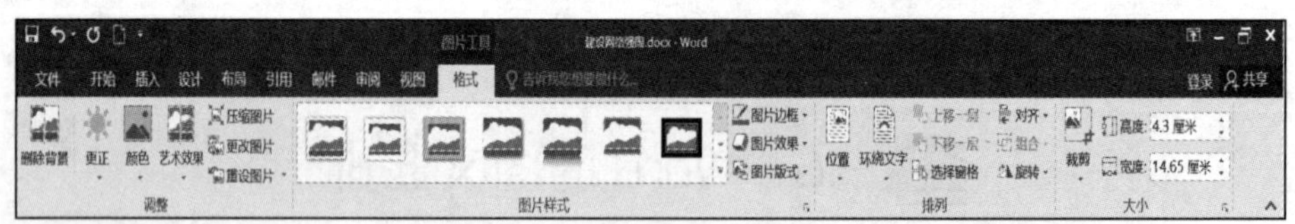

图 3-62　“格式”选项卡

1）剪裁图片

选中图片，单击“图片工具-格式”选项卡“大小”组中的“裁剪”按钮，在弹出的下拉列表中选择不同的裁剪命令。这时图片周围会出现八个裁切定界框标记，拖动裁切标记调整到适当的图片大小。调整完成后，在图片外的任意位置单击或者按【Esc】键退出裁剪操作，此时在文档中只保留裁剪了多余区域的图片。如需裁剪出更加丰富的效果，可以单击“裁剪”按钮下方的下拉按钮，从打开的下拉列表中选择合适的命令后再进行裁剪。

提示： 实际上，在裁剪完成后，图片的多余区域依然保留在文档中，只不过看不到而已，如果希望彻底删除图片中被裁减的多余区域，可以单击“图片工具-格式”选项卡“调整”组中的“压缩图片”按钮，打开图3-63所示的“压缩图片”对话框。在对话框中，选择“压缩选项”区域中的“删除图片的剪裁区域”复选框，单击“确定”按钮即可完成操作。

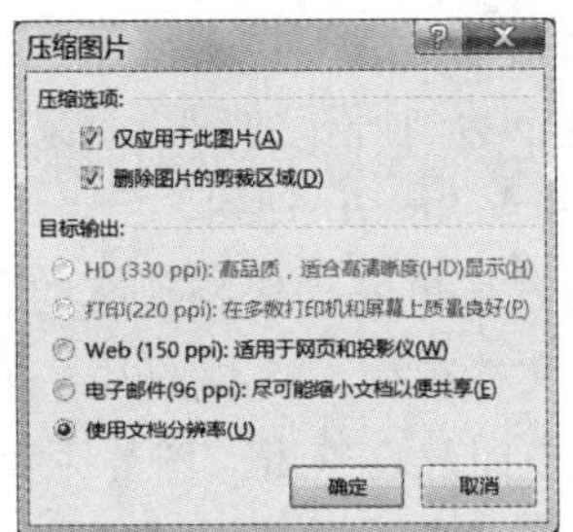

图 3-63　压缩图片以裁剪多余区域

2）设置图片与文字环绕方式

选中图片，单击“图片工具-格式”选项卡“排列”组中的“环绕文字”按钮，在弹出的下拉列表中选择一种环绕方式即可。也可在“环绕文字”下拉列表中单击“其他布局选项”命令，打开图 3-64 所示的“布局”选项卡。在“文字环绕”选项卡中根据需要设置“环绕方式”“环绕文字”“距正文”。

图 3-64　“布局”对话框“文字环绕”选项卡

提示： 环绕有两种基本形式：嵌入（在文字层中）和浮动（在图形层中）。浮动可将图片拖动到文档的任何位置，嵌入只能将图片嵌入段落中。

3）设置图片艺术效果

选中图片，单击“图片工具-格式”选项卡“调整”组中的“艺术效果”按钮，在弹出的“艺术效果”下拉列表中选择一种艺术效果即可。

4）设置图片样式

选中图片，选择“图片工具-格式”选项卡“图片样式”组“图片样式”列表框的一种图片样式，即可为图片设置一种样式。

5）调整图片颜色

选中图片，单击“图片工具-格式”选项卡“调整”组中的“颜色”按钮，弹出“颜色”下拉列表。在“颜色”下拉列表中分别选择“颜色饱和度”“色调”“重新着色”等即可调整图片颜色。

用户还可以在“颜色”下拉列表中选择“其他字体”“设置透明色”“图片颜色选项”命令进一步设置，达到所要的图片效果。

6）将图片换成 SmartArt 图

用户可以通过简单的操作将现有的普通图片转换成SmartArt图，具体操作步骤如下：

步骤 1：在文档中插入 5 幅图片，紧凑排列在一起，如图 3-65 所示。

步骤 2：选中图片，单击“图片工具-格式”选项卡“排列”组中的“自动换行”按钮，选择将 5 幅图片都设置成“浮于文字上方”。

步骤 3：选中 5 幅图片，单击“图片工具-格式”选项卡“图片样式”组中的“图片版式”按钮，在弹出的“图片版式”列表中选择一种版式，如“升序图片重点流程”。

步骤 4：原来的 5 幅图片转化成了 SmartArt 图，并且功能区增加了“SmartArt 工具”的“设计”选项卡和“格式”选项卡，用户可以利用选项卡进行设置。效果如图 3-66 所示。

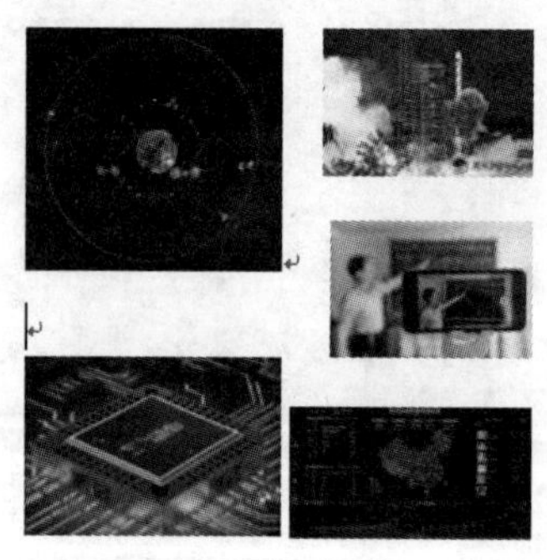

图 3-65　原图

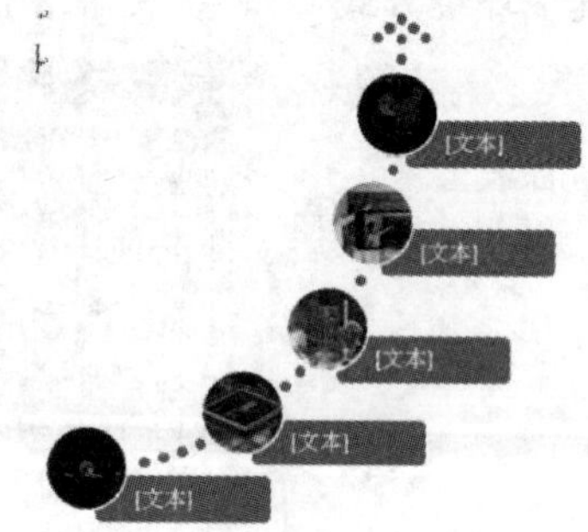

图 3-66　转化成的 SmartArt

3.6.2 形状

Word 2016 提供的形状包括现成的形状，如矩形、圆、线条、箭头、流程图、符号与标注等。插入形状的操作以及格式设置和插入图片类似。根据文档的需要，绘制的图形可由单个或多个图形组成。多个图形，可通过“叠放次序”或“组合”操作，再组合成一个大的图形，以便根据文档要求插入合适的位置。

1. 插入单个图形

步骤 1：单击“插入”选项卡“插图”组的“形状”按钮，从“形状”下拉列表中选择合适的形状。

步骤 2：将已经变成十字标记的鼠标指针定位到要绘图的位置，拖动鼠标，可得到被选择的图形，可将图形拖动到文档的适当位置。

步骤 3：图形的控制点可以调节图形的大小和形状。拖动旋转标记可以转动图形，拖动黄色小圆点可改变图形形状，如图 3-67 所示。

图 3-67　控制点

2．多个图形制作

步骤 1：分别制作单个图形。

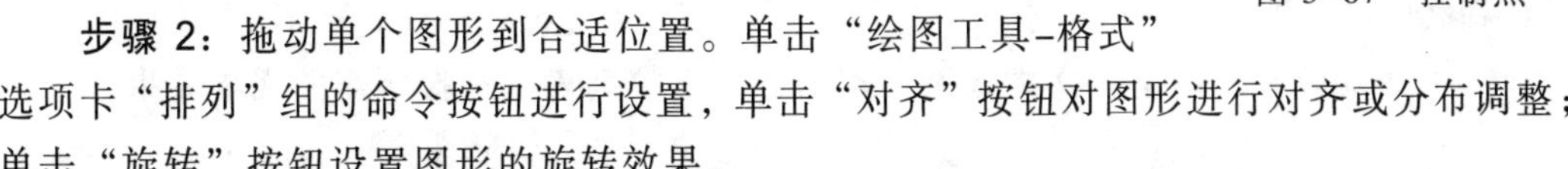

步骤 2：拖动单个图形到合适位置。单击“绘图工具-格式”选项卡“排列”组的命令按钮进行设置，单击“对齐”按钮对图形进行对齐或分布调整；单击“旋转”按钮设置图形的旋转效果。

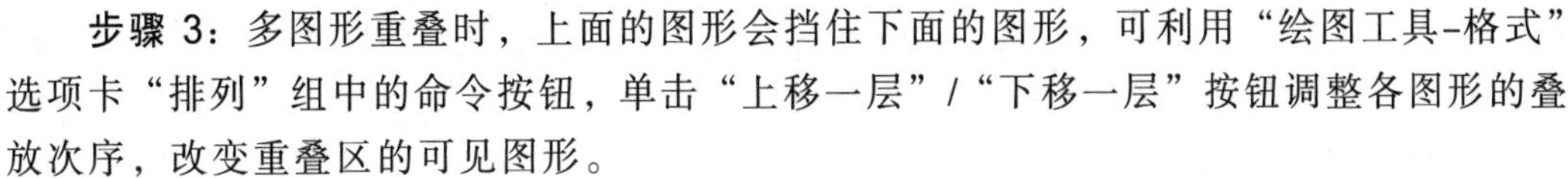

步骤 3：多图形重叠时，上面的图形会挡住下面的图形，可利用“绘图工具-格式”选项卡“排列”组中的命令按钮，单击“上移一层”/“下移一层”按钮调整各图形的叠放次序，改变重叠区的可见图形。

3．多个图形组合

同时选中多个单独图形，单击“绘图工具-格式”选项卡“排列”组中的“组合”按钮，几个图形即组合为一个整体。要取消图形的组合，选择“取消组合”命令即可。

3.6.3　艺术字

艺术字具有特殊视觉效果，可以使文档的标题变得更加生动活泼。艺术字可以像普通文字一样设置其字号、加粗、倾斜等效果，也可以像对图形对象那样设置旋转，添加阴影、三维效果等操作。

1．插入艺术字

步骤 1：单击“插入”选项卡“文本”组中的“艺术字”按钮，打开艺术字样式列表。

步骤 2：选择一种艺术字样式后，文档中出现一个艺术字图文框，将光标定位在艺术字图文框中，输入文本即可，如图 3-68 所示。

艺术字效果

图 3-68　艺术字效果

除了直接插入艺术字外，用户还可以将文本转换成艺术字。选择要转换的文本，在“插入”选项卡的“文本”组中单击“艺术字”下拉按钮，从弹出的艺术字样式列表框中选择需要的样式即可。

2．设置艺术字格式

用户在插入艺术字后，自动打开“绘图工具-格式”选项卡。为了使艺术字的效果更加美观，可以对艺术字格式进行相应的设置，如设置艺术字大小、艺术字样式、形状样式等属性。

1）设置艺术字大小

选择艺术字后，在“绘图工具-格式”选项卡“大小”组的“高度”和“宽度”文本框中输入精确的数据即可。

2）设置艺术字样式

设置艺术字样式包含更改艺术字样式、文本效果、文本填充颜色和文本轮廓等操作。单击“绘图工具-格式”选项卡“艺术字样式”组中相应的按钮，执行对应的操作。

（1）艺术字样式：单击“快速样式”按钮，从弹出的样式列表中选择一种艺术字样式即可。

（2）文本填充：单击“文本填充”按钮，从下拉列表中选择所需的填充颜色，或者选择渐变和纹理填充效果。

（3）文本轮廓：单击“文本轮廓”按钮，从下拉列表中选择所需的轮廓颜色，轮廓线条样式。

（4）文本效果：单击“文本效果”按钮，从下拉列表中选择所需的文本效果。

提示：选中艺术字，在“格式”选项卡的“艺术字样式”组中单击对话框启动器，在右侧会打开“设置形状格式”任务窗格，如图 3-69 所示。同样可以对艺术字进行文本填充与轮廓、文字效果、布局属性设置。

3）设置形状样式

设置形状样式包含更改艺术字形状样式、形状填充颜色、艺术字边框颜色和形状效果等操作。单击“绘图工具-格式”选项卡“形状样式”组中相应的按钮，执行对应的操作。

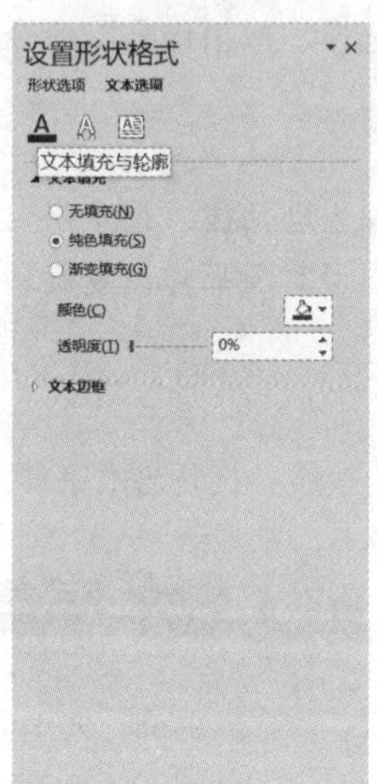

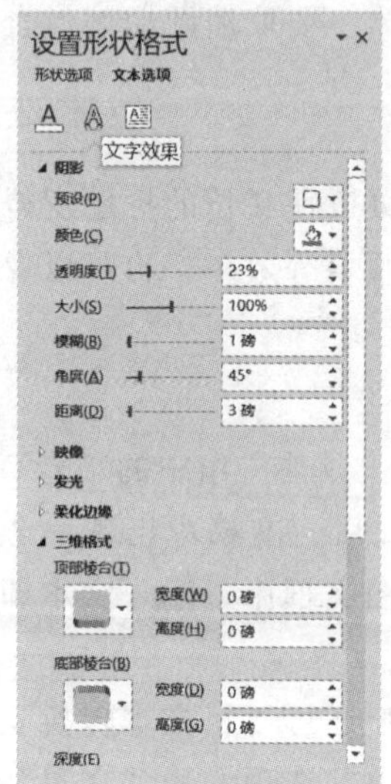

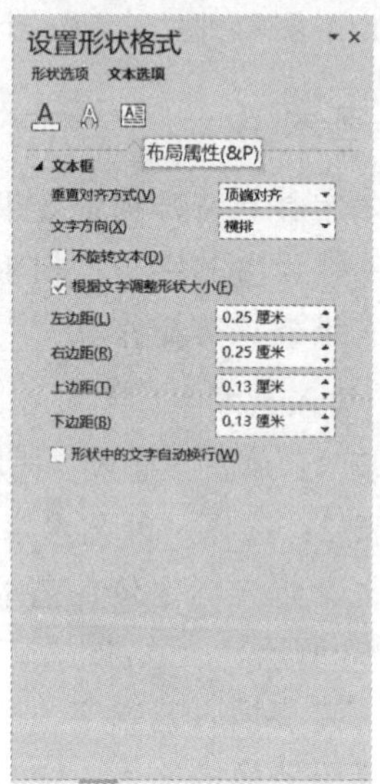

图 3-69　艺术字效果设置

3.6.4　文本框

文本框是一种可移动、可调整大小的文字容器。使用文本框可以在文档中形成一块独立的文本区域。

1. 插入文本框

步骤 1：在“插入”选项卡的“文本”组中单击“文本框”按钮，打开“文本框”下拉列表。

步骤 2：在下拉列表的“内置”列表框中选择一种文本框的样式并单击，此时编辑区中出现一个与所选样式一样的文本框，并将光标定位于文本框中，用户可以直接输入需要的文字。

步骤 3：选择“绘制文本框”/“绘制竖排文本框”命令，将鼠标指针移到文档编辑区后，此时鼠标指针变成十字形状，直接拖动鼠标即可画出横排/竖排文本框，光标自动定位在文本框内，输入文字即可。

2．设置文本框

文本框被选定或处于编辑状态时，功能区自动增加一个“绘图工具–格式”选项卡。通过“格式”选项卡中的工具，可设置被选定或处于编辑状态的文本框，设置方法和设置艺术字、形状的方法类似。

3.6.5 SmartArt 图形

在实际工作中，经常在文档中插入一些图形，如工作流程图、图形列表等比较复杂的图形，以增加文档的说服力。使用 SmartArt 图形可以非常直观地说明层级关系、附属关系、并列关系、循环关系等各种常见的逻辑关系，而且所制作的图形精美大方，具有很强的立体感和画面感。

1．插入 SmartArt 图形

Word 2016 提供了多种 SmartArt 图形类型，包括列表（36 个）、流程（44 个）、循环（16 个）、层次结构（13 个）、关系（37 个）、矩阵（4 个）、棱锥（4 个）和图片（31 个）共八大类型 185 个图样。

单击“插入”选项卡“插图”组中的“SmartArt”按钮，打开“选择 SmartArt 图形”对话框，如图 3-70 所示。在该对话框中，用户可以根据需要选择合适的类型，单击“确定”按钮，即可在文档中插入 SmartArt 图形。

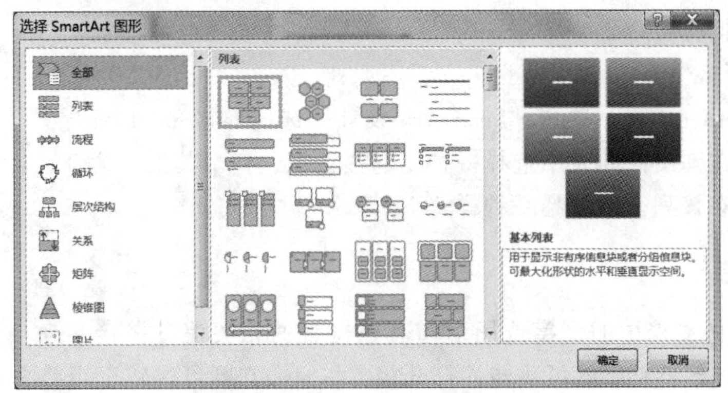

图 3-70 “选择 SmartArt 图形”对话框

默认情况下，插入 SmartArt 图形后，自动打开“在此处键入文字”窗格，在其中可以实现文本的输入。若要打开该窗格，可以选中 SmartArt 图形，单击图形边框上的按钮即可。

2．编辑 SmartArt 图形

编辑操作在图 3-71 所示的“SmartArt 工具”选项卡的“设计”和“格式”子选项卡中进行。

图 3-71 “设计”选项卡

1）添加和删除形状

默认情况插入的 SmartArt 图形的形状较少，用户可以根据需要在相应的位置添加形状。如果形状过多，还可以对其进行删除。

单击“SmartArt-设计”选项卡“创建图形”组中的“添加形状”按钮，在弹出的下拉列表中选择相应命令即可。在 SmartArt 图形中直接选中要删除的形状，按【Delete】键，即可将其删除。

2）调整形状顺序

在制作 SmartArt 图形的过程中，用户可以根据需求调整图形间各形状的顺序，如将上一级的形状调整到下一级等。

单击“SmartArt-设计”选项卡“创建图形”组中的“升级”按钮，将形状上调一个级别；单击“下降”按钮，将形状下调一个级别；单击“上移”或“下移”按钮，将形状在同一级别中向上或向下移动。

3）更改布局

当用户编辑完 SmartArt 图形后，还可以更改 SmartArt 图形的布局。

单击“SmartArt-设计”选项卡“版式”组中的“其他”按钮，从弹出的布局列表中可以重新选择布局样式，若选择“其他布局”命令，打开“选择 SmartArt 图形”对话框，在该对话框中同样可以更改图形。

4）更改样式

选中 SmartArt 图形，单击“SmartArt-设计”选项卡“SmartArt 样式”组中的“更改颜色”按钮，在弹出的列表中选择一种主题颜色。选择“其他”命令，打开 SmartArt 样式下拉列表，在该列表中选择一种样式。

3.6.6 超链接

超链接是将文档中的文字或图形与其他位置的相关信息链接起来。建立了超链接后，单击文档的超链接，就可跳转并打开相关信息。它既可跳转至当前文档或 Web 页的某个位置，亦可跳转至其他 Word 文档或 Web 页，或者其他项目中创建的文件。

1. 插入超链接

在文档中插入超链接，可按如下步骤操作：

步骤 1：选择要作为超链接显示的文本或图形对象。

步骤 2：单击“插入”选项卡“链接”组中的“超链接”按钮，或者右击，在弹出的快捷菜单中选择“超链接”命令。

步骤 3：在弹出的图 3-72 所示“插入超链接”对话框中，选择超链接的相关对象，单击“确定”按钮。

图 3-72 “插入超链接”对话框

2．取消超链接

选择要取消超链接的对象，右击，在弹出的快捷菜单中选择“取消超链接”命令。

3.7 文档的批量处理

Word 2016 提供了强大的邮件合并功能，该功能具有极佳的实用性和便捷性。如果希望批量处理一组文档，如信函、电子邮件、传真、信封、标签、目录等，就可以使用邮件合并功能来实现。

3.7.1 邮件合并的概念

Word 的邮件合并可以将一个主文档与一个数据源结合起来，最终生成一系列输出文档。一般要完成一个邮件合并任务，需要包含主文档、数据源、合并文档几个部分，如图 3-73 所示。

姓名	计算机基础	高等数学	大学物理	总分	平均分	等级
魏延延	64	80	73	217	72.33	合格
万里	70	40	62	172	57.33	不合格
周京生	76	86	91	253	84.33	良好
杜庆生	80	78	85	243	81.00	良好

数据源

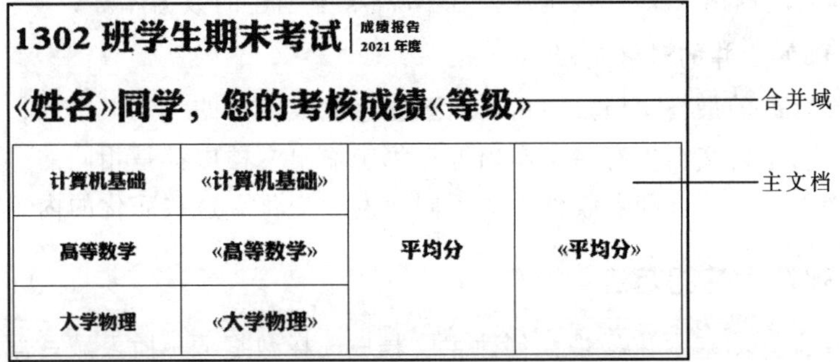

图 3-73 邮件合并技术中的主要组成部分

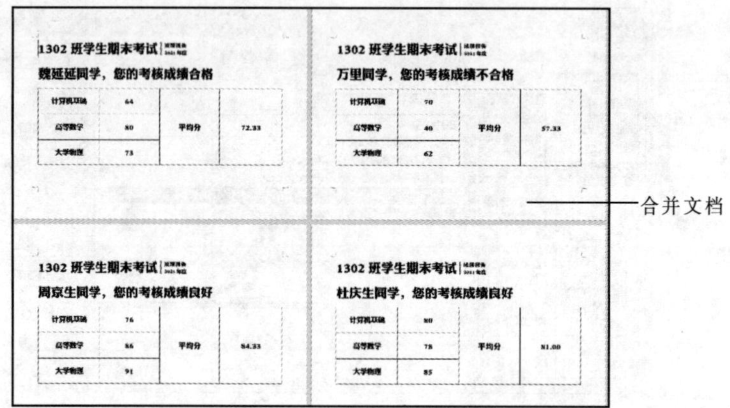

图 3-73 邮件合并技术中的主要组成部分（续）

1. 主文档

主文档是经过特殊标记的 Word 文档，它是用于创建输出文档的“蓝图”，其中包含了基本的文本内容，这些文本内容在所有输出文档中都是相同的。另外还有一系列的指令（称为合并域）用于插入在每个输出文档中都要发生变化的文本。

2. 数据源

数据源实际上是一个数据列表，其中包含了用户希望合并到输出文档的数据，通常保存姓名、地址、传真号码等数据字段。Word 的邮件合并功能支持很多类型的数据源，主要包含下列几类：

（1）Microsoft Office 地址列表。在邮件合并的过程中，Word 2016 提供了创建简单的“Office 地址列表”的机会，必要时可以在新建的列表中填写收件人的姓名和地址相关信息。适用于不经常使用的小型、简单列表。

（2）Microsoft Word 数据源。可以使用某个 Word 文档作为数据源。该文档应该只包含 1 个表格，该表格第 1 行必须用于存放标题行，其他行必须包含邮件合并所需的数据记录。

（3）Microsoft Excel 工作表。可以从工作簿内的任意工作表或命名区域选择数据。

（4）Microsoft Outlook 联系人列表。可以在“Outlook 联系人列表”中直接检索联系人信息。

（5）Microsoft Access 数据库。在 Access 中创建的数据库。

3. 邮件合并的最终文档

邮件合并的最终文档是一份可以独立存储或输出的 Word 文档，其中包含了所有的输出结果。最终文档中有些文本内容在每份输出文档中都是相同的，这些相同的内容来自主文档，而有些会随着收件人的不同而发生变化，这些变化的内容来自数据源。

3.7.2 邮件合并的方法

邮件合并的基本流程是：创建主文档→选择数据源→插入域→合并生成结果。用户可以通过 Word 提供的邮件合并向导来完成这一流程，熟悉该功能的人也可以直接插入

邮件合并域来创建邮件合并文档。

1. 通过邮件合并向导创建

具体操作步骤如下：

步骤 1：启动 Word，或打开一个空白的 Word 文档作为主文档。

步骤 2：单击“邮件”选项卡“开始邮件合并”组中的“开始邮件合并”按钮。

步骤 3：从弹出的下拉列表中选择“邮件合并分步向导”命令，打开“邮件合并”任务窗格，同时进入“邮件合并分步向导”的第 1 步，如图 3-74 所示。

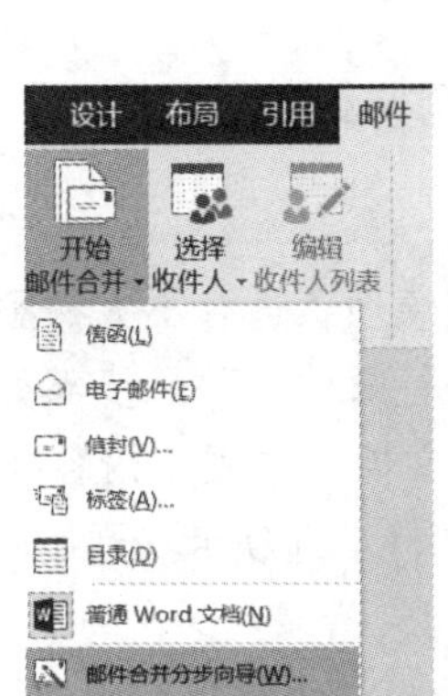

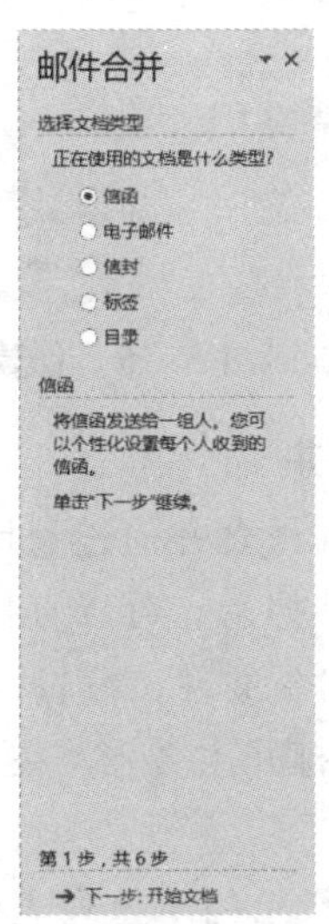

图 3-74　打开“邮件合并”任务窗格

步骤 4：在“选择文档类型”区域中，选择一个希望创建的输出文档类型。

步骤 5：单击“下一步：开始文档”超链接，进入“邮件合并分步向导”第 2 步，在“选择开始文档”选项区域中确定邮件合并的主文档，可以使用当前打开的文档，也可以选择一个已有的文档或根据模板新建一个文档。

步骤 6：单击“下一步：选取收件人”超链接，进入“邮件合并分步向导”的第 3 步，在“选择收件人”选项区域中确定邮件合并的数据源，可以使用事先准备好的列表，也可以新建一个数据源列表，如图 3-75 所示。

步骤 7：单击“下一步：撰写信函”超链接，进入“邮件合并分步向导”的第 4 步。对主文档进行编辑修改，并通过插入合并域的方式向主文档中适当的位置插入数据源中的信息。单击“其他项目”超链接可打开“插入合并域”对话框。

步骤 8：单击“下一步：预览信函”超链接，进入“邮件合并分布向导”的第 5 步。此处可以查看最终输出的合并结果。

步骤 9：预览文档后，单击“下一步：完成合并”超链接，进入“邮件合并分布向导”的最后一步。在“合并”选项区中，可以根据实际需要选择单击“打印”或“编辑单个信函”超链接，进行最后的合并工作。

步骤 10：最后需要对主文档和合并结果文档分别进行保存。

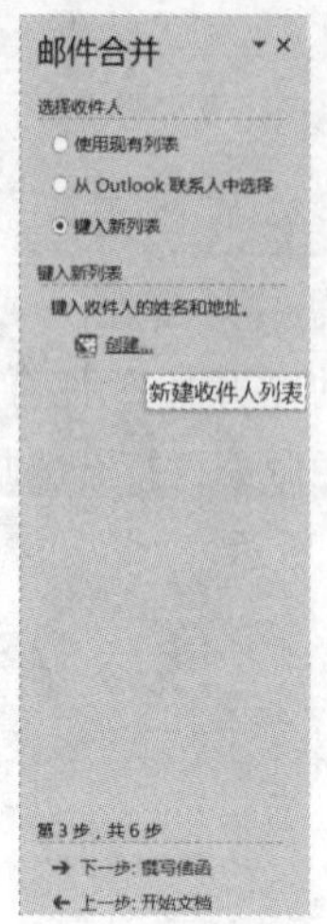

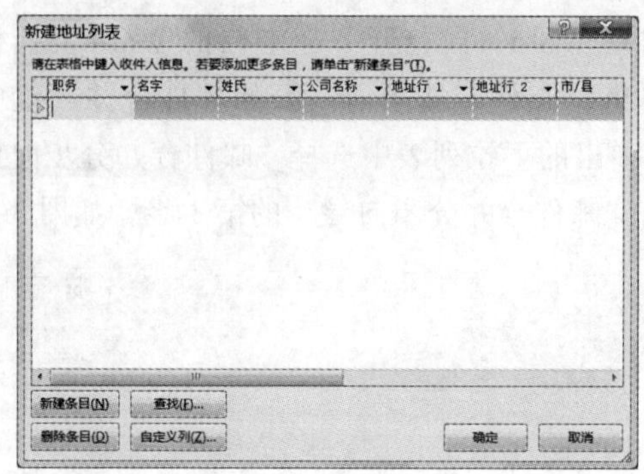

图 3-75　创建一个新的数据源列表

2. 直接进行邮件合并

利用邮件向导进行邮件合并的过程比较烦琐，适合不太熟悉邮件合并流程的新手，当对邮件合并流程熟练掌握后，可以直接进行邮件合并。步骤如下：

步骤 1：准备好数据源文件，编辑好主文档中的固定内容并进行保存。

步骤 2：在 Word 中打开主文档，在"邮件"选项卡"开始邮件合并"组中单击"选择收件人"按钮。

步骤 3：在图 3-76 所示的下拉列表中选择"使用现有列表"命令，在弹出的"选取数据源"对话框中选择数据源文件。

步骤 4：在主文档中定位光标到需要插入数据源信息的位置。

步骤 5：单击"邮件"选项卡"编写和插入域"组中的"插入合并域"按钮，从下拉列表中选择需要插入的域名，如图 3-77 所示。

步骤 6：单击"邮件"选项卡"完成"组中的"完成并合并"按钮，在打开的下拉列表中选择合并结果输出方式，如图 3-78 所示。如果选择"编辑单个文档"命令，则可对形成的合并结果文档进行保存，同时需要保存主文档。

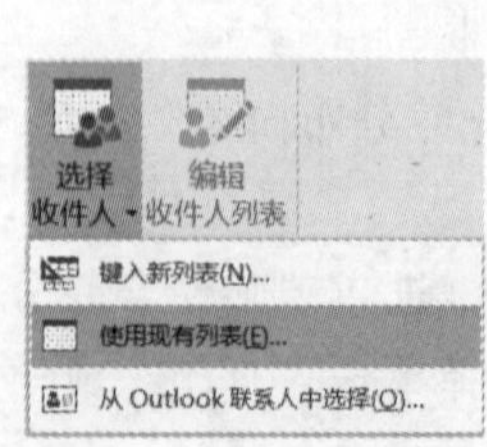

图 3-76　选择数据源

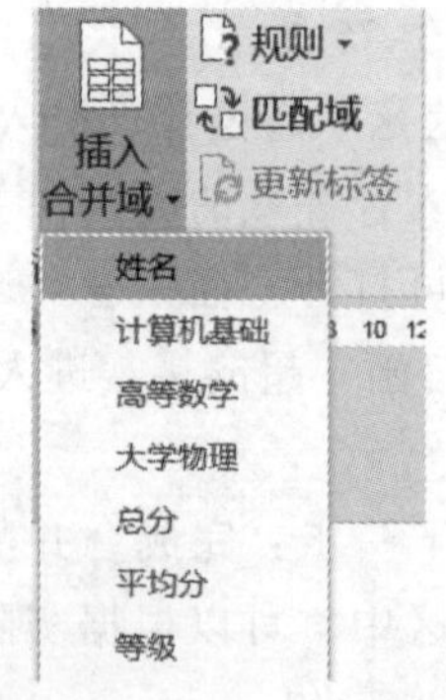

图 3-77　插入合并域

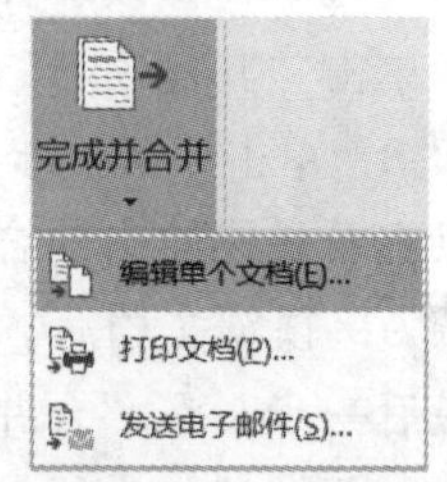

图 3-78　生成单个文档

3.8 文档的高级排版

3.8.1 主题的应用

文档主题是一组格式选项，包括一组主题颜色、一组主题字体（包括标题字体和正文字体）和一组主题效果（包括线条和填充效果）。Word 2016 提供了许多内置的文档主题，用户可以直接应用，也可以通过自定义并保存文档主题来创建自己的文档主题。

方法 1：单击“设计”选项卡“文档格式”组中的“主题”按钮，打开下拉列表。在下拉列表区域中，选择适当的主题。

方法 2：在“主题”下拉列表中选择“浏览主题”选项，可打开“选择主题或主题文档”对话框中相应的主题或包含该主题的文档。

在“主题”下拉列表中选择“保存当前主题”选项，打开“保存当前主题”对话框，可保存当前主题。

3.8.2 样式的设置

样式是文档中的一系列格式的组合，包括字符格式、段落格式及边框和底纹等。应用样式时，只需要单击某一样式就可对文档应用一系列的格式。样式特别适用于快速统一长文档的标题、段落的格式。

样式的应用和设置在“开始”选项卡的“样式”组中进行。“样式”组左边的方框显示 Word 提供的目前应用的样式，在方框中可选择合适的应用样式。Word 的默认样式是“正文”。在“样式和格式”列表框中选择“清除格式”命令，样式定义操作即复原到“正文”样式。

1. 查看样式

在使用样式进行排版前，或者是浏览已应用样式排版好的文档，用户可以在文档窗口查看文档的样式。

选中要查看样式的段落。单击“样式”组中的“快速样式列表库”右下方的按钮，即可看到光标所在位置的文本样式会在“快速样式库”中以方框的高亮形式显示出来。

2. 应用与删除样式

应用样式：选择需要样式格式化的标题或段落，单击“样式”组的对话框启动器，弹出“样式”任务窗格，如图 3-79 所示。在“样式”下拉列表框选择所需要的样式。

删除样式：在“样式”下拉列表框右击需要删除的样式，在弹出的快捷菜单中选择“删除”命令即可。在 Word 文档中有许多样式是不允许用户删除的，如“正文”“标题”“引用”等内置样式。

3. 修改样式

如果 Word 所提供的样式不符合要求，用户也可以对已有的样式进行修改。

在“样式”任务窗格中，单击要修改的样式名右边的“样式符号”按钮，在弹出的快捷菜单中选择“修改”命令。弹出“修改样式”对话框，可以修改字体格式、段落格式，还可以单击对话框中的“格式”按钮，修改段落间距、边框和底纹等选项，如图 3-80 所示，单击“确定”按钮，完成修改。

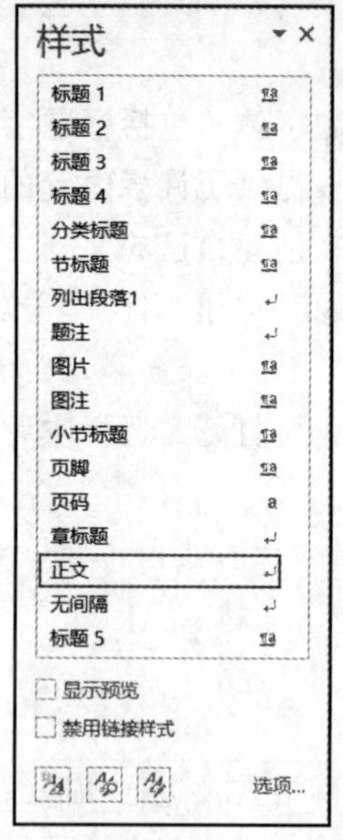

图 3-79 “样式”任务窗格

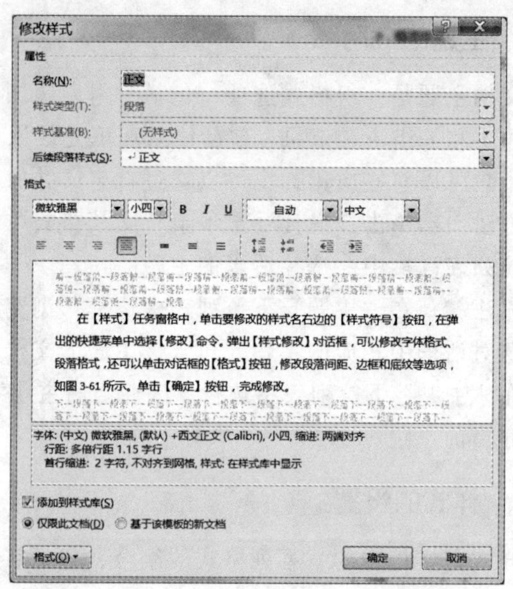

图 3-80 “修改样式”对话框

4. 新建样式

当 Word 提供的内置样式不能满足文档的编辑要求时，用户可按实际需要自定义样式。

步骤 1：单击“样式”任务窗格左下方的“新建样式”按钮。

步骤 2：在弹出的图 3-81 所示“根据格式设置创建新样式”对话框中进行如下设置：

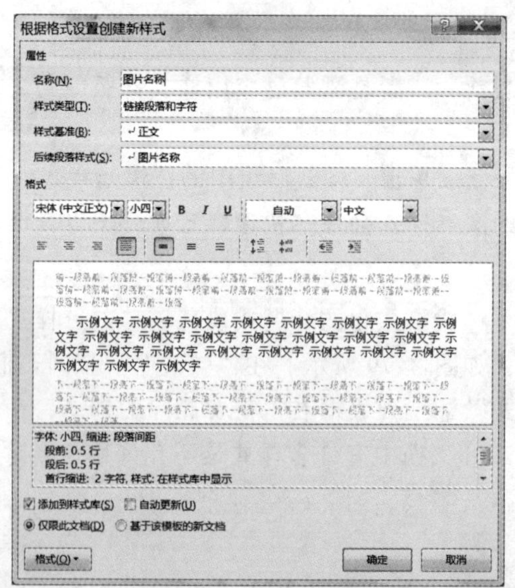

图 3-81 “根据格式设置创建新样式”对话框

（1）在“名称”文本框中输入新建样式的名称，默认为“样式 1”“样式 2”，以此类推。

（2）在“样式类型”下拉列表框中根据实际情况选择一种，如选择“字符”或“段落”样式。

步骤 3：单击“格式”按钮，分别对字体、段落、制表位、边框、语言、图文框、编号、快捷键和文字效果进行综合设置。设置完毕后，单击“确定”按钮，返回“根据格式创建设置新样式”对话框。

步骤 4：选中“添加到样式库”和“自动更新”复选框，单击“确定”按钮。

3.8.3 目录的插入

目录是长文稿必不可少的组成部分，由文章的章、节的标题和页码组成。为文档建立目录，建议最好利用标题样式，先给文档的各级目录指定恰当的标题样式。

步骤 1：将光标移动到要插入目录的位置，如文档的首页。

步骤 2：单击“引用”选项卡“目录”组中的“目录”按钮。

步骤 3：在“目录”下拉列表中选择内置的目录列表，如“自动目录 1”“自动目录 2”命令。

步骤 4：如果内置的目录样式不能满足要求，用户可以自定义目录样式，选择“目录”下拉列表中的“自定义目录”命令，弹出“目录”对话框，如图 3-82 所示。

步骤 5：设置目录的格式：如“古典”“优雅”“流行”等，默认是“来自模板”；设置显示级别，如图 3-82 所示的三级目录结构；选中“显示页码”复选框、选择“制表符前导符”等选项。单击“选项”按钮和“修改”按钮，在弹出的“目录选项”对话框和“样式”对话框中根据用户需要，修改目录的格式和样式。

步骤 6：完成修改后单击“确定”按钮即可在光标处插入一个自定义的目录。

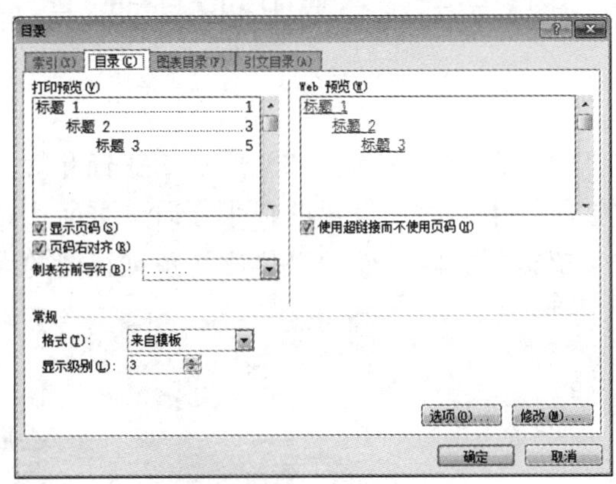

图 3-82 “目录”对话框

3.8.4 脚注与尾注

很多学术性的文稿都需要加入脚注和尾注，这两者都是对文本的补充说明。

1. 脚注

脚注一般位于页面底部，可以作为本页文档某处内容的注释，如术语解释或背景说明等。

1）插入脚注

将光标移到要插入脚注的位置。单击“引用”选项卡“脚注”组中的“插入脚注”按钮，在插入位置右上角增加一个脚注序号上标（通常是阿拉伯数字），同时在文档相应页面下方添加一条横线，并自动在下方插入一个脚注，在此序号后面输入脚注内容。

2）修改脚注

双击相应的脚注序号，可快速定位到页面下方的相应脚注上，即可修改脚注内容。

3）删除脚注

要删除脚注，只需选择要删除的脚注的序号，然后按【Delete】键，即可删除脚注的内容。

2. 尾注

尾注一般位于文档的末尾，通常用来列出书籍或文章的参考文献等。尾注的序号通常是罗马字母。操作和脚注的操作类似。

脚注和尾注之间是可以相互转换的，这种转换可以在一种注释间进行，也可以在所有的脚注和尾注间进行。

如果是对个别注释进行转换，则要将光标移动到注释文本中，右击，在弹出的快捷菜单中选择“定位至尾注”或“转换为脚注”命令。

将光标定位在任意脚注或尾注序号处。单击“引用”选项卡“脚注”组的对话框启动器，弹出“脚注和尾注”对话框。在对话框中单击“转换”按钮，弹出“转换注释”对话框，进行设置即可。

3.9 文档的打印输出

3.9.1 文档打印预览

选择“文件”→“打印”命令，如图 3-83 所示。在打开的“打印”窗口右侧预览区域，可以查看文档的打印效果，用户设置的纸张方向、页面边距等都可以通过预览区域查看，用户还可以通过调整预览区下面的滑块改变预览视图的大小。

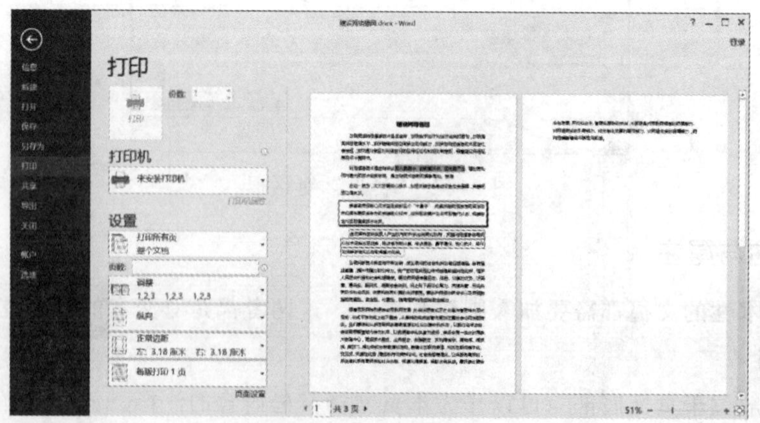

图 3-83　打印预览

3.9.2 打印指定页

一般情况下，打印的是整个文档，但如果需要打印的文档过长，而又只需要打印文档中的某一部分时，可以设置只打印指定的页。

在打印窗口的“设置”选项区域单击“打印所有页”下拉按钮，如图 3-84 所示，在下拉列表中选择“自定义打印范围”命令，在“页数”文本框中输入需要打印的页数。

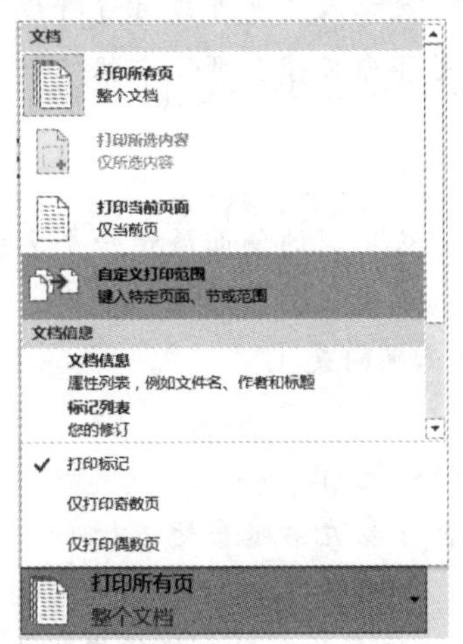

图 3-84 打印指定页

3.9.3 打印奇偶页

在一篇长文档中会有奇、偶数页，用户可以根据需要只打印奇数页或偶数页。

在打印窗口的“设置”选项区域单击“打印所有页”下拉按钮，在下拉列表中选择“仅打印奇数页”或“仅打印偶数页”命令。

3.9.4 打印多份文档

单击“打印”按钮时，系统默认打印一份文档，如果想要打印多份文档，在“打印”按钮后的“份数”文本框中输入需要打印的份数即可。

习 题

一、选择题

1. 在 Word 2016 窗口的工作区中，闪烁的垂直条表示（　　）。

   A. 鼠标位置　　B. 插入点　　C. 按钮位置　　D. 键盘位置

2. 设置页眉和页脚，可以选择（　　）选项卡。

   A. 开始　　B. 引用　　C. 插入　　D. 布局

3. 在 Word 2016 中，文本被剪贴后，暂时保存在（　　）。

   A. 临时文件　　B. 新建文档　　C. 剪贴板　　D. 外存

4. Word 2016 中，若需要将插入点移动到当前窗口中文档首行的行首，可按（　　）组合键。

A.【Ctrl+Home】　B.【Ctrl+End】　C.【Alt+Home】　D.【Alt+End】

5. 以下关于 Word 2016 的使用叙述中，正确的是（　　）。

A. 被隐藏的文字可以打印出来

B. 直接按“右对齐”按钮而不用选定，就可以对插入点所在段落进行设置

C. 若选定文本后，单击“粗体”按钮，则选定部分文字全部变成粗体或常规字体

D. 单击“格式刷”按钮，可以复制多次格式

6. Word 2016 中视图的作用是（　　）。

A. 对文档进行重新排版　B. 从不同的侧面展示一个文档的内容

C. 给文档增加不同的格式　D. 改变文档的属性

7. 在 Word 2016 表格中进行拆分与合并操作时，正确的是（　　）。

A. 一个表格可以拆分成上下两个或左右两个

B. 对表格单元格的拆分或合并，只能左右水平地进行

C. 对表格单元格的拆分要上下垂直进行，而合并要左右水平地进行

D. 一个表格只能拆分成上下两个

8. 在 Word 2016 表格中，如果将两个单元格合并，原有两个单元格的内容（　　）。

A. 不合并　B. 部分合并　C. 完全合并　D. 有条件合并

9. 在 Word 2016 文档中，如果需要将有些词下面的红色波纹线去除，可以用鼠标（　　）。

A. 单击该词后，选择“全部忽略”命令　B. 右击该词后，选择“忽略”命令

C. 右击该词后，选择“拼写”命令　D. 单击该词后，选择“拼写”命令

10. Word 2016 只有在（　　）模式下才会显示页眉和页脚。

A. 草稿　B. 阅读　C. 页面　D. 大纲

11. Word 2016 具有强大的功能，但是它不可以（　　）。

A. 设计表格　B. 编辑图形　C. 设置鼠标　D. 编辑公式

12. 关于“布局”选项卡中的“分栏”功能，下列说法正确的是（　　）。

A. 栏与栏之间可以根据需要设置分隔线

B. 栏的宽度用户可以任意定义，但每栏栏宽必须相等

C. 分栏数目最多为 3 栏

D. 只能对整篇文章进行分栏，而不能对文章中的某部分进行分栏

13. 在 Word 2016 中，图片可以以多种环绕形式与文本混排，（　　）不是提供的环绕形式。

A. 四周型　B. 穿越型　C. 上下型　D. 左右型

14. 下列有关 Word 2016 格式刷的叙述中，（　　）是正确的。

A. 格式刷只能复制纯文本的内容

B. 格式刷只能复制字体格式

C. 格式刷只能复制段落格式

D. 格式刷可以复制字体格式也可以复制段落格式

15. 在 Word 2016 表格中，单元格内能填写的信息（　　）。

A. 只能是文字　　B. 只能是文字或符号

C. 只能是图像　　D. 文字、符号、图像均可

16. 在 Word 2016 编辑文本时，为了使文字绕着插入的图片排列，可以进行的操作是（　　）。

A. 插入图片、设置环绕方式

B. 插入图片、调整图形比例

C. 建立文本框、插入图片、设置文本框位置

D. 插入图片、设置叠放次序

17. 在 Word 2016 文本编辑软件时，要把文章中所有出现的“学生”二字都改成以粗体显示，可以选择（　　）功能。

A. 样式　　B. 改写　　C. 替换　　D. 粘贴

18. 在 Word 编辑状态下，当功能区中的“剪切”和“复制”按钮呈灰色显示时，则表明（　　）。

A. 剪贴板上已经存放了信息

B. 在文档中没有选定任何对象

C. 选定的对象是图片

D. 选定的文档内容太长

19. 在 Word 2016 中对长文档编排页码时，下列说法不正确的是（　　）。

A. 添加或删除内容时，能随时自动更新页码

B. 一旦设置了页码就不能删除

C. 在页面视图和打印预览中出现页码显示

D. 文档第一页的页码数可以任意设定

20. 在 Word 2016 中，有关分页符的说法不正确的是（　　）。

A. 分页符的作用是分页

B. 按【Ctrl+Enter】组合键可以插入分页符

C. 各种分页符都不可以在选中后用【Delete】键删除

D. 在普通视图方式下分页符以虚线显示

二、判断题

1. 对某一段文本进行格式设置之前，必须将该段所有文本选中。（　　）

2. 段落重排时，可以进行缩进设置，如段落中除第一行外，其余的所有行做左缩进称为首行缩进。（　　）

3. Word 2016 只能编辑文稿，不能对图片进行编辑。（　　）

4. 在 Word 2016 中，如果想把表格转换成文本，只能一步一步地删除表格线，否则会损失表格中的数据。（　　）

5. 构成表格的基本单元是单元格。在表格中输入数据，实际上是在表格的各个单元格中输入。（　　）

6. 查找命令只能查找字符串，而不能查找格式。 ( )

7. 在 Word 2016 中，可以改变图片的大小、位置、颜色、亮度、对比度，并裁剪图片。 ( )

8. 在 Word 2016 中，图片周围不能环绕文字，只能单独在文档中占据几行位置。 ( )

9. 在 Word 2016 的表格中，拆分单元格只能在列上进行。 ( )

10. 在 Word 2016 中，要改变文字方向，应该在“布局”选项卡设置。 ( )

三、简答题

1. 页眉或页脚的作用是什么？如何在不同的页中插入不同格式的页码？

2. 格式刷的作用是什么？它的使用方法有哪几种？

3. Word 中可以插入哪些对象？它们各自在文档中的布局环绕方式是什么？

4. 样式的作用是什么？使用样式的好处有哪些？

第4章 Excel 2016 电子表格

Microsoft Excel 是一款非常出色的电子表格软件，它在 Office 办公软件中的功能是数据信息的统计和分析。Microsoft Excel 是二维电子表格软件，它不仅具有数据处理、绘制图表和图形功能，还具有智能化计算和数据库管理能力。

通过本章的学习，要求掌握启动和退出 Excel 2016 的方法，掌握建立新表格、对表格数据进行增、删、改等基本操作，熟练掌握 Excel 2016 中数据的计算、统计及分析功能，掌握利用迷你图、图表直观反映表格数据的方法。此外，还要求掌握页面设置和打印工作簿的方法，以便在工作中能制作出内容丰富、版面美观的表格。

4.1 基本概念与基本操作

4.1.1 启动/退出

1）启动 Excel 2016

方法 1：选择“开始”→“所有程序”→“Microsoft Excel 2016”命令，即可启动 Excel 2016。

方法 2：如果在桌面上或其他目录中建立了 Excel 2016 的快捷方式，可直接双击该快捷方式图标，即可启动 Excel 2016。

方法 3：如果在任务栏中锁定了 Excel 2016 应用程序，单击该应用程序图标即可启动 Excel 2016。

方法 4：按【Win+R】组合键，弹出“运行”对话框，输入“Excel”，单击“确定”按钮即可启动 Excel 2016。

2）退出 Excel 2016

方法 1：单击 Excel 2016 窗口右上角的关闭按钮✕，可关闭 Excel 2016。

方法 2：右击 Excel 2016 窗口标题栏空白处，在弹出的快捷菜单中选择“关闭”命令（按【Alt+F4】组合键），可关闭 Excel 2016。

方法 3：在“告诉我您想要做什么”的智能搜索框中输入“退出”，可关闭 Excel 2016。

4.1.2 工作界面

Excel 2016 启动后的工作界面外观与 Word 2016 的工作界面非常相近，在窗口的上部也是由标题栏、功能区和选项卡等构成，在窗口中部增加了一个编辑栏，在窗口底部有一个工作表标签栏，如图 4-1 所示。

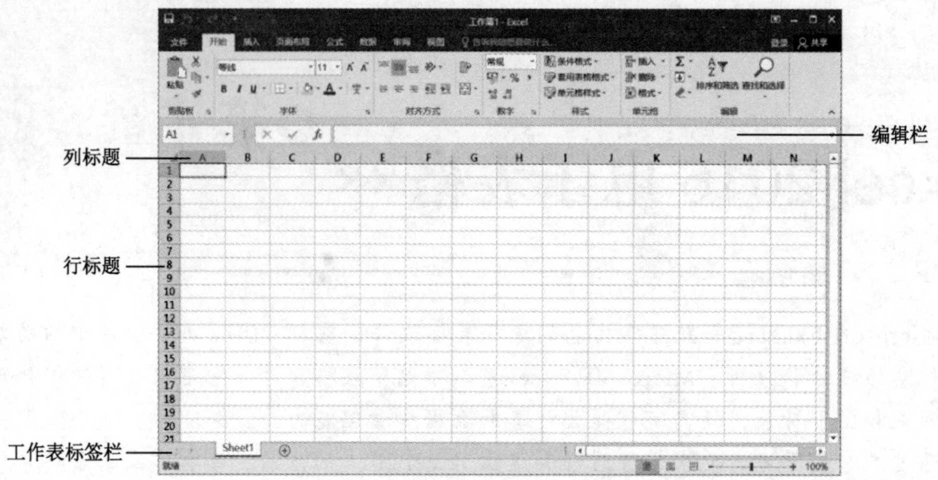

图 4-1　Excel 2016 工作界面

1）编辑栏

编辑栏位于功能区的下方，它的主要作用是显示或编辑当前单元格中的内容。在编辑栏的左侧有名称框和按钮组两部分，如图 4-2 所示。

图 4-2　编辑栏

编辑栏的参数含义介绍如下：

（1）名称框：用于显示活动单元格的名称，由列标和行号组成，如“A1”。

（2）按钮组：当向活动单元格输入数据时，按钮组中将出现 3 个按钮。“取消”按钮 ✕ 用于取消对活动单元格的修改，退出编辑状态；“确认”按钮 ✓ 用于确认在活动单元格输入或修改的内容；“插入函数”按钮 fx 可以打开“插入函数”对话框。

（3）编辑栏：显示活动单元格中的内容，可以在此栏中直接输入数据或对数据进行修改。

2）工作表

工作表是操作的主体，Excel 中的表格、图形和图表就是放在工作表中，它由许多单元格组成。单元格是组成工作表的基本单位。用户可以在单元格中编辑数字和文本，也可以在单元格区域插入和编辑图表等。

3）工作表标签栏

工作表标签栏用于工作表的操作，其中包括一个默认的工作表标签 Sheet1 以及用于工作表标签滚动的按钮和“新工作表”按钮，如图 4-3 所示。工作表是通过工作表标签来标识的，单击不同的工作表标签可在工作表之间进行切换。

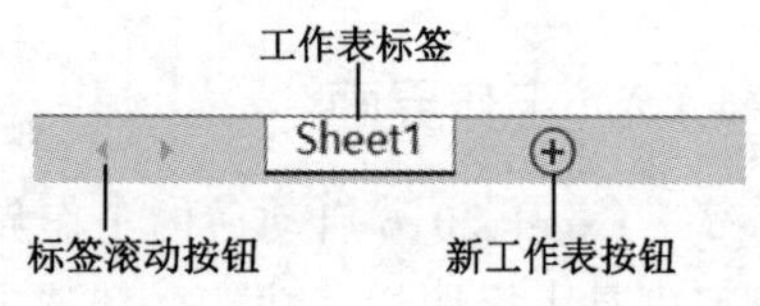

图 4-3　工作表标签栏

4）状态栏

位于窗口的最下端，显示正在编辑的工作表的相关信息。右侧显示视图按钮和比例尺等。

5）视图按钮

可以选择普通视图、页面布局和分页预览视图。

6）显示比例滚动条

用户可以拖动此控制条来调整工作表显示的缩放大小，右侧显示缩放比例。

4.1.3 基本概念

1）工作簿

工作簿是指 Excel 环境中用来存储并处理数据的文件。也就是说，Excel 文件就是工作簿，它是 Excel 一个或多个工作表的集合，其扩展名为“.xlsx”。

2）工作表

工作表是用于存储和处理数据的一个二维电子表格，由行、列和单元格构成。默认情况下 Excel 2016 新建的工作簿为一张工作表，但用户可根据需要修改默认值（1~255）。每个工作表由 1 048 576 行×16 348 列组成。正在使用的工作表称为活动工作表，也称当前工作表，其标签较其他工作表标签颜色淡。

3）单元格和单元格区域

单元格是组成工作表的最小单位，每个行与列的交叉点称为单元格，每个单元格可以容纳 32 767 个字符。用户可以在单元格中输入各种类型的数据、公式和对象等内容。单击某个单元格时，此单元格成为活动单元格，其名称显示于编辑栏的名称框，活动单元格四周的边框加粗显示，并且单元格所在的行和列的标题都将突出显示。在工作表中同一时间内只能有一个活动单元格。

单元格区域是一个矩形块，如图 4-4 所示，它由工作表中相邻的若干单元格组成。

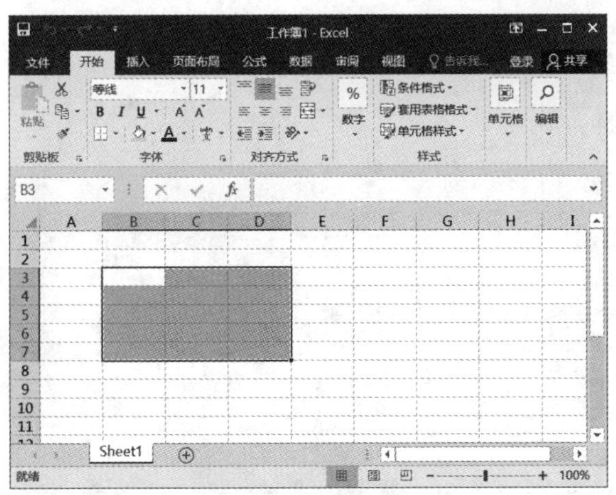

图 4-4　单元格区域

4）单元格地址

单元格所在的位置称为单元格地址（或称坐标），单元格的地址表示方法是“列标行号”，如第 B 列与第 5 行交叉点的单元格地址是“B5”。工作表左上角的单元格为“A1”，右下角的单元格是“XFD1048576”。

引用单元格区域时可以用它的对角单元格的坐标来表示，中间用一个冒号作为分隔符，如图 4-4 所示的单元格区域，可以表示为“B3:D7”。

在数据统计时，有时需要引用一个工作表中的多个单元格或单元格区域中的数据，这时多个单元格和单元格区域的引用需要中间用“,”（英文逗号）分开。如同时引用 B3、A2 单元格以及 C4:F7 区域，就用“B3,A2,C4:F7”来表示，有时还必须按要求前后加括号()。

如果需要引用非当前工作表中的单元格，可在单元格地址前加上“工作表名称!”，如“Sheet1!C12”表示 Sheet1 工作表中的 C12 单元格。

4.1.4　基本操作

1. 工作簿的操作

1）新建工作簿

在 Excel 2016 中，通常把“文件”称为“工作簿”，当用户建立一个工作簿时，默认情况下产生一张工作表（Sheet1）供用户使用。新建工作簿的常用方法有以下几种：

方法 1：启动 Excel 2016 后，系统自动会生成一个名为“工作簿 1”的空白工作簿。

方法 2：单击快速访问工具栏中的“新建”按钮。

方法 3：选择“文件”→“新建”命令，在“可用模板”中，单击选择“空白工作簿”即可创建一个新的空白工作簿，如图 4-5 所示。该方法在联机状态下还可以新建其他一些模板文档，如现金流分析模板、日历见解模板、股票代号比较模板等。

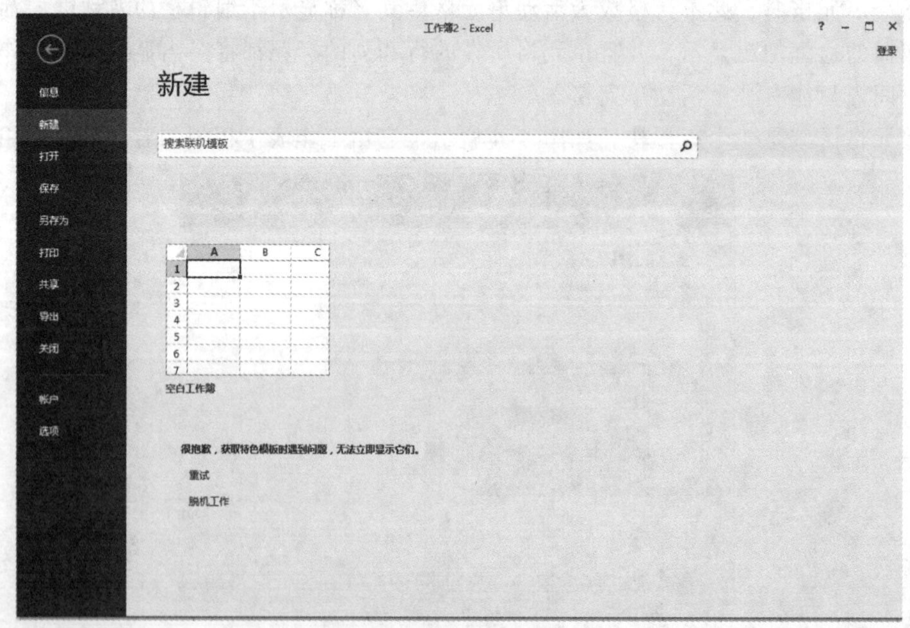

图 4-5　新建空白工作簿

2）保存工作簿

利用保存功能可以将正在编辑的工作簿内容存储到磁盘上，以便长期保留。保存新工作簿的步骤如下：

步骤 1：选择“文件”→“保存”命令，或单击快速访问工具栏中的“保存”按钮▣，或按【Ctrl+S】组合键。

步骤 2：此时是第一次保存工作簿，将打开图 4-6 所示的“另存为”页面，单击“浏览”命令，弹出“另存为”对话框，如图所示 4-7 所示，在该对话框中可以定义工作簿名称、类型及工作簿的保存位置，单击“保存”按钮。

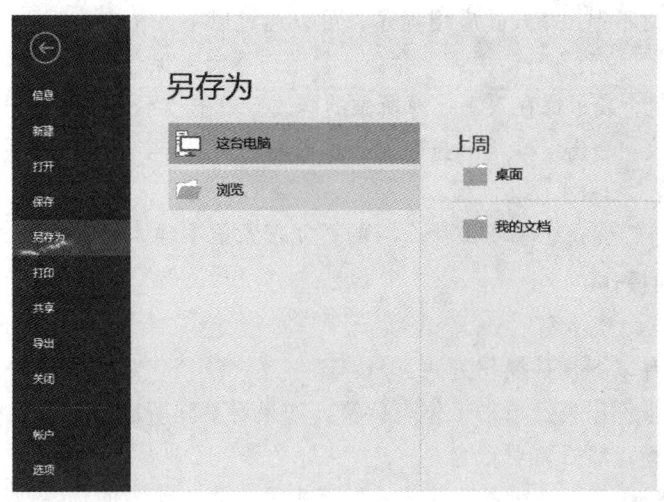

图 4-6 “另存为”页面

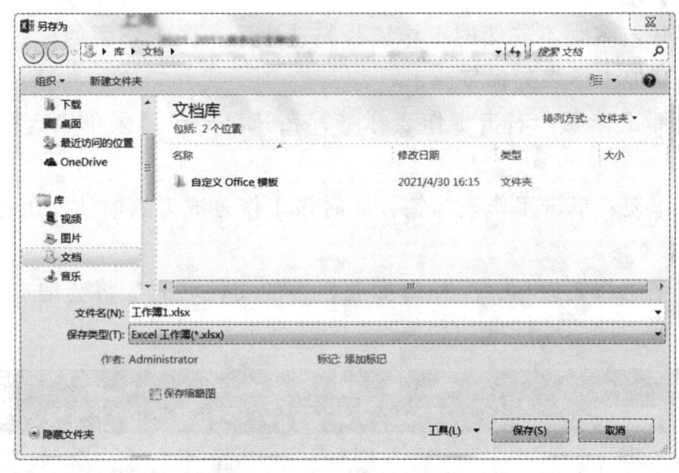

图 4-7 “另存为”对话框

对工作簿执行第二次保存操作时，不会再弹出“另存为”对话框。若要保存工作簿的备份，可选择“文件”→“另存为”命令，在弹出的“另存为”对话框中进行相应的设置，然后单击“保存”按钮即可。

3）打开工作簿

打开工作簿的操作步骤如下：

步骤 1：单击“文件”→“打开”命令，在“打开”页面中单击“浏览”按钮，弹出“打开”对话框。

步骤 2：在“打开”对话框的左侧，指定要打开文件所在的驱动器，在对话框的右侧选择工作簿所在的文件夹。

步骤 3：在选好的文件夹及文件列表中，选定要打开的工作簿文件。

步骤 4：单击“打开”按钮，在“打开”页面的“浏览”列表中会列出最近使用过的工作簿，如果需要的工作簿在当前列表中，直接选中就可以打开工作簿。

4）关闭工作簿

关闭工作簿但不退出 Excel 应用程序，可以通过以下方法来实现：

方法 1：选择“文件”→“关闭”命令，若工作簿尚未保存，此时会打开提示对话框。单击“保存”按钮，表示保存对工作簿所做的修改。单击“不保存”按钮，表示不保存对工作簿所做的修改。单击“取消”按钮，表示放弃当前操作，返回工作簿编辑窗口。

方法 2：按【Ctrl+F4】组合键。

方法 3：在“告诉我您想要做什么”的智能搜索框中输入“关闭”。

2. 工作表的操作

1）选择工作表

选择工作表有以下几种操作方式：

（1）选择单张工作表：单击工作表标签。如果看不到所需的标签，可单击标签滚动按钮来显示此标签，然后再单击它。

（2）选择两张或多张连续的工作表：先选中第一张工作表的标签，按住【Shift】键，再单击最后一张工作表的标签。

（3）选择两张或多张不连续的工作表：先选中第一张工作表的标签，按住【Ctrl】键，再依次单击其他工作表的标签。

（4）选择全部工作表：右击工作表标签，在弹出的快捷菜单中选择“选定全部工作表”。

（5）切换工作表：单击工作表标签，此时该工作表成为当前活动工作表。

2）取消选择多张工作表

当选择了多张工作表以后，工作簿标题栏中的文件名之后将会增加“[工作组]”字样，如图 4-8 所示。

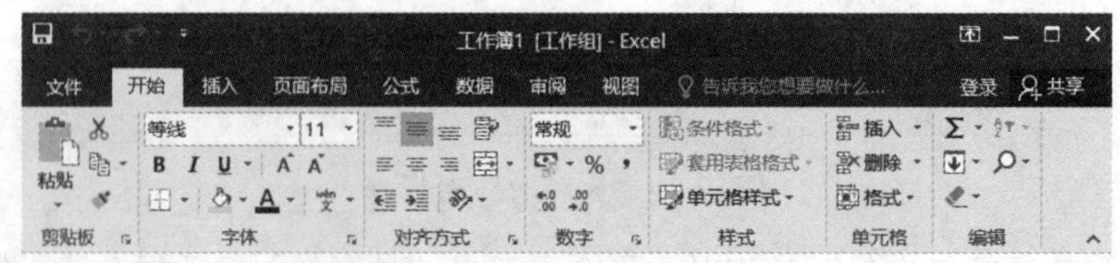

图 4-8　多张工作表组合后标题栏显示“[工作组]”字样

单击工作簿中任意一个未选取的工作表标签。若未选取的工作表标签不可见，可右击某个被选取的工作表标签，在弹出的快捷菜单中选择“取消组合工作表”选项。

3）插入新工作表

方法 1：单击工作表标签右边的“新工作表”按钮，可以在最右边插入一张空白的工作表。

方法 2：指定插入工作表的位置，即选择一个工作表，要插入的工作表在此工作表之前。右击此张工作表，在弹出的快捷菜单中选择“插入”命令，打开“插入”对话框，在此对话框中选择“工作表”选项，单击“确定”按钮即可插入一张空白工作表。

方法 3：单击“开始”选项卡“单元格”组“插入”右侧的下拉按钮，在弹出的下拉列表中选择“插入工作表”选项，可插入一张空白工作表。

4）移动或复制工作表

移动或复制操作可在同一个工作簿内进行，也可在不同的工作簿之间进行。

（1）利用对话框移动或复制工作表的操作步骤如下：

步骤 1：右击要移动或复制的工作表标签，在弹出的快捷菜单中选择“移动或复制工作表”命令，弹出“移动或复制工作表”对话框。

步骤 2：在“工作簿”列表框中选择要移动或复制到的目标工作簿名。

步骤 3：在“下列选定工作表之前”列表框中选择把工作表移动或复制到的目标工作簿中的指定的工作表。

步骤 4：如果要复制工作表，应选中“建立副本”复选框，否则为移动工作表，最后单击“确定”按钮。

（2）若在同一工作簿内进行移动或复制工作表时，可以用鼠标拖动的方法来实现。

在工作簿内移动工作表的操作是：选定要移动的一个或多个工作表标签，按住鼠标左键沿着标签向左或向右拖动工作表标签，这时工作表标签上方会出现黑色小箭头，当黑色小箭头指向要移动的目标位置时，放开鼠标左键，完成移动工作表的操作。

在工作簿内复制工作表的操作是：与移动工作表的操作类似，只是在拖动工作表标签的同时按住【Ctrl】键，此时鼠标指针变成带加号的图标，当鼠标指针移动到要复制的目标位置时，先放开鼠标左键，再放开【Ctrl】键即可。

（3）复制和移动工作表操作也可以通过单击“开始”选项卡“单元格”组中的“格式”下拉按钮，在弹出的下拉列表中选择“移动或复制工作表”选项进行操作。

5）删除工作表

选中要删除的一个或多个工作表，右击，在弹出的快捷菜单中选择“删除”命令。需要注意的是，删除的工作表无法恢复。

6）重命名工作表

选中要重命名的工作表，右击，在弹出的快捷菜单中选择“重命名”命令，或者双击工作表标签，均可对工作表标签进行重命名。

7）改变工作表标签颜色

选中要改变标签颜色的工作表，右击，在弹出的快捷菜单中选择“工作表标签颜色”命令。

8）隐藏或显示工作表

隐藏工作表并不是将工作表删除，而只是不显示该工作表而已。

隐藏工作表的操作方法：选中要隐藏的工作表，右击，在弹出的快捷菜单中选择“隐藏”命令。或者单击“开始”选项卡“单元格”组中的“格式”下拉按钮，在弹出的下拉列表中选择“隐藏或取消隐藏”→“隐藏工作表”命令。

如果要取消隐藏，右击某一张工作表标签，在弹出的快捷菜单中选择“取消隐藏”命令，在弹出的“取消隐藏”对话框中选择需要取消隐藏的工作表。或者单击“开始”选项卡“单元格”组中的“格式”下拉按钮，在弹出的下拉列表中选择“隐藏或取消隐藏”→“取消隐藏工作表”命令，在弹出的“取消隐藏”对话框中选择需要取消隐藏的工作表。

9）更改新工作簿中的默认工作表数

选择“文件”→“选项”命令，弹出“Excel选项”对话框，在“常规”选项卡的“新建工作簿时”选项区域中的“包含的工作表数”数值框中输入新建工作簿时默认情况下包含的工作表数。默认新建工作表数是1~255。

10）同时对多张工作表进行操作

当同时选择多张工作表形成工作表组合后，在其中一张工作表中所做的任何操作都会同时反映到同组中的其他工作表中，这样可以快速格式化一组结果相同的工作表或在一组工作表中输入相同的数据和公式等。

具体方法：首先选择一组工作表，然后在组内的一张工作表中输入数据和公式，或进行格式化等操作，结果均会同时显示在同组的其他工作表中；然后取消工作表组合，再对每张工作表进行个性化设置，如输入不同的数据等。

11）填充成组工作表

可以先在一张工作表中输入数据并进行格式化操作，然后将这张工作表中的内容及格式填充到其他同组的工作表中，以便快速生成一组基本结构相同的工作表。具体操作步骤如下：

步骤1：在一张工作表中输入基础数据，并对数据进行格式化操作。

步骤2：插入多张空白工作表。

步骤3：在首张工作表中选择包含填充内容及格式的单元格区域，然后同时选择其他工作表以形成工作表组。

步骤4：单击“开始”选项卡“编辑”组中的“填充”下拉按钮，在弹出的下拉列表中选择“成组工作表”命令，如图4-9所示。

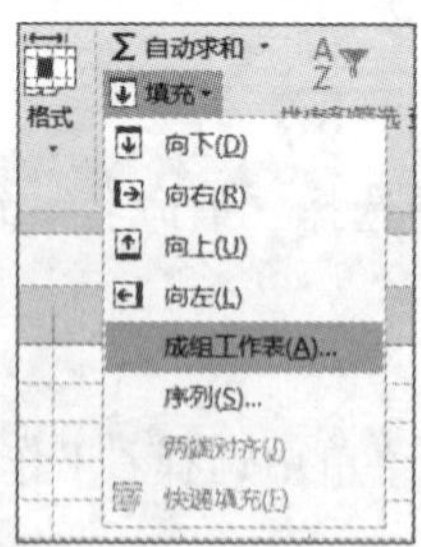

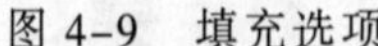

图4-9　填充选项

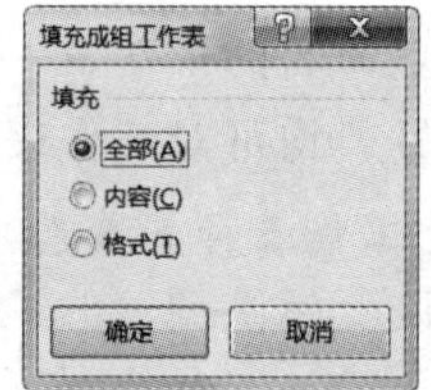

图4-10　“填充成组工作表”对话框

步骤5：在弹出的“填充成组工作表”对话框中，选择需要填充的项目，如图4-10所示。“全部”将复制选中的包括格式及数据的全部内容，“内容”将只复制选中的数据内容，“格式”将只会复制选中的格式。

步骤6：此时，还可以在某一张工作表中输入数据、调整格式，均会同时作用至同组

其他工作表中。

步骤 7：取消成组选择，继续对单个工作表进行其他操作。

3．行、列、单元格的操作

1）选择行、列、单元格

（1）选择一个单元格。如果需要对某单元格进行操作，应先将此单元格选中，其操作方法为：将鼠标指针指向单元格并单击，即可将此单元格选中。被选中的单元格称为活动单元格，其边框绿色加粗显示。

（2）选择一行。如果需要对某一行进行操作，应先将此行选中，其操作方法为：将鼠标指针指向欲选行的行标题并单击，该行即可被选中，如图 4-11 所示。

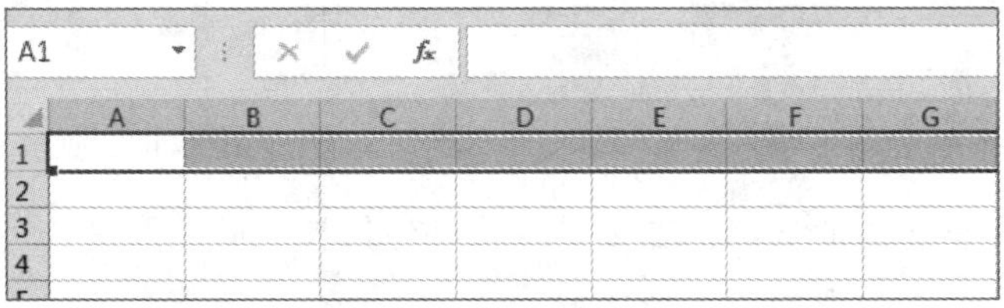

图 4-11　选择一行

（3）选择多行或多列。当需要选择多行或多列时，可以按下列操作方法之一进行：

方法 1：将鼠标指针指向起始行标题处上、下拖动，可以选择连续的若干行，如图 4-12 所示；将鼠标指针指向起始列标题处左、右拖动，可以选择连续的若干列，如图 4-13 所示。

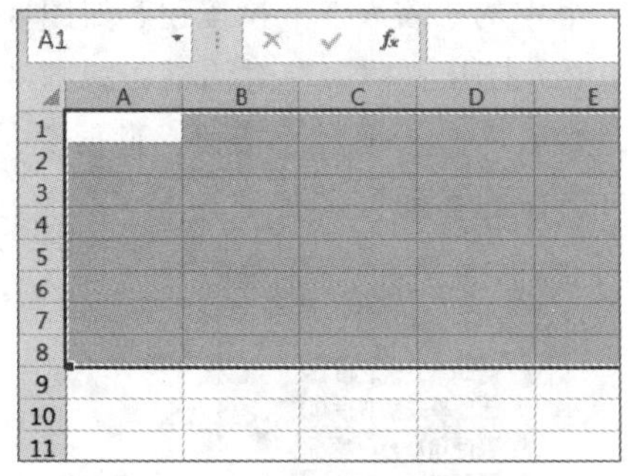

图 4-12　选择相邻的多行

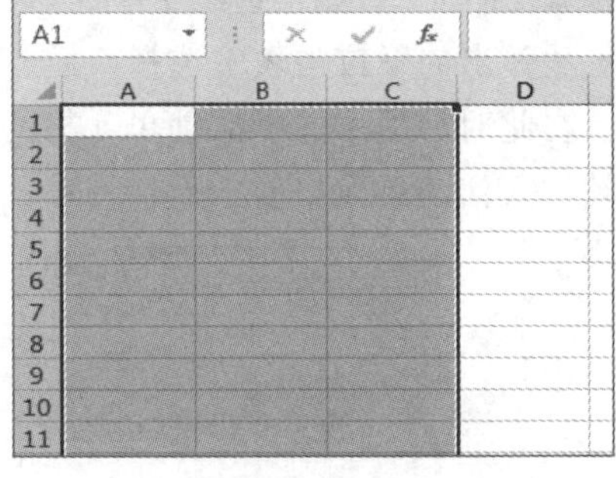

图 4-13　选择相邻的多列

方法 2：单击要选择的第一行的行标题（或第一列的列标题）后，按住【Shift】键的同时再单击欲选择的最后一行的行标题（或最后一列的列标题），这样若干连续的行（或列）即被选中。

方法 3：单击要选择的第一行的行标题（或第一列的列标题），然后按住【Ctrl】键的同时再单击其他行的行标题（或其他列的列标题），可以选择不相邻的多行（或多列）。

（4）选择一个矩形区域。如果需要对某一矩形区域内的单元格进行操作，可以用以下方法将此区域选中：将鼠标指针指向要选择区域左上角的第一个单元格，按住鼠标左键沿对角线方向拖动至要选择区域右下角的单元格，这样以对角线形成的矩形区域即被选中，如图 4-14 所示。

（5）选择不相邻的单元格或单元格区域。如果需要编辑的若干单元格并不是连续排列的，而是分散在工作表的不同区域，呈分散状态，这时可以用选择不相邻单元格区域的方法将其选中。其操作方法为：单击第一个单元格，然后按住【Ctrl】键的同时再单击其他需要选择的单元格。

（6）选择整个表格。如果需将整个工作表选中，只需单击工作表窗口左上角的“全选”按钮即可，如图 4-15 所示。

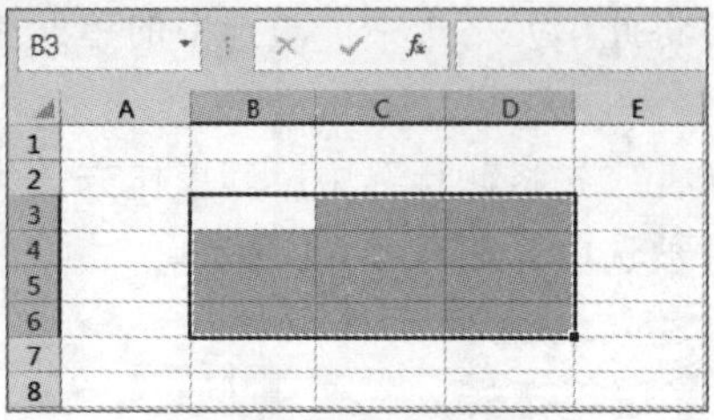

图 4-14　选择一个矩形区域

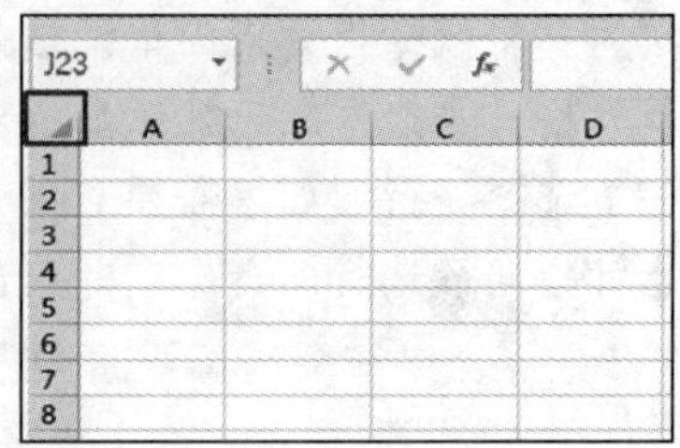

图 4-15　选择整个表格

（7）取消单元格区域的选择。如果需要将已经选择的区域取消，将鼠标指针对准任意一个单元格单击，即可取消单元格区域。

2）插入行、列、单元格

（1）插入单元格。在工作表中插入新的单元格后，此单元格相邻的其他单元格位置会随之调整。

步骤 1：选择一个单元格（新的单元格出现在此单元格旁边）。

步骤 2：在“开始”选项卡中，单击“单元格”组中的“插入”下拉按钮，如图 4-16 所示，从弹出的下拉列表中选择“插入单元格”选项，打开“插入”对话框，如图 4-17 所示。在此对话框中选择活动单元格的移动方式，然后单击“确定”按钮。此时新的单元格被插入活动单元格处，而活动单元格将按用户选择的移动方式移动。

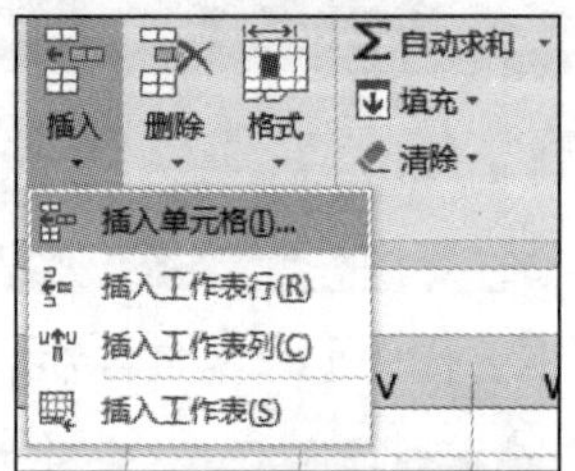

图 4-16 “插入”按钮

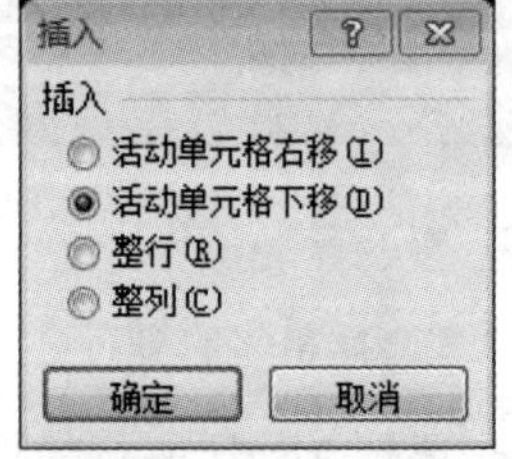

图 4-17 “插入”对话框

（2）插入行或列。如果需要插入整行或整列，可按以下操作步骤进行：

步骤 1：选择一行（或一列）。

步骤 2：在“开始”选项卡中，单击“单元格”组中的“插入”下拉按钮，在弹出的下拉列表中选择“插入工作表行”（或“插入工作表列”）命令，新行插入在选择行的上方（或新列插入到选择列的左侧）。

插入的行数或列数与用户所选的行数或列数相同。如果需插入连续的多行或多列时，可以选择多行或多列操作。

3）删除行、列、单元格

对于表格中不需要的单元格、行或列，可以将其从工作表中删除，删除后相邻单元格、行或列会移动位置以填补被删除部分的位置，操作方法是：选择需删除的单元格、行或列，在“开始”选项卡中单击“单元格”组中“删除”右侧的下拉按钮，在弹出的下拉列表中选择对应的命令。

4）合并单元格

合并单元格就是将若干连续的单元格合并成一个单元格，并将选定区域左上角单元格中的内容代入合并后的单元格中，合并后的单元格以后再被引用时，就用原区域左上角的单元格来引用。也就是说，单元格合并后，只有左上角单元格中的数据将保留在合并的单元格中，所选区域中所有其他单元格中的数据都将被删除。

选择需合并的单元格，在“开始”选项卡中，单击“对齐方式”组“合并后居中”右侧的下拉按钮，打开图 4-18 所示的下拉列表，从中选择一种合并方式即可。

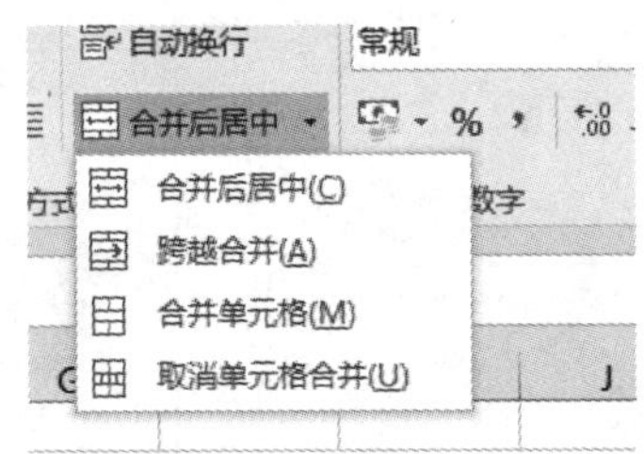

图 4-18 “合并单元格”选项

（1）合并后居中：这种合并方式将选择的若干单元格合并成一个单元格，同时将合并后的单元格的内容自动居中，如图 4-19 所示。

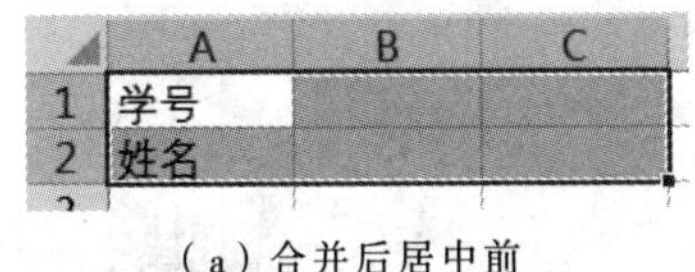

（a）合并后居中前

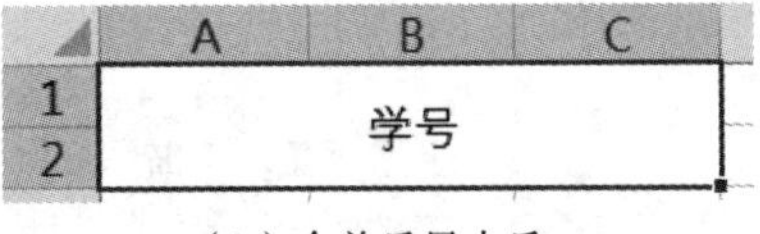

（b）合并后居中后

图 4-19 合并后居中方式

（2）跨越合并：将选择的多个单元格按行进行合并，即每一行合并成一个单元格，如图 4-20 所示。

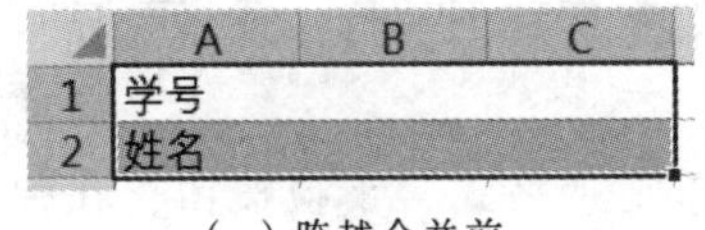

（a）跨越合并前

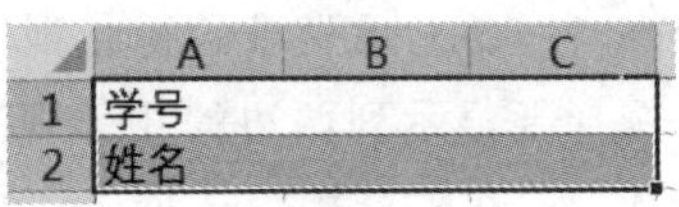

（b）跨越合并后

图 4-20 跨越合并方式

（3）合并单元格：将选择的单元格合并成一个单元格，如果多个单元格内有数据，将只保留左上角的数据，如图 4-21 所示。

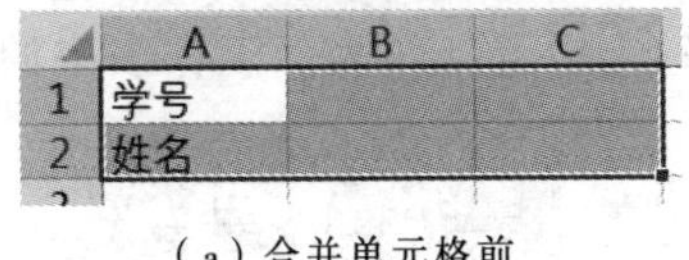

（a）合并单元格前

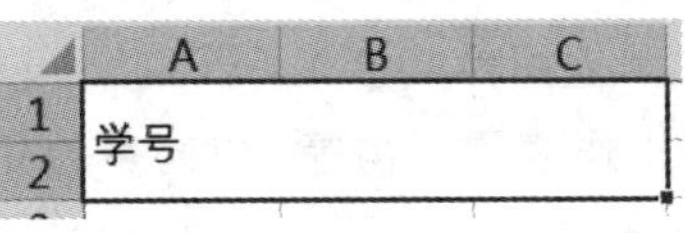

（b）合并单元格后

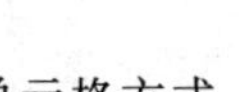

图 4-21 合并单元格方式

（4）取消单元格合并：将合并后的单元格重新拆分成合并前的样子。

5）隐藏/显示行或列

（1）隐藏行或列。

步骤 1：选择要隐藏的行或列。

步骤 2：在“开始”选项卡“单元格”组中，单击“格式”下拉按钮，弹出图 4-22 所示的下拉列表。

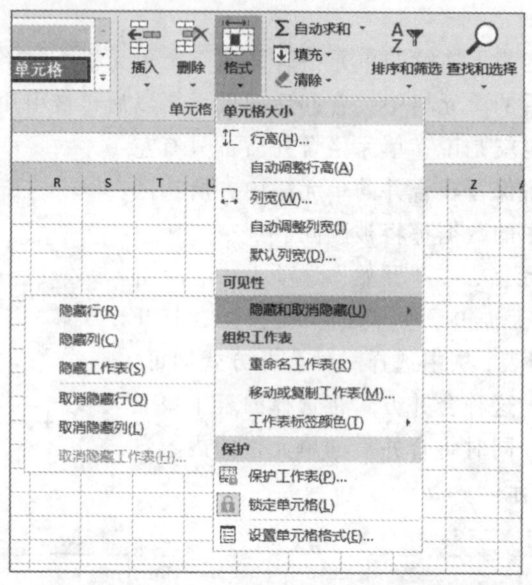

图 4-22 “格式”下拉列表选项

步骤 3：在下拉列表中选择“隐藏和取消隐藏”→“隐藏行”/“隐藏列”命令。

隐藏行或列的操作也可以右击一行或一列（或选择多行或多列），然后在弹出的快捷菜单中选择“隐藏”命令。

（2）显示隐藏的行或列。

步骤 1：要显示隐藏的行，则选择要显示行的上一行和下一行。或者要显示隐藏的列，则选择要显示列两边的相邻列。

步骤 2：在“开始”选项卡“单元格”组中，单击“格式”下拉按钮，在弹出的下拉列表中选择“隐藏和取消隐藏”→“取消隐藏行”/“取消隐藏列”命令，或者选择“单元格大小”→“行高”/“列宽”命令，在打开的“行高”/“列宽”对话框的文本中输入所需要的值。

4．数据的保护和共享

与其他用户共享工作簿时，可能需要保护工作簿，锁定工作表、工作表中的单元格数据、工作表的结构等，以防其他用户对其进行更改。还可以指定一个密码，其他用户必须输入该密码才能修改受保护的特定工作表和工作簿元素。

单击“审阅”选项卡，选择“更改”组中的命令按钮进行相关操作，如图 4-23 所示。

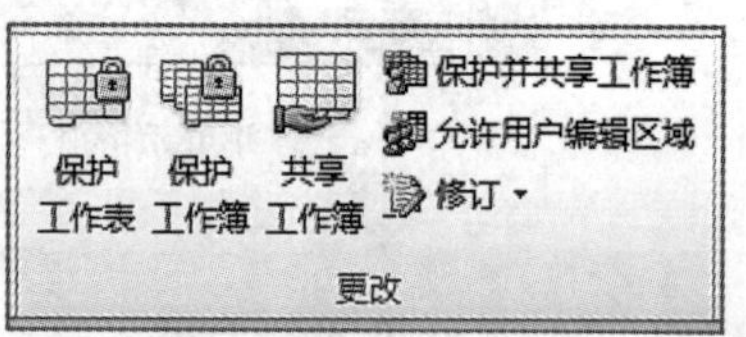

图 4-23 “更改”组

1）保护工作簿

单击图 4-23 中的“保护工作簿”按钮，弹出图 4-24 所示的对话框，用户可以锁定工作簿的结构，以禁止用户添加或删除工作表，或显示隐藏的工作表。同时还可禁止用户更改工作表窗口的大小或位置。工作簿结构和窗口的保护可应用于整个工作簿中的所有工作表。

（1）结构：选中此复选框，可使工作簿的结构保持不变，如删除、移动、复制、重命名、隐藏工作表或插入新的工作表等操作均无效。

（2）窗口：选中此复选框，在打开工作簿时，不能更改窗口的大小和位置，不能关闭窗口。

（3）密码：在此编辑框中输入密码，可防止未授权的用户取消工作簿的保护。密码区分大小写，它可以由字母、数字、符号和空格组成。

要撤销工作簿的保护，可单击“审阅”选项卡“更改”组中的“保护工作簿”按钮，在弹出的“保护结构和窗口”对话框中取消选中“结构”和“窗口”复选框。若设置了密码保护，此时会弹出图 4-25 所示的对话框，输入保护时的密码，方可撤销工作簿的保护。

图 4-24 “保护结构和窗口”对话框

图 4-25 “撤销工作簿保护”对话框

2）保护工作表

保护工作簿只能防止工作簿的结构和窗口不被编辑修改，要使工作表中的数据不被别人修改，还需对相关的工作表进行保护，具体操作步骤如下：

步骤 1：单击要进行保护的工作表，然后单击“审阅”选项卡“更改”组中的“保护工作表”按钮。

步骤 2：弹出图 4-26 所示的“保护工作表”对话框，在“取消工作表保护时使用的密码”编辑框中输入密码，在“允许此工作表的所有用户进行”列表框中勾选允许操作的选项，然后单击“确定”按钮，并在出现的对话框中重新输入密码后单击“确定”按钮。

这时，工作表中的所有单元格都被保护起来，不能进行在“保护工作表”对话框中没有勾选的操作。如果试图进行这些操作，系统会弹出图 4-27 所示的提示对话框，提示用户该工作表受保护且只读。

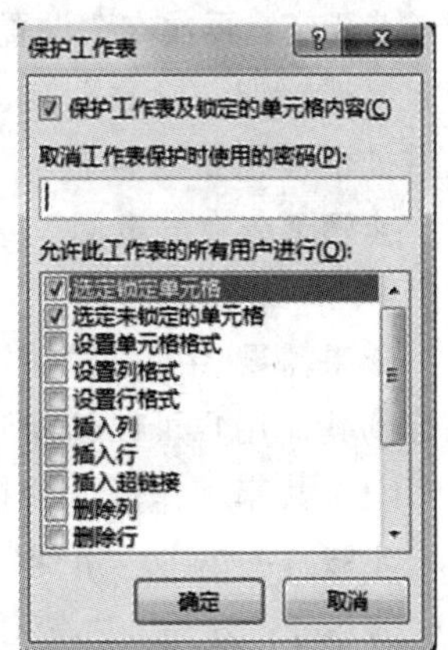

图 4-26 “保护工作表”对话框

图 4-27　提示对话框

3）保护单元格或单元格区域

默认情况下，保护工作表时，该工作表中的所有单元格都会被锁定和隐藏，用户不能对锁定的单元格进行任何更改。但是，在很多情况下用户并不希望保护所有的区域。

（1）设置不受保护的区域（用户可以更改的区域）。

具体操作步骤如下：

步骤 1：选中要解除锁定（或隐藏）的单元格区域。

步骤 2：在“开始”选项卡“单元格”组中单击“格式”下拉按钮，在弹出的下拉列表中选择“设置单元格格式”命令。

步骤 3：在弹出的“设置单元格格式”对话框中选择“保护”选项卡，根据需要取消选中“锁定”复选框或“隐藏”复选框，然后单击“确定”按钮。

步骤 4：在“审阅”选项卡“更改”组中单击“保护工作表”按钮。

（2）设置受保护的区域（用户不可以更改的区域）。

具体操作步骤如下：

步骤 1：选中整张工作表中的所有单元格。

步骤 2：在“开始”选项卡“单元格”组中单击“格式”下拉按钮，在弹出的下拉列表中选择“设置单元格格式”命令。

步骤 3：弹出“设置单元格格式”对话框，在“保护”选项卡中根据需要取消选中“锁定”复选框或“隐藏”复选框，然后单击“确定”按钮。则此状态下该工作表中所有的单元格都处于未被保护的状态。

步骤 4：选中需要保护的单元格区域，如 A3:D5。

步骤 5：再次在“设置单元格格式”对话框中的“保护”选项卡中根据需要选中“锁定”复选框或“隐藏”复选框，然后单击“确定”按钮。则该工作表中仅 A3:D5 单元格区域处于被保护的状态。

步骤 6：在“审阅”选项卡“更改”组中单击“保护工作表”按钮。

4）共享工作簿

如果需要多人同时编辑同一个工作簿，可以使用 Excel 2016 共享工作簿功能，将它保存到其他用户可以访问到的网络位置上，方便其他用户同时编辑、查看和修订。

（1）共享工作簿。共享工作簿的具体操作方法如下：

步骤 1：单击“审阅”选项卡“更改”组中的“共享工作簿”按钮。

步骤 2：打开“共享工作簿”对话框，如图 4-28 所示，在“编辑”选项卡中选中“允许多用户同时编辑，同时允许工作簿合并”复选框。

步骤 3：切换到“高级”选项卡，如图 4-29 所示，确保“保存文件时”单选按钮处

于选中状态，表示在用户保存工作簿时会更新其他用户对此工作簿进行的编辑操作。

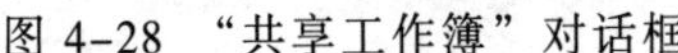
图 4-28 “共享工作簿”对话框

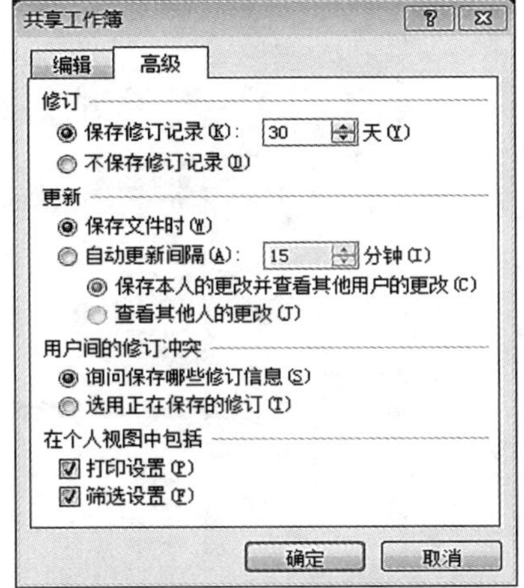

图 4-29 “共享工作簿”对话框

步骤 4：单击“确定”按钮返回工作簿，此时将弹出一个提示对话框，提示是否保存此操作，单击“确定”按钮，完成共享工作簿的设置操作。此时可以看到标题栏上工作簿名称的右侧显示“共享”二字，表示已共享。

步骤 5：最后将该工作簿放到网络上的共享文件夹中。

（2）取消工作簿共享。要取消工作簿的共享状态，操作步骤如下：

步骤 1：打开设置为共享的工作簿，单击“审阅”选项卡“更改”组中的“共享工作簿”按钮，弹出“共享工作簿”对话框。

步骤 2：取消选中“允许多用户同时编辑，同时允许工作簿合并”复选框，然后单击“确定”按钮。

步骤 3：在弹出的提示对话框中单击“确定”按钮，取消工作簿共享后，其标题栏中的“共享”字样将消失。

（3）合并共享工作簿。当多个用户需要共享一个工作簿，但又无法使用网络时，可将要共享的工作簿复制为若干个副本，由多个用户分别修改，最后使用 Excel 的合并工作簿功能将所做的修改进行合并。具体操作步骤如下：

步骤 1：单击快速访问工具栏右侧下拉按钮，在弹出的下拉列表中选择“其他命令”命令，弹出图 4-30 所示的“Excel 选项”对话框。

步骤 2：在“从下列位置选择命令”下拉列表中选择“所有命令”，在下方的列表中找到“比较和合并工作簿”命令，单击“添加”按钮，再单击“确定”按钮，即可将该命令添加到快速访问工具栏中。

步骤 3：打开要合并的共享工作簿的目标副本，单击快速访问工具栏中的“比较和合并工作簿”按钮。

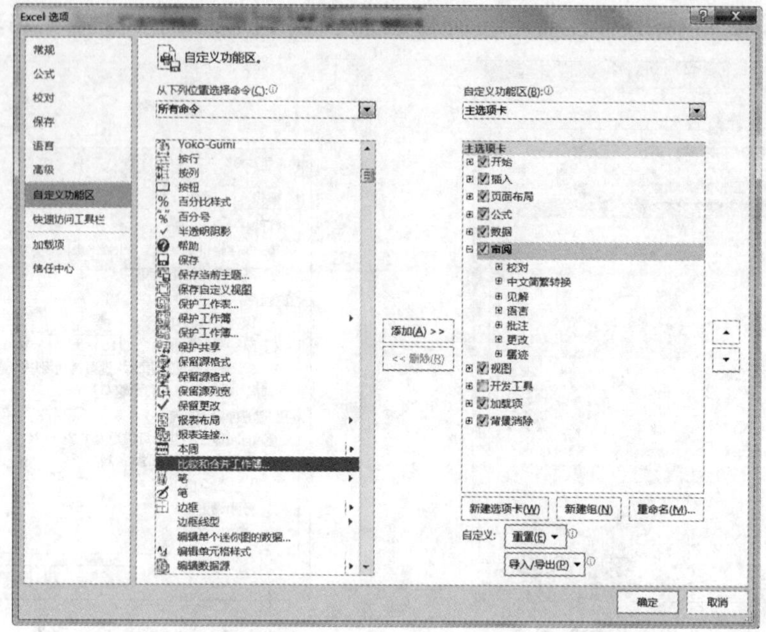

图 4-30 “Excel 选项”对话框

步骤 4：在弹出的对话框中选择包含要合并修订的某个备份，然后单击“确定”按钮。

4.2 数据输入与设置

4.2.1 数据输入

1. 常用数据输入

Excel 单元格中的常用数据类型有文本型、数值型、日期/时间型和逻辑型。

1）文本型数据输入

任何输入到单元格内的字符集，只要不被系统识别成数字、公式、日期、时间和逻辑值，则 Excel 一律将其视为文本。输入时，默认对齐方式是单元格内靠左对齐，在一个单元格内最多可以存放 32 767 个字符。如果这个单元格不是足够宽，显示不下的内容将扩展到其右边相邻单元格上，若右边相邻单元格有内容，左边单元格显示的内容将被截断，但编辑栏中会有完整的内容显示。

（1）字符文本：直接输入包括英文字母、汉字、数字和符号，如 ABC、姓名、a10。

（2）数字文本：由数字组成的字符串。先输入单引号（半角），再输入数字，如'12580。

2）数值型数据输入

在 Excel 中，数值型数据使用最多，也是最为复杂的数据类型。数值型数据由数字 0～9、正号、负号、小数点、分数号“/”、百分号“%”、指数符号“E”或“e”、货币符号“￥”或“$”和千位分隔符“,”等组成。输入数值型数据时，Excel 自动将其沿单元格右侧对齐，而当数字的长度超过单元格的宽度时，Excel 将自动使用科学计数法来表示输入的数字。

（1）输入数值：直接输入数字，数字中可包含千位分隔号和小数点，如 123、1,895、710.89。如果在数字中间出现任何非数字字符或空格，则认为它是一个文本字符串，而不再是数值，如 123A45。

（2）输入分数：代分数的输入是在整数和分数之间加一个空格，真分数的输入是先输入“0”和一个空格，再输入分数；如果不输入“0”，Excel 会把该数据当作日期格式处理。

（3）输入货币数值：先输入￥或$，再输入数字，如$123、￥845。

（4）输入负数：先输入减号，再输入数字，或用圆括号“()”（半角）把数括起来，如-1234、(1234)。

（5）输入科学计数法表示的数：直接输入，如 3.46E+10。

3）日期/时间型数据输入

Excel 是将日期/时间型数据视为数字处理，系统默认为右对齐。当输入了系统不能识别的日期或时间时，系统将认为输入的是文本字符串。

（1）日期数据输入：直接输入格式为 yyyy/mm/dd 或 yyyy-mm-dd 的数据，也可以是格式为 yy/mm/dd 或 yy-mm-dd 的数据，还可输入格式为 mm/dd 的数据，如 2020/10/25、21-8-1、5/10。

（2）时间数据输入：直接输入格式为 hh:mm[:ss] [AM/PM]的数据。

（3）日期和时间数据输入：日期和时间用空格分隔，如 2021-8-1 9:21:30 AM。

（4）快速输入当前日期：按【Ctrl+;】组合键。

（5）快速输入当前时间：按【Ctrl+Shift+;】组合键。

4）逻辑型数据输入

（1）逻辑真值输入：直接输入 TRUE。

（2）逻辑假值输入：直接输入 FALSE。

2. 特殊符号输入

如果要在工作表中输入一些键盘无法输入的特殊符号，可利用“插入”选项卡输入，其操作步骤如下：

步骤 1：单击要插入符号的单元格，或将光标定位在要插入符号的位置。

步骤 2：单击“插入”选项卡“符号”组中的“符号”按钮Ω。

步骤 3：弹出“符号”对话框，如图 4-31 所示，在该对话框中单击需要插入的符号，然后单击“插入”按钮，即可将所选符号插入光标所在位置。

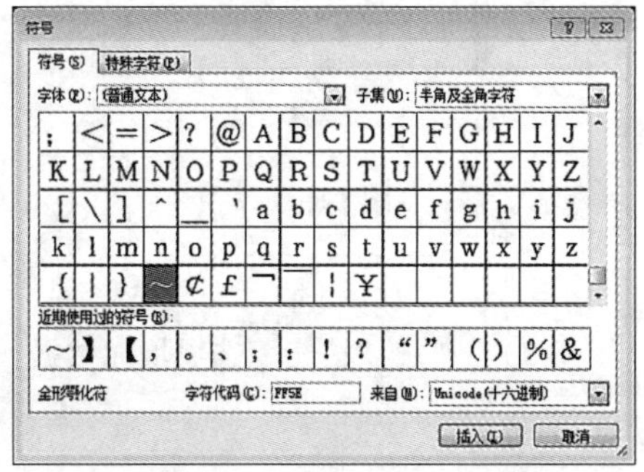

图 4-31 “符号”对话框

3. 自动填充单元格数据

1）利用“填充柄”填充数据

填充柄是一个很方便的复制工具，利用它可以完成数据和公式等内容的复制操作。使用填充柄可以实现本行或本列内相邻单元格内容的复制，其操作步骤如下：

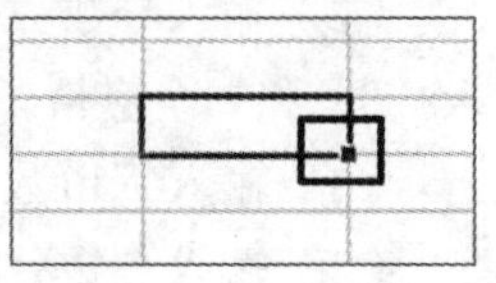
图 4-32　填充柄

步骤 1：选择需复制数据的单元格，此时被选择部分边框加粗，将鼠标指针指向该选区右下角的填充柄，如图 4-32 所示。

步骤 2：当鼠标指针变成“+”形状时拖动鼠标，当释放鼠标时，绿框区域将被所选数据填充。

利用填充柄不仅可以复制内容，还可以填充一列有关联的数据，也就是序列。具体操作步骤如下：

步骤 1：在起始单元格输入序列的起始数据，如“1”，在第二个单元格输入序列的第二个数据，如“2”。

步骤 2：将输入数据的两个单元格选中。

步骤 3：将鼠标指针指向选区右下角的填充柄，当其变成“+”形状时，拖动鼠标指针到所需位置，会自动生成按起始两个单元格中数据之差所形成的等差序列。例如 1、2、3、4、5…的序列。

2）利用“填充”列表填充数据

利用“填充”列表也可以将当前单元格中的内容向上、下、左、右相邻单元格或单元格区域进行快速填充。如要在单元格区域 A2:A6 中填充“计算机”文本，具体操作步骤如下：

步骤 1：在 A2 单元格中输入文本“计算机”，并选定从该单元格开始的列方向单元格区域，如图 4-33（a）所示。

步骤 2：单击“开始”选项卡“编辑”组中的“填充”下拉按钮，展开填充列表，如图 4-33（b）所示，选择相应的选项，如“向下”，即在相邻的单元格中自动填充与第一行单元格相同的数据，如图 4-33（c）所示。

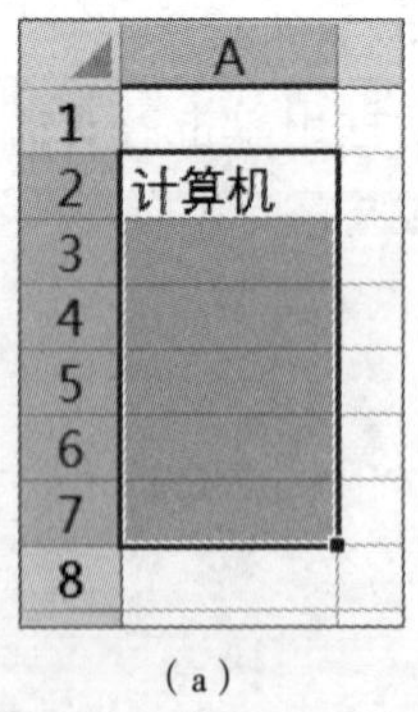

（a）

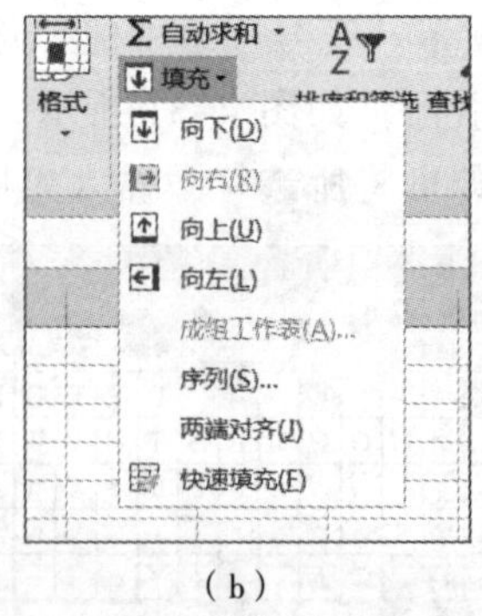

（b）

（c）

图 4-33　利用“填充”选项填充数据

3）利用“序列”对话框填充数据

对于一些有规律的数据，如等差、等比序列以及日期数据序列等，还可以利用“序

列”对话框进行填充。如要在选定单元格区域填充一组以 3 的倍数递增的数据，具体操作步骤如下：

步骤 1：在单元格中输入初始数据“6”，然后选定要从该单元格开始填充的单元格区域，如图 4-34（a）所示。

步骤 2：单击“开始”选项卡“编辑”组中的“填充”下拉按钮，在展开的填充列表中选择“序列”选项。

步骤 3：在弹出的“序列”对话框中选中“等比序列”单选按钮，并设置“步长值”为 3，然后单击“确定”按钮，如图 4-34（b）所示，结果如图 4-34（c）所示。

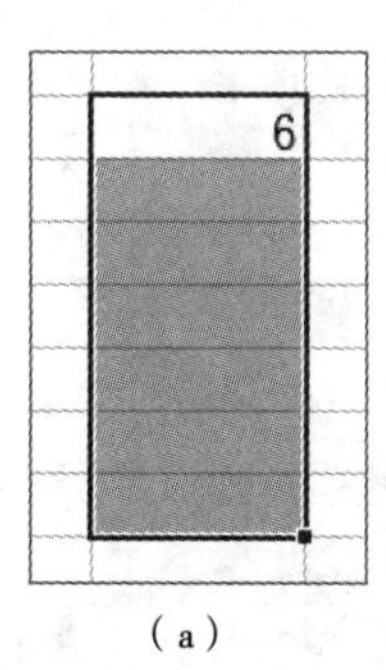

（a）

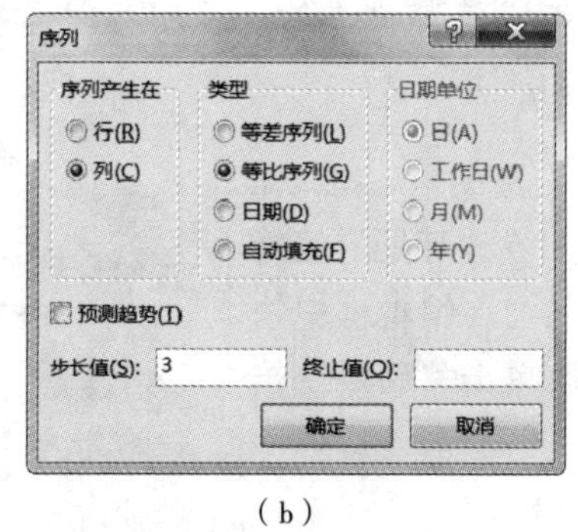

（b）

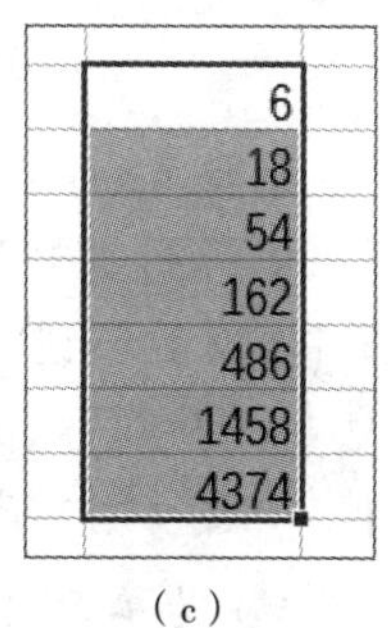

（c）

图 4-34　填充等比序列

4. 为单元格设置数据验证

在 Excel 2016 中，为了避免在输入数据时出现过多错误，可以通过数据验证来限制数据类型或控制输入单元格中的值，从而保证数据输入的准确性，提高工作效率。数据验证用于定义可以在单元格中输入或应该在单元格中输入的数据类型、范围、格式等。数据验证可以通过配置数据验证规则以防止输入无效数据，或者在输入无效数据时自动发出警告。

数据验证主要有两大功能：一是设定一定的数值范围或特定要求，当输入的数值超过这个范围或者不满足所设定的要求时，Excel 会自动阻止或提醒；二是设置一系列的下拉列表，然后通过设置强制输入特定下拉列表中的内容，这样可以减少重复输入，提高效率。

1）设定一定的数值范围或特定要求

下面为简历表中的“手机号码”列设置数据验证，具体操作步骤如下：

步骤 1：选中要设置数据验证的单元格或单元格区域，然后单击“数据”选项卡“数据工具”组中的“数据验证”按钮。

步骤 2：弹出“数据验证”对话框，在“设置”选项卡“允许”下拉列表中选择“文本长度”，在“数据”下拉列表中选择“等于”，在“长度”编辑框中输入“11”，如图 4-35 所示。

步骤 3：单击“输入信息”选项卡，在“标题”编辑框中输入“提示:”；在“输入信息”编辑框中输入“请输入一串 11 位的号码”，如图 4-36 所示。

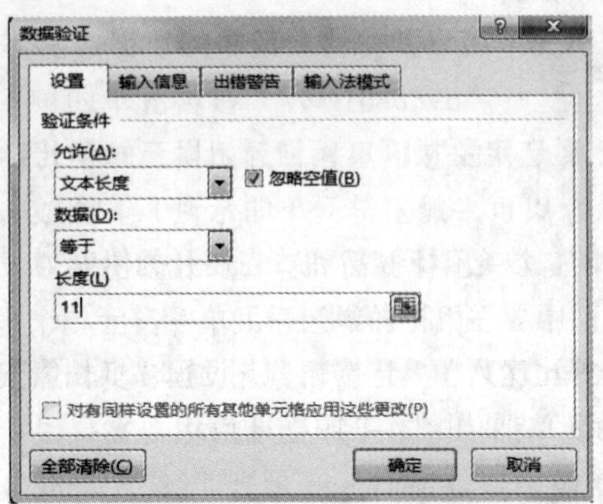

图 4-35 “设置”选项卡

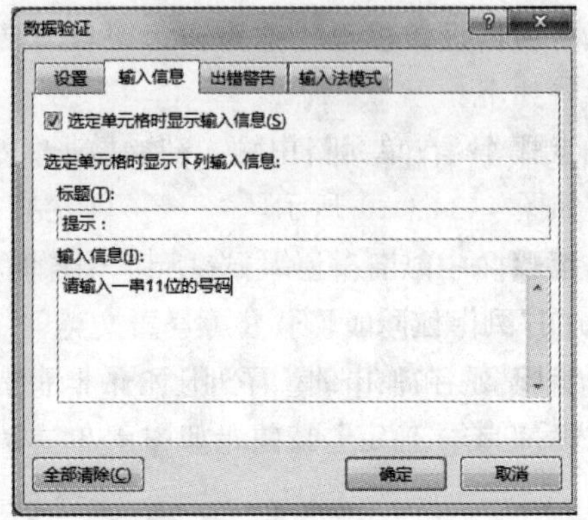

图 4-36 “输入信息”选项卡

步骤 4：单击“出错警告”选项卡，在“样式”下拉列表中选择“停止”；在“标题”编辑框中输入“错误”；在“错误信息”编辑框中输入“号码的位数为 11”，然后单击“确定”按钮，如图 4-37 所示。

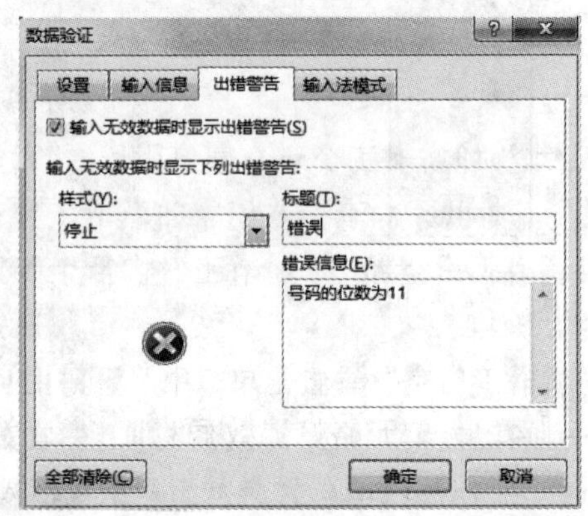

图 4-37 “出错警告”选项卡

2）为单元格创建下拉列表

如果某些单元格中要输入的数据很有规律，如政治面貌（党员、团员），希望减少手工录入的工作量，此时可以为单元格创建下拉列表，然后在下拉列表中选择需要输入的数据。具体操作步骤如下：

步骤 1：选中希望以下拉列表方式输入数据的单元格区域，然后单击“数据”选项卡“数据工具”组中的“数据验证”按钮，如图 4-38 所示。

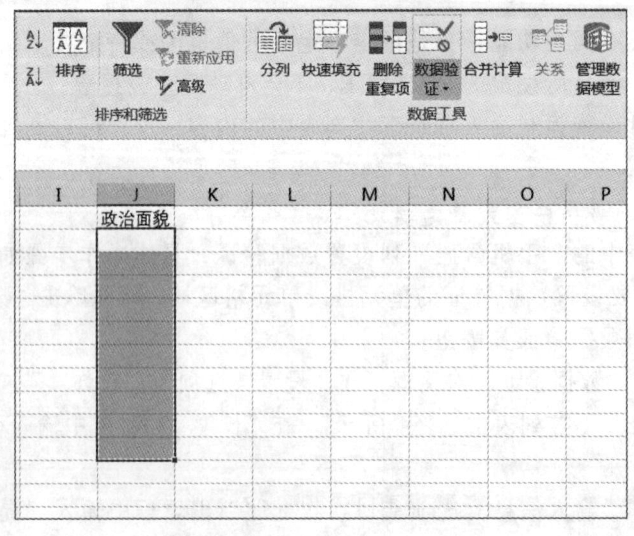

图 4-38 “数据验证”按钮

步骤 2：打开“数据验证”对话框，在“设置”选项卡“允许”下拉列表中选择“序列”，保持“提供下拉箭头”复选框的选中，在“来源”文本框中输入“党员，团员”（半角逗号分隔），如图 4-39 所示，然后单击“确定”按钮。

步骤 3：此时选中单元格区域右侧出现下拉按钮，单击该按钮，将以下拉列表方式显示“数据验证”对话框“来源”文本框中设置的数据，从中选择需要的选项，即可快速输入相应数据，如图 4-40 所示。

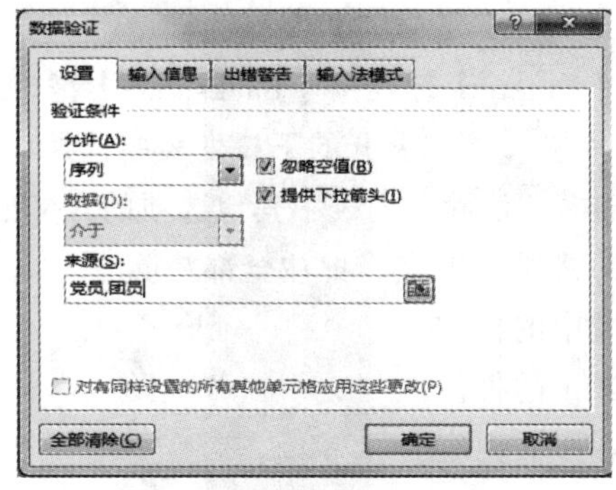

图 4-39　设置序列来源

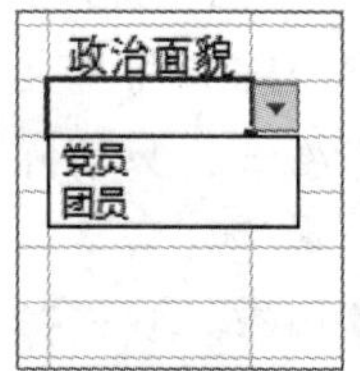

图 4-40　利用下拉列表快速输入数据

5. 数据输入技巧

1）文本数据的自动换行

如果希望文本在单元格内以多行显示，可以将单元格格式设置成自动换行，也可以输入手动换行符。

（1）自动换行。让文本自动换行的操作方法是：单击目标单元格，然后在“开始”选项卡“对齐方式”组中单击“自动换行”按钮，即可实现自动换行效果。

对单元格中的文本设置自动换行后，单元格中的数据会自动换行以适应列宽，此时单元格所在行的行高被自动调整。当更改列宽时，数据换行会自动调整。但是，如果为单元格所在行设置了固定行高，虽然文本能自动换行，但行高却不会自动调整。

（2）输入换行符

要在单元格中的特定位置开始新的文本行，可先双击该单元格（该单元格已有文本），然后将光标定位到该单元格中要断行的位置，按【Alt+Enter】组合键。或在输入文本的过程中，在需要换行的位置按【Alt+Enter】组合键，再输入后续文本。

2）同时在多个单元格中输入相同的数据

要同时在多个相邻或不相邻单元格中输入相同的数据，应首先选中要填充相同数据的多个单元格，然后输入数据，最后按【Ctrl+Enter】组合键填充所选单元格。

3）从下拉列表中输入数据

右击活动单元格，在弹出的快捷菜单中选择“从下拉列表中选择”命令，则在当前单元格的下面出现一个下拉列表，其中列出了上面同列连续单元格（直到单元格为空时止）中不重复值的所有取值（字符型），从中选择一个已知值即可作为该单元的值。

4）根据系统记忆输入数据

当向一个单元格中输入文字数据时，若输入的一部分内容与系统记忆的上面同列中相邻单元格之中的某个单元格开始内容完全相同，则会把那个单元格的后续内容也显示到该单元格中，若认为输入正确，则按下【Tab】键或者【Enter】键完成输入，否则不予理会，接着继续从键盘输入即可。

6. 数据的编辑

1）修改数据

选中需要修改数据的单元格，双击左键直接在单元格中修改或利用编辑栏进行修改。

2）清除数据

要清除单元格数据，可在选择单元格后按【Delete】键或按【Backspace】键，或单击“开始”选项卡“编辑”组中的“清除”下拉按钮，在展开的下拉列表中选择“清除内容”命令。清除单元格内容后，单元格仍然存在。“清除”列表中其他选项的含义如下：

（1）全部清除：将单元格或单元格区域中的格式、内容、批注全部清除。

（2）清除格式：只清除单元格或单元格区域中的格式。

（3）清除批注：只清除单元格或单元格区域中的批注。

（4）清除内容：只清除单元格或单元格区域中的内容。

（5）清除超链接：只清除单元格或单元格区域中的超链接。

3）移动数据

移动数据是指将某些单元格或单元格区域中的数据移至其他单元格中，原单元格中的数据将被清除。具体操作步骤如下：

步骤 1：选中要移动数据的单元格或单元格区域。

步骤 2：将鼠标指针移到所选区域的边框线上，此时鼠标指针变成十字箭头形状。

步骤 3：按住鼠标左键并拖动，在拖动过程中会显示移动到的单元格地址，到达目标位置后释放鼠标，所选单元格数据被移动到目标位置。若目标单元格或单元格区域中有数据，这些数据将被替换。

4）复制数据

复制数据是指将所选单元格或单元格区域中数据的副本复制到指定位置，原位置的内容仍然存在。具体方法如下：

（1）鼠标拖放操作。

步骤 1：选中要复制数据的单元格区域，然后将鼠标指针移到选定单元格区域的边框线上。

步骤 2：待鼠标指针变成十字箭头形状时按住鼠标左键和【Ctrl】键的同时向目标位置拖动，此时的鼠标指针变成“+”号形状。

步骤 3：释放鼠标，所选数据被复制到目标位置。

（2）利用剪贴板。

步骤 1：选中要复制的单元格区域，单击“开始”选项卡“剪贴板”组中的“复制”按钮，选中的单元格区域周围将出现闪烁的虚线。

步骤 2：切换到其他工作表或工作簿，选中目标位置区域（与原区域大小相同），或者选中目标位置区域的左上角单元格。

步骤 3：单击“开始”选项卡“剪贴板”组中的“粘贴”按钮，数据被复制到目标位置。

（3）选择性粘贴。一个单元格含有多种特性，如内容、格式和批注等。另外，它还可能是一个公式，含有有效性规则等，数据复制时往往只需要复制它的部分特性。为此，Excel 提供了“选择性粘贴”功能，可以有选择地复制单元格中的数据，同时还可以进行算术运算和行列转置等。具体操作步骤如下：

步骤 1：选中需要复制的单元格区域，单击“开始”选项卡“剪贴板”组中的“粘贴”按钮，将选中的数据复制到剪贴板。

步骤 2：选中目标位置的左上角单元格，单击“开始”选项卡“剪贴板”组中的“粘贴”下拉按钮，在下拉列表中选择“选择性粘贴”选项，弹出图 4-41 所示的对话框。

步骤 3：在对话框中选择相应的选项，单击“确定”按钮完成。

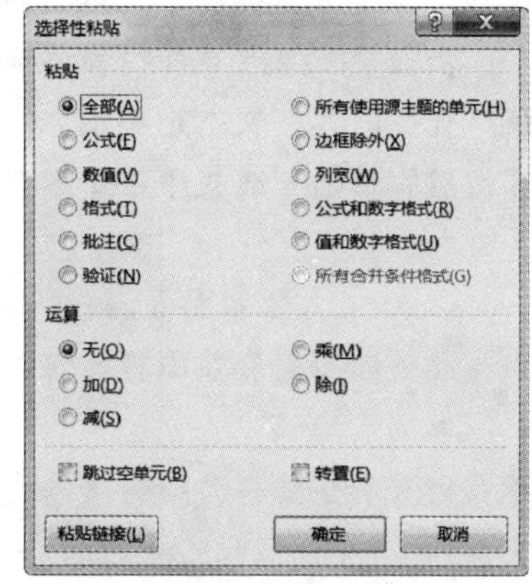

图 4-41 “选择性粘贴”对话框

（1）粘贴：选择区域的公式、数值、格式、批注或有效数据等属性粘贴到粘贴区域。

（2）运算：使用指定的运算符来组合选中区和粘贴区，即用选中区中的数据与粘贴区中的数据进行计算，结果存放在粘贴区。

（3）跳过空单元：选中此复选框，可避免选中区域的空白单元格取代粘贴区域中已有的数值，即选中区域的空白单元格不被粘贴。

（4）转置：选中此复选框，可以将选中区域中的数据行列交换后复制到粘贴区域。

5）查找数据

使用 Excel 查找功能，可以快速定位工作表中相关数据所在的单元格。具体操作步骤如下：

步骤 1：单击工作表中的任意单元格，然后单击“开始”选项卡“编辑”组中的“查找和选择”下拉按钮，在展开的下拉列表中选择“查找”命令。

步骤 2：弹出“查找和替换”对话框，在“查找内容”文本框中输入要查找的内容，然后单击“查找下一个”按钮，如图 4-42 所示。

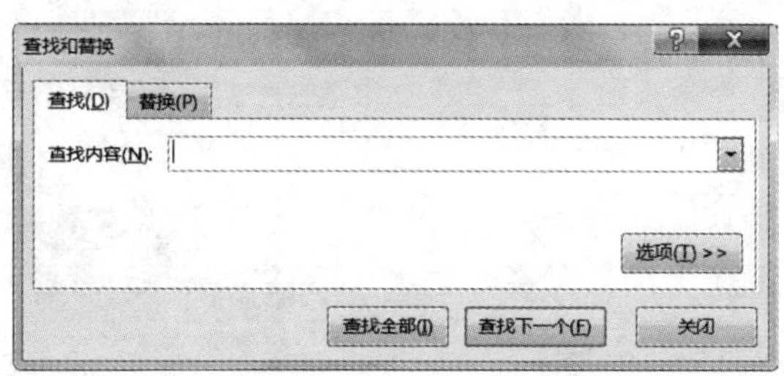

图 4-42 “查找”选项卡

步骤 3：将光标定位到第一个符合条件的单元格，继续单击“查找下一个”按钮，会继续查找下一个符合条件的单元格。

步骤 4：若输入查找内容后单击“查找全部”按钮，在对话框的下方会显示所有符合条件的记录，查找完毕，单击“关闭”按钮关闭对话框。

6）替换数据

使用 Excel 替换功能可以将符合查找条件的单元格中的数据统一替换为新数据，从而提高修改数据的速度。具体操作步骤如下：

步骤 1：单击工作表中的任意单元格，然后单击“开始”选项卡“编辑”组中的“查找和选择”下拉按钮，在展开的下拉列表中选择“替换”命令。

步骤 2：弹出“查找和替换”对话框，并切换到“替换”选项卡，如图 4-43 所示，在“查找内容”文本框中输入要查找的内容，在“替换为”文本框中输入要替换为的内容，然后单击“查找下一个”按钮。

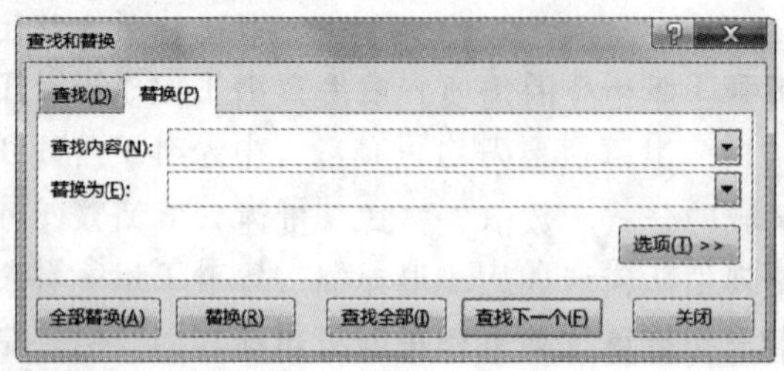

图 4-43 “替换”选项卡

步骤 3：系统将定位到第一个符合条件的单元格。

步骤 4：单击“替换”按钮或按【Ctrl+R】组合键，将替换掉第一个符合条件的内容。同时系统定位到第二个符合条件的单元格中。

步骤 5：单击“替换”按钮，将逐个替换找到的内容；若在“步骤 4”中单击“全部替换”按钮，将替换所有符合条件的内容，并显示替换完毕的提示框，单击“确定”按钮，完成替换操作，单击“关闭”按钮，关闭“查找和替换”对话框。

7）高级查找与替换

在“查找和替换”对话框中单击“选项”按钮，可展开对话框，如图 4-44 所示，在其中可设置查找和替换的高级条件。

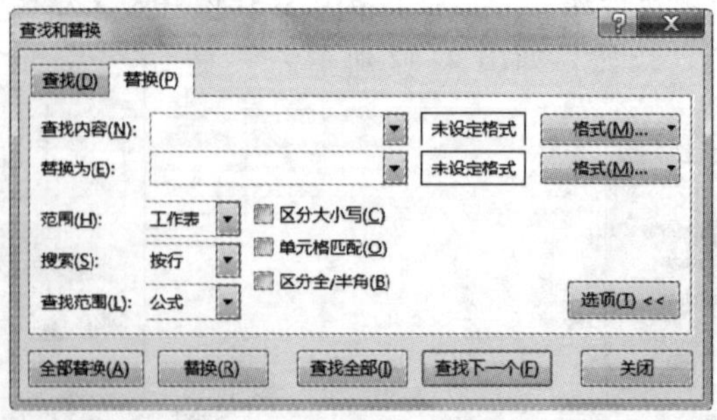

图 4-44 选项展开后的“查找和替换”对话框

对话框中各选项的作用如下：

（1）“范围”下拉列表：设置仅在当前工作表中或整个工作簿中查找数据。

（2）“搜索”下拉列表：设置搜索顺序（按行或按列）。

（3）“查找范围”下拉列表：设置是在全部单元格（选择“值”）、包含公式的单元格

（选择“公式”）还是在单元格批注中查找数据。

（4）“区分大小写”复选框：设置搜索数据时是否区分英文大小写。例如，如果不选中该复选框（默认），则搜索“a”时，将查找所有内容包含“a”和“A”的单元格。如果选中该复选框，则只查找内容仅包含“a”的单元格。

（5）“单元格匹配”复选框：设置进行数据搜索时是否严格匹配单元格内容。例如，如果不选中该复选框（默认），则查找“a”时，将查找所有内容包含“a”的单元格（如ab，cac等）。如果选中该复选框，则仅查找内容为“a”的单元格，此时将无法查找内容为ab，cac的单元格。

（6）“区分全/半角”复选框：设置搜索时是否区分全/半角。对于字母、数字或标点符号而言，占一个字符位置的是半角，占两个字符位置的是全角。

若只知道要查找的部分内容，则还可以使用通配符“*”（代表多个字符）和英文标点“?”（代表单个字符）进行查找。

8）给单元格加批注

批注是为某个数据项设置提示性信息或给出解释，如提醒用户别忘记做某件事等。添加批注的操作步骤如下：

步骤1：选中要添加批注的单元格，在“审阅”选项卡“批注”组中单击“新建批注”按钮，如图4-45所示。

图4-45 “新建批注”按钮

步骤2：出现一个类似文本框的输入框，如图4-46所示，在此输入提示信息。

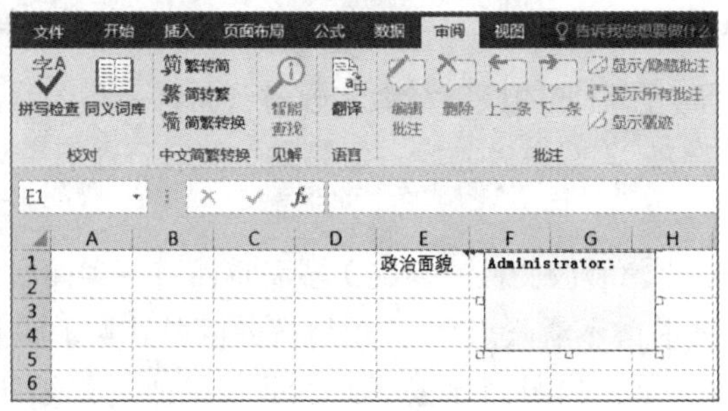

图4-46 输入批注内容

步骤3：单击工作表的其他任意位置，在该单元格中就出现了一个红色箭头，把鼠标指针移动到该单元格上，就能看到批注提示框，如图4-47所示。

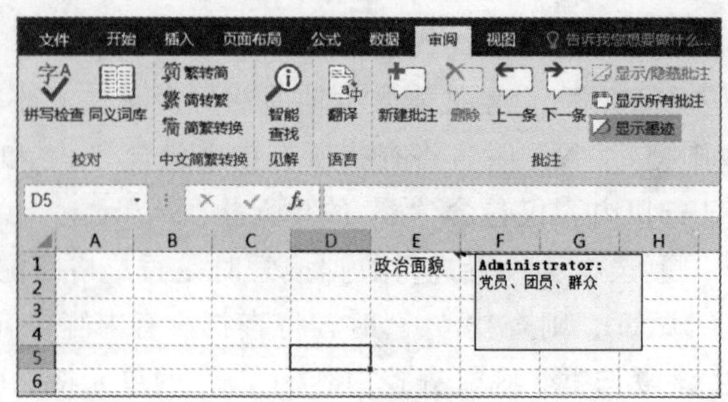

图 4-47　查看批注内容

已插入的批注也可以进行修改：选中已插入批注的单元格，单击“审阅”选项卡“批注”组中的“编辑批注”按钮，即出现批注输入框，可以对其进行修改。

删除批注的方法：选中已插入批注的单元格，单击“审阅”选项卡“批注”组中的“删除”按钮。也可以右击该单元格，在弹出的快捷菜单中选择“删除批注”命令即可。

4.2.2　数据的格式设置

1．设置文本格式

在默认情况下，单元格中文本的字体是等线、11 号字，可根据实际需要进行重新设置。具体步骤如下：

步骤 1：选中要设置格式的单元格或文本。

步骤 2：右击，在弹出的快捷菜单中选择“设置单元格格式”命令，弹出“设置单元格格式”对话框，在“字体”选项卡中对“字体”“字形”“字号”“下画线”“颜色”“特殊效果”等进行设置。也可以用“开始”选项卡“字体”组的各种按钮进行具体设置。

2．设置数字格式

在单元格中输入数据时，系统一般会根据输入的内容自动确定它们的类型、字形、大小、对齐方式等数据格式。也可以根据需要进行重新设置。

步骤 1：在“开始”选项卡“单元格”组中单击“格式”下拉按钮，在下拉列表中选择“设置单元格格式”命令，弹出“设置单元格格式”对话框，如图 4-48 所示。

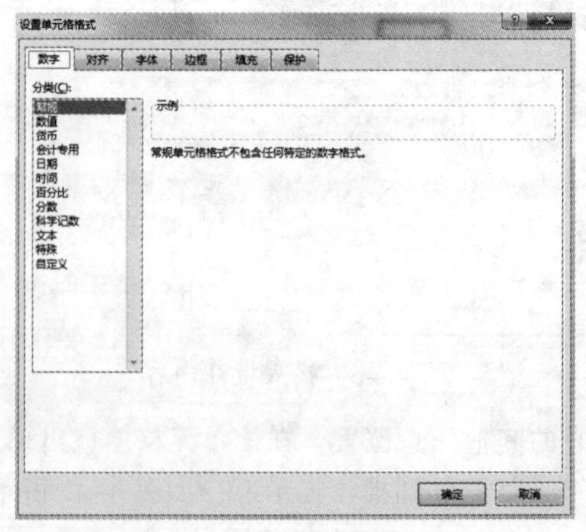

图 4-48　“设置单元格格式”对话框

步骤 2：在“数字”选项卡的“分类”列表框中选择数据的格式。

步骤 3：单击“确定”按钮，完成数字格式的设置。

3. 设置行高和列宽

设置行高和列宽的方法很多，具体如下：

1）使用鼠标拖动

步骤 1：将鼠标指针移到列标或行号中两列或两行的分界线上，拖动分界线以调整列宽和行高，如图 4-49 所示。

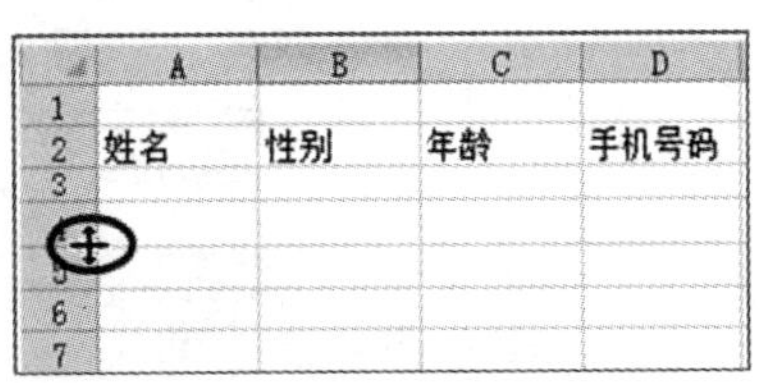

图 4-49　利用拖动法调整行高

步骤 2：双击分界线，列宽和行高会自动调整到最适当大小。

2）利用“格式”下拉列表调整

使用“格式”下拉列表中的“行高”和“列宽”命令，可精确调整行高和列宽。

步骤 1：选中需要调整的行或列，单击“开始”选项卡“格式”组中的“格式”下拉按钮，如图 4-50 所示。

步骤 2：在下拉列表中选择“行高”/“列宽”/“默认列宽”选项，相应弹出“行高”/“列宽”/“默认列宽”对话框，如图 4-51 所示，输入需要设置的数值。若选择“自动调整列宽”或“自动调整行高”选项，选定列中最宽的数据为宽度或选定行中最高的数据为高度自动调整。

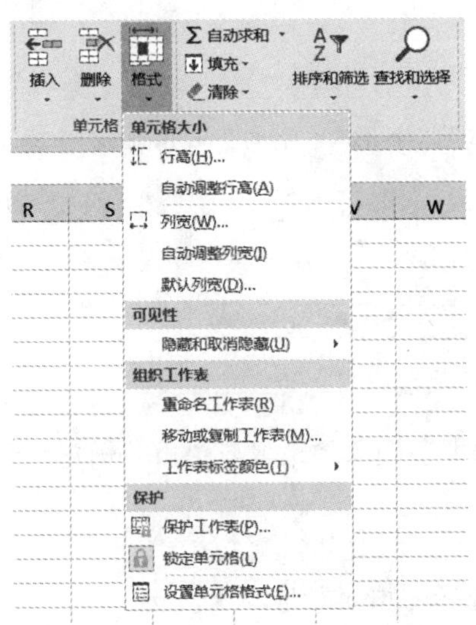

图 4-50　“格式”下拉列表

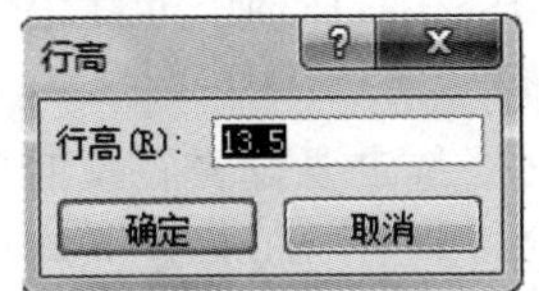

图 4-51　“行高”对话框

4. 设置对齐方式

所谓对齐，是指单元格内容在显示时，相对单元格上下左右的位置。打开“设置单元格格式”对话框，选择“对齐”选项卡，进行具体设置，如图 4-52 所示。

5. 设置边框和底纹

1）设置边框

步骤 1：选定要设置边框的单元格区域。

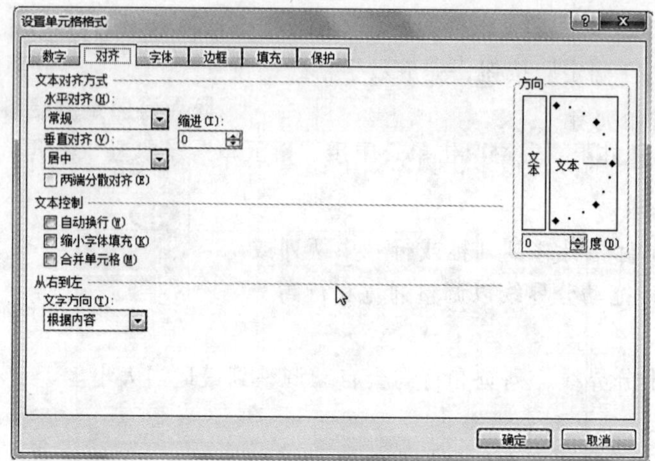

图 4-52 “对齐”选项卡

步骤 2：打开“设置单元格格式”对话框，选择“边框”选项卡，如图 4-53 所示。

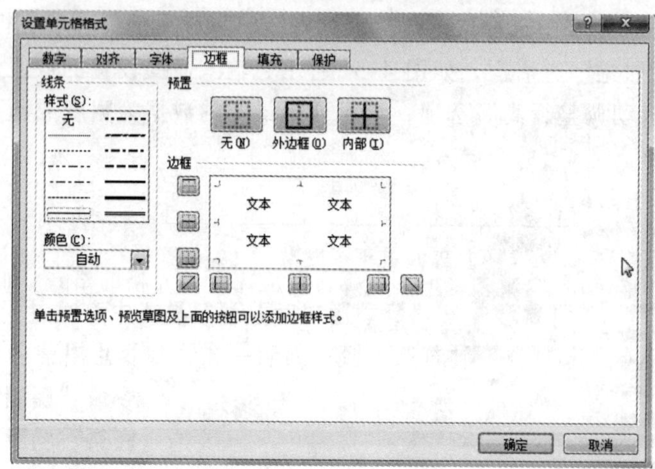

图 4-53 “边框”选项卡

步骤 3：在对话框中进行“线条”“颜色”“边框”的选择，最后单击“确定”按钮。

2）设置底纹

步骤 1：选定要设置底纹的单元格区域。

步骤 2：打开“设置单元格格式”对话框，选择“填充”选项卡。

步骤 3：具体进行“背景色”“图案颜色”“图案样式”的选择，然后单击“确定”按钮。

6. 应用图片、艺术字

为增强工作表的视觉效果，可以在工作表中插入图片、艺术字等。

1）插入和编辑图片

在编辑工作表时，可以根据工作表内容在其中插入合适的图片，以使工作表内容更丰富美观。具体操作步骤如下：

步骤 1：打开工作簿，选择其中需要插入图片的工作表。

步骤 2：单击“插入”选项卡“插图”组中的“图片”按钮，打开“插入图片”对

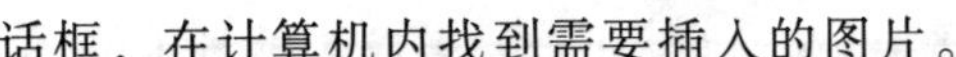

话框，在计算机内找到需要插入的图片。

步骤 3：单击“插入”按钮，所选图片插入到当前工作表中，此时功能区中自动显示“图片工具-格式”选项卡。

步骤 4：将鼠标指针移到图片上，此时鼠标指针变成十字箭头形状，按住鼠标左键不放，可以移动图片在工作表中的位置。将鼠标指针移到图片四周的控制点上，待鼠标指针变成双向箭头形状时，按住鼠标左键并向图片内或外拖动，可缩小或放大图片。

步骤 5：保持图片的选中状态，然后单击“图片工具-格式”选项卡“图片样式”组中的“其他”按钮，在展开的列表中选择喜欢的样式，如“金属椭圆”。

2）插入和编辑艺术字

在工作表中插入艺术字可提高工作表的可视性，插入艺术字后，利用出现的“绘图工具-格式”选项卡可对其进行编辑操作，具体操作步骤如下：

步骤 1：打开工作簿，选择其中需要插入艺术字的工作表。

步骤 2：单击“插入”选项卡“文本”组中的“艺术字”下拉按钮，在展开的列表中选择一种艺术字样式。

步骤 3：在出现的“请在此键入您自己的内容”文本框中输入要设置艺术字的文本，如“加油!”。

步骤 4：保持艺术字的选中状态，然后在“绘图工具-格式”选项卡中调整艺术字的效果。

7. 设置条件格式

条件格式是指当指定条件为真时，系统自动应用于单元格的格式，如单元格底纹或字体颜色。例如突出显示单元格规则时，可以将满足某一规则的单元格突出显示出来。下面以“将工作表中高等数学大于 80 的数据以红色标记出来”为例，介绍其具体操作步骤。

1）添加条件格式

步骤 1：选中要设置条件格式的单元格区域。

步骤 2：在“开始”选项卡“样式”组中单击“条件格式”下拉按钮。

步骤 3：在下拉列表中选择“突出显示单元格规则”命令，在右边的子菜单中选择“大于”命令，如图 4-54 所示。

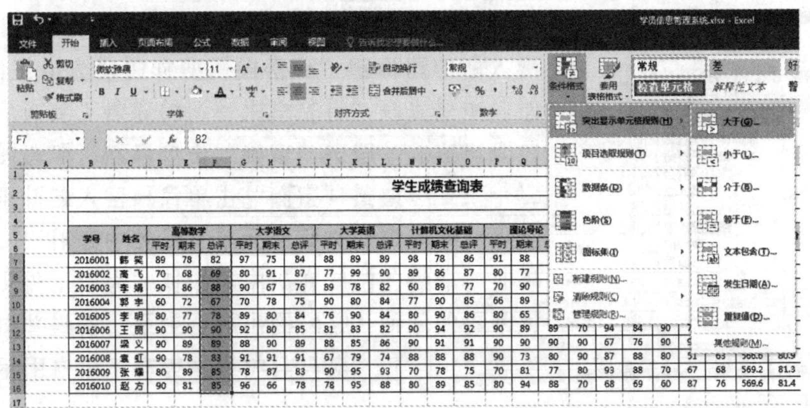

图 4-54　选择“大于”命令

步骤 4：弹出“大于”对话框，在“为大于以下值的单元格设置格式”文本框中输入作为特定值的数值，如“80”，在右侧下拉列表框中选择一种单元格样式，如“浅红填充色深红色文本”，如图 4-55 所示。

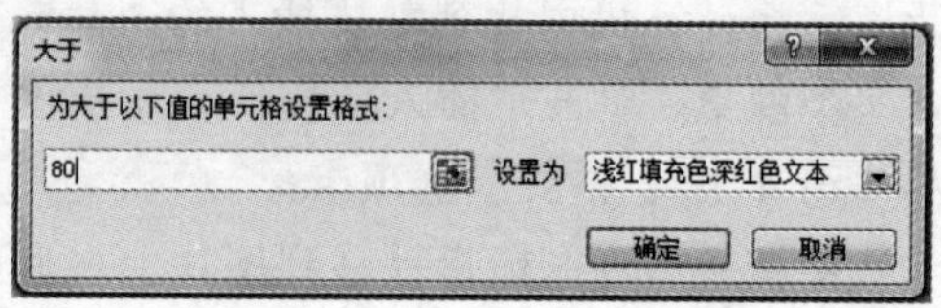

图 4-55 “大于”对话框

步骤 5：单击“确定”按钮，即可自动查找单元格区域中大于 80 的数据，并将它们以浅红填充色深红色文本标记出来。

2）更改或删除条件格式

如果要更改格式，单击“条件格式”下拉按钮，在其下拉列表中选择“管理规则”选项，打开“条件格式规则管理器”，单击“编辑规则”按钮，即可进行更改。

如果删除一个或多个条件，选择需要删除条件的单元格，单击“条件格式”下拉按钮，在其下拉列表中选择“清除规则”选项，在其子菜单中选择对应的选项即可。

8．套用表格样式

利用 Excel 2016 提供的“套用表格样式”功能，可以快速地对工作表进行格式化，使表格变得美观大方。具体操作步骤如下：

步骤 1：选中要设置格式的单元格或区域。

步骤 2：在“开始”选项卡“样式”组中单击“套用表格样式”下拉按钮。

步骤 3：在展开的下拉列表中选择一种格式即可应用。

9．拆分和冻结工作表窗格

1）拆分工作表窗格

拆分窗格可以同时查看分隔较远的工作表数据，可以使用“视图”选项卡“窗口”组中的“拆分”按钮来拆分窗格，具体操作步骤如下：

步骤 1：打开工作表，选定某一行，单击“视图”选项卡“窗口”组中的“拆分”按钮。

步骤 2：Excel 2016 在所选行的上方自动插入拆分线，将窗格上下拆分，如图 4-56 所示，若选择列后单击“拆分”按钮，则可在所选列的左侧插入拆分线，将窗格左右拆分。

客户信息表

客户编号	客户类别	公司名称	所在地区	公司地址	联系人	联系电话	始交日期
0001	签约	华宝公司	华北	红外路3号	王先生	132****1220	2000年2月
0002	临时	和美药业有限责任公司	华东	解放路8号	李小姐	150****4567	2002年1月
0003	签约	智达有限责任公司	西南	城北13号	何先生	137****1210	2002年8月
0004	不签约	赣江工业公司	华南	中山路24号	吴小姐	136****7890	2003年10月
0005	临时	红旗旅行社	华北	爱华路5号	洪小姐	131****4562	2003年12月
0006	签约	南海运输公司	西北	人民医院东路	曾先生	132****1470	2004年4月
0007	不签约	美佳服饰	东北	站前大道8号	刘小姐	139****2580	2004年9月
0008	不签约	欧华达超市	华东	黄金广场西侧	谭先生	134****3690	2005年3月
0009	签约	四平家电超市	华北	汽车站广场6号	廖先生	131****4561	2005年6月
0010	不签约	安达洗涤用品	东南	三康庙11号	龚小姐	132****2520	2005年10月
0011	签约	天天鲜花店	西南	标准钟南路	郭小姐	138****8510	2006年7月
0012	临时	恒丰家具厂	华东	建春门	白先生	186****6390	2007年11月
0013	签约	康宝成衣市场	华东	滨江路9号	姜小姐	150****7533	2008年2月
0014	签约	盈丰照相器材	华中	新大地电脑城东侧	朱先生	136****3247	2008年6月
0015	不签约	海鲜批发市场	华北	南门口百货大楼	姜小姐	139****4921	2008年11月
0016	临时	宝利达有限责任公司	西南	荷花市场北	黄先生	150****6870	2009年3月
0017	签约	大华科技有限责任公司	东北	达利市场北	方小姐	132****7125	2009年5月
0018	不签约	欣欣鞋厂	华东	五洲大道中路	陈先生	137****5231	2010年1月
0019	签约	永久太阳能	华南	贸易广场49号	袁先生	139****2252	2010年3月
0020	签约	世际花都有限责任公司	华中	北海路5号	万小姐	131****4890	2010年6月

图 4-56 利用“拆分”按钮将窗格上下拆分

步骤 3：若选定待拆分的单元格后单击“拆分”按钮，则可以在选定单元格的上方和左侧拆分窗格，将窗格一分为四，如图 4-57 所示。

客户信息表							
客户编号	客户类别	公司名称	所在地区	公司地址	联系人	联系电话	始交日期
0001	签约	华宝公司	华北	红外路3号	王先生	132****1220	2000年2月
0002	临时	和美药业有限责任公司	华东	解放路8号	李小姐	150****4567	2002年1月
0003	签约	智达有限责任公司	西南	城北13号	何先生	137****1210	2002年8月
0004	不签约	赣江工业公司	华南	中山路24号	吴小姐	136****7890	2003年10月
0005	临时	红旗旅行社	华北	爱华路5号	洪小姐	131****4562	2003年12月
0006	签约	南海运输公司	西北	人民医院东路	曾先生	132****1470	2004年4月
0007	不签约	美佳服饰	东北	站前大道8号	刘小姐	139****2580	2004年9月
0008	不签约	欧华达超市	华东	黄金广场西侧	谭先生	134****3690	2005年3月
0009	签约	四平家电超市	华北	汽车站广场6号	廖先生	131****4561	2005年6月
0010	不签约	安达洗涤用品	东南	三康庙11号	龚小姐	132****2520	2005年10月
0011	签约	天天鲜花店	西南	标准钟南路	郭小姐	138****8510	2006年7月
0012	临时	恒丰家具厂	华东	建春门	白先生	186****6390	2007年11月
0013	签约	康宝成衣市场	华东	演江路9号	姜小姐	150****7533	2008年2月
0014	签约	盈丰照相器材	华中	新大地电脑城东侧	朱先生	136****3247	2008年6月
0015	不签约	海鲜批发市场	华北	南门口百货大楼	墨小姐	139****4921	2008年11月
0016	临时	宝利达有限责任公司	西南	荷花市场北	黄先生	150****6870	2009年3月
0017	签约	大华科技有限责任公司	东北	达利市场北	方小姐	132****7125	2009年5月
0018	不签约	欣欣鞋厂	华东	五洲大道中路	陈先生	137****5231	2010年1月
0019	签约	永久太阳能	华南	贸易广场49号	袁先生	139****2252	2010年3月
0020	签约	世际花都有限责任公司	华中	北海路5号	万小姐	131****4890	2010年6月

图 4-57　将窗格一分为四

若要取消拆分窗格，可双击拆分条或单击“视图”选项卡“窗口”组中的“拆分”按钮。

2）冻结工作表窗格

利用冻结窗格功能，可以保持工作表的某一部分数据在其他部分滚动时始终可见。如在查看过长的表格时保持首行可见，在查看过宽的表格时保持首列可见，或保持某些行和某些列均可见。

（1）冻结首行。

步骤 1：打开工作表，单击工作表中的首行，然后单击“视图”选项卡“窗口”组中的“冻结窗格”下拉按钮，在展开的列表中选择“冻结首行”命令，如图 4-58 所示。

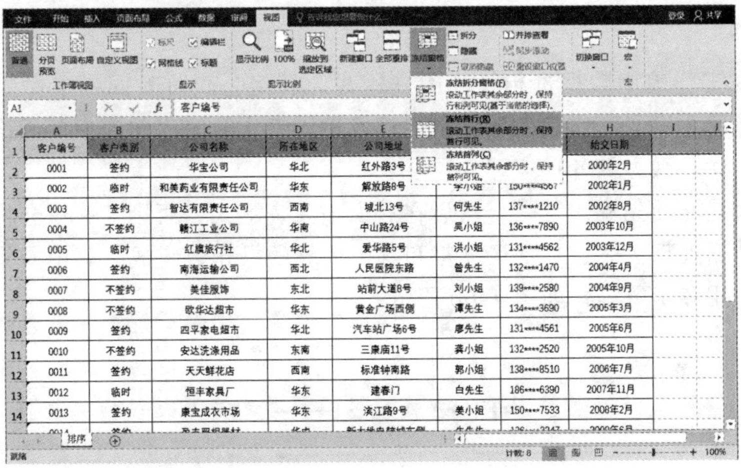

图 4-58　选中首行后选择“冻结首行”选项

步骤 2：被冻结的行以灰色冻结窗格线区分，当拖动垂直滚动条向下查看时，首行始终显示。

（2）冻结首列。若单击任意单元格后，在“冻结窗格”下拉列表中选择“冻结首列”命令，被冻结的列以灰色冻结窗格线区分，当拖动水平滚动条向右查看时，首列始终显示。

（3）冻结窗格。单击工作表中的任意单元格，然后在“冻结窗格”下拉列表中选择“冻结拆分窗格”命令，则可在选定单元格的上方和左侧出现灰色冻结窗格线，如图 4-59 所示，在上下或左右滚动工作表时，所选单元格左侧和上方的数据始终可见。

	A	B	C	D	E	F	G	H	I	J
1	客户编号	客户类别	公司名称	所在地区	公司地址	联系人	联系电话	始交日期		
2	0001	签约	华宝公司	华北	红外路3号	王先生	132****1220	2000年2月		
3	0002	临时	和美药业有限责任公司	华东	解放路8号	李小姐	150****4567	2002年1月		
4	0003	签约	智达有限责任公司	西南	城北13号	何先生	137****1210	2002年8月		
5	0004	不签约	赣江工业公司	华南	中山路24号	吴小姐	136****7890	2003年10月		
6	0005	临时	红旗旅行社	华北	爱华路5号	洪小姐	131****4562	2003年12月		
7	0006	签约	南海运输公司	西北	人民医院东路	曾先生	132****1470	2004年4月		
12	0011	签约	天天鲜花店	西南	标准钟南路	郭小姐	138****8510	2006年7月		
13	0012	临时	恒丰家具厂	华东	建春门	白先生	186****6390	2007年11月		
14	0013	签约	康宝成衣市场	华东	滨江路9号	姜小姐	150****7533	2008年2月		
15	0014	签约	盈丰照相器材	华中	新大地电脑城东侧	朱先生	136****3247	2008年6月		
16	0015	不签约	海鲜批发市场	华北	南门口百货大楼	董小姐	139****4921	2008年11月		
17	0016	临时	宝利达有限责任公司	西南	荷花市场北	黄先生	150****6870	2009年3月		
18	0017	签约	大华科技有限责任公司	东北	达利市场北	方小姐	132****7125	2009年5月		
19	0018	不签约	欣欣鞋厂	华东	五洲大道中路	陈先生	137****5231	2010年1月		
20	0019	签约	永久太阳能	华南	贸易广场49号	袁先生	139****2252	2010年3月		
21	0020	签约	世际花都有限责任公司	华中	北海路5号	万小姐	131****4890	2010年6月		
22										
23										
24										

冻结窗格线

冻结窗格线

图 4-59　冻结窗格

（4）取消窗口冻结。若要取消窗口冻结，单击工作表中的任意单元格，在“冻结窗格”下拉列表中选择“取消冻结窗格”命令即可取消窗口冻结。

4.3　公式与函数应用

4.3.1　公式

公式是对工作表中数据进行计算的表达式。利用公式可对同一工作表的各个单元格、同一工作簿中不同工作表的单元格，以及不同工作簿的工作表中单元格的数值进行加、减、乘、除、乘方等各种运算。

要输入公式必须先输入“=”，然后在后面输入表达式，否则 Excel 会将输入的内容作为文本型数据处理。表达式由运算符和参与运算的操作数组成，其中操作数可以是常量、单元格引用和函数等，如图 4-60 所示。

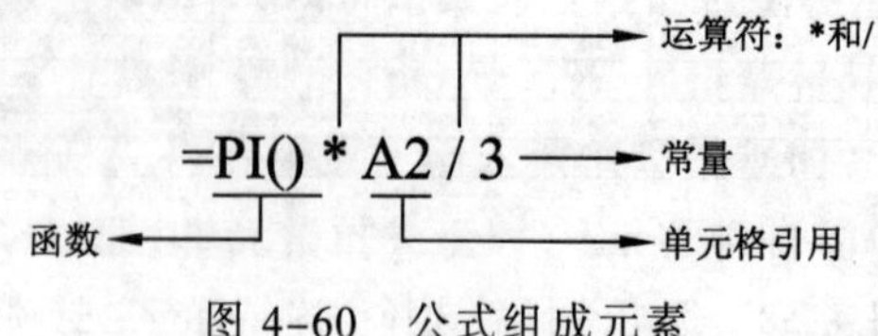

图 4-60　公式组成元素

1. 公式中的运算符

运算符是用来对公式中的元素进行运算而规定的特殊符号。在 Excel 中有 4 类运算符：算术运算符、文本运算符、比较运算符和引用运算符。

（1）算术运算符：加号（+）、减号（-）、乘号（*）、除号（/）、百分号（%）以及乘幂（^）。

（2）文本运算符：&。文本运算符是将两个文本值连接起来产生一个连续的文本值。

（3）比较运算符：=（等于）、<（小于）、>（大于）、<>（不等于）、<=（小于等于）、>=（大于等于）。比较运算符可以比较两个数值并产生逻辑值 TRUE 或 FALSE。

（4）引用运算符：冒号（:）、逗号（,）和空格。引用运算符可对工作表中的一个或一组单元格进行标识。

2. 运算符的优先级

通常情况下，如果公式中只用了一种运算符，Excel 会根据运算符的特定顺序从左到右计算公式；如果公式中同时用到了多个运算符，Excel 将按一定优先级由高到低进行运算，如表 4-1 所示。

表 4-1　运算符的优先级

运　算　符	含　　义	优　先　级
:（冒号）		
（空格）	引用运算符	1
,（逗号）		
-（负号）	负数（如-1）	2
%（百分号）	百分比	3
^（脱字号）	乘方	4
*和/（星号和正斜杠）	乘和除	5
+和-（加号和减号）	加和减	6
&（与号）	连接两个文本字符串	7
=（等号）		
<和>（小于和大于）		
<=（小于等于）	比较运算符	8
>= (大于等于)		
<> (不等于)		

若要更改运算的顺序，可以将公式中要先计算的部分用括号括起来。

例如：公式“=12+6*4”，优先计算“6*4”，再计算“12+24”，得出结果是“36”。但是，如果将该公式更改为“=（12+6）*4”，则优先计算的是“12+6”，再计算“18*4”，得出结果是“72”。

3. 输入和编辑公式

1）输入公式

当把一个公式输入单元格并按下【Enter】键后，Excel 会自动对公式进行运算，并将运算结果显示在单元格内，而公式内容则显示在编辑栏中。

在单元格中输入公式的操作步骤如下：

步骤 1：单击要输入公式的单元格，先输入一个英文的等号“=”，然后再输入运算表达式。

步骤 2：输入完毕按【Enter】键或单击编辑栏中的“确认”按钮，公式结果将出现在单元格内。如果取消输入的公式，则可以按【Esc】键或单击编辑栏上的“取消”按钮。

2）修改和删除公式

（1）修改公式。

在单元格中输入公式进行计算的过程中，如果发现错误或情况发生了变化，此时就需要对公式进行修改。要修改公式，可单击含有公式的单元格，然后在编辑栏中进行修改，或双击单元格后直接在单元格中进行修改，修改完毕按【Enter】键确认。

（2）删除公式。

删除公式是指将单元格中应用的公式删除，而保留公式的运算结果。操作步骤如下：

步骤 1：选中含有公式的单元格或单元格区域，单击“剪贴板”组中的“复制”按钮。

步骤 2：再单击“剪贴板”组中的“粘贴”按钮，在打开的下拉列表中选择“粘贴值”命令，即可将选中单元格或单元格中的公式删除，而只保留运算结果。

3）显示公式

单元格中默认显示的是公式执行后的计算结果，按组合键【Ctrl+`】(位于主键盘“1”键的左侧)，可以在显示公式内容与显示公式结果之间切换，这样有助于对公式进行编辑并能及时发现公式中的错误，如图 4-61 所示。

H2 =B2+C2+D2+E2+F2+G2

选手编号	1号评委	2号评委	3号评委	4号评委	5号评委	6号评委	总分
1	9	8.8	8.9	8.4	8.2	8.9	=B2+C2+D2+E2+F2+G2
2	5.8	6.8	5.9	6	6.9	6.4	=B3+C3+D3+E3+F3+G3
3	8	7.5	7.3	7.4	7.9	8	=B4+C4+D4+E4+F4+G4
4	8.6	8.2	8.9	9	7.9	8.5	=B5+C5+D5+E5+F5+G5
5	8.2	8.1	8.8	8.9	8.4	8.5	=B6+C6+D6+E6+F6+G6
6	8	7.6	7.8	7.5	7.9	8	=B7+C7+D7+E7+F7+G7
7	9	9.2	8.5	8.7	8.9	9.1	=B8+C8+D8+E8+F8+G8
8	9.6	9.5	9.4	8.9	8.8	9.5	=B9+C9+D9+E9+F9+G9
9	9.2	9	8.7	8.3	9	9.1	=B10+C10+D10+E10+F1
10	8.8	8.6	8.9	8.8	9	8.4	=B11+C11+D11+E11+F1

图 4-61　显示公式

4）移动和复制公式

移动公式时，公式内的单元格引用不会更改，而复制公式时，单元格引用会根据所引用类型而变化。

（1）移动公式。

要移动公式，最简单的方法就是：选中包含公式的单元格，将鼠标指针移到单元格的边框线上，当鼠标指针变成“十”字箭头形状时，按住鼠标左键不放，将其拖到目标

单元格后释放鼠标即可。

此外，选中要移动公式的单元格，按【Ctrl+X】组合键或单击“开始”选项卡“剪贴板”组中的“剪切”按钮，再单击目标单元格，然后按【Ctrl+V】组合键或单击“剪贴板”组中的“粘贴”按钮，也可移动公式。

（2）复制公式。

在 Excel 中，复制公式可以使用填充柄，也可以使用复制、粘贴命令。在复制公式的过程中，一般情况下系统会自动改变公式中引用的单元格地址。复制公式的方法是：将包含公式的单元格选中，水平或垂直拖动填充柄，即可将公式复制到同行或同列的连续单元格中。

5）公式中的引用设置

引用的作用是通过标识工作表中的单元格或单元格区域，来指明公式中所使用的数据位置。通过单元格引用，可以在一个公式中使用工作表不同部分的数据，或者在多个公式中使用同一个单元格的数据，还可以引用同一个工作簿不同工作表中的单元格，甚至其他工作簿中的数据。当公式中引用的单元格数值发生变化时，公式会自动更新其所在的单元格内容，即更新其计算结果。

（1）引用方式。

（2）相对引用：由列标和行号组成，如 A1、B5、F6 等。

（3）绝对引用：由列标和行号前全加上符号“$”构成，如$A$1、$B$5 等。

（4）混合引用：由列标和行号中的一个前加上符号“$”构成，如 A$1、$B5 等。

引用单元格区域时，应先输入单元格区域起始位置的单元格地址，然后输入引用运算符，再输入单元格区域结束位置的单元格地址，如 A1:A10、$A$1:$A$10 等。如果公式所在单元格的位置改变，则相对地址引用改变，而绝对地址引用不变。

① 引用不同工作表间的单元格。

在同一工作簿中，不同工作表中的单元格可以相互引用，它的表示方法为：“工作表名称!单元格或单元格区域地址”，如“Sheet2!F8:F16”。

例如，当前工作表是 Sheet1，如果要在 B2 单元格中引用 Sheet2 工作表中的 C4 单元格（两张工作表如图 4-62 所示），操作步骤如下。

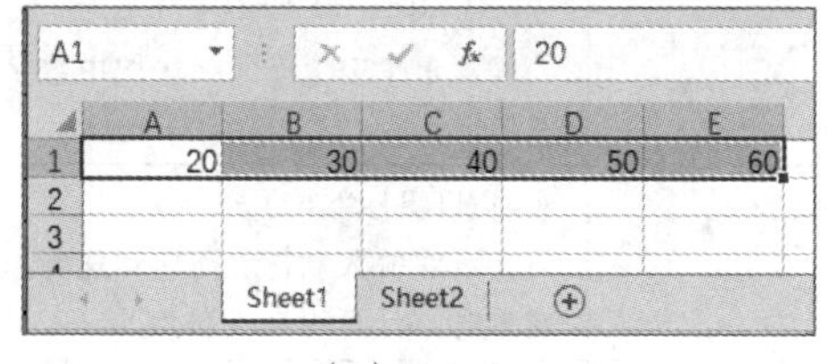

（a）Sheet1

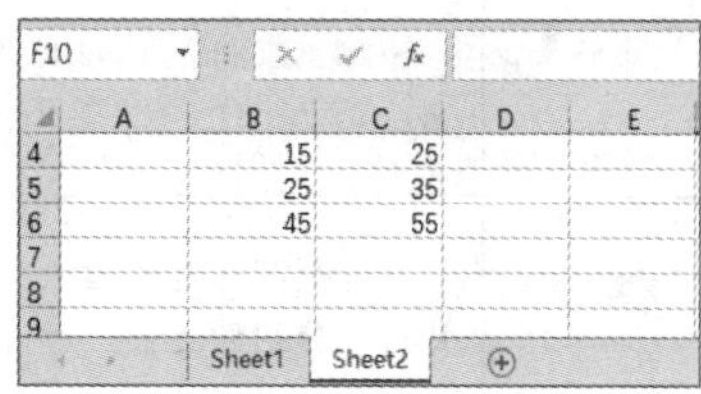

（b）Sheet2

图 4-62　两张工作表

步骤 1： 单击 Sheet1 工作表中的 B2 单元格。

步骤 2： 输入公式“=Sheet!C4”，如图 4-63（a）所示，按【Enter】键结束，得到引用结果，如图 4-63（b）所示。

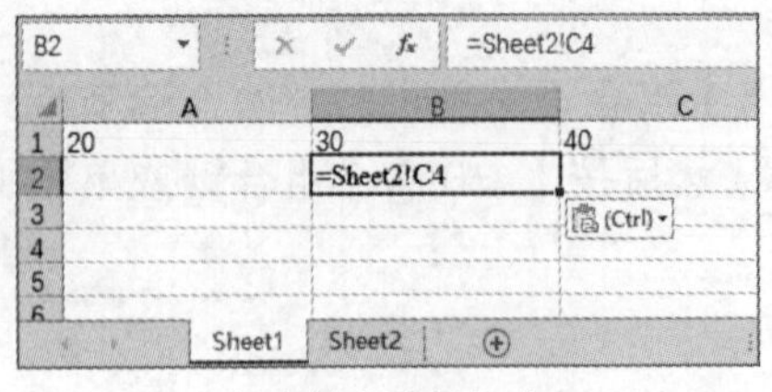

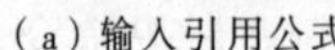

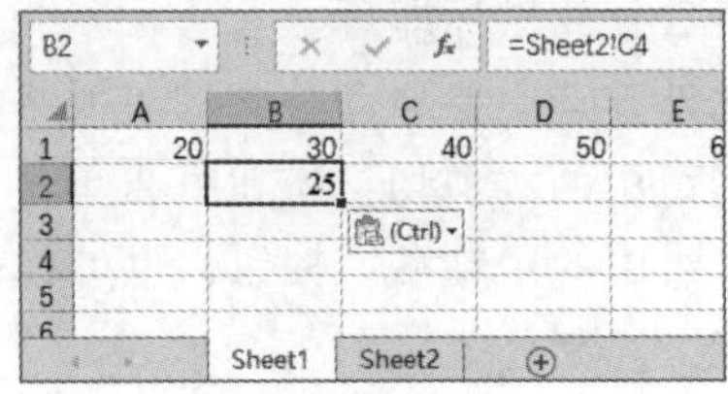

（a）输入引用公式　　（b）引用结果

图 4-63　引用同一工作簿不同工作表中的数据

② 引用不同工作簿间的单元格。

在当前工作表中引用不同工作簿中的单元格的表示方法为：“ [工作簿名称.xlsx]工作表名称!单元格（或单元格区域）地址”。

4.3.2　函数

1. 了解函数

函数是 Excel 内部预先定义的特殊公式，它可以对一个或多个数据进行数据操作，并返回一个或多个数据。

函数包含函数名、参数和括号三部分，如 SUM(A1:B2)。

（1）函数名决定了函数能解决的计算类型。

（2）参数是函数运算的对象。

函数通过运算后，得到一个或几个运算结果，返回给用户或公式，如果提供的参数不合理，函数将得到一个错误的结果，此时函数将返回一个错误值，如“#VALUE!”。

目前 Excel 2016 提供了 13 类函数，其中包括数学与三角函数、统计函数、数据库函数、财务函数、日期与时间函数、逻辑函数、文本函数、信息函数、工程函数、查找与引用函数、多维数据集函数、兼容性函数、Web 函数以及将其中经常使用的函数归结到一起的“常用”函数。表 4-2 列出了常用的函数类型和使用范例。

表 4-2　常用的函数类型和使用范例

函数类型	函　　数	使用范例
常用	SUM（求和）、AVERAGE（求平均值）、MAX（求最大值）、MIN（求最小值）、COUNT（计数）等	=AVERAGE(F2:F7) 表示求 F2:F7 单元格区域中数字的平均值
财务	DB(资产的折扣值)、IRR(现金流的内部报酬率)、PMT（分期偿还额）等	=PMT(B4,B5,B6) 表示在输入利率、周期和规则作为变量时，计算周期支付值
日期与时间	DATA（日期）、HOUR（小时数）、SECOND（秒数）、TIME（时间）等	=DATA(C2,D2,E2) 表示返回 C2、D2、E2 所代表的日期的序列号
数学与三角	ABS（求绝对值）、SIN（求正弦值）、INT（求整数）、LOG（求对数）、RAND（产生随机数）等	=ABS(E4) 表示得到 E4 单元格中数值的绝对值，即不带负号的绝对值

续表

函数类型	函数	使用范例
统计	AVEDEY（绝对误差的平均值）、COVAR（求协方差）、BINOMDIST（一元二项式分布概率）	=COVAR(A2:A6,B2:B6) 表示求 A2:A6 和 B2:B6 单元格区域数据的协方差
查找与引用	ADDRESS（单元格地址）、AREAS（区域个数）、COLUMN（返回列标）、ROW（返回行号）等	=ROW(C10) 表示返回引用单元格所在行的行号
逻辑	AND（与）、OR（或）、FALSE（假）、TRUE（真）、IF（如果）、NOT（非）	=IF(A3>=B5,A3*2,A3/B5) 表示使用条件测试 A3 是否大于等于 B5，条件结果要么为真，要么为假

2. 使用函数

用户可以在单元格中手动输入函数，也可以使用函数向导输入函数。

1）手动输入函数

如果用户能记住函数的名称、参数，可直接在单元格中输入函数。输入函数时，应首先确认已在单元格中输入了“=”号，即已进入公式编辑状态。接下来输入函数名称，再紧跟着一对括号，括号内为一个或多个参数，参数之间要用逗号来分隔。例如，要计算单元格区域 A1:D1 的数据的总和，操作步骤如下：

步骤 1：单击 E1 单元格，然后输入等号、函数名、左括号、具体参数和右括号，如图 4-64（a）所示。

步骤 2：单击编辑栏中的“输入”按钮 ✓ 或按【Enter】键，结果如图 4-64（b）所示。

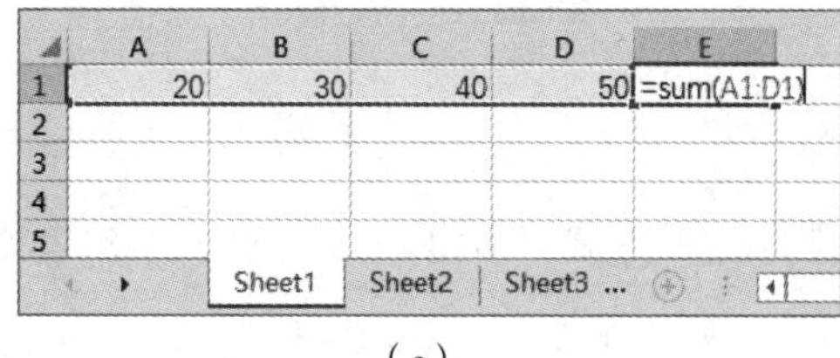

（a）

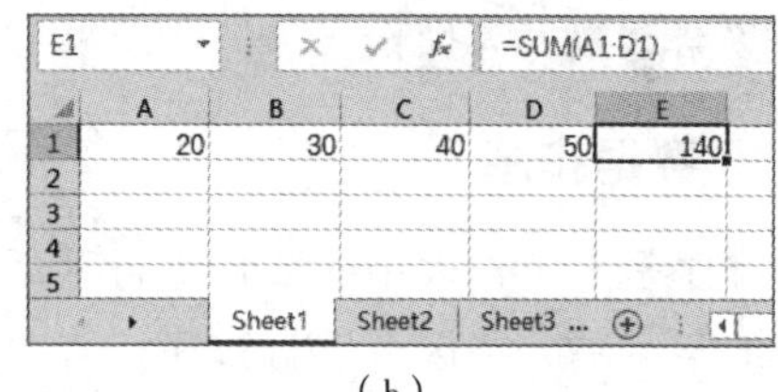

（b）

图 4-64　手动输入函数计算数据总和

2）使用函数向导输入函数

如果不能确定函数的拼写或参数，可以使用函数向导输入函数，具体操作步骤如下：

步骤 1：单击需要插入函数的单元格，在“公式”选项卡中单击“函数库”组中的“插入函数”按钮（或单击编辑栏中的“插入函数”按钮），打开“插入函数”对话框，如图 4-65 所示。

步骤 2：在“或选择类别”下拉列表中选择需使用的函数类别（例如选择“常用函数”），在“选择函数”列表框中选择需使用的具体函数（例如选择“SUM”）。如果不清楚需用的函数类别及函数名称，也可以在“搜索函数”文本框中输入一条简短说明来描述自己想做什么，然后单击“转到”按钮，由系统自动搜索出相关的函数。最后单击“确定”按钮，弹出“函数参数”对话框，如图 4-66 所示。

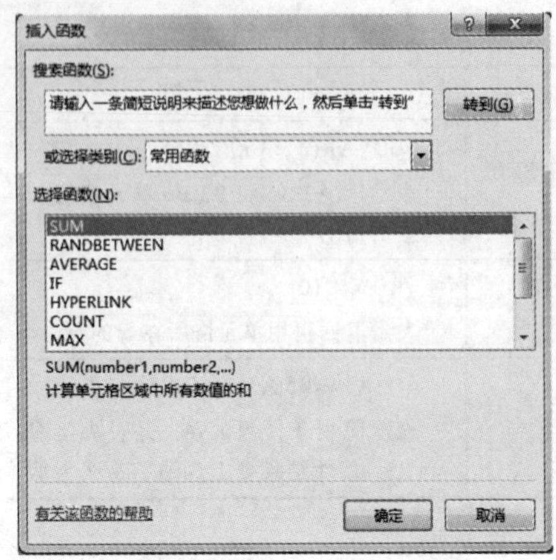

图 4-65 “插入函数”对话框

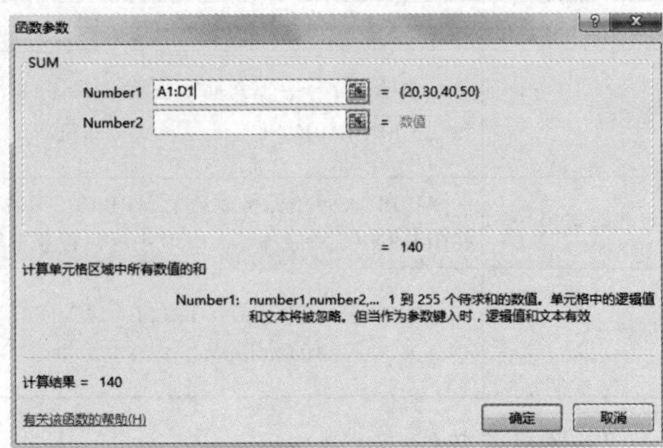

图 4-66 “函数参数”对话框

步骤 3：单击“Number1”列表框右侧的对话框折叠按钮，将“函数参数”对话框折叠以便能看到工作表。在工作表中首先选择需要参与本函数运算的单元格，然后再次单击折叠按钮打开“函数参数”对话框，最后单击“确定”按钮完成函数的输入。

4.4 数据统计与分析

Excel 2016 在数据管理方面有强大的功能，在 Excel 中不但可以使用多种格式的数据，而且可以对不同类型的数据进行各种处理，包括筛选、排序、分类汇总、合并计算以及数据透视表等操作。

4.4.1 数据排序

排序是对工作表中的数据进行重新组织安排的一种方式。Excel 可以对整个工作表或选定的某个单元格区域进行排序。

Excel 的排序功能可以将表中列的数据按照升序或降序排列，排序的列名通常称为关键字。进行排序后，每个记录的数据不变，只是跟随关键字排序的结果记录顺序发生了变化。

升序排列时，默认的次序如下：

（1）数字：从最小的负数到最大的正数。

（2）字母：在按字母先后顺序对文本项进行排序时，从左到右一个字符一个字符地进行排序。

（3）中文：按首字拼音字母进行排序。

（4）逻辑值：FALSE 在 TRUE 之前。

（5）错误值：所有错误值的优先级相同。

（6）空格：空格始终排在最后。

降序排列的次序与升序排序的次序相反。

在 Excel 中，可以对一列或多列中的数据按文本、数字以及日期和时间的升序或降序

进行排序。还可以按自定义序列（如大、中和小）或格式（包括单元格颜色、字体颜色或图标集）进行排序。大多数排序操作都是针对列进行操作，但是，也可以针对行进行操作。

1. 简单排序

当仅仅需要按照某一列数据进行排序时，可以使用简单排序。进行简单排序，直接利用“升序”或“降序”按钮进行。具体操作步骤如下：

步骤 1：打开要排序的工作表，选择需要排序的数据列，如“姓名”列。

步骤 2：单击“数据”选项卡“排序和筛选”组中的“升序排序”按钮，即可对“姓名”字段升序排序。

2. 复杂排序

复杂排序，也称多关键字排序，它是对工作表中的数据按两个或两个以上的关键字进行排序。在这种排序方式中，主要关键字是排序的主要依据，如果出现主要关键字数值相同时，再按次要关键字进行排序，依此类推。多关键字排序的操作步骤如下：

步骤 1：在需要排序的区域中，单击任意单元格。

步骤 2：单击“数据”选项卡“排序和筛选”组中的“排序”按钮，弹出“排序”对话框，如图 4-67 所示。

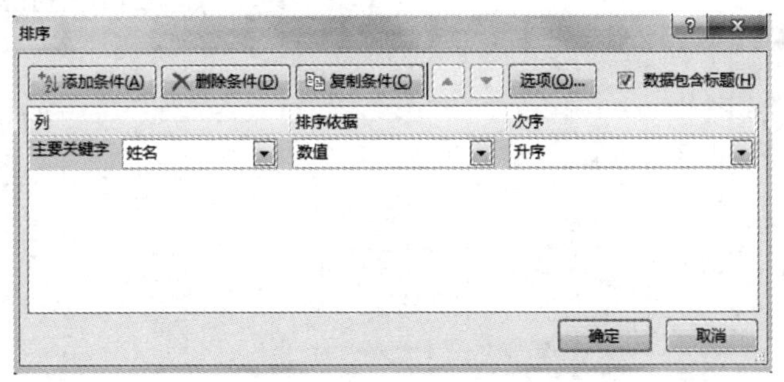

图 4-67 “排序”对话框

步骤 3：选定“主要关键字”“排序依据”以及排序的“次序”后，可以设置“次要关键字”“第三关键字”“排序依据”以及排序的“次序”。

（1）“排序依据”下拉列表：若要按文本、数字或日期和时间进行排序，选择“数值”；若要按格式进行排序，选择“单元格颜色”“字体颜色”“单元格图标”。

（2）“次序”下拉列表：对于文本值、数值、日期或时间值，选择“升序”或“降序”；若要基于自定义序列进行排序，选择“自定义序列”。

（3）“次要关键字”：数据按“主要关键字”排序后，“主要关键字”相同的按“次要关键字”排序。

（4）“复制条件”按钮和“删除条件”按钮：单击这两个按钮可分别复制和删除排序关键字。

步骤 4：若数据表的字段名不参加排序，应勾选“数据包含标题”复选框；如果没有字段名行，取消“数据包含标题”复选框，单击“确定”按钮。

（1）“数据包含标题”复选框：选中复选框（默认），表示选定区域的第一行作为标题，不参加排序，始终放在原来的行位置。取消该复选框，表示选定区域第一行作为普通数据看待，参与排序。

（2）要更改列的排序顺序，可以在选择一个条目后单击“上移”按钮▲或“下移”按钮▼。

3．自定义排序

在某些情况下，如果已有的排序规则不能满足用户的要求，此时可以用自定义排序规则来解决。用户除了可以使用 Excel 内置的自定义序列进行排序外，还可以根据需要创建自定义序列，并按创建的自定义序列进行排序。

要查看 Excel 内置的自定义序列，可选择“文件”→“选项”命令，弹出“Excel 选项”对话框，单击“高级”类别，然后在“常规”选项组中单击“编辑自定义列表”按钮，如图 4-68 所示。弹出“自定义序列”对话框，如图 4-69 所示，在“自定义序列”列表中列出了系统内置的序列，用户可以利用这些序列对工作表中的数据进行排序；如果系统内置的序列无法满足需求，则还可以创建自定义序列。

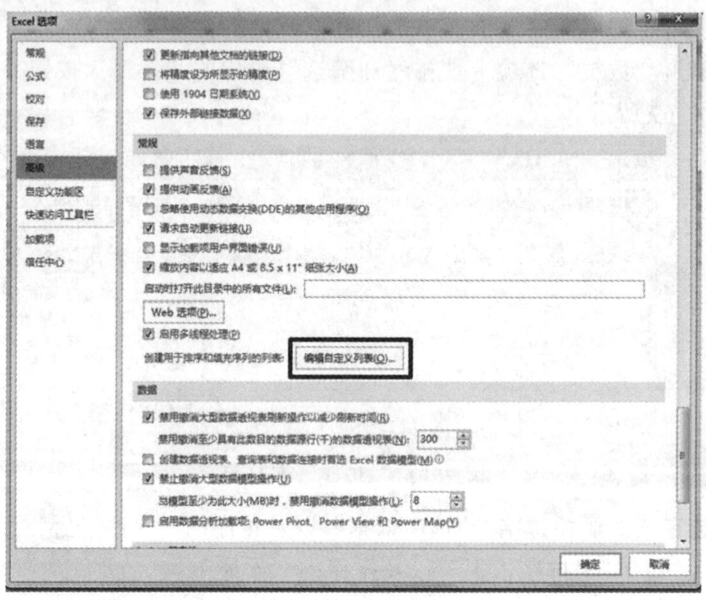

图 4-68 “编辑自定义列表”按钮

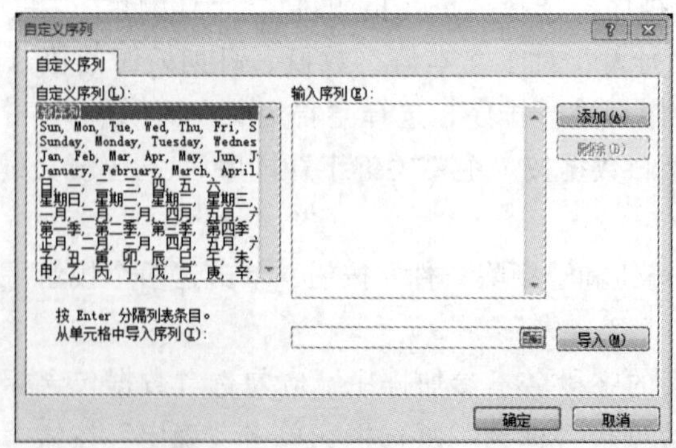

图 4-69 “自定义序列”对话框

下面以创建一个“春天、夏天、秋天、冬天”的序列为例，介绍创建自定义序列的方法，具体操作步骤如下：

步骤 1：打开“自定义序列”对话框，选中左侧“自定义序列”列表框中的“新序列”选项，此时光标自动在右侧的“输入序列”编辑框内闪烁。

步骤 2：输入新序列“春天、夏天、秋天、冬天”，每个序列之间要用英文逗号“,”分隔，如图 4-70 所示，或者每输入一个序列后按【Enter】键。

步骤 3：单击“添加”按钮即可将序列放入“自定义序列”列表中备用，如图 4-71 所示。单击“确定”按钮返回“Excel 选项”对话框，单击“确定”按钮完成自定义序列的创建。

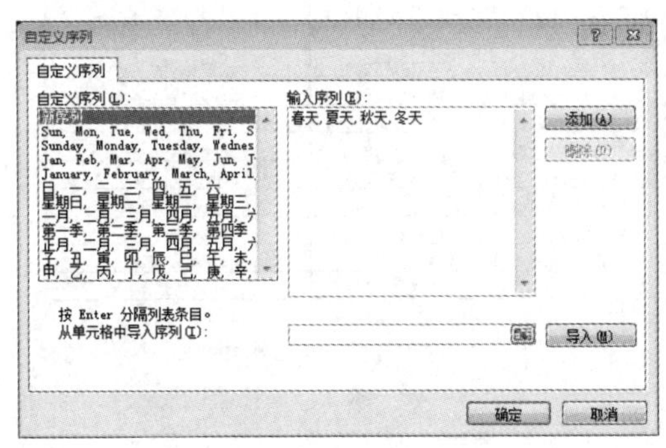

图 4-70　输入序列名称

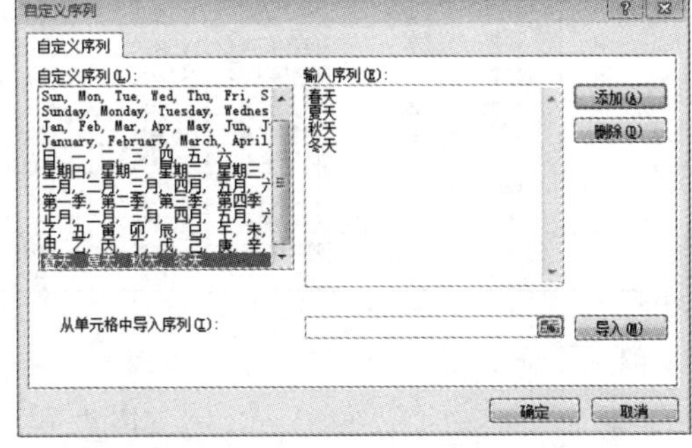

图 4-71　将自定义序列添加到列表中

如果用户要删除自定义序列，只需选中要删除的序列，单击“删除”按钮即可。用户可以将自己创建的序列删除，但不能删除系统内置的自定义序列。

4.4.2　数据筛选

筛选操作就是在工作表中显示满足条件的数据行，将其他数据行暂时隐藏起来不予显示。要进行筛选操作，数据表中必须有列标签。

Excel 提供了自动筛选、自定义筛选和高级筛选 3 种。自动筛选可以快速地显示出工作表中满足条件的记录行，自定义筛选可以按照用户的要求设置筛选条件，高级筛选则能完成比较复杂的多条件查询。与排序不同，筛选并不重排区域。筛选只是暂时隐藏不必显示的行。

1. 自动筛选

自动筛选一般用于简单的条件筛选，使用自动筛选可以创建 3 种筛选类型：按列表值、按格式或按条件。不过，这 3 种筛选类型是互斥的，用户只能选择其中的一种。

例如，要利用自动筛选将“员工信息表”中“男”员工筛选出来，具体步骤如下：

步骤 1：打开“员工信息表”，单击任意非空单元格。

步骤 2：单击“数据”选项卡“排序和筛选”组中的“筛选”按钮。此时，工作表标题行中的每个单元格右侧显示筛选箭头，如图 4-72 所示。

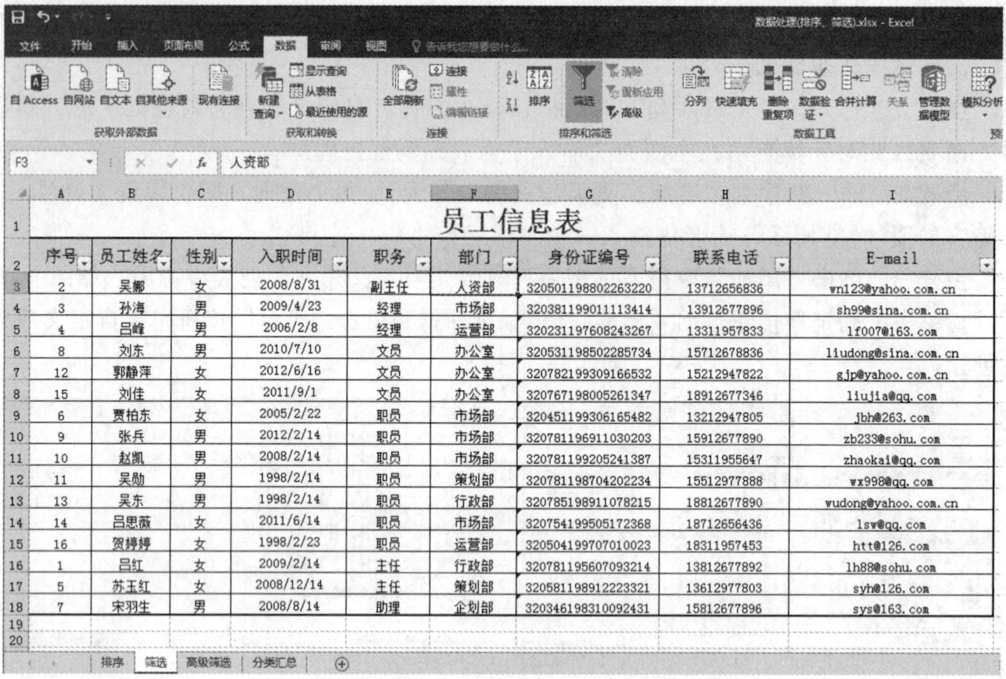

	序号	员工姓名	性别	入职时间	职务	部门	身份证编号	联系电话	E-mail
3	2	吴娜	女	2008/8/31	副主任	人资部	320501198802263220	13712656836	wn123@yahoo.com.cn
4	3	孙海	男	2009/4/23	经理	市场部	320381199011113414	13912677896	sh99@sina.com.cn
5	4	吕峰	男	2006/2/8	经理	运营部	320231197608243267	13311957833	lf007@163.com
6	8	刘东	男	2010/7/10	文员	办公室	320531198502285734	15712678836	liudong@sina.com.cn
7	12	郭静萍	女	2012/6/16	文员	办公室	320782199309166532	15212947822	gjp@yahoo.com.cn
8	15	刘佳	女	2011/9/1	文员	办公室	320767198005261347	18912677346	liujia@qq.com
9	6	贾柏东	女	2005/2/22	职员	市场部	320451199306165482	13212947805	jbh@263.com
10	9	张兵	男	2012/2/14	职员	市场部	320781196911030203	15912677890	zb233@sohu.com
11	10	赵凯	男	2008/2/14	职员	市场部	320781199205241387	15311955647	zhaokai@qq.com
12	11	吴勋	男	1998/2/14	职员	策划部	320781198704202234	15512977888	wx998@qq.com
13	13	吴东	男	1998/2/14	职员	行政部	320785198911078215	18812677890	wudong@yahoo.com.cn
14	14	吕思薇	女	2011/6/14	职员	市场部	320754199505172368	18712656436	lsw@qq.com
15	16	贺婷婷	女	1998/2/23	职员	运营部	320504199707010023	18311957453	htt@126.com
16	1	吕红	女	2009/2/14	主任	行政部	320781195607093214	13812677892	lh88@sohu.com
17	5	苏玉红	女	2008/12/14	主任	策划部	320581198912223321	13612977803	syh@126.com
18	7	宋羽生	男	2008/8/14	助理	企划部	320346198310092431	15812677896	sys@163.com

图 4-72　自动筛选

步骤 3：单击“性别”标题右侧的筛选箭头，在展开的下拉列表中只勾选“男”复选框，单击“确定”按钮，筛选结果如图 4-73 所示。

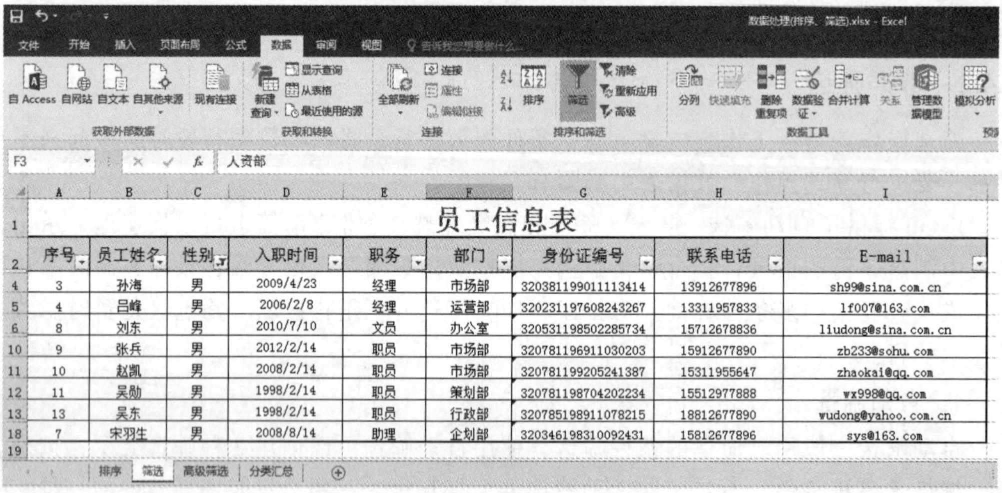

	序号	员工姓名	性别	入职时间	职务	部门	身份证编号	联系电话	E-mail
4	3	孙海	男	2009/4/23	经理	市场部	320381199011113414	13912677896	sh99@sina.com.cn
5	4	吕峰	男	2006/2/8	经理	运营部	320231197608243267	13311957833	lf007@163.com
6	8	刘东	男	2010/7/10	文员	办公室	320531198502285734	15712678836	liudong@sina.com.cn
10	9	张兵	男	2012/2/14	职员	市场部	320781196911030203	15912677890	zb233@sohu.com
11	10	赵凯	男	2008/2/14	职员	市场部	320781199205241387	15311955647	zhaokai@qq.com
12	11	吴勋	男	1998/2/14	职员	策划部	320781198704202234	15512977888	wx998@qq.com
13	13	吴东	男	1998/2/14	职员	行政部	320785198911078215	18812677890	wudong@yahoo.com.cn
18	7	宋羽生	男	2008/8/14	助理	企划部	320346198310092431	15812677896	sys@163.com

图 4-73　筛选男员工

2. 自定义筛选

在筛选箭头下拉列表中可选择“文本筛选”“数字筛选”“日期筛选”选项，然后在其子选项中选择“自定义筛选”项，可以自定义筛选条件进行筛选操作。例如，要将“员工信息表”中“员工姓名”带“东”字的记录筛选出来，具体操作步骤如下：

步骤 1：打开工作表，单击任意非空单元格，然后单击“数据”选项卡“排序和筛选”组中的“筛选”按钮，显示筛选箭头。

步骤 2：单击“员工姓名”右侧的筛选箭头，在展开的下拉列表中选择“文本筛选”→“自定义筛选”选项，如图 4-74 所示。

步骤 3：弹出“自定义自动筛选方式”对话框，在“员工姓名”下拉列表中选择“包含”，然后在其右侧的编辑框中输入“东”字，如图 4-75 所示。单击“确定”按钮，可以看到“员工姓名”列含有“东”字的记录被筛选出来。

图 4-74　选择“自定义筛选”

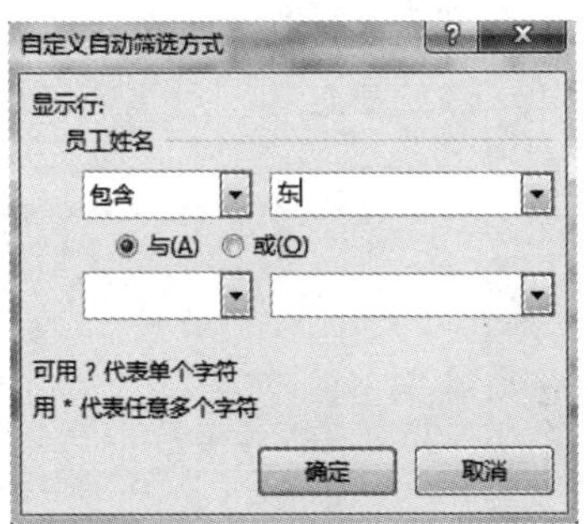

图 4-75　“自定义自动筛选方式”对话框

3. 高级筛选

自动筛选将筛选结果显示在原工作表处，而高级筛选可以在保留原工作表数据显示的情况下，将筛选出来的结果显示到工作表的其他位置，与原工作表并列出现，这样可以方便地观察两表的对比情况。高级筛选的具体步骤如下：

步骤 1：指定一个条件区域，即在数据区域以外的空白区域中输入要设置的条件，如图 4-76 所示。

	A	B	C	D	E	F	G	H	I	J	K
1	班级	姓名	性别	语文	数学	英语	物理	化学	总分	平均分	
2	外贸	张力志	男	86	53	84	96	87	406	81.2	
3	外贸	王兆华	男	96	94	84	75	86	435	87	
4	文秘	赵光德	男	93	88	86	65	88	420	84	
5	文秘	李丽红	女	72	92	86	85	87	422	84.4	
6	财会	李文东	男	81	98	87	87	77	430	86	
7	财会	杨东琴	男	78	87	89	76	58	388	77.6	
8	外贸	刘荣冰	女	83	97	94	86	65	425	85	
9	外贸	王金铭	女	85	78	68	86	65	382	76.4	
10											
11											
12	数学	英语		数学	英语		数学	数学		数学	
13	>90	>90		>90			<90	>60		>90	← 筛选条件
14					>90					<60	
15											
16	数学>90并且英语>90			数学>90或者英语>90			数学>60并且数学<90			数学>60或者数学<90	
17											

图 4-76　设置筛选条件

高级筛选条件的书写格式要求：

（1）工作表的列标题写在条件区的第一行。

（2）每一个条件的列标题与条件值写在同一列的不同单元格内。

（3）多个条件是“与”的关系时，条件值写在同一行；多个条件是“或”的关系时，条件值写在不同行，并且条件区内不能有空行。

步骤 2：单击要进行筛选区域中的单元格，在“数据”选项卡“排序和筛选”选项组中单击“高级”按钮，弹出“高级筛选”对话框，如图 4-77 所示。

	A	B	C	D	E	F	G	H	I	J	K	L
1	班级	姓名	性别	语文	数学	英语	物理	化学	总分	平均分		
2	外贸	张力志	男	86	53	84	96	87	406	81.2		
3	外贸	王兆华	男	96	94	84	75	86	435	87		
4	文秘	赵光德	男	93	88	86	65	88	420	84		
5	文秘	李丽红	女	72	92	86	85	87	422	84.4		
6	财会	李文东	男	81	98	87	87	77	430	86		
7	财会	杨东琴	男	78	87	89	76	58	388	77.6		
8	外贸	刘荣冰	女	83	97	94	86	65	425	85		
9	外贸	王金铭	女	85	78	68	86	65	382	76.4		
12	数学	英语		数学	英语		数学	数学		数学		
13	>90	>90		>90			<90	>60		>90		
14					>90					<60		
16	数学>90并且英语>90			数学>90或者英语>90			数学>60并且数学<90			数学>60或者数学<90		

高级筛选
方式
在原有区域显示筛选结果(F)
将筛选结果复制到其他位置(O)
列表区域(L):
条件区域(C):
复制到(T):
选择不重复的记录(R)
确定　取消

图 4-77　高级筛选

步骤 3：对筛选结果的方式（位置）进行选择：

（1）若要通过隐藏不符合条件的数据行来筛选区域，选择“在原区域显示筛选结果”。

（2）若要通过将符合条件的数据行复制到工作表的其他位置来筛选区域，选择“将筛选结果复制到其他位置”，然后在“复制到”编辑框中单击，输入用于放置筛选结果区域的第一个单元格地址。

步骤 4：在“列表区域”编辑框中，输入参加筛选的数据区域。也可以通过鼠标选择列表区域，单击“列表区域”编辑框右侧的折叠按钮，在工作表中用鼠标拖动选择列表区域。

步骤 5：在“条件区域”编辑框中，输入条件区域的引用。也可以通过鼠标选择条件区域，单击“条件区域”编辑框右侧的折叠按钮，在工作表中用鼠标拖动选择条件区域。单击“确定”按钮。

4．取消筛选

对于不再需要的筛选，可以将其取消。

（1）若要取消在数据表中对某一列进行的筛选，可以单击该列列标题右侧的筛选按钮，在展开的下拉列表中选择“全选”复选框，然后单击“确定”按钮，此时筛选按钮和筛选标记消失，该列所有数据显示出来。

（2）若要取消在工作表中对所有列进行的筛选，可单击“数据”选项卡“排序和筛选”组中的“清除”按钮，此时筛选标记消失，所有列数据显示出来。

（3）若要删除工作表中的筛选箭头，可单击“数据”选项卡“排序和筛选”组中的“筛选”按钮。

4.4.3 分类汇总

分类汇总是把数据表中的数据分门别类地统计处理，不需要建立公式即可快速分级显示汇总结果。进行分类汇总的数据列表第一行必须有列标签，并且在执行分类汇总命令之前必须先分类，即按某一字段排序，把同类别的数据放在一起，然后再进行求和、求平均等汇总计算。分类汇总一般在数据列表中进行。

分类汇总分为简单分类汇总、多重分类汇总和嵌套分类汇总。

1. 简单汇总

简单分类汇总指对数据表中的某一列以一种汇总方式进行分类汇总。具体操作步骤如下：

步骤 1：打开“销售业绩统计表”，选择汇总字段“区域”，并进行升序（或降序）排序。

步骤 2：单击“数据”选项卡“分级显示”组中的“分类汇总”按钮，弹出“分类汇总”对话框，如图 4-78 所示。

步骤 3：设置分类字段、汇总方式、汇总项、汇总结果的显示位置，如图 4-78 所示。

（1）分类字段：选定分类的字段（即排序的字段）。

（2）汇总方式：指定汇总函数，如求和、平均值、计数、最大值等。

分类汇总
分类字段(A):
区域
汇总方式(U):
计数
选定汇总项(D):
☑ 区域
☑ 替换当前分类汇总(C)
☐ 每组数据分页(P)
☑ 汇总结果显示在数据下方(S)
全部删除(R) 确定 取消

图 4-78 “分类汇总”对话框

（3）选定汇总项：选定汇总函数进行汇总的字段项。

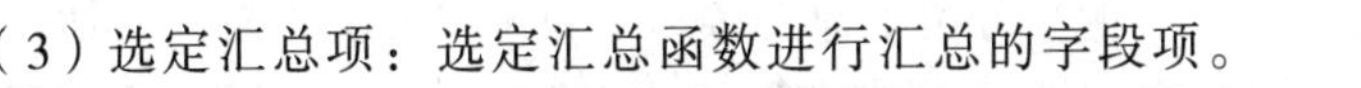

单击“确定”按钮，结果如图 4-79 所示，在工作表数据的最下方插入汇总行。

编号	销售员		区域	第一季度	第二季度	第三季度	第四季度
0006	李海		东北	￥19,400	￥15,800	￥17,500	￥15,600
0008	黄小玉		东北	￥13,500	￥14,900	￥16,800	￥16,800
		东北 计数	2				
0001	方春		华北	￥17,000	￥11,000	￥21,000	￥16,000
0007	宁夏		华北	￥13,600	￥14,000	￥16,900	￥16,900
0009	张平		华北	￥18,000	￥11,700	￥15,900	￥14,600
0010	吴涛		华北	￥11,500	￥15,200	￥17,600	￥19,400
		华北 计数	4				
0003	李红		华东	￥18,000	￥109,000	￥19,000	￥17,000
		华东 计数	1				
0011	段绍文		华南	￥11,200	￥13,600	￥18,800	￥14,600
0012	罗丽平		华南	￥18,200	￥18,000	￥16,900	￥15,500
0013	胡彬		华南	￥14,300	￥17,500	￥15,800	￥16,900
		华南 计数	3				
0004	李梅		西北	￥16,000	￥14,500	￥14,500	￥18,900
0005	董海平		西北	￥17,000	￥16,700	￥18,600	￥17,600
		西北 计数	2				
0002	陈佳		西南	￥19,000	￥115,000	￥14,100	￥18,300
0014	齐婷		西南	￥10,500	￥16,500	￥15,800	￥18,800
0015	邓亚飞		西南	￥11,800	￥17,000	￥17,900	￥17,200
		西南 计数	3				
		总计数	15				

图 4-79 简单分类汇总结果

在分类汇总表的左侧可以看到分级显示的3个按钮标志："1"代表总计；"2"代表分类合计；"3"代表明细数据。

（1）单击按钮"1"将显示全部数据的汇总结果，不显示具体数据。

（2）单击按钮"2"将显示总的汇总结果和分类汇总结果，不显示具体数据。

（3）单击按钮"3"将显示全部汇总结果和明细数据。

（4）单击"+"和"-"按钮可以打开或折叠某些数据。

分级显示也可以通过单击"数据"选项卡"分级显示"选项组中的"显示明细数据"按钮打开，如图4-80所示。

如果不需要分级显示时，可以根据需要将其部分或全部地分级删除。选择要取消分级显示的行，然后选择"数据"选项卡"分级显示"组中的"取消组合"→"清除分级显示"命令，可取消部分分级显示。

要取消全部分级显示，可单击分类汇总工作表中的任意单元格，然后选择"数据"选项卡"分级显示"组中的"取消组合"→"清除分级显示"命令即可。

2. 多重分类汇总

对工作表中的某列数据选择两种或两种以上的分类汇总方式或汇总项进行汇总，就称多重分类汇总，也就是说，多重分类汇总每次用的"分类字段"总是相同的，而汇总方式或汇总项不同。具体操作步骤如下：

步骤1：打开"销售业绩统计表"，此工作表已对"区域"进行了"计数"统计，如图4-79所示。

步骤2：单击"分级显示"组中的"分类汇总"按钮，弹出"分类汇总"对话框，设置"分类字段"为"区域"，"汇总方式"为"求和"，"选定汇总项"为"第一季度"，并取消选中"替换当前分类汇总"复选框，如图4-81所示。单击"确定"按钮，结果如图4-82所示。

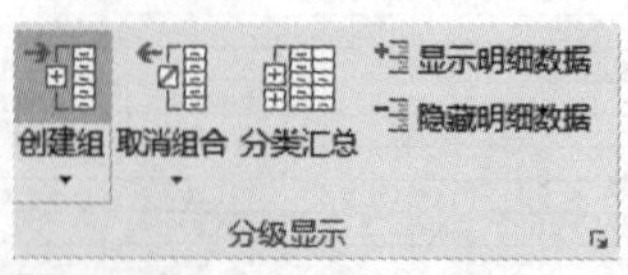

图4-80　分级显示汇总结果

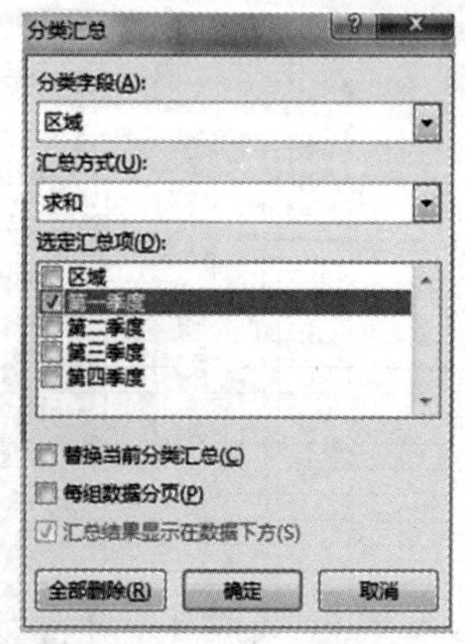

图4-81　设置多重汇总选项

3. 嵌套分类汇总

嵌套分类汇总是指在一个已经建立了分类汇总的工作表中再进行另外一种分类汇总，两次分类汇总的字段总是不相同。

销售业绩统计表

编号	销售员		区域	第一季度	第二季度	第三季度	第四季度
0008	黄小玉		东北	¥13,500	¥14,900	¥16,800	¥16,800
0006	李海		东北	¥19,400	¥15,800	¥17,500	¥15,600
			东北 汇总	¥32,900			
		东北 计数	2				
0010	吴涛		华北	¥11,500	¥15,200	¥17,600	¥19,400
0007	宁夏		华北	¥13,600	¥14,000	¥16,900	¥16,900
0001	方春		华北	¥17,000	¥11,000	¥21,000	¥16,000
0009	张平		华北	¥18,000	¥11,700	¥15,900	¥14,600
			华北 汇总	¥60,100			
		华北 计数	4				
0003	李红		华东	¥18,000	¥109,000	¥19,000	¥17,000
			华东 汇总	¥18,000			
		华东 计数	1				
0011	段绍文		华南	¥11,200	¥13,600	¥18,800	¥14,600
0013	胡彬		华南	¥14,300	¥17,500	¥15,800	¥16,900
0012	罗丽平		华南	¥18,200	¥18,000	¥16,900	¥15,500
			华南 汇总	¥43,700			
		华南 计数	3				
0004	李梅		西北	¥16,000	¥14,500	¥14,500	¥18,900
0005	董海平		西北	¥17,000	¥16,700	¥18,600	¥17,600
			西北 汇总	¥33,000			
		西北 计数	2				
0014	齐婷		西南	¥10,500	¥16,500	¥15,800	¥18,800
0015	邓亚飞		西南	¥11,800	¥17,000	¥17,900	¥17,200
0002	陈佳		西南	¥19,000	¥115,000	¥14,100	¥18,300
			西南 汇总	¥41,300			
			总计	¥229,000			
		西南 计数	3				
		总计数	20				

图 4-82　多重汇总结果

在建立嵌套分类汇总前也要首先对工作表中需要进行分类汇总的字段进行排序，排序的主要关键字应该是第 1 级汇总关键字，排序的次要关键字应该是第 2 级汇总关键字，其他依此类推。

有几套分类汇总就需要进行几次分类汇总操作，第 2 次汇总在第 1 次汇总的结果上进行操作；第 3 次汇总操作在第 2 次汇总的结果上进行操作，依此类推。

4. 取消分类汇总

删除分类汇总时，Excel 将删除与分类汇总一起插入到列表中的分级显示符号和任何分页符。要删除分类汇总，具体操作步骤如下：

步骤 1： 单击工作表中包含分类汇总的任意单元格。

步骤 2： 单击“数据”选项卡“分级显示”组中的“分类汇总”按钮。

步骤 3： 在弹出的“分类汇总”对话框中单击“全部删除”按钮，分级显示符号消失。

4.4.4 合并计算

所谓合并计算，是指用来汇总一个或多个源区域中数据的方法。合并计算不仅可以进行求和汇总，还可以进行求平均值、计数统计和求标准差等运算，利用它可以将各单独工作表的数据合并计算到一个主工作表中。单独工作表可以与主工作表在同一个工作簿中，也可位于其他工作簿中。

要想合并计算数据，首先必须为合并数据定义一个目标区，用来显示合并后的信息，此目标区域可位于与源数据相同的工作表中，也可在另一个工作表中；其次，需要选择要合并计算的数据源，此数据源可以来自单个工作表、多个工作表或多个工作簿。

Excel 提供了两种合并计算数据的方法：一是按位置合并计算；二是按分类合并计算。

1. 按位置合并计算

按位置合并计算要求源区域中的数据使用相同的行标签和列标签，并按相同的顺序排列在工作表中，且没有空行或空列。

例如：已知各学生在第一学期和第二学期的各科成绩（位于不同的工作表中），现在要将它们合并计算到一个主工作表中，操作步骤如下：

步骤 1：打开需要合并计算的工作簿，单击“按位置合并计算”工作表标签，该工作表的格式与“第一学期”和“第二学期”工作表完全相同，单击要放置结果单元格区域左上角的 B2 单元格，然后单击“数据”选项卡“数据工具”组中的“合并计算”按钮。

步骤 2：弹出“合并计算”对话框，如图 4-83 所示，在“函数”下拉列表中选择“求和”函数，单击“引用位置”右侧的折叠按钮。

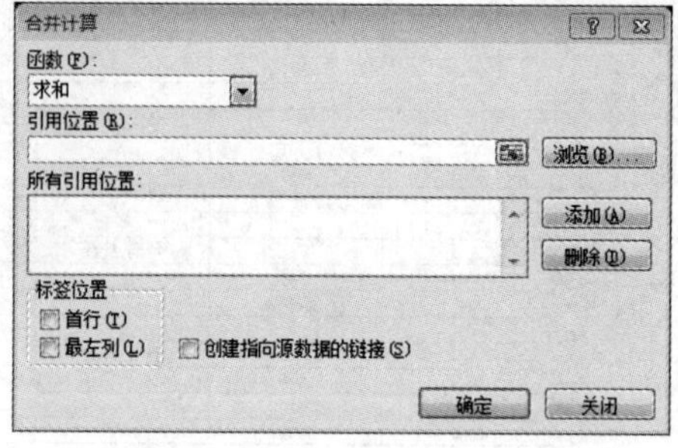

图 4-83 【合并计算】对话框

步骤 3：选择第一个源数据区域：单击“第一学期”工作表标签，然后在工作表中选择要合并的数据，如图 4-84（a）所示，单击“合并计算-引用设置”右侧的折叠按钮，返回“合并计算”对话框。

步骤 4：单击“添加”按钮将第一个数据源区域添加到“所有引用位置”列表中，如图 4-84（b）所示，然后单击“引用位置”右侧的折叠按钮。

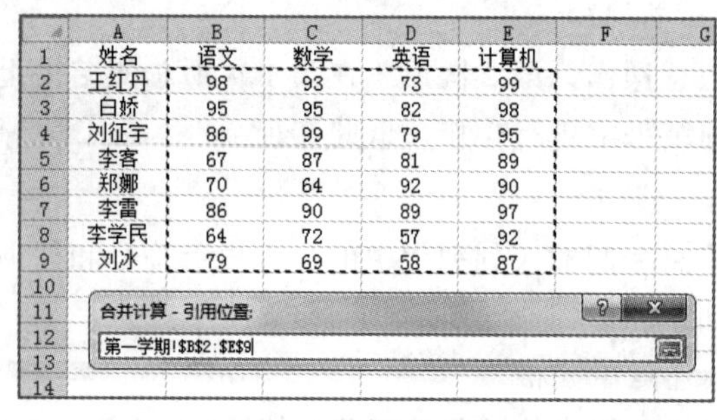

	A	B	C	D	E
1	姓名	语文	数学	英语	计算机
2	王红丹	98	93	73	99
3	白娇	95	95	82	98
4	刘征宇	86	99	79	95
5	李容	67	87	81	89
6	郑娜	70	64	92	90
7	李雷	86	90	89	97
8	李学民	64	72	57	92
9	刘冰	79	69	58	87

（a）

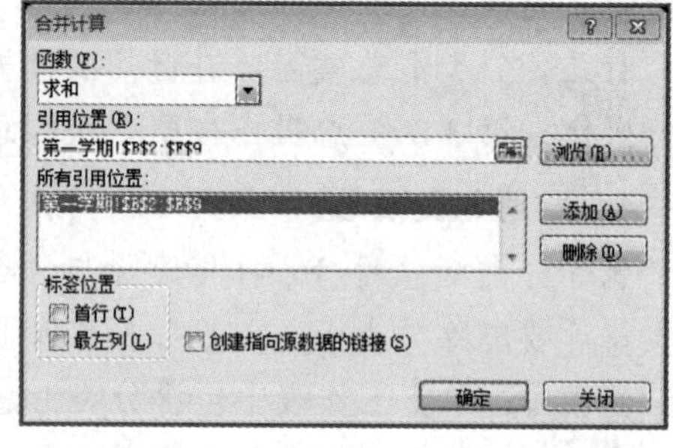

（b）

图 4-84 添加第一个数据源区域

步骤 5：选择第二个数据源区域：单击“第二学期”工作表标签，在工作表中选择要合并的数据，单击“合并计算-引用设置”对话框中的折叠按钮，返回“合并计算”对话框。

步骤 6：单击“添加”按钮，将第二个数据源添加到“所有引用位置”列表中，取消“标签位置”设置区中的复选框，然后单击“确定”按钮，结果如图 4-85 所示。

	A	B	C	D	E
1	姓名	语文	数学	英语	计算机
2	王红丹	193	191	149	198
3	白娇	190	190	164	196
4	刘征宇	172	198	158	190
5	李容	134	174	162	178
6	郑娜	140	128	184	180
7	李雷	172	180	178	194
8	李学民	128	144	114	184
9	刘冰	158	138	116	174

图 4-85 “按位置合并计算”结果

2. 按分类合并计算

当源区域中的数据没有相同的组织结构，但有相同的行标签或列标签时，可采用按分类合并计算方式进行汇总。

例如，已知各学生第一学期和第三学期的各科成绩，现在要将它们合并计算到一个主工作表中，操作步骤如下：

步骤 1：打开需要合并计算的工作簿，可以看到，“第一学期”“第三学期”两张工作表的行标签相同，但列标签（即姓名）不同。

步骤 2：单击“按分类合并计算”工作表标签，然后单击要放置结果单元格区域左上角的 A1 单元格，再单击“数据”选项卡“数据工具”组中的“合并计算”按钮。

步骤 3：弹出“合并计算”对话框，在“函数”下拉列表中选择“求和”函数，单击“引用位置”右侧折叠按钮。

步骤 4：选择第一个数据源区域：单击“第一学期”工作表标签，然后在工作表中选择要合并的数据，如图 4-86（a）所示，再单击“合并计算-引用设置”对话框中的折叠按钮，返回“合并计算”对话框。

步骤 5：单击“添加”按钮将第一个数据源区域添加到“所有引用位置”列表中，如图 4-86（b）所示，然后单击“引用位置”右侧的折叠按钮。

	A	B	C	D	E	F
1	姓名	语文	数学	英语	计算机	
2	王红丹	98	93	73	99	
3	白娇	95	95	82	98	
4	刘征宇	86	99	79	95	
5	李客	67	87	81	89	
6	郑娜	70	64	92	90	
7	李雷	86	90	89	97	
8	李学民	64	72	57	92	
9	刘冰	79	69	58	87	
10						
11	合并计算 - 引用位置:					
12	第一学期!$A$1:$E$9					
13						

（a）

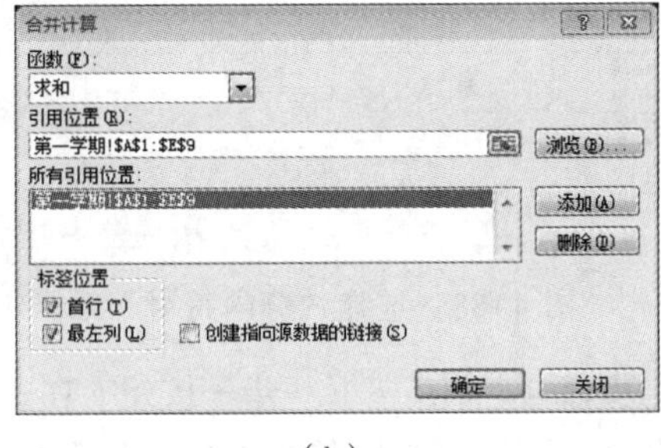

（b）

图 4-86　添加第一个数据源区域

步骤 6：选择第二个数据源区域：单击“第三学期”工作表标签，然后在工作表中选择要合并的数据，再单击“合并计算-引用设置”对话框中的折叠按钮，返回“合并计算”对话框。

步骤 7：单击“添加”按钮，将第二个数据源添加到“所有引用位置”列表中。为方便查看数据，选中“合并计算”对话框中的“首行”和“最左列”复选框，然后单击“确定”按钮，结果如图 4-87 所示。

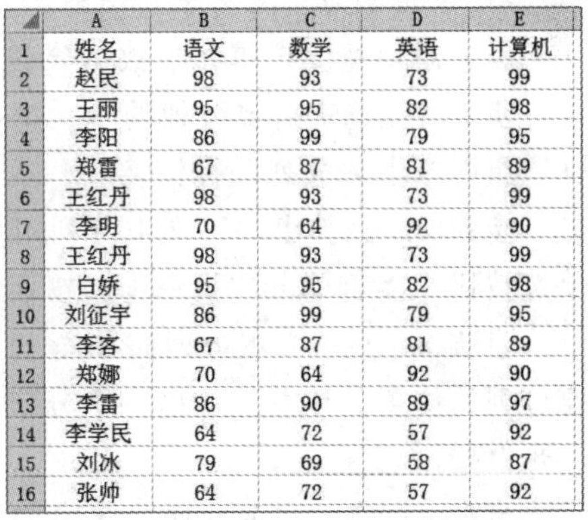

	A	B	C	D	E
1	姓名	语文	数学	英语	计算机
2	赵民	98	93	73	99
3	王丽	95	95	82	98
4	李阳	86	99	79	95
5	郑雷	67	87	81	89
6	王红丹	98	93	73	99
7	李明	70	64	92	90
8	王红丹	98	93	73	99
9	白娇	95	95	82	98
10	刘征宇	86	99	79	95
11	李客	67	87	81	89
12	郑娜	70	64	92	90
13	李雷	86	90	89	97
14	李学民	64	72	57	92
15	刘冰	79	69	58	87
16	张帅	64	72	57	92

图 4-87　“按分类合并计算”结果

4.4.5　数据分列

Excel 中分列是对某一数据按一定的规则分成两列以上。分列时，选择要进行分列的数据列或区域，再单击“数据”选项卡“数据工具”组中的“分列”按钮，分列有向导，按照向导进行即可。关键是分列的规则，有分隔符号，有固定列宽，但一般应视情况选择某些特定的符号，如空格、逗号、分号等。

1. 使用分隔符对单元格数据分列

使用分隔符对单元格数据分列的具体步骤如下：

步骤 1：选中需要分列的单元格或单元格区域，选择“数据”选项卡，在“数据工具”组中单击“分列”按钮。

步骤 2：在弹出的“文本分列向导-第 1 步，共 3 步”对话框中，选中“分隔符号”单选按钮，接着单击“下一步”按钮，如图 4-88 所示。

步骤 3：在“文本分列向导-第 2 步，共 3 步”对话框中的“分隔符号”栏中选中“空格”复选框，在下面的“数据预览”栏中可以看到分隔后的效果，如图 4-89 所示。

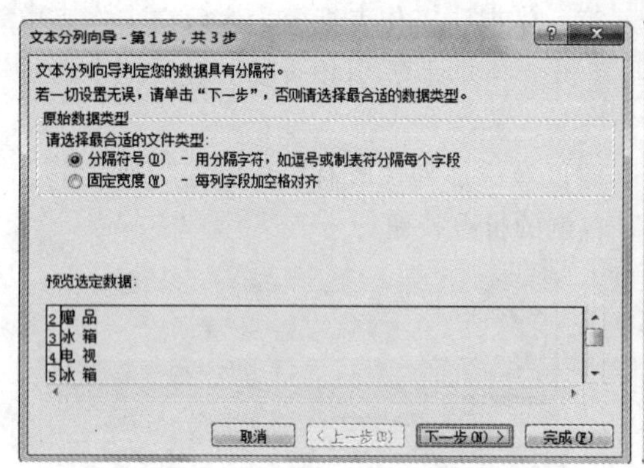

图 4-88　选择“分隔符号”项

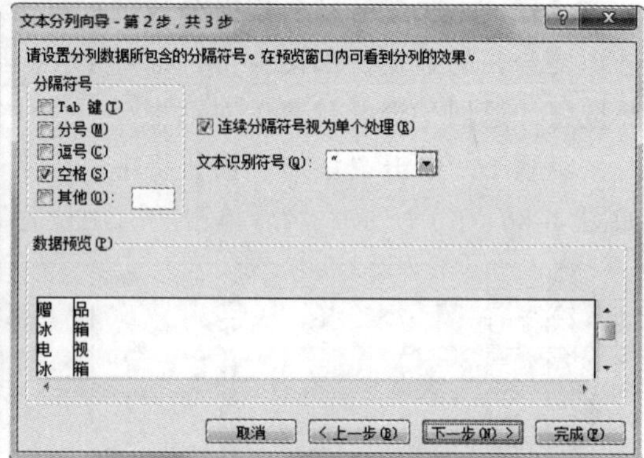

图 4-89　选择分隔符号

步骤 4：单击“下一步”按钮，在“文本分列向导-第 3 步，共 3 步”对话框中的“列数据格式”栏中根据需要选择一种数据格式，如“文本”。单击“完成”按钮，即可完成数据的分列。

2. 设置固定宽度对单元格数据分列

设置固定宽度对单元格数据分列的具体步骤如下：

步骤 1：选中需要分列的单元格或单元格区域，选择“数据”选项卡，在“数据工具”组中单击“分列”按钮。

步骤 2：在弹出的“文本分列向导-第 1 步，共 3 步”对话框中，选中“固定宽度”单选按钮，接着单击“下一步”按钮。

步骤 3：在“文本分列向导-第 2 步，共 3 步”对话框中的“数据预览”栏中单击需要分列的位置，接着显示出一个分列线，分列线所在的位置就是分列的位置，单击“下一步”按钮。

步骤 4：在“文本分列向导-第 3 步，共 3 步”对话框中的“列数据格式”栏中根据需要选择一种数据格式，如“文本”。单击“完成”按钮，即可完成数据的分列。

4.4.6　数据透视表

1. 数据透视表概述

数据透视表是一种交互、交叉制表的 Excel 报表，用于对多种来源的数据进行汇总和分析。

为确保数据可用于数据透视表，在创建数据源时需要做到如下几个方面：

（1）删除所有空行或空列。

（2）删除所有自动小计。

（3）确保第一行包含列标签。

（4）确保各列只包含一种类型的数据，而不能是文本与数字的混合。

数据透视表的组成元素：

（1）页字段：用于筛选整个数据透视表，是数据透视表中指定为页方向的源数据列表中的字段。

（2）行字段：在数据透视表中指定为行方向的源数据列表中的字段。

（3）列字段：在数据透视表中指定为列方向的源数据列表中的字段。

（1）数据字段：数据字段提供要汇总的数据值。常用数字字段可用求和函数、平均值等函数合并数据。

2. 数据透视表的新建

利用数据透视表可以进一步分析数据，可以得到更为复杂的结果。下面用“销售业绩统计表”创建数据透视表为例进行操作，操作步骤如下：

步骤 1：单击需要建立数据透视表的数据清单中任意一个单元格，如图 4-90 所示。

步骤 2：单击“插入”选项卡“表格”组中的“数据透视表”按钮，弹出“创建数据透视表”对话框，如图 4-91 所示。

	A	B	C	D	E	F	G
1	编号	销售员	区域	第一季度	第二季度	第三季度	第四季度
2	0001	方春	华北	¥17,000	¥11,000	¥21,000	¥16,000
3	0002	陈佳	西南	¥19,000	¥115,000	¥14,100	¥18,300
4	0003	李红	华东	¥18,000	¥109,000	¥19,000	¥17,000
5	0004	李梅	西北	¥16,000	¥14,500	¥14,500	¥18,900
6	0005	董海平	西北	¥17,000	¥16,700	¥18,600	¥17,600
7	0006	李海	东北	¥19,400	¥15,800	¥17,500	¥15,600
8	0007	宁夏	华北	¥13,600	¥14,000	¥16,900	¥16,900
9	0008	黄小玉	东北	¥13,500	¥14,900	¥16,800	¥16,800
10	0009	张平	华北	¥18,000	¥11,700	¥15,900	¥14,600
11	0010	吴涛	华北	¥11,500	¥15,200	¥17,600	¥19,400
12	0011	段绍文	华南	¥11,200	¥13,600	¥18,800	¥14,600
13	0012	罗丽平	华南	¥18,200	¥18,000	¥16,900	¥15,500
14	0013	胡彬	华南	¥14,300	¥17,500	¥15,800	¥16,900
15	0014	齐婷	西南	¥10,500	¥16,500	¥15,800	¥18,800
16	0015	邓亚飞	西南	¥11,800	¥17,000	¥17,900	¥17,200
17							

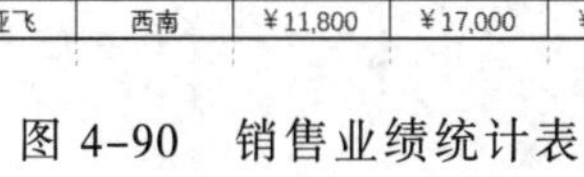

图 4-90 销售业绩统计表

图 4-91 “创建数据透视表”对话框

步骤 3：在“请选择要分析的数据”区域中，选中“选择一个表或区域”单选按钮，在“表/区域”文本框中输入或使用鼠标选取引用位置，如“Sheet1!$A$1:$G$16”。

步骤 4：在“选择放置数据透视表的位置”区域选中“现有工作表”单选按钮，在“位置”文本框中输入数据透视表的存放位置，如“Sheet1!$I$2”。单击“确定”按钮，一个空的数据透视表将添加到指定的位置，并显示数据透视表字段列表，以便用户可以开始添加字段、创建布局和自定义数据透视表，如图 4-92 所示。

3. 数据透视表的编辑

新建立的数据透视表只是一个框架，要得到相应的分析数据，则需要根据实际需要合理地设置字段，同时也需要进行相关的设置操作。

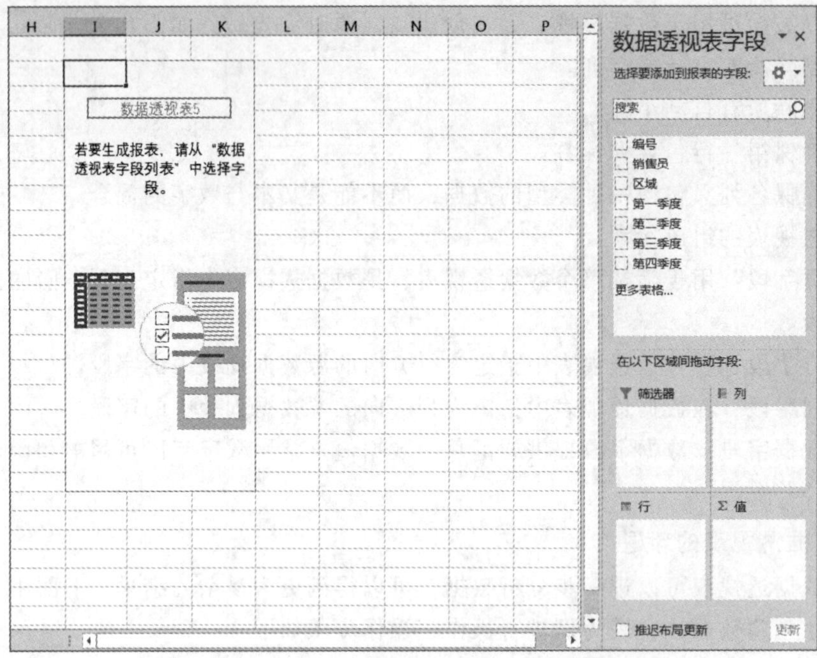

图 4-92　创建初始数据透视表

1）添加字段

步骤 1：在右侧的字段列表中选中“销售员”字段，然后右击，在弹出的快捷菜单中选择“添加到行标签”命令，如图 4-93 所示，即可让字段显示在指定位置，同时数据透视表也做相应的显示（不再为空）。

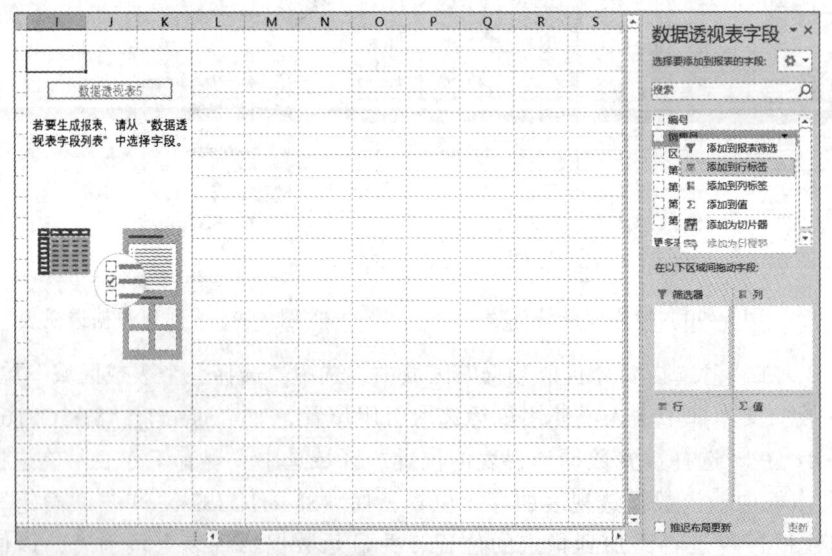

图 4-93　添加字段

步骤 2：按相同的方法可以添加“第一季度”字段到“数值”列表中，此时可以看到数据透视表中统计了销售员第一季度销售情况，如图 4-94 所示。

图 4-94　添加字段后的统计效果

2）删除字段

要实现不同的统计结果，需要不断地调整字段的布局，因此对于之前设置的字段，如果不需要可以将其从“列标签”或“行标签”中删除，在“字段列表”中取消其前面的选中状态即可删除。

4.5　图表的插入应用

4.5.1　迷你图

迷你图是工作表单元格中的一个微型图表，是数据的直观表示形式。使用迷你图可以显示一系列数值的变化趋势，或者可以突出显示最大值和最小值。在数据旁边放置迷你图，使数图同表，强化表格数据的内容显示效果。

迷你图不是对象，它实际上是单元格背景中的一个微型图表。

1. 插入迷你图

在工作表中插入迷你图的具体操作步骤如下：

步骤 1：打开“迷你图”工作簿，单击“一周股票走势”工作表标签。

步骤 2：选择空白单元格 G3，单击“插入”选项卡“迷你图”组中的“折线图”按钮。

步骤 3：弹出“创建迷你图”对话框，单击“数据范围”右侧的折叠按钮，如图 4-95 所示。

步骤 4：返回工作表，单击选择要创建迷你图的单元格区域 B3:F3，然后单击“创建迷你图”对话框中的折叠按钮，如图 4-96 所示。

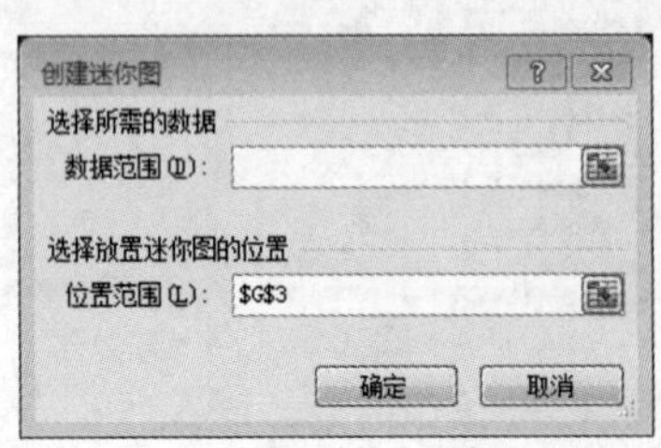

图 4-95 “创建迷你图”对话框

	A	B	C	D	E	F	G
1	一周股票走势						
2		星期一	星期二	星期三	星期四	星期五	
3	天药股份	15.71	14.23	13.86	15.23	12.36	
4	广济药业	7.65	7.88	4.66	7.75	7.95	
5	民生银行	13.32	15.65	18.95	18.95	16.52	
6	浦发银行	21.33	14.25	13.65	14.68	15.34	
7							
8			创建迷你图				
9							
10			B3:F3				
11							

图 4-96 选择单元格区域

步骤 5：返回“创建迷你图”对话框，单击“位置范围”右侧的折叠按钮，单击 G3 单元格，再单击“创建迷你图”对话框中的折叠按钮，返回对话框，单击“确定”按钮，迷你图创建完成，结果如图 4-97 所示。

	A	B	C	D	E	F	G
1	一周股票走势						
2		星期一	星期二	星期三	星期四	星期五	
3	天药股份	15.71	14.23	13.86	15.23	12.36	
4	广济药业	7.65	7.88	4.66	7.75	7.95	
5	民生银行	13.32	15.65	18.95	18.95	16.52	
6	浦发银行	21.33	14.25	13.65	14.68	15.34	

图 4-97 添加迷你图后的效果

2. 更改迷你图数据

迷你图创建完毕后，若用户需要更改创建迷你图的数据范围，可以重新选择创建迷你图的数据区域。具体操作步骤如下：

步骤 1：打开“迷你图”工作簿，单击“更改迷你图数据”工作表标签，选中要更改数据的 G3 单元格。

步骤 2：单击“设计”选项卡，单击“迷你图”组中的“编辑数据”下拉按钮，在其下拉列表中选择“编辑单个迷你图的数据”命令，如图 4-98 所示。

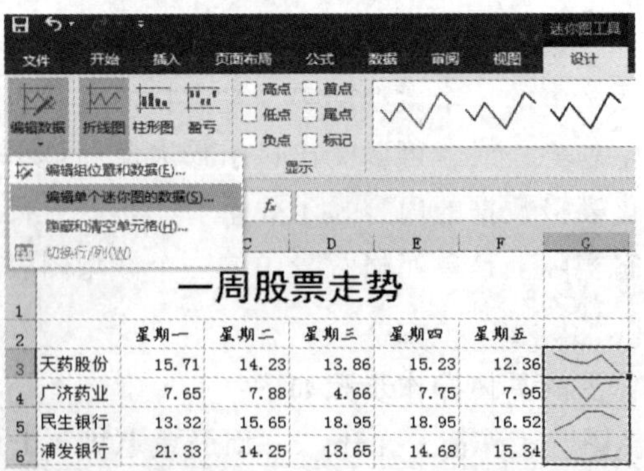

图 4-98 选择“编辑单个迷你图的数据”选项

步骤 3：弹出“编辑迷你图数据”对话框，单击折叠按钮，重新选择单元格区域，然后单击“编辑迷你图数据”对话框中的折叠按钮，返回“编辑迷你图数据”对话框，单击“确定”按钮，即更改完成。

3. 更改迷你图类型

根据需要更改迷你图的图表类型，Excel 提供 3 种迷你图的类型。

步骤 1：打开“迷你图”工作簿，单击“更改迷你图类型”工作表标签。

步骤 2：选中“更改迷你图类型”工作表的单元格区域 G3:G6，单击“设计”选项卡“类型”组中的“柱形图”按钮，此时可以看到选中单元格区域中的迷你图由折线图变成了柱形图，如图 4-99 所示。

	A	B	C	D	E	F	G
1	一周股票走势						
2		星期一	星期二	星期三	星期四	星期五	
3	天药股份	15.71	14.23	13.86	15.23	12.36	
4	广济药业	7.65	7.88	4.66	7.75	7.95	
5	民生银行	13.32	15.65	18.95	18.95	16.52	
6	浦发银行	21.33	14.25	13.65	14.68	15.34	

图 4-99 更改迷你图类型后的效果

4. 显示迷你图中不同的点

在迷你图中可以显示出数据的高点、低点、首点、尾点、负点和标记。在迷你图中显示出适当的点后，使用户更易观察迷你图的意义。具体操作步骤如下：

步骤 1：打开“迷你图”工作簿，单击“显示不同的点”工作表标签。

步骤 2：选中“显示不同的点”工作表的单元格区域 G3:G6，选中“设计”选项卡“显示”组中的“高点”和“低点”复选框。

步骤 3：经过步骤 2 的操作之后，此时可以看到迷你图中已经显示了数据的高点和低点，如图 4-100 所示。

	A	B	C	D	E	F	G
1	一周股票走势						
2		星期一	星期二	星期三	星期四	星期五	
3	天药股份	15.71	14.23	13.86	15.23	12.36	
4	广济药业	7.65	7.88	4.66	7.75	7.95	
5	民生银行	13.32	15.65	18.95	18.95	16.52	
6	浦发银行	21.33	14.25	13.65	14.68	15.34	

图 4-100 显示数据的高点和低点后的效果

4.5.2 图表

1. 图表概述

图表以图形化方式表示工作表中的内容，由于图表具有较好的视觉效果，所以可以使用户更加方便地查看数据的差异和预测趋势。使用图表还可以让工作表中抽象的数据直观化，让平面的数据立体化。

1）图表组成

图表由许多部分组成，每一部分就是一个图表项，如标题、坐标轴，有的图表项是成组的，如图例、数据系列等，如图 4-101 所示。

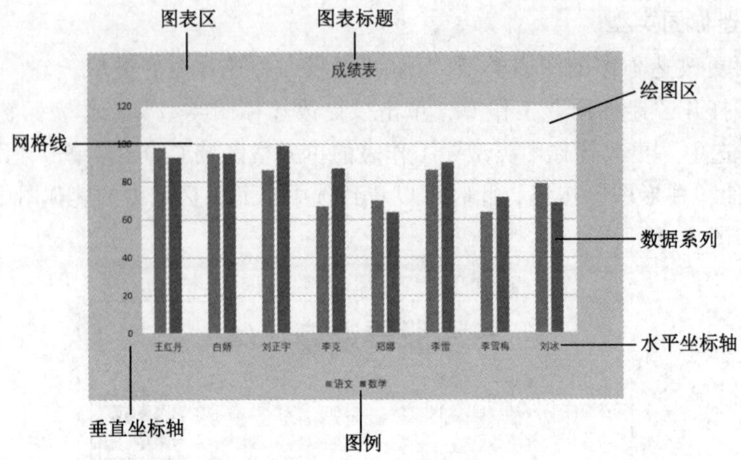

图 4-101　图表组成元素

（1）图表区：整个图表及包含的所有对象。

（2）绘图区：绘制数据图形的区域，包括坐标轴、网格线和数据系列。

（3）图表标题：图表的标题。

（4）数据系列：在图表中绘制的相关数据点，这些数据源自数据表的行或列。每个数据系列具有唯一的颜色或图案，并且在图表的图例中表示。可以在图表中绘制一个或多个数据系列。饼图只有一个数据系列。

（5）坐标轴：绘图边缘的直线，为图表提供计量和比较的参考模型。分类轴（x 轴）和数值轴（y 轴）组成了图表的边界并包含相对于绘制数据的比例尺。饼图没有坐标轴。

（6）网格线：从坐标轴刻度线延伸开来并贯穿整个绘图区的可选线条系列。

（7）图例：用于标记不同数据系列的符号、图案和颜色，每一个数据系列的名字作为图例的标题，可以把图例移到图表中的任何位置。

2）图表类型

Excel 提供了柱形图、条形图、折线图、饼图、XY（散点图）、面积图等十几种图表类型，每种类型又有若干种子类型，在创建图表时需要针对不同的应用场景，选择不同的图表类型。Excel 图表类型的用途如下：

（1）柱形图。柱形图用于显示一段时间内的数据变化或显示各项之间的比较情况。在柱形图中，通常沿水平坐标轴组织类别，沿垂直坐标轴显示数值。

（2）折线图。折线图可以显示随时间而变化的连续数据，通常非常适用于显示在相等时间间隔下数据的趋势。在折线图中，通常类别沿水平轴均匀分布，所有的数值沿垂直轴均匀分布。

（3）饼图。饼图显示一个数据系列中各项数值的大小、各项数值占总和的比例。饼图中的数据点显示为整个饼图的百分比。饼图大类下包含的圆环图也显示各个部分与整体之间的关系，但是它可以包含多个数据系列。

（4）条形图。条形图显示各持续型数据之间的比较情况。在条形图中，通常沿垂直坐标轴组织类别，沿水平坐标轴组织值。当轴标签很长且显示的值为持续时间时，可考虑使用条形图。

（5）面积图。面积图显示数值随时间或其他类别数据变化的趋势。面积图强调数量随时间而变化的程度，用于引起人们对总值趋势的注意，并可显示部分与整体的关系。

（6）XY 散点图。散点图显示若干数据系列中各数值之间的关系，或者将两组数绘制为 *xy* 坐标的一个系列。散点图有两个数值轴，沿水平坐标轴（*x* 轴）方向显示一组数值数据，沿垂直坐标轴（*y* 轴）方向显示另一组数值数据。散点图通常用于显示和比较数值，例如科学数据、统计数据和工程数据。散点图大类下包含的气泡图用于比较成组的三个值而非两个值，其中第三个值确定气泡数据点的大小。

（7）股价图。股价图通常用来显示股价的波动，也可以用于其他科学数据。例如，可以使用股价图来显示日降雨量、每年温度的波动。必须按正确的顺序来组织数据才能创建股价图。

（8）曲面图。曲面图可以找到两组数据之间的最佳组合。当类别和数据系列都是数值时，可以使用曲面图。

（9）雷达图。雷达图用于比较若干数据系列的聚合值，图中显示数据值相对于中心点的变化。

（10）树状图。树状图通过提供数据的分层视图，用于比较分类的不同级别，非常适合比较层次结构内的比例。树状图按颜色和接近度显示类别，并可以轻松显示大量数据。当层次结构内存在空（空白）单元格时可以绘制树状图。树状图没有子类型。

（11）旭日图。旭日图用于显示分层数据，可以在层次结构中存在空（空白）单元格时进行绘制。层次结构的每个级别均通过一个环或圆形表示，最内层的圆表示层次结构的顶级。旭日图在显示一个环如何被划分为作用片段时最有效。旭日图没有子类型。

（12）直方图。直方图用于显示分布内的频率。图表中的每一列称为箱。

（13）箱形图。箱形图用于显示数据到四分位点的分布，突出显示平均值和离群值。当有多个数据集以某种方式彼此相关时，可使用箱形图。箱形图没有子类型。

（14）瀑布图。瀑布图用于显示加上或减去数值时的财务数据累计汇总。瀑布图有助于理解一系列正值和负值对初始值的影响。瀑布图没有子类型。

（15）组合图。组合图通过次坐标轴将两种或更多图表类型组合在一起，以便数据更容易被理解，特别是当数据变化范围较大时，组合图展示更清晰易懂。例如，可以将柱形图和折线图组合在一起，一张图中分别展示不同类别之间的比较和变化趋势。可以自定义不同组合图。

2. 创建图表

要创建图表，首先要在工作表中输入用于创建图表的数据，然后选择这些数据并选择一种图表类型。Excel 中的图表有两种，一种是嵌入式图表，它和创建图表的数据源放置在同一张工作表中；另一种是独立图表，它是一张独立的图表工作表。

1）嵌入式图表

当要在一个工作表中查看或打印图表或数据透视图及其源数据或其他信息时，嵌入式图表非常有用。创建嵌入式图表操作步骤如下：

步骤 1：打开“图表”工作簿，选择要创建图表的数据区域 A1:A9、E1:E9，如图 4-102 所示。

	A	B	C	D	E
1	姓名	语文	数学	英语	计算机
2	王红丹	98	93	73	99
3	白娇	95	95	82	98
4	刘正宇	86	99	79	95
5	李克	67	97	81	89
6	郑娜	70	64	92	90
7	李雷	86	90	89	97
8	李雪梅	64	72	57	92
9	刘冰	79	69	58	87

图 4-102　选择数据区域

步骤 2：

（1）如果不清楚使用哪种图表类型比较合适，可以单击“插入”选项卡“图表”组中的“推荐的图表”按钮，如图 4-103 所示，系统会打开“插入图表”对话框，在“推荐的图表”选项卡中显示 Excel 推荐的图表类型，如图 4-104 所示，单击查看预览效果，预览后选中某一种类型，单击“确定”按钮，相应图表插入当前工作表中。

图 4-103　“插入”选项卡“图表”组

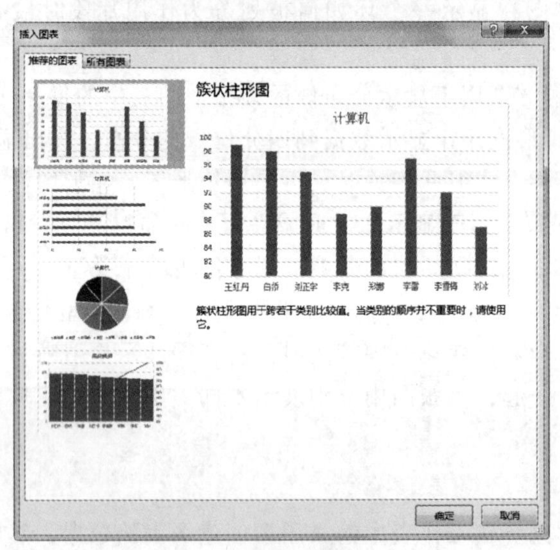

图 4-104　“推荐的图表”选项卡

（2）如果在“推荐的图表”选项卡中没有找到合适的类型，可以单击“所有图表”选项卡查看所有可用的图表类型，如图 4-105 所示，单击查看预览效果，预览后选中某一种类型，单击“确定”按钮，相应图表插入当前工作表中。

（3）如果在创建图表之前就确定了图表的类型（柱形图），则单击“插入”选项卡“图

表”组中的“插入柱形图或条形图”下拉按钮，在展开的下拉列表中选择“二维柱形图”中的“簇状柱形图”。

步骤 3：此时在工作表中插入一张嵌入式图表，并显示“图表工具”选项卡，如图 4-106 所示。

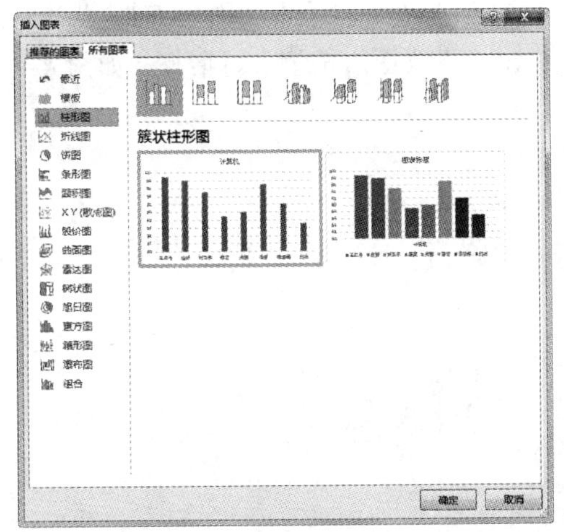

图 4-105 “所有图表”选项卡

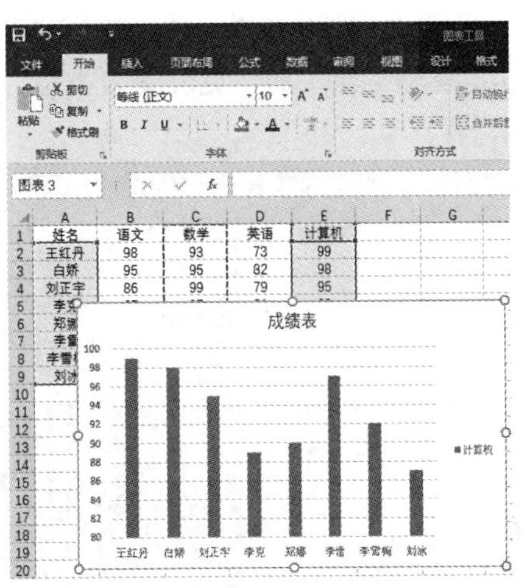

图 4-106 嵌入式图表

2）独立图表

如果要创建独立的图表，可先创建嵌入式图表，然后选中该图表，单击“图表工具-设计”选项卡“位置”组中的“移动图表”按钮，打开“移动图表”对话框，选中“新工作表”单选按钮，单击“确定”按钮，即可在原工作表的前面插入一张“Chart+数字”工作表以放置创建的图表。图 4-107 是将上面插入的嵌入式图表转换为独立图表的效果。

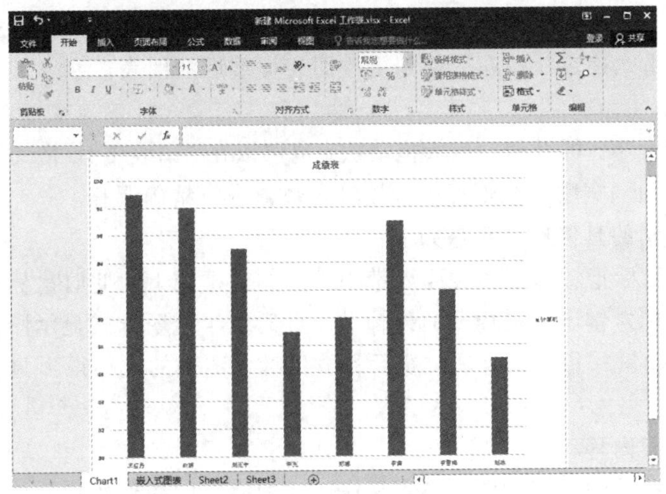

图 4-107 独立图表

3. 编辑图表

创建图表后，“图表工具”选项卡变为可用，并显示“设计”和“格式”2 个子选项卡。用户可以使用这些选项中的命令修改图表，以使图表按照用户所需的方式表示数据。

1）更改图表类型

对于大多数二维图表，可以更改整个图表的图表类型以赋予其完全不同的外观，也可以为任何单个数据系列选择另一种图表类型，使图表转换为组合图表。要更改图表类型，操作步骤如下：

步骤 1：选中要更改的图表，显示“图表工具”选项卡，单击“图表工具-设计”选项卡“类型”组中的“更改图表类型”按钮，弹出“更改图表类型”对话框，如图 4-108 所示。

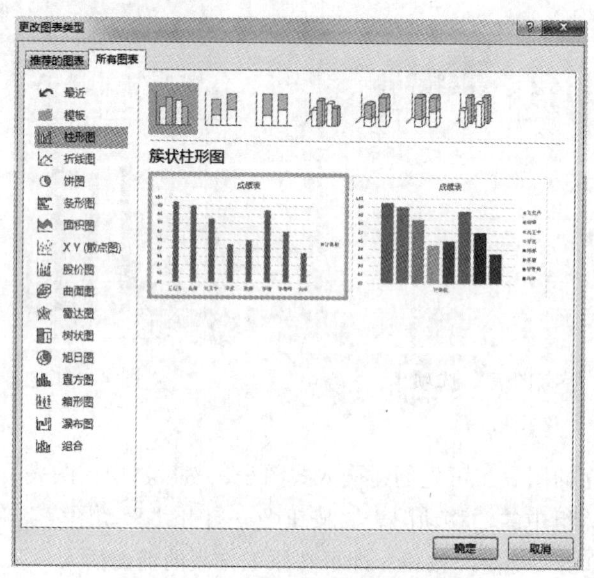

图 4-108 “更改图表类型”对话框

步骤 2：在“更改图表类型”对话框中选择“柱形图”中的其他样式。

步骤 3：单击“确定”按钮，得到更改图表类型后的图表。

2）调整图表大小

要调整图表大小，可以利用鼠标拖动法，也可以在“图表工具-格式”选项卡“大小”组中的“高度”和“宽度”编辑框中直接输入数值进行精确调整。

利用鼠标拖动的具体操作步骤如下：

步骤 1：将鼠标指针移到图表四周带小方点的边框线上，此时鼠标指针变成双向箭头形状，按住鼠标左键不放向内或向外拖动，此时以半透明方式显示图表拖动位置。

步骤 2：拖动鼠标指针到合适位置后释放鼠标，图表的大小得到调整。

3）移动图表

（1）在工作表内移动

在工作表内移动图表（此图表必须是嵌入式图表）的操作非常简单，将鼠标指针指向图表区的空白处，按住鼠标左键轻轻移动，此时鼠标指针变成“十”字箭头形状，将图表拖到工作表合适的位置松开鼠标左键，图表即被移到新的位置。

（2）在工作表间移动

选中图表后按【Ctrl+X】组合键将图表剪切并放置在剪贴板中，然后单击要移动到

的目标工作表的位置，按【Ctrl+V】组合键粘贴图表即可。

4）向图表中添加新的数据

向图表中添加数据时，嵌入式图表与独立图表的添加方式略有不同。

（1）向独立图表中添加数据

若要向独立图表中添加数据，直接将工作表中的数据复制并粘贴到图表中即可，操作步骤如下：

步骤 1：打开“图表”工作簿，单击“嵌入式图表”工作表标签，在工作表中选择 C1:C9 区域，然后复制该列数据。

步骤 2：单击“独立图表”工作表标签，选中图表，然后按【Ctrl+V】组合键，系统自动将复制的数据系列添加到图表工作表中。

（2）向嵌入式图表中添加数据

要将数据添加到嵌入式图表中，一般情况下使用拖动方式，但如果嵌入式图表是从非相邻选定区域生成的，则使用复制和粘贴命令。下面介绍使用复制和粘贴方式向图表添加数据的方法，操作步骤如下：

步骤 1：打开“图表”工作簿，单击“向嵌入式图表中添加数据”工作表标签，选中 C1:C9 区域，然后复制该列数据。

步骤 2：单击图表的图表区或绘图区以选中图表，然后按【Ctrl+V】组合键，如图 4-109 所示。

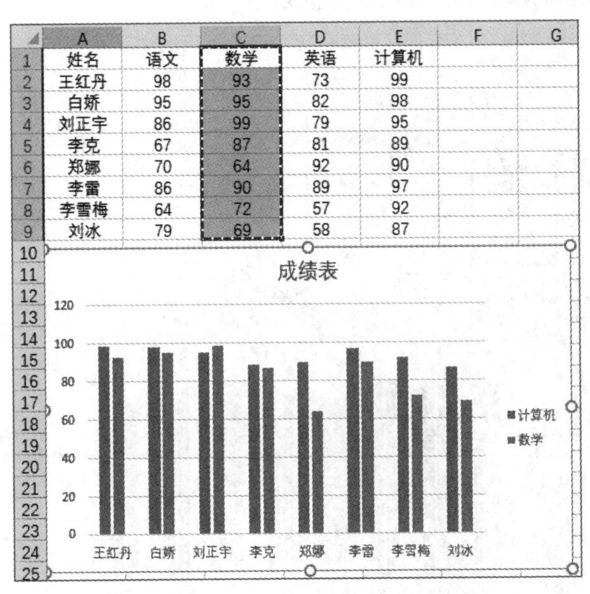

	A	B	C	D	E	F	G
1	姓名	语文	数学	英语	计算机		
2	王红丹	98	93	73	99		
3	白娇	95	95	82	98		
4	刘正宇	86	99	79	95		
5	李克	67	87	81	89		
6	郑娜	70	64	92	90		
7	李雷	86	90	89	97		
8	李雪梅	64	72	57	92		
9	刘冰	79	69	58	87		

图 4-109　向嵌入式图表中添加数据

5）删除图表中的数据

删除图表中的数据可以同时删除工作表中对应的数据，也可以保留工作表中的数据。要同时删除工作表和图表中的数据，可在工作表中直接删除不需要的数据，图表就会自动更新，如图 4-110 所示。

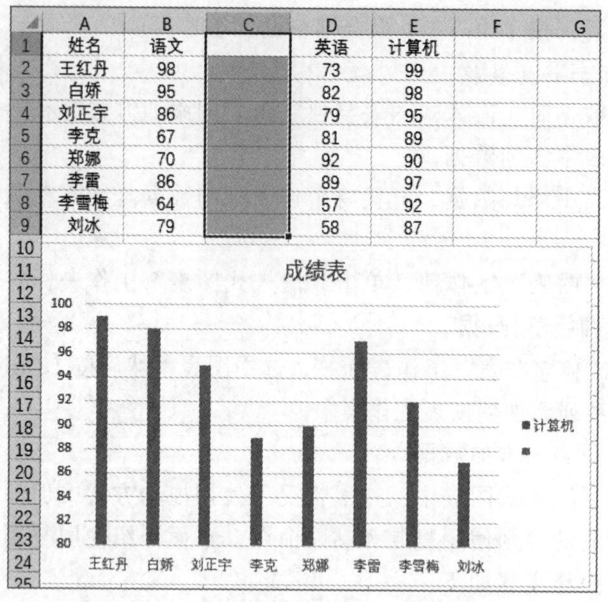

	A	B	C	D	E	F	G
1	姓名	语文		英语	计算机		
2	王红丹	98		73	99		
3	白娇	95		82	98		
4	刘正宇	86		79	95		
5	李克	67		81	89		
6	郑娜	70		92	90		
7	李雷	86		89	97		
8	李雪梅	64		57	92		
9	刘冰	79		58	87		

图 4-110　同时删除工作表和图表中的数据

若要删除图表中的数据，而不改变工作表中的数据，操作步骤如下：

步骤 1：在图表中单击要删除的数据系列中的任意一个，如“数学”列，如图 4-111 所示，选中的数据系列顶端呈圆形控制点显示。

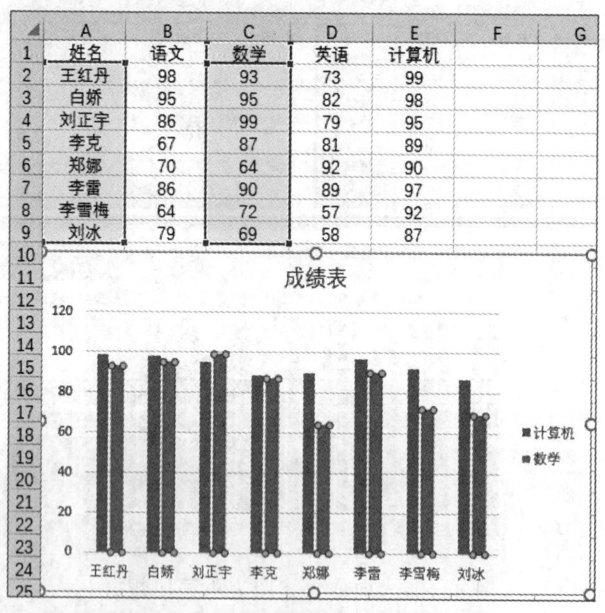

	A	B	C	D	E	F	G
1	姓名	语文	数学	英语	计算机		
2	王红丹	98	93	73	99		
3	白娇	95	95	82	98		
4	刘正宇	86	99	79	95		
5	李克	67	87	81	89		
6	郑娜	70	64	92	90		
7	李雷	86	90	89	97		
8	李雪梅	64	72	57	92		
9	刘冰	79	69	58	87		

图 4-111　选中图表中的数据系列

步骤 2：按【Delete】键或右击，在弹出的快捷菜单中选择“删除”命令，所选数据系列被删除，结果如图 4-112 所示，图表中的数据被删除，工作表中的数据保持不变。

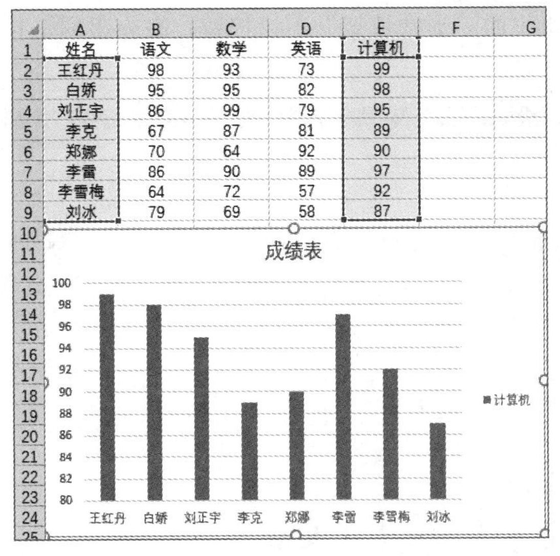

姓名	语文	数学	英语	计算机
王红丹	98	93	73	99
白娇	95	95	82	98
刘正宇	86	99	79	95
李克	67	87	81	89
郑娜	70	64	92	90
李雷	86	90	89	97
李雪梅	64	72	57	92
刘冰	79	69	58	87

图 4-112　删除图表中的数据

4. 格式化图表

创建图表后，利用“图表工具”选项卡的各个选项，还可以设置图表各元素的格式，例如，设置图表区、绘图区和坐标轴的格式，为坐标轴添加标题等。下面对删除数据后的图表进行格式化操作：

1）设置图表区格式

Excel 允许修改整个图表区中的文字字体、设置填充图案以及对象的属性。要设置图表区格式，操作步骤如下：

步骤 1：打开“图表”工作簿，单击“格式化图表”工作表标签。单击图表将其激活，将鼠标指针移到图表中的任意空白处，当显示“图表区”提示文字时单击，以选中图表区。

步骤 2：单击“图表工具-格式”选项卡“形状样式”组中的“其他”按钮，在展开的列表中选择“细微效果-橙色-强调颜色 2”，效果如图 4-113 所示。

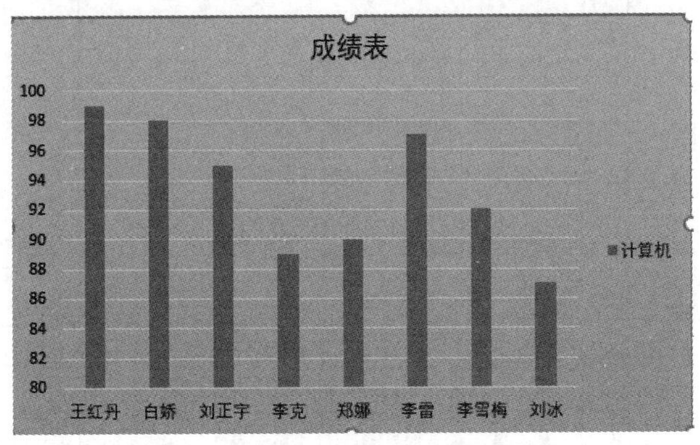

图 4-113　设置图表区格式后效果

2）设置绘图区格式

绘图区的图案默认都采用无色，用户也可以将其设置为别的颜色，操作步骤为：将鼠标指针移到图表上，待鼠标指针显示“绘图区”时单击选中，再单击“图表工具-格式”

选项卡“形状样式”组中的“形状填充”下拉按钮，在弹出的下拉列表中选择颜色，如图 4-114 所示。

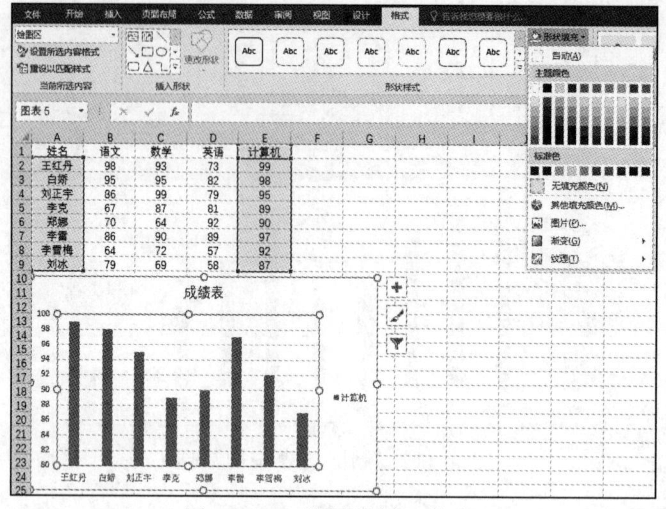

图 4-114　设置绘图区格式

3）设置坐标轴格式

要设置坐标轴格式，操作步骤如下：

步骤 1：单击图表中的坐标轴，例如单击水平轴以选中水平轴。

步骤 2：在“开始”选项卡“字体”组中设置字体为“黑体”，字号为“12”，并单击“下画线”按钮，即设置完成。用同样的方法可设置垂直轴的格式。

4）添加图表元素

要为图表添加各种元素，操作步骤如下：

步骤 1：单击图表，然后单击“图表工具-设计”选项卡“图表布局”组中的“添加图表元素”下拉按钮，如图 4-115 所示。

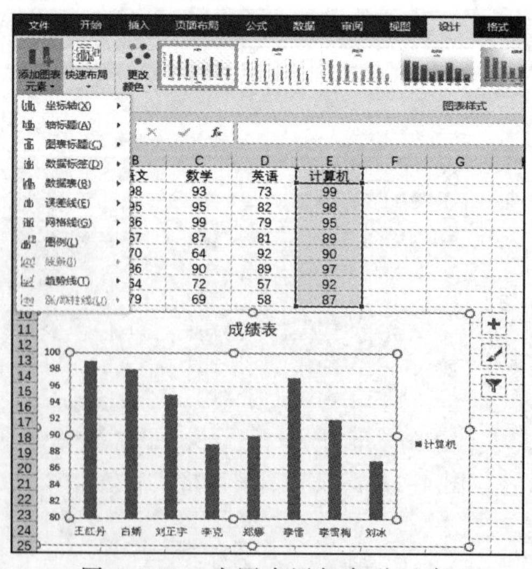

图 4-115　为图表添加各种元素

步骤 2：在下拉列表中选择需要添加的图表元素，即可为图表添加各种元素设置。

4.6 页面设置与打印

工作表创建好后，一般都会将其打印出来，但在打印前还需进行一系列的设置。例如，为工作表进行页面设置，设置要打印的区域，以及对多页工作表进行分页预览，打印前进行打印预览等，这样才能按要求完美地打印工作表。

4.6.1 页面设置

打开“页面布局”选项卡，单击“页面设置”组右下角的对话框启动器按钮，弹出“页面设置”对话框，如图 4-116 所示。

图 4-116 “页面设置”对话框

1. “页面”选项卡

（1）方向：设置打印方向。

（2）缩放框：用于放大或缩小打印的工作表，其中，“缩放比例”可在 10%～400%之间选择。100%为正常大小，小于 100%为缩小；大于 100%为放大。“调整为”可把工作表拆分为指定页宽和指定页高打印，如指定 2 页宽、2 页高表示水平方向分 2 页，垂直方向分 2 页，共 4 页打印。

（3）纸张大小：设置打印纸张大小。

（4）打印质量：设置每英寸打印的点数，数字越大，打印质量越好。不同的打印机数字会不一样。

（5）起始页码：设置打印首页页码，默认为“自动”，从第一页或接上一页开始打印。

2. 设置“页边距”

页边距是指页面上打印区域之外的空白区域。如果用户对表格在页面中的位置不满意，可对页边距进行相关设置。设置页边距操作步骤如下：

步骤 1：打开“页面设置”对话框，选择“页边距”选项卡，如图 4-117 所示。

步骤 2：设置打印数据距打印页四边的距离、页眉和页脚的距离以及打印数据是水平居中、垂直居中方式，默认靠上靠左对齐。

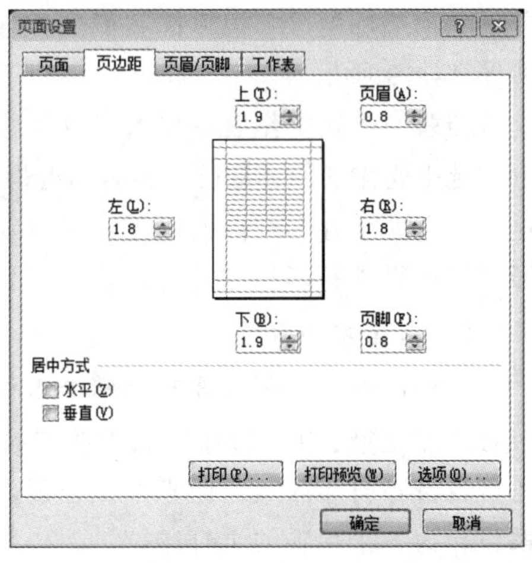

图 4-117 “页边距”选项卡

3. 设置“页眉页脚”

页眉和页脚分别位于打印页的顶端和底端，用来打印表格名称、页号、作者名称或时间等。如果工作表有多页，为其设置页眉和页脚可方便用户查看。用户可为工作表添加系统预定义的页眉或页脚，也可以添加自定义的页眉或页脚。为工作表设置页眉和页脚的操作步骤如下：

步骤 1：打开“页面设置”对话框，选择“页眉/页脚”选项卡，如图 4-118 所示。

步骤 2：在“页眉”“页脚”框下拉列表中选择系统预定义的样式。也可单击“自定义页眉”“自定义页脚”按钮，打开相应的对话框自行定义，在左、中、右框中输入指定页眉、用给出的按钮定义字体、插入页码、插入总页数、插入日期、插入时间、插入路径、插入文件名、插入图片、插入标签名、设置图片格式。完成设置后，单击“确定”按钮即可。

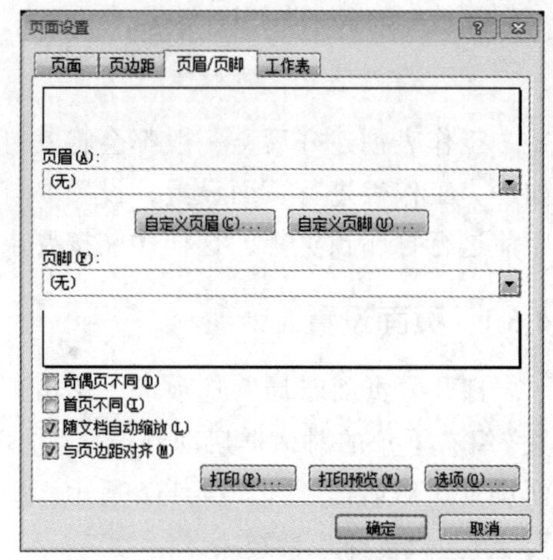

图 4-118 “页眉/页脚”选项卡

4.6.2 打印输出

1. 设置打印标题行

如果工作表有多页，正常情况下，只有第一页能打印出标题行，为方便查看后面的打印稿件，通常需要为工作表的每页都加上标题行。具体操作步骤如下：

步骤 1：单击“页面布局”选项卡“页面设置”组中的“打印标题”按钮，弹出“页面设置”对话框，单击“工作表”选项卡，然后单击“顶端标题行”编辑框右侧的折叠按钮，如图 4-119 所示。

步骤 2：在工作表中单击或利用鼠标拖动方式选中要添加的标题行，然后单击折叠按钮，返回“页面设置”对话框，单击“确定”按钮即可完成设置打印标题行的操作。

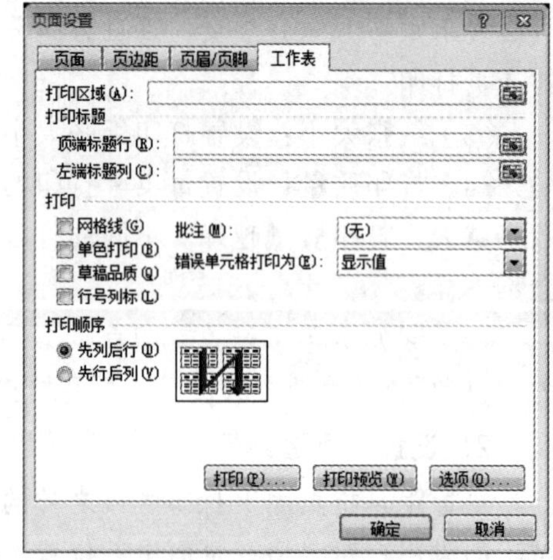

图 4-119 “工作表”选项卡

2. 设置打印区域

打印区域是指不需要打印整个工作表时，打印一个或多个单元格区域。如果工作表包含打印区域，则只打印区域中的内容。用户可以根据需要添加单元格以扩展打印区域，还可以清除打印区域打印整个工作表。一个工作表可以有多个打印区域，每个打印区域都将作为一个单独的页打印。

1）设置打印区域

步骤 1：用鼠标选中待打印的工作表区域。

步骤 2：选择“页面布局”选项卡，单击“页面设置”组中的“打印区域”下拉按钮，在下拉列表中选择“设置打印区域”选项，在工作表中设置好打印区域，打印区域边框为灰色显示。

2）清除打印区域

步骤 1：单击要清除其打印区域的工作表上的任意位置。

步骤 2：单击“页面布局”选项卡“页面设置”组中的“打印区域”下拉按钮，在下拉列表中选择“取消打印区域”选项。

3．分页预览与设置分页符

分页预览功能可以使用户在编辑时就能知道哪些数据在哪页，从而帮助用户更加方便地完成工作表打印前的准备工作。

如果需要打印的工作表中的内容不止一页，Excel 会自动插入分页符，将工作表分成多页。这些分页符的位置取决于纸张的大小、页边距设置和设定的打印比例。用户可以通过插入水平分页符来改动页面上数据行的数量；也可以通过插入垂直分页符来改动页面上数据列的数量。在分页预览视图中，还可以用鼠标拖动分页符来调整它在工作表中的位置。

1）分页预览与调整分页符位置

要进行分页预览并调整分页符位置，操作步骤如下：

步骤 1：打开“打印工作表”工作簿，选择“分页预览”工作表标签。

步骤 2：单击“视图”选项卡“工作簿视图”组中的“分页预览”按钮或单击“状态栏”上的“分页预览”按钮，可以将工作表从“普通”视图切换到“分页预览”视图，如图 4-120 所示。

客户信息表

客户编号	客户类别	公司名称	所在地区	公司地址	联系人	联系电话	始交日期
0001	签约	华宝公司	华北	红外路3号	王先生	132****1220	2000年2月
0002	临时	和美药业有限责任公司	华东	解放路8号	李小姐	150****4567	2002年1月
0003	签约	智达有限责任公司	西南	城北13号	何先生	137****1210	2002年8月
0004	不签约	赣江工业公司	华南	中山路24号	吴小姐	136****7890	2003年10月
0005	临时	红旗旅行社	华北	爱华路5号	洪小姐	131****4562	2003年12月
0006	签约	南海运输公司	西北	人民医院东路	曾先生	132****1470	2004年4月
0007	不签约	美佳服饰	东北	站前大道8号	刘小姐	139****2580	2004年9月
0008	不签约	欧华达超市	华东	黄金广场西侧	谭先生	134****3690	2005年3月
0009	签约	西平家电超市	华北	汽车站广场6号	廖先生	13[illegible]****4361	2005年6月
0010	不签约	安达洗涤用品	东南	三康庙11号	龚小姐	132****2520	2005年10月
0011	签约	天天鲜花店	西南	标准钟南路	郭小姐	138****8510	2006年7月
0012	临时	恒丰家具厂	华东	建春门	白先生	186****6390	2007年11月
0013	签约	康宝成衣市场	华东	滨江路9号	姜小姐	150****7533	2008年2月
0014	签约	盈丰照相器材	华中	新大地电脑城东侧	朱先生	136****3247	2008年6月
0015	不签约	海鲜批发市场	华北	南门口百货大楼	董小姐	139****4921	2008年11月
0016	临时	宝利达有限责任公司	西南	荷花市场北	黄先生	150****6870	2009年3月
0017	签约	大华科技有限责任公司	东北	达利市场北	方小姐	132****7125	2009年5月
0018	不签约	欣欣鞋厂	华东	五洲大道中路	陈先生	137****5231	2010年1月
0019	签约	永久太阳能	华南	贸易广场49号	袁先生	139****2252	2010年3月
0020	签约	世际花都有限责任公司	华中	北海路5号	万小姐	131****4890	2010年6月

图 4-120 “分页预览”视图

“分页预览”视图是显示要打印的区域和分页符位置的工作表视图。要打印的区域显示为白色，自动分页符显示为蓝色虚线，手动分页符显示为蓝色实线。第一次进入分页预览视图时会出现提示框，单击“确定”按钮即可。

步骤 3：用户可以在分页预览视图中调整分页符的位置，从而调整工作表的打印页数和打印区域。将鼠标指针移到需要调整的分页符上，此时鼠标指针变成左右双向箭头，按住鼠标左键并拖动至合适位置后释放鼠标，此时自动虚线分页符就变为手动实线分页符。

2）插入或删除分页符

当系统默认提供的分页符无法满足要求时，用户可手动插入分页符，从而将一张表格打印成两页或多页；此外，还可以将插入的分页符删除。

（1）插入分页符

要在工作表中插入水平或垂直分页符，操作步骤如下：

步骤 1：打开“打印工作表”工作簿，选择“分页预览”工作表标签。

步骤 2：要插入水平或垂直分页符，首先在要插入分页符位置的下面或右侧选中一行或一列，如选择第 10 行，然后单击“页面布局”选项卡“页面设置”组中的“分隔符”下拉按钮，在展开的下拉列表中选择“插入分页符”命令。

步骤 3：此时在工作表中插入水平分页符，如图 4-121 所示。插入分页符后，用户可自行调整其位置。

	A	B	C	D	E	F	G	H	I	J	K
1	客户信息表										
2	客户编号	客户类别	公司名称	所在地区	公司地址	联系人	联系电话	始交日期			
3	0001	签约	华宝公司	华北	红外路3号	王先生	132****1220	2000年2月			
4	0002	临时	和美药业有限责任公司	华东	解放路8号	李小姐	150****4567	2002年1月			
5	0003	签约	智达有限责任公司	西南	城北13号	何先生	137****1210	2002年8月			
6	0004	不签约	赣江工业公司	华南	中山路24号	吴小姐	136****7890	2003年10月			
7	0005	临时	红旗旅行社	华北	爱华路5号	洪小姐	131****4562	2003年12月			
8	0006	签约	南海运输公司	西北	人民医院东路	曾先生	132****1470	2004年4月			
9	0007	不签约	美佳服饰	东北	站前大道8号	刘小姐	139****2580	2004年9月			
10	0008	不签约	歌华达超市	华东	黄金广场西侧	谭先生	134****3690	2005年3月			
11	0009	签约	四平家电超市	华北	汽车站广场6号	廖先生	131****4561	2005年6月			
12	0010	不签约	安达洗涤用品	东南	三康庙11号	龚小姐	132****2520	2005年10月			
13	0011	签约	天天鲜花店	西南	标准钟南路	郭小姐	138****8510	2006年7月			
14	0012	临时	恒丰家具厂	华东	建春门	白先生	186****6390	2007年11月			
15	0013	签约	康宝成衣市场	华东	滨江路9号	姜小姐	150****7533	2008年2月			
16	0014	签约	盈丰照相器材	华中	新大地电脑城东侧	朱先生	136****3247	2008年6月			
17	0015	不签约	海鲜批发市场	华北	南门口百货大楼	蓝小姐	139****4921	2008年11月			
18	0016	临时	宝利达有限责任公司	西南	荷花市场北	黄先生	150****6870	2009年3月			
19	0017	签约	大华科技有限责任公司	东北	达利市场北	方小姐	132****7125	2009年5月			
20	0018	不签约	欣欣鞋厂	华东	五洲大道中路	陈先生	137****5231	2010年1月			
21	0019	签约	永久太阳能	华南	贸易广场49号	袁先生	139****2252	2010年3月			
22	0020	签约	世际花都有限责任公司	华中	北海路5号	万小姐	131****4890	2010年6月			

图 4-121　插入水平分页符

步骤 4：如果单击工作表的任意单元格，然后在“分隔符”下拉列表中选择“插入分页符”命令，Excel 将同时插入水平分页符和垂直分页符，将 1 页分成 4 页，如图 4-122 所示。

客户信息表

客户编号	客户类别	公司名称	所在地区	公司地址	联系人	联系电话	始交日期
0001	签约	华宝公司	华北	红外路3号	王先生	132****1220	2000年2月
0002	临时	和美药业有限责任公司	华东	解放路8号	李小姐	150****4567	2002年1月
0003	签约	智达有限责任公司	西南	城北13号	何先生	137****1210	2002年8月
0004	不签约	赣江工业公司	华南	中山路24号	吴小姐	136****7890	2003年10月
0005	临时	红旗旅行社	华北	爱华路5号	洪小姐	131****4562	2003年12月
0006	签约	南海运输公司	西北	人民医院东路	曾先生	132****1470	2004年4月
0007	不签约	美佳服饰	东北	站前大道8号	刘小姐	139****2580	2004年9月
0008	不签约	欧华达超市	华东	黄金广场西侧	谭先生	134****3690	2005年3月
0009	签约	四平家电超市	华北	汽车站广场6号	廖先生	131****4561	2005年6月
0010	不签约	安达洗涤用品	东南	三康庙11号	龚小姐	132****2520	2005年10月
0011	签约	天天鲜花店	西南	标准钟南路	郭小姐	138****8510	2006年7月
0012	临时	恒丰家具厂	华东	建春门	白先生	186****6390	2007年11月
0013	签约	康宝成衣市场	华东	滨江路9号	姜小姐	150****7533	2008年2月
0014	签约	盈丰照相器材	华中	新大地电脑城东侧	朱先生	136****3247	2008年6月
0015	不签约	海鲜批发市场	华北	南门口百货大楼	董小姐	139****4921	2008年11月
0016	临时	宝利达有限责任公司	西南	荷花市场北	黄先生	150****6870	2009年3月
0017	签约	大华科技有限责任公司	东北	达利市场北	方小姐	132****7125	2009年5月
0018	不签约	欣欣鞋厂	华东	五洲大道中路	陈先生	137****5231	2010年1月
0019	签约	永久太阳能	华南	贸易广场49号	袁先生	139****2252	2010年3月
0020	签约	世际花都有限责任公司	华中	北海路5号	万小姐	131****4890	2010年6月

图 4-122　同时插入水平和垂直分页符

（2）删除分页符

删除分页符，一般是指删除手动插入的分页符。操作步骤如下：

步骤 1：单击垂直分页符右侧的单元格，或者单击水平分页符下方的单元格，然后选择“分隔符”下拉列表中的“删除分页符”命令，可删除插入的垂直分页符或者水平分页符。

步骤 2：单击垂直分页符和水平分页符交叉处右下角的单元格，然后选择“分隔符”下拉列表中的“删除分页符”命令，可删除同时插入的垂直和水平分页符。

要一次性删除所有手动分页符，可单击工作表上的任一单元格，然后在“分隔符”下拉列表中选择“重设所有分页符”命令。

4．打印预览与打印

1）打印预览

通过 Excel“打印预览”功能，可在屏幕上观察其实际打印效果，它能同时看到全部页面，实现所见即所得，而且在打印预览状态下还可以根据所显示的情况进行相应参数的调整，避免时间和纸张的浪费。要对工作表进行打印预览，操作步骤如下：

步骤 1：打开“打印工作表”工作簿，选择“分页预览”工作表，然后选择“文件”→“打印”命令，即在窗口的右侧显示打印预览窗格，如图 4-123 所示。

步骤 2：从打印预览视图可以看到该工作表有 4 页，并且每一页都只有小部分要打印的数据，为此，用户可以再次调整其打印设置，将其显示在一页中。单击左下方的“页面设置”按钮，弹出“页面设置”对话框。

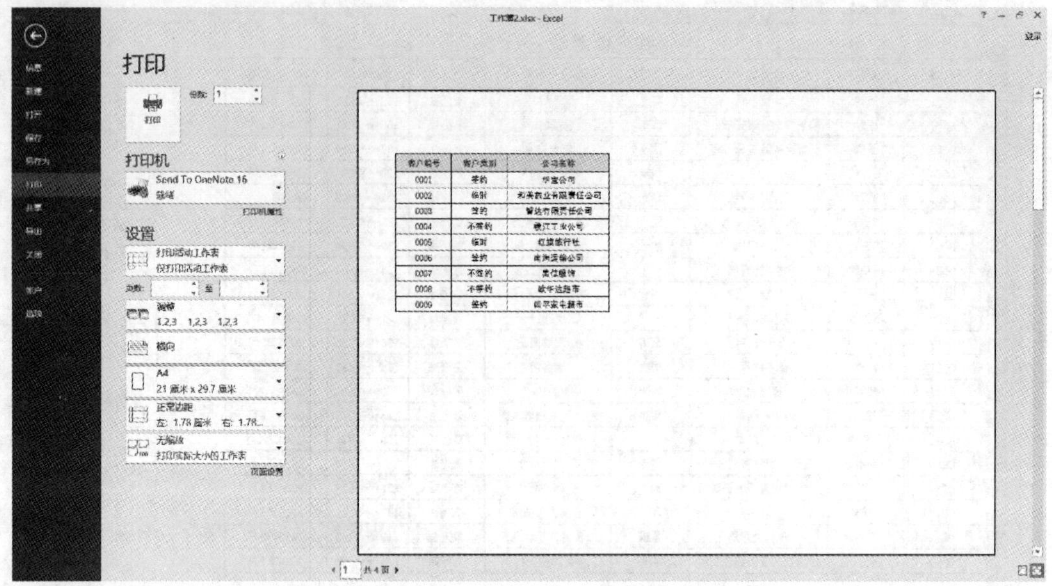

图 4-123　打印及打印预览

步骤 3：在“页面”选项卡中选中“调整为”单选按钮，然后在其后的两个编辑框中均输入“1”，如图 4-124 所示。

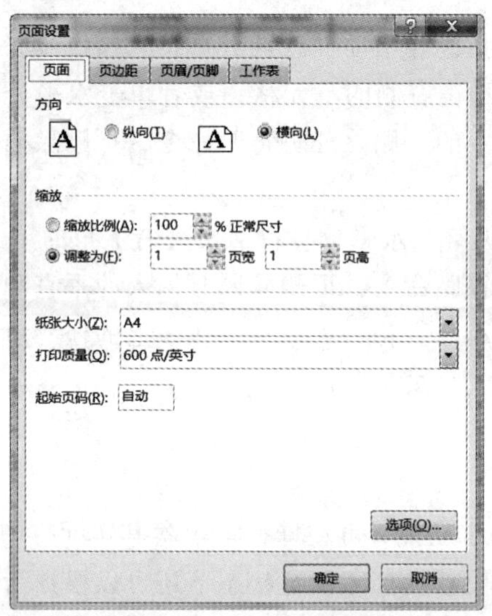

图 4-124　“页面设置”对话框

步骤 4：单击“确定”按钮，此时 Excel 会自动缩小到适合纸张的大小，将内容显示在一页中，如图 4-125 所示。

此外，也可以设置打印时的缩放以在规定的纸张上完全打印所需内容。方法是：打开要打印的工作表，在“页面设置”对话框的“页面”选项卡中选中“缩放比例”单选按钮，更改比例的数值，单击“确定”按钮即可。

客户信息表

客户编号	客户类别	公司名称	所在地区	公司地址	联系人	联系电话	成交日期
0001	签约	华宝公司	华北	红外路3号	王先生	132****1220	2000年2月
0002	临时	和美药业有限责任公司	华东	解放路8号	季小姐	150****4567	2002年1月
0003	签约	智达有限责任公司	西南	城北13号	何先生	137****1210	2002年8月
0004	不签约	赣江工业公司	华南	中山路24号	吴小姐	136****7890	2003年10月
0005	临时	红旗旅行社	华北	爱华路6号	洪小姐	131****4562	2003年12月
0006	签约	南海运输公司	西北	人民医院东路	曾先生	132****1470	2004年4月
0007	不签约	美佳服饰	东北	站前大道6号	刘小姐	139****2580	2004年9月
0008	不签约	敬华达超市	华东	黄金广场西侧	谭先生	134****3690	2005年3月
0009	签约	四平家电超市	华北	汽车站广场6号	廖先生	131****4561	2005年6月
0010	不签约	安达洗涤用品	东南	三桑路11号	蒋小姐	132****2520	2005年10月
0011	签约	天天鲜花店	西南	标准钟南路	郭小姐	138****8510	2006年7月
0012	临时	恒丰家具厂	华东	建春门	白先生	186****6390	2007年11月
0013	签约	康宝成衣市场	华东	滨江路9号	秦小姐	150****7533	2008年2月
0014	签约	盈丰照相器材	华中	新大地电脑城东侧	朱先生	136****3247	2008年6月
0015	不签约	海鲜批发市场	华北	南门口百货大楼	董小姐	139****4921	2008年11月
0016	临时	宝利达有限责任公司	西南	荷花市场北	黄先生	150****6870	2009年3月
0017	签约	大华科技有限责任公司	东北	达利市场北	方小姐	132****7125	2009年5月
0018	不签约	欣欣鞋厂	华东	五洲大道中路	陈先生	137****5231	2010年1月
0019	签约	永久太阳能	华南	贸易广场49号	袁先生	139****2252	2010年3月
0020	签约	世际花都有限责任公司	华中	北海路5号	万小姐	131****4890	2010年6月

图 4-125　调整后的页面预览效果

2）打印工作表

如果在打印预览窗口看到的效果非常满意，就可以将工作表打印出来了。方法是：选择“文件”→“打印”命令，在右侧窗口单击“打印”按钮即可直接打印当前工作表。

习　　题

一、选择题

1. 选中某个单元格后，利用（　　）可以显示、修改或输入单元格中的数据。

   A. 编辑栏　　B. 名称框　　C. 任务窗格　　D. 状态栏

2. 在 Excel 2016 中，下列概念按由大到小的次序进行排列是（　　）。

   A. 工作表、单元格、工作簿　　B. 工作表、工作簿、单元格

   C. 工作簿、单元格、工作表　　D. 工作簿、工作表、单元格

3. 下列不属于 Excel 2016 功能的是（　　）。

   A. 制作表格　　B. 数据计算　　C. 数据分析　　D. 制作演示文稿

4. 在 Excel 2016 中，显示当前命令或操作等有关信息的是（　　）。

   A. 快速访问工具栏　　B. 编辑栏

   C. Office 按钮　　D. 状态栏

5. 关于在 Excel 2016 单元格中输入数据，下列说法正确的是（　　）。

   A. 如输入的文本型数据超过单元格宽度，则无论何种条件下 Excel 都会将超出部分的数据隐藏

   B. 如输入的数值型数据长度超过单元格宽度，Excel 会自动以科学计数法的方式表示

   C. 对于数值型数据，最多可以输入 11 位

   D. 如输入的文本型数据超过单元格宽度，Excel 会出现错误提示

6. A1 和 A2 单元格的数据分别为 1 和 2，选定 A1:A2 区域并拖动该区域右下角填充句柄至 A10，问 A6 单元格的值为（　　）。

A. 2　　B. 1　　C. 6　　D. 错误值

7. 在 Excel 2016 中，不符合日期格式的数据是（　　）。

A. 09-10-01　　B. 09/10/01　　C. 09—10—01　　D. 2009-10-01

8. 在单元格中输入文本型数据 100098（邮政编码），应输入（　　）。

A. 100098　　B. “100098　　C. ‘100098　　D. 100098’

9. 在进行查找和替换操作时，若只知道要查找的部分内容，可以使用通配符来进行查找，通配符是指（　　）。

A. *和?　　B. *和!　　C. ?和!　　D. *、，和?

10. 在 Excel 2016 中删除单元格是指（　　）。

A. 将选中的单元格从工作表中移去

B. 将单元格中的内容从工作表中移去

C. 将单元格的格式清除

D. 将单元格的列表清除

11. 要将不相邻的工作表成组，可以先单击第一个要成组的工作表标签，然后按住(　　)键再单击其他工作表标签。

A.【Alt】　　B.【Shift】　　C.【Ctrl】　　D.【Enter】

12. 在 Excel 中，选定整个工作表的方法是（　　）。

A. 双击状态栏

B. 单击左上角的行列坐标的交叉点

C. 右击任一单元格，在弹出的快捷菜单中选择“选定工作表”

D. 按下【Alt】键的同时双击第一个单元格

13. 若要为表格同时添加内、外边框，并设置边框样式、颜色等，可以利用（　　）对话框。

A. 条件格式　　B. 选择性粘贴

C. 插入图片　　D. 设置单元格格式

14. 在工作表中绘制图形后，下列（　　）说法是错误的。

A. 不能移动其位置　　B. 可以为其填充颜色

C. 可以改变其线条粗细　　D. 可以进行缩放

15. 在 Excel 2016 工作表中，下列（　　）函数是求最大值的。

A. MIN( )　　B. AVERAGE( )　　C. MAX( )　　D. SUM( )

16. 下列单元格地址中，属于绝对地址的是（　　）。

A. B5　　B. $B5　　C. B$5　　D. $B$5

17. 用相对地址引用的单元格在公式复制中目标公式会（　　）。

A. 不变　　B. 变化　　C. 列地址变化　　D. 行地址变化

18. Excel 中比较运算符公式返回的计算结果为（　　）。

A. 真　　B. 假　　C. 1　　D. True 或 False

19. 在 Excel 2016 中，分类汇总之前，必须先对数据清单进行（　　）。

　A. 筛选　　B. 排序　　C. 查找　　D. 定位

20. Excel 2016 可以对多个关键字进行排序，但不管有多少个排序关键字，排序之后的数据总是按（　　）排序的。

　A. 主要关键字　　B. 次要关键字　　C. 第三关键字　　D. 第四关键字

二、判断题

1. 在 Excel 2016 中，不能进行插入和删除工作表的操作。（　　）
2. 在 Excel 2016 中新建一个工作簿时，默认产生 3 个（Sheet1、Sheet2、Sheet3）工作表。（　　）
3. 单元格在绝对引用时，要在列号与行号前添加“&”符号。（　　）
4. 在 Excel 2016 中，按大小概念次序排列的是“工作表、工作簿、单元格”。（　　）
5. 在单元格中输入相同的内容，除了使用填充柄，还可以使用【Ctrl+Enter】组合键。（　　）
6. 当我们需要把单元格中的数值型数字设置为文本型，要在输入前先输入个英文状态下的双引号（“）。（　　）
7. 删除工作表后，还可以在回收站中将其恢复。（　　）
8. 要输入公式必须先输入“=”号。（　　）
9. 在工作簿的标题栏处出现“工作组”字样，因为同时选择了多个工作表。（　　）
10. 使用文本运算符“&”，可将两个或多个文本值串起来产生一个连续的文本。（　　）

三、简答题

1. 简述工作簿、工作表、单元格之间的关系。
2. 单元格引用有哪几种类型？它们各自的用法是什么？
3. 数据筛选有哪些类型？它们各自的用法是什么？高级筛选的条件格式有哪些要求？
4. 什么是函数？函数包含哪几部分？常用的函数类型有哪些？

第 5 章 PowerPoint 2016 演示文稿

PowerPoint 和 Word、Excel 等应用软件一样，是 Microsoft 公司推出的 Office 系列产品之一，主要用于设计制作演示的电子幻灯片。随着办公自动化的普及，PowerPoint 的应用越来越广泛。

通过本章的学习，要求掌握 PowerPoint 2016 演示文稿的基本操作，学会如何在幻灯片中插入文本及各种对象，熟练掌握动画的设置方法，并能将制作完成的演示文稿进行放映及打印输出。

5.1 演示文稿的基础知识

5.1.1 前期准备

1. 认识演示文稿和幻灯片

演示文稿由“演示”和“文稿”两个词语组成，主要用于会议、产品展示和教学课件等领域。利用 PowerPoint 制作出来的文件称为演示文稿，而演示文稿中的每一页称为幻灯片，每张幻灯片都是演示文稿中既相互独立又相互联系的内容。

2. 演示文稿的设计流程

设计演示文稿是一个系统性的工程，包括前期的准备工作、收集资料、策划布局方式等工序。

1）确定演示文稿类型

在设计演示文稿之前，首先应确定演示文稿的类型，然后才能确立整体的设计风格。通常演示文稿可以归纳为演讲稿型、内容展示型和交互型三种。

2）收集演示文稿素材和内容

在确定演示文稿的类型之后，就应该着手为演示文稿收集素材内容，通常包括以下几个方面：

（1）文本内容：它是各种幻灯片中均包含的重要内容。收集文本内容的途径主要包括自行撰写和从他人的文章中摘录。

（2）图像内容：主要为背景图像和内容图像。演示文稿所使用的背景图像通常包括封面、内容和封底 3 种，选取时应保持之间的色调一致，尽量避免内容图像和背景图像采用相同的图像。

（3）逻辑关系内容：在展示演示文稿中的内容结构时，往往需要组织一些图形来清晰地展示其内容之间的关系。

（4）多媒体内容：包括各种声音、视频等。声音可以在播放时吸引观众注意力；视频可以以更加生动的方式展示幻灯片所讲述的内容。

（5）数据内容：也是演示文稿的一种重要内容。可以插入 Excel 和 Access 等格式数据，并根据这些数据，制作数据表格和图表等内容。

3）制作演示文稿

制作演示文稿是演示文稿的设计与实施阶段。在该阶段，可以先设计幻灯片的母版，应用背景图像，然后根据母版创建各种样式的幻灯片并插入内容。

5.1.2 启动与退出

当安装完 Office 2016 之后，PowerPoint 2016 也将自动安装到系统中，这时可以正常启动与退出 PowerPoint 2016。

1. 启动 PowerPoint 2016

与普通 Windows 应用程序类似，用户可以使用多种方式启动 PowerPoint 2016，如常规启动、通过桌面快捷方式启动、通过现有演示文稿启动和通过 Windows 任务栏启动等。

（1）常规启动：选择“开始”→“所有程序”→“Microsoft PowerPoint 2016”命令即可。

（2）通过桌面快捷方式启动：双击桌面上的 Microsoft PowerPoint 2016 快捷方式图标启动。

（3）通过 Windows 任务栏启动：在将 PowerPoint 2016 应用程序锁定到任务栏之后，单击任务栏中的 Microsoft PowerPoint 2016 应用程序图标启动。

（4）通过现有演示文稿启动：找到已经创建的演示文稿，双击该文件即可打开。

2. 退出 PowerPoint 2016

当不再需要使用 PowerPoint 2016 编辑演示文稿时，就可以退出该软件。退出 PowerPoint 2016 的方法与退出其他应用程序类似，主要有如下几种方法：

（1）单击 PowerPoint 2016 标题栏右侧的“关闭”按钮。

（2）右击 PowerPoint 2016 标题栏，在弹出的快捷菜单中选择“关闭”命令，或者直接按【Alt+F4】组合键。

（3）在 PowerPoint 2016 的工作界面中选择“文件”→“关闭”命令。

（4）在“告诉我您想要做什么”的智能搜索框中输入“退出”。

5.1.3 操作界面

1. PowerPoint 2016 工作界面

PowerPoint 2016 的工作界面主要由“文件”菜单、快速访问工具栏、标题栏、功能区和选项卡、幻灯片浏览窗格、幻灯片编辑窗格、备注窗格和状态栏等部分组成，如图 5-1 所示。

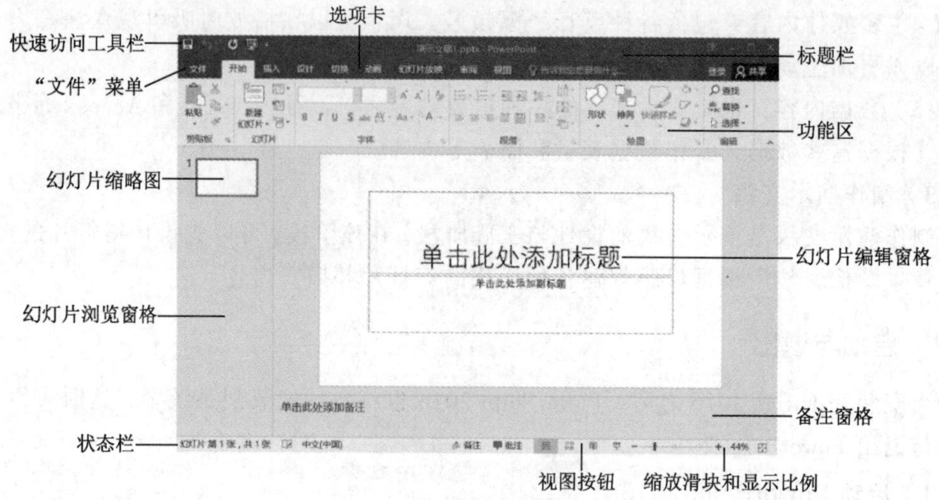

图 5-1　PowerPoint 2016 工作界面

1）"文件"菜单

单击"文件"菜单，可以执行新建、打开、保存和打印等操作。

2）快速访问工具栏

快速访问工具栏位于标题栏的左端，使用它可以快速访问频繁使用的命令，如保存、撤销、恢复、放映等，也可以根据需要增加或更改命令按钮。

如果在快速访问工具栏中添加其他命令按钮，可以单击右侧的"自定义快速访问工具栏"下拉按钮，在弹出的下拉列表中选择所需的命令即可。若在下拉列表中选择"在功能区下方显示"选项，可以将快速访问工具栏调整到功能区下方显示。

3）标题栏

标题栏显示当前演示文稿的名称和程序名，最右侧的三个按钮分别用于对窗口执行最小化、最大化和关闭操作。

4）功能区和选项卡

功能区将 PowerPoint 2016 常用命令集成在几个选项卡中。不同的选项卡包含不同类别的命令按钮组。单击某选项卡，将在功能区出现与该选项卡类别相对应的多组操作命令供选择。

有的选项卡平时不出现，在某种特定情况下会自动显示，提供该情况下的命令按钮。这种选项卡称为"额外选项卡"。例如，只有在幻灯片中插入某一张图片且选中该图片的情况下才会显示"图片工具-格式"选项卡。

5）幻灯片浏览窗格

幻灯片浏览窗格用于显示幻灯片的缩略图、编号及位置，通过它可更加方便地掌握演示文稿的结构，轻松地重新排列、添加或删除幻灯片，如图 5-2 所示。

6）幻灯片编辑窗格

幻灯片编辑窗格是编辑幻灯片内容的场所，是演示文稿的核心部分。在该区域中可对幻灯片的内容进行编辑、删除和添加对象等操作，如图 5-3 所示。

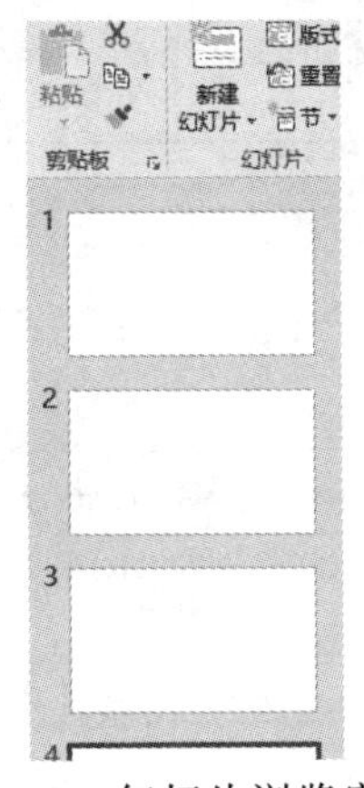

图 5-2 幻灯片浏览窗格

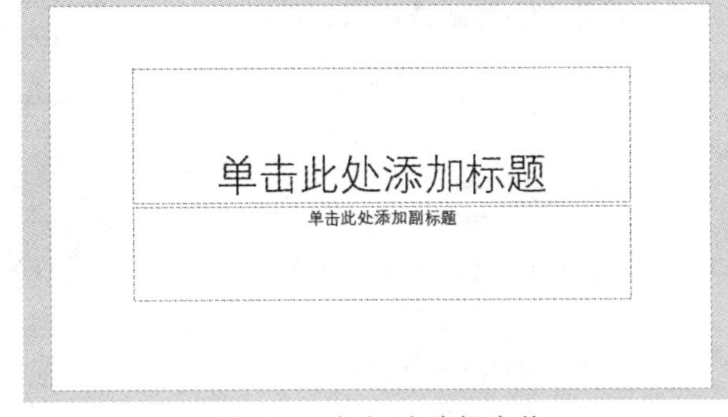

图 5-3 幻灯片编辑窗格

7）备注窗格

备注窗格位于幻灯片编辑窗格下方，主要用于添加提示内容及注释信息。它可以为幻灯片添加说明，以使演讲者能够更好地讲解幻灯片中展示的内容。在状态栏上可以通过单击“备注”按钮打开或关闭备注窗格。

8）状态栏

状态栏位于界面的最底端，它不起任何编辑作用，主要用于显示当前演示文稿的常用参数及工作状态，如整个演示文稿的总幻灯片页数、当前正在编辑的幻灯片的编号以及该演示文稿所用的设计模板名称等。状态栏的右侧为“视图按钮”区域和“缩放滑块和显示比例”区域，拖动幻灯片显示比例栏中的滑块，可以控制幻灯片在整个编辑区的视图比例。也可以单击比例按钮，在弹出的“缩放”对话框中调整选择幻灯片的显示比例。

2．PowerPoint 2016 视图方式

视图是当前演示文稿的不同显示方式。为了满足用户不同的需求，PowerPoint 2016 提供了多种视图方式以编辑、查看幻灯片。打开“视图”选项卡，在“演示文稿视图”组中单击相应的视图按钮，如图 5-4 所示。或者在状态栏中单击某一种视图切换按钮，即可将当前操作界面切换至对应的视图方式。

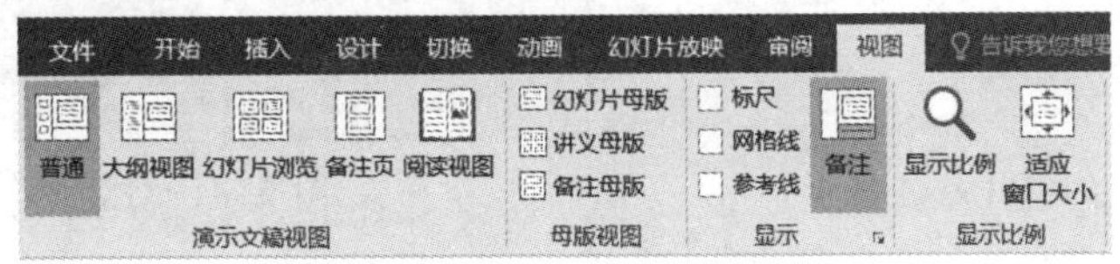

图 5-4 “演示文稿视图”组

1）普通视图

PowerPoint 2016 演示文稿默认视图为普通视图方式，如图 5-5 所示。普通视图中主要包含三种窗口：幻灯片浏览窗格、幻灯片编辑窗格和备注窗格。拖动各个窗口的边框可以调整窗格的显示大小。

2）幻灯片浏览视图

使用幻灯片浏览视图，可以在屏幕上同时看到演示文稿中的所有幻灯片，这些幻灯片以缩略图的形式显示在同一窗口中，如图 5-6 所示。

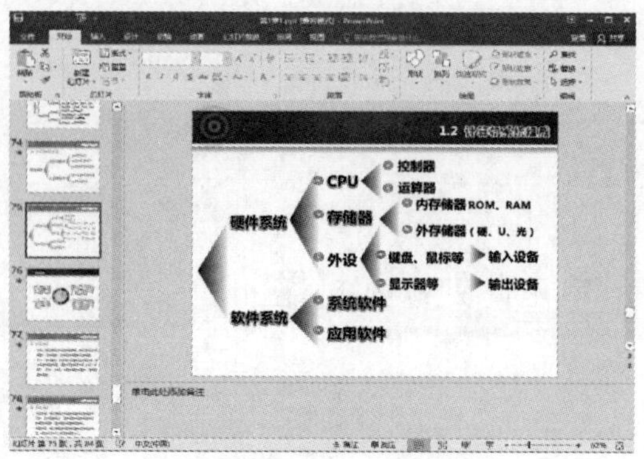

图 5-5　幻灯片普通视图

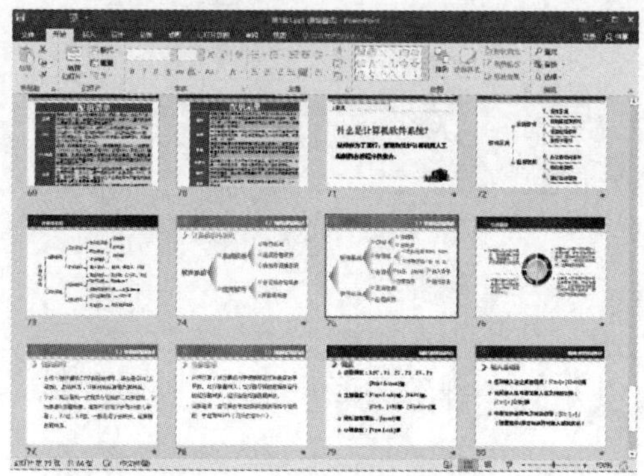

图 5-6　幻灯片浏览视图

在幻灯片浏览视图中可以查看设计幻灯片的背景、配色方案或更换模板后演示文稿发生的整体变化，也可以检查各个幻灯片是否前后协调、图标的位置是否合适等问题，便于进行多张幻灯片的排序、复制、移动、插入与删除等操作。

3）备注页视图

在备注页视图方式下，显示当前幻灯片及其下方的备注页，用户可以方便地添加和更改备注信息，也可以添加图形等信息，如图 5-7 所示。

4）大纲视图

大纲视图将演示文稿显示为由每张幻灯片中的标题和主文本组成的大纲。每个标题都显示在“幻灯片浏览窗格”的左侧，并显示幻灯片的图标和幻灯片编号。主文本在幻灯片标题下缩进，可以通过大纲视图标题栏对各层次内容进行分级管理，如图 5-8 所示。

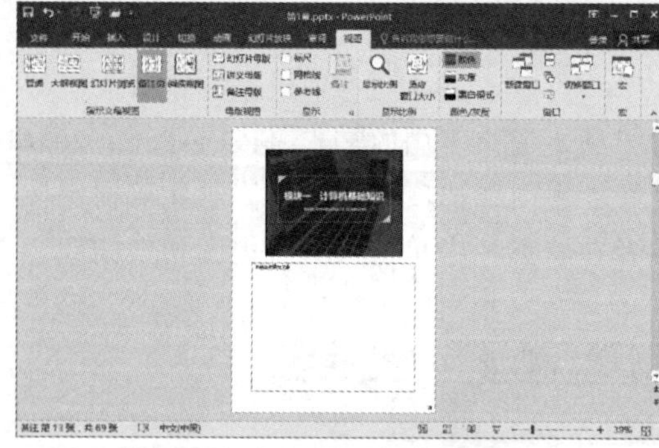

图 5-7　幻灯片备注视图

图 5-8　幻灯片大纲视图

5）阅读视图

阅读视图方式下，只保留幻灯片窗格、标题栏和状态栏，其他编辑功能被屏蔽，目的是在幻灯片制作完成后进行简单的放映。通常是从当前幻灯片开始放映，单击可以切换到下一张幻灯片，直到放映最后一张幻灯片后退出阅读视图。在放映过程中随时可以按“Esc”键退出阅读视图，也可以单击状态栏右侧的其他视图按钮，退出阅读视图并切换到相应视图。

6）幻灯片放映视图

幻灯片放映视图是演示文稿的最终效果。在幻灯片放映视图下，用户可以看到幻灯

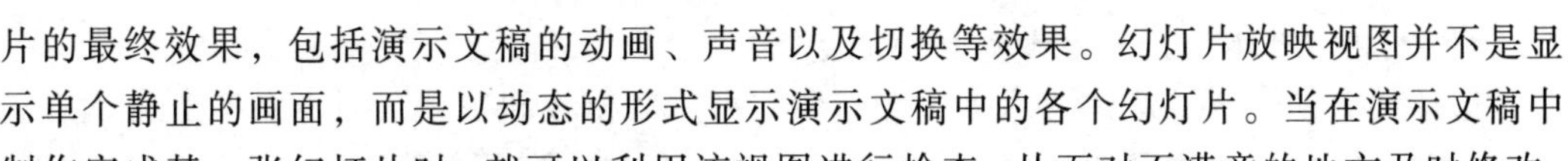

片的最终效果，包括演示文稿的动画、声音以及切换等效果。幻灯片放映视图并不是显示单个静止的画面，而是以动态的形式显示演示文稿中的各个幻灯片。当在演示文稿中制作完成某一张幻灯片时，就可以利用该视图进行检查，从而对不满意的地方及时修改。

7）母版视图

母版视图是一个特殊的视图模式，其中又包含幻灯片母版、讲义母版和备注母版三类视图。母版视图是存储有关演示文稿共有信息的主要幻灯片，其中包括背景、颜色、字体、效果、占位符大小和位置。使用母版视图的一个主要优点在于，在幻灯片母版、备注母版或讲义母版上，可以对与演示文稿关联的每张幻灯片、备注页或讲义的样式进行全局更改。

5.2 演示文稿的基本操作

5.2.1 创建与保存演示文稿

在 PowerPoint 2016 中，用户可以创建各种多媒体演示文稿。演示文稿中的每一页称为幻灯片，每张幻灯片都是演示文稿中既相互独立又相互联系的内容。本节将介绍多种创建演示文稿的方法。

1. 创建空白演示文稿

空白演示文稿是由带有布局格式的空白幻灯片组成，用户可以在空白幻灯片上设计出具有鲜明个性的背景色彩、配色方案、文本格式和图片等。创建空白演示文稿的方法有以下几种：

1）启动 PowerPoint 自动创建空白演示文稿

使用常规方法启动 PowerPoint 2016，将自动创建一个空白演示文稿，默认名为“演示文稿 1”，如图 5-9 所示。

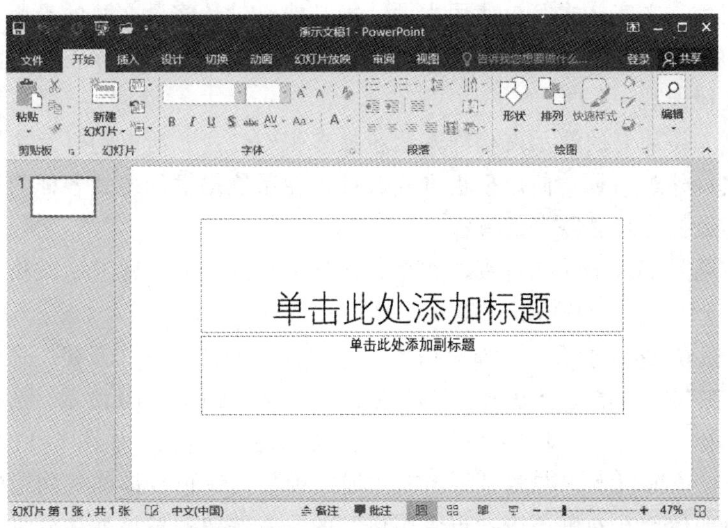

图 5-9 新建空白演示文稿

2）使用“文件”菜单创建空白演示文稿

选择“文件”→“新建”命令，在右侧“可用的模板和主题”列表中单击选择“空白演示文稿”选项，如图 5-10 所示，即可新建一个空白演示文稿。

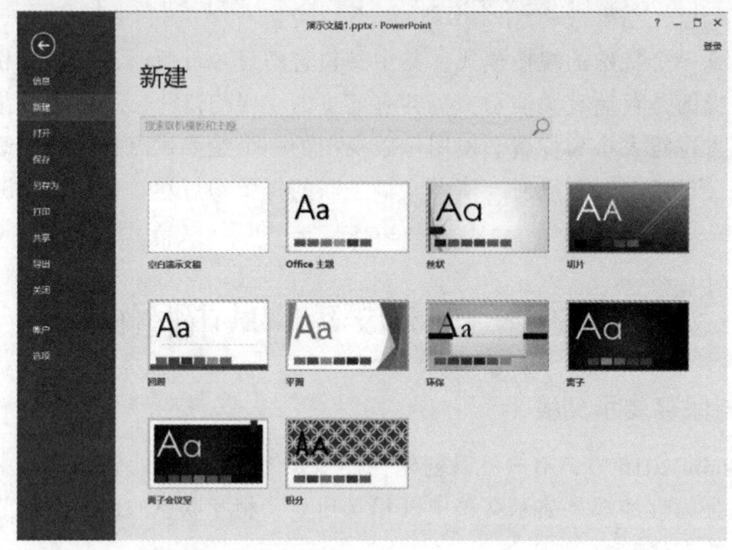

图 5-10 “可用的模板和主题”列表

3）通过快速访问工具栏创建空白演示文稿

单击快速访问工具栏右侧的下拉按钮，在弹出的下列列表中选择“新建”选项，将“新建”按钮添加到快速访问工具栏中，然后单击“新建”按钮，即可新建一个空白演示文稿。

2. 利用模板或主题创建演示文稿

主题是事先设计好的一组演示文稿的样式框架，主题规定了演示文稿的外观样式，包括母版、配色、文字格式等。使用主题，不必费心设计演示文稿的母版和格式，直接在系统提供的各种主题中选择一种最适合自己的主题，创建一个该主题的演示文稿，且使整个演示文稿外观一致。

模板是预先设计好的演示文稿样本，包括多张幻灯片，所有幻灯片主题相同，以保证整个演示文稿外观一致。使用模板方式，可以在系统提供的各式各样的模板中，选用其中一种内容最接近自己需求的模板。

模板或主题是 PowerPoint 自带的类型，根据模板或主题创建演示文稿，可按以下操作步骤进行：

步骤 1：启动 PowerPoint 2016 应用程序，选择“文件”→“新建”命令。

步骤 2：在右侧窗格将会显示自带的主题或模板，如图 5-10 所示。选择需要的模板类型，例如选择“环保”，弹出显示该模板或主题的窗口信息，如图 5-11 所示。

步骤 3：在该窗口下，右侧显示当前主题或模板的颜色变体样式的缩略图列表，单击某一种颜色变体，在左侧单击“更多图像”的左右按钮预览该变体效果，选择确定某一种变体后，单击“创建”按钮即可创建该主题或模板的演示文稿，如图 5-12 所示。

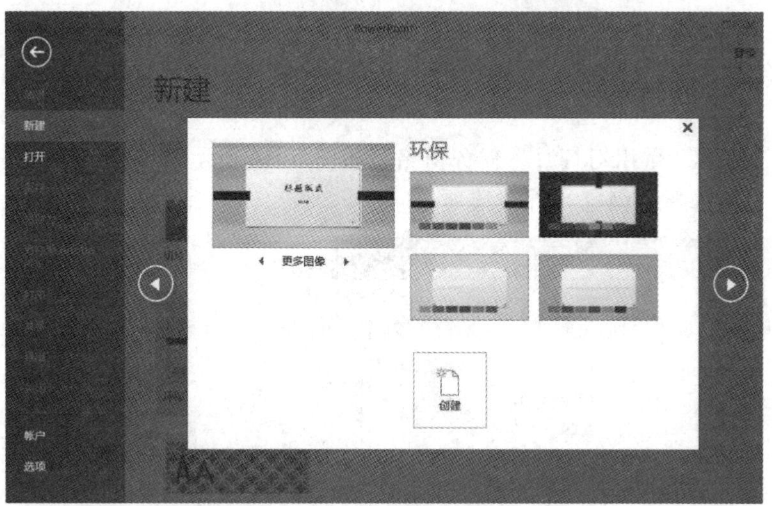

图 5-11　选择主题或模板

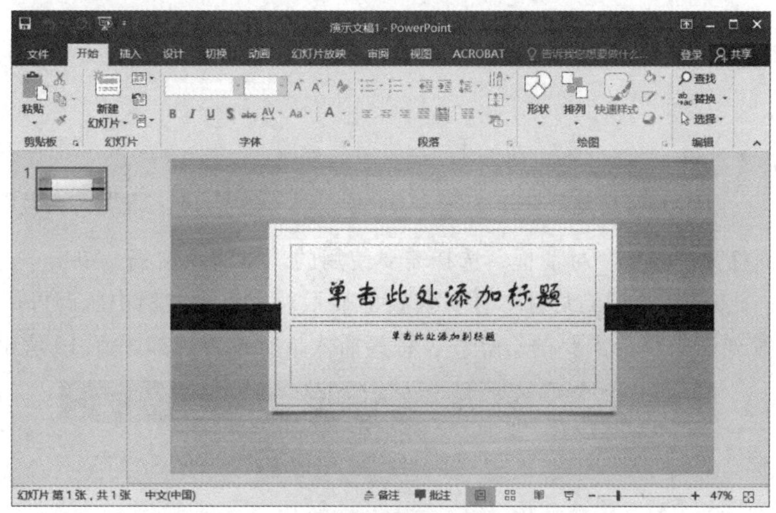

图 5-12　利用主题或模板创建演示文稿的效果

PowerPoint 2016 为用户提供了具有统一格式与统一框架的演示文稿模板或主题。根据模板或主题创建演示文稿后，只需对演示文稿中相应位置的内容进行修改，即可快速制作出需要的演示文稿，省时省力，提高效率。

在联网情况下，PowerPoint 2016 还可以搜索到大量的联机主题或模板，在“搜索联机模板和主题”搜索框中输入关键字或短语，并按【Enter】键，即可快速找到所需要的主题或模板。

3. 根据现有内容新建演示文稿

如果用户想使用现有演示文稿中的一些内容或风格来设计其他的演示文稿，就可以使用 PowerPoint 提供的“根据现有内容新建”功能。这样就能得到一个和现有演示文稿具有相同内容和风格的新演示文稿，用户只需在原有基础上进行适当修改即可。在已创建的演示文稿中插入现有幻灯片，可按以下操作步骤进行。

步骤 1：启动 PowerPoint 2016 应用程序，新建一个演示文稿。

步骤 2：将光标定位到最后一张幻灯片的下方，在“开始”选项卡“幻灯片”组中单击“新建幻灯片”下拉按钮，在弹出的下拉列表中选择“重用幻灯片”命令，如图 5-13 所示。

步骤 3：打开“重用幻灯片”任务窗格，如图 5-14 所示。单击“浏览”按钮，在弹出的下拉列表中选择“浏览文件”选项。

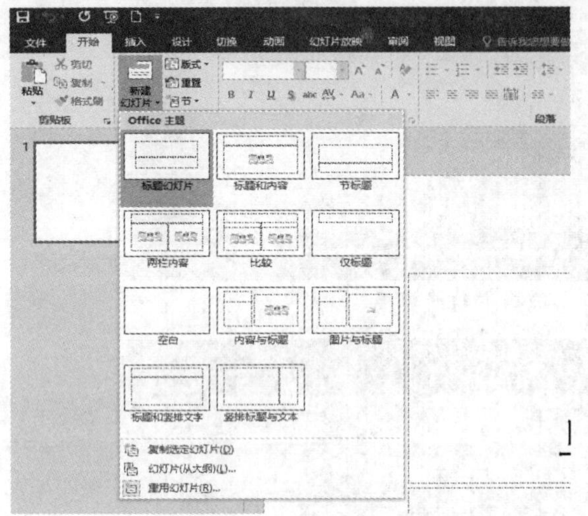

图 5-13　新建幻灯片

图 5-14　“重用幻灯片”任务窗格

步骤 4：打开“浏览”对话框，选择需要使用的现有演示文稿，单击“打开”按钮。

步骤 5：此时，“重用幻灯片”任务窗格中显示现有演示文稿中所有可用的幻灯片，在重用幻灯片列表中单击需要的幻灯片，将其插入指定位置，如图 5-15 所示。

图 5-15　插入现有幻灯片

4．保存演示文稿

文件的保存是一种常规操作，在演示文稿的创建过程中及时保存工作成果，可以避免数据的意外丢失。演示文稿可以保存在原位置，也可以保存在其他位置甚至改名保存。

既可以保存为 PowerPoint 2016 格式（.pptx），也可以保存为 PowerPoint 97-2003 格式（.ppt），以便与未安装 PowerPoint 2016 的用户交流。

1）保存在原位置

在进行文件的常规保存时，可以在快速访问工具栏中单击“保存”按钮，也可选择“文件”→“保存”命令。当第一次保存该演示文稿时，将打开“另存为”对话框，在对话框左侧选择保存位置（文件夹），在下方“文件名”栏中输入演示文稿文件名，单击“保存类型”下拉按钮，从下拉列表中选择“PowerPoint 演示文稿（.pptx）”，也可以根据需要选择其他类型，单击“确定”按钮。

2）保存在其他位置或改名保存

另存一份演示文稿实际上是指在其他位置或以其他名称保存已保存过的演示文稿的操作。将演示文稿另存为的方法和第一次进行保存的操作类似，不同的是它能保证其编辑操作对原文档不产生影响，相当于将当前打开的演示文稿做一个备份。

3）自动保存

自动保存是指在编辑演示文稿的过程中，每隔一段时间 PowerPoint 2016 就会自动保存当前文件。自动保存将避免意外断电或死机带来的损失。若设置了自动保存，遇意外而重新启动后，PowerPoint 会自动恢复最后一次保存的内容，减少损失。设置文件的自动保存参数，并自动恢复未保存的文稿，可按以下操作步骤进行：

步骤 1：单击“文件”→“选项”命令，打开“PowerPoint 选项”对话框。

步骤 2：选择左侧“保存”选项卡，勾选“保存演示文稿”选项组“保存自动恢复信息时间间隔”前的复选框，在其右侧输入时间（例如：10 分钟）、表示每隔指定时间间隔就自动保存一次，如图 5-16 所示，单击“确定”按钮。

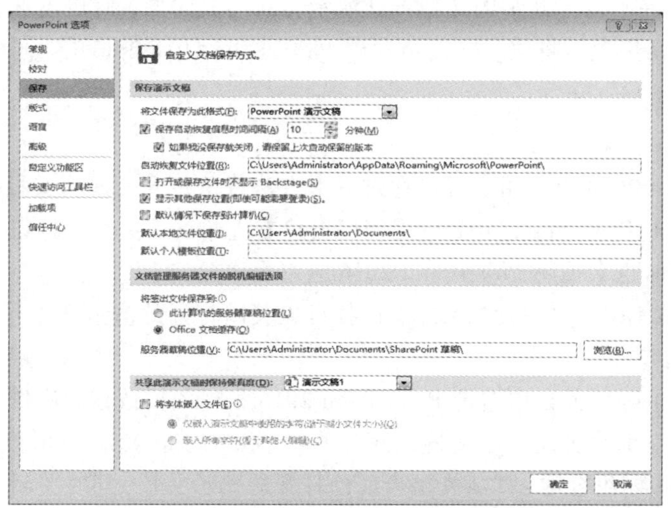

图 5-16 “保存”选项

“自动恢复文件位置”和“默认本地文件位置”可以设定演示文稿存放的默认文件夹，以后保存文件时不必指定路径就能存入该文件夹。

5.2.2 关闭与打开演示文稿

要制作出精美的演示文稿，首先必须从最基本的操作开始。基本操作包括打开和关闭演示文稿、保存演示文稿。

1. 打开演示文稿

使用 PowerPoint 2016 不仅可以创建演示文稿，还可以打开已有的演示文稿，以对其进行编辑。PowerPoint 允许用户通过以下几种方法打开演示文稿：

（1）直接双击打开：Windows 操作系统会自动为所有 ppt、pptx 等格式的演示文稿、演示模板文件进行关联，用户只需双击这些文档，即可启动 PowerPoint 2016，同时打开指定的演示文稿。

（2）通过“文件”菜单打开：选择“文件”→“打开”命令，在右侧列表里单击最近使用过的演示文稿。这样可以免除查找演示文稿文件路径的麻烦，快速打开演示文稿。若右侧列表里没有所需要的演示文稿，则单击“浏览”按钮，弹出“打开”对话框，在对话框中找到要打开的演示文稿的文件夹，选中演示文稿文件名，单击“打开”按钮即可打开该演示文稿。

（3）通过快速访问工具栏打开：在快速访问工具栏中单击“自定义快速访问工具栏”右侧的下拉按钮，在弹出的下拉列表中选择“打开”选项，将“打开”按钮添加到快速访问工具栏中。单击该按钮，弹出“打开”窗口，后续步骤与第（2）种方式相同。

（4）使用快捷键打开：在 PowerPoint 2016 窗口中，直接按【Ctrl+O】组合键，弹出“打开”菜单，后续步骤与第（2）种方式相同。

PowerPoint 2016 关联的文档主要包括 6 种，即扩展名为 ppt、pptx、pot、pots、pps 和 ppsx 的文档。除了以上介绍的几种打开演示文稿的方法外，用户还可直接选择外部的演示文稿，然后使用鼠标将演示文稿拖动到 PowerPoint 2016 窗口中，同样可以打开该演示文稿。

2. 关闭演示文稿

在 PowerPoint 2016 中，用户可以通过以下方法将已打开的演示文稿关闭：

（1）直接单击 PowerPoint 2016 应用程序窗口右上角的“关闭”按钮，关闭当前打开的演示文稿，同时也会关闭 PowerPoint 2016 应用程序窗口。

（2）选择“文件”→“关闭”命令，同样可以关闭打开的演示文稿并关闭 PowerPoint 2016 应用程序窗口。

（3）在 Windows 任务栏中右击 PowerPoint 2016 程序图标按钮，从弹出的快捷菜单中选择“关闭窗口”命令关闭演示文稿，同时关闭 PowerPoint 2016 应用程序窗口。

（4）按【Alt+F4】组合键，直接关闭当前已打开的演示文稿，同时关闭 PowerPoint 2016 应用程序窗口。

5.2.3 管理幻灯片

幻灯片是演示文稿的重要组成部分，因此在 PowerPoint 2016 中需要掌握幻灯片的管理工作，主要包括选择幻灯片、插入幻灯片、移动与复制幻灯片、删除幻灯片和隐藏幻

灯片等。

1. 选择幻灯片

在 PowerPoint 2016 中，用户可以选中一张或多张幻灯片，然后对选中的幻灯片进行操作，以下是在普通视图中选择幻灯片的方法。

（1）选择单张幻灯片：无论是在普通视图还是在幻灯片浏览视图下，只需单击需要的幻灯片，即可选中该张幻灯片。

（2）选择编号相连的多张幻灯片：首先单击起始编号的幻灯片，然后按住【Shift】键，再单击结束编号的幻灯片，此时两张幻灯片之间的多张幻灯片被同时选中。

（3）选择编号不相连的多张幻灯片：在按住【Ctrl】键的同时，依次单击需要选择的每张幻灯片，即可同时选中单击的多张幻灯片。在按住【Ctrl】键的同时再次单击已选中的幻灯片，则取消选择该幻灯片。

（4）选择全部幻灯片：无论是在普通视图还是在幻灯片浏览视图下，按【Ctrl+A】组合键，即可选中当前演示文稿中的所有幻灯片。

此外，在幻灯片浏览视图下，用户直接在幻灯片之间的空隙中按下鼠标左键并拖动，此时鼠标指针划过的幻灯片都将被选中。

2. 插入幻灯片

在启动 PowerPoint 2016 应用程序后，PowerPoint 会自动建立一张新的幻灯片，随着制作过程的推进，需要在演示文稿中插入更多的幻灯片。

要插入新幻灯片，可以通过“幻灯片”组插入，可以通过鼠标右击插入，也可以通过键盘操作插入。

1）通过“幻灯片”组插入

在幻灯片浏览窗格中，选择一张幻灯片，单击“开始”选项卡“幻灯片”组中的“新建幻灯片”按钮，即可插入一张默认版式的幻灯片。当需要应用其他版式时，单击“新建幻灯片”按钮右侧的下拉按钮，在弹出的下拉列表中选择所需要的版式，如“标题和内容”选项，即可插入该样式的幻灯片。

2）通过鼠标右击插入

在幻灯片浏览窗格中，选择一张幻灯片，右击该幻灯片，在弹出的快捷菜单中选择“新建幻灯片”选项，即可在选择的幻灯片之后插入一张新的幻灯片。该幻灯片与选中的幻灯片具有同样的版式。

3）通过键盘操作插入

通过键盘操作插入幻灯片的方法是最为快捷的方法。在幻灯片浏览窗格中，选择一张幻灯片，然后按【Enter】键，或按【Ctrl+M】组合键，即可快速插入一张与选中幻灯片具有相同版式的新幻灯片。

3. 移动与复制幻灯片

在 PowerPoint 2016 中，用户可以方便地对幻灯片进行移动与复制操作。

1）移动幻灯片

在制作演示文稿时，为了调整幻灯片的播放顺序，此时就需要移动幻灯片。移动幻灯片的基本步骤如下：

步骤 1：选中需要移动的幻灯片，在“开始”选项卡的“剪贴板”组中单击“剪切”按钮；或者右击选中的幻灯片，在弹出的快捷菜单中选择“剪切”命令；或者按【Ctrl+X】组合键。

步骤 2：在需要插入幻灯片的位置单击，然后在“开始”选项卡的“剪贴板”组中单击“粘贴”按钮；或者在目标位置右击，在弹出的快捷菜单中选择“粘贴选项”中的某一个命令；或者按【Ctrl+V】组合键。

在 PowerPoint 2016 中，除了可以移动同一演示文稿中的幻灯片外，还可以移动不同演示文稿中的幻灯片，方法为：打开多个演示文稿，在任意一个演示文稿窗口中打开“视图”选项卡，在“窗口”组中单击“全部重排”按钮，此时系统自动将多个演示文稿并排显示出来。然后选择要移动的幻灯片，按住鼠标左键不放，拖动幻灯片至另一演示文稿中，此时目标位置上将出现一条横线，释放鼠标即可。

2）复制幻灯片

PowerPoint 支持以幻灯片为对象的复制操作。在制作演示文稿时，为了使新建的幻灯片与已经建立的幻灯片保持相同的版式和设计风格，可以利用幻灯片的复制功能，复制出一张相同的幻灯片，然后再对其进行适当的修改。

复制幻灯片的基本步骤如下：

步骤 1：选中需要复制的幻灯片，在“开始”选项卡的“剪贴板”组中单击“复制”按钮；或者右击选中的幻灯片，在弹出的快捷菜单中选择“复制”命令；或者按【Ctrl+C】组合键。

步骤 2：在需要插入幻灯片的位置单击，然后在“开始”选项卡的“剪贴板”组中单击“粘贴”按钮；或者在目标位置右击，在弹出的快捷菜单中选择“粘贴选项”中的某一个命令；或者按【Ctrl+V】组合键。

另外，复制幻灯片还可以通过鼠标左键拖动的方法实现：先选择要复制的幻灯片，按住【Ctrl】键，然后按住鼠标左键拖动选定的幻灯片，在拖动过程中，出现一条竖线表示选定幻灯片的新位置，此时释放鼠标左键，再松开【Ctrl】键，选择的幻灯片将被复制到目标位置。

4．删除幻灯片

在演示文稿中删除多余幻灯片是清除大量冗余信息的有效方法。删除幻灯片的方法主要有以下两种：

（1）选择要删除的幻灯片，右击该幻灯片，在弹出的快捷菜单中选择“删除幻灯片”命令。

（2）选择要删除的幻灯片，直接按【Delete】键，即可删除所选的幻灯片。

5．隐藏幻灯片

制作好的演示文稿中有的幻灯片可能不是每次放映时都需要放映出来，此时就可以将暂时不需要的幻灯片隐藏起来，具体操作步骤如下：

选择需要隐藏的幻灯片缩略图，右击，在弹出的快捷菜单中选择“隐藏幻灯片”选项即可。

选中已经隐藏的幻灯片，右击，在弹出的快捷菜单中选择“隐藏幻灯片”选项可以取消该幻灯片的隐藏。

5.3 对象元素的插入与设置

5.3.1 外部文本导入

除了使用复制的方法从其他文档中将文本粘贴到幻灯片中之外，还可以在“插入”选项卡的“文本”组中单击“对象”按钮，直接将文本文档导入幻灯片中，具体操作步骤如下：

单击“插入”选项卡“文本”组中的“对象”按钮，弹出“插入对象”对话框，如图 5-17 所示，选中“由文件创建”单选按钮，单击“浏览”按钮。弹出“浏览”对话框，选择要导入的文件，单击“确定”按钮。此时，在“插入对象”对话框的“文件”文本框中将显示该文本文档的路径，如图 5-18 所示。单击“确定”按钮导入文本，此时幻灯片中将显示导入的文本文档内容。在导入的文本中右击，在弹出的快捷菜单中选择“文档对象”→“编辑”命令，此时该文本处于可编辑状态，如同在 Word 中编辑文本一样，编辑导入的文本，将鼠标指针移动到该文档边框的右下角，当鼠标指针变为双向箭头形状时，拖动导入的文本框，调整其大小。

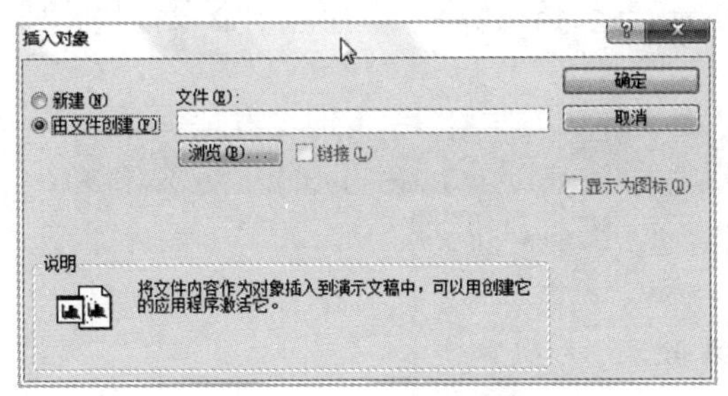

图 5-17 “插入对象”对话框

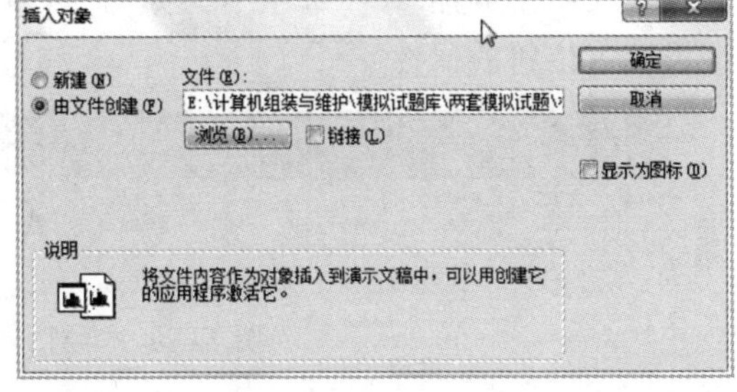

图 5-18 文本框显示插入文件的路径

5.3.2 使用占位符

占位符是包含文字和图形等对象的容器，其本身是构成幻灯片内容的基本对象，具有自己的属性。用户可以对其中的文字进行操作，也可以对占位符本身进行大小调整、移动、复制、粘贴及删除等操作。

1. 添加占位符文本

占位符文本的输入主要在普通视图中进行，但也可以在大纲视图方式下输入文本。

1）在普通视图中输入文本

创建一个新的演示文稿，默认在普通视图下，然后在幻灯片编辑窗格中单击“单击此处添加标题”占位符，进入编辑状态，即可开始输入文本。

2）在大纲视图中输入文本

创建一个新的演示文稿，从普通视图切换至大纲视图，将光标定位在要输入文本的占位符中，直接输入文本即可。

2. 选择占位符

要在幻灯片中选中占位符，可以使用如下方法进行操作：

（1）在文本编辑状态下，单击其边框，即可选中该占位符。

（2）在幻灯片中可以拖动鼠标选择占位符。当鼠标指针处在幻灯片的空白处时，按下鼠标左键并拖动，此时将出现一个虚线框，当释放鼠标时，处在虚线框内的占位符都会选中。

（3）按住【Shift】键或【Ctrl】键时依次单击多个占位符，可同时选中它们。

按住【Shift】键和按住【Ctrl】键的不同之处在于：按住前者只能选择一个或多个占位符，而按住后者时，除了可以同时选中多个占位符外，还可拖动选中的占位符，实现对所选占位符的复制操作。

占位符的文本编辑状态与选中状态的主要区别是边框的形状，单击占位符内部，在占位符内部出现一个光标，此时占位符处于编辑状态。

3. 设置占位符属性

在 PowerPoint 2016 中，占位符、文本框及自选图形等对象具有相似的属性，如对齐方式、颜色、形状等，设置它们属性的操作相似。在幻灯片中选中占位符时，功能区将出现“绘图工具-格式”选项卡，如图 5-19 所示。通过该选项卡中的各个命令按钮，即可设置占位符的属性。

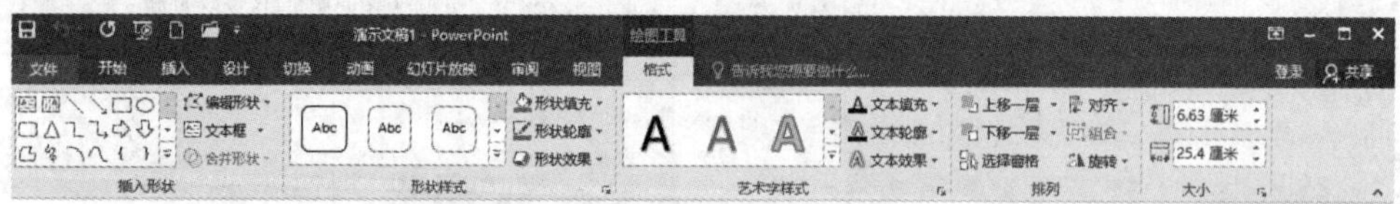

图 5-19 “绘图工具-格式”选项卡

1）调整占位符

调整占位符主要是指调整其大小。当占位符处于选中状态时，将鼠标指针移动到占位符右下角的控制点上，此时鼠标指针变为斜双箭头形状。按住鼠标左键并向内拖动，调整到合适大小时释放鼠标即可缩小占位符。

另外，在占位符处于选中状态时，系统自动打开“绘图工具-格式”选项卡，在“大小”组的“形状高度”和“形状宽度”文本框中可以精确地设置占位符大小。

当占位符处于选中状态时，将鼠标指针移动到占位符的边框时将显示四方向箭头形状，此时按住鼠标左键并拖动文本框到目标位置，释放鼠标即可移动占位符。当占位符处于选中状态时，可以通过键盘方向键来移动占位符的位置。使用方向键移动的同时按住【Ctrl】键，可以实现占位符的微移。

2）旋转占位符

在设置演示文稿时，占位符可以任意角度旋转。选中占位符，在“绘图工具-格式”

选项卡的“排列”组中单击“旋转”下拉按钮，在弹出的下拉列表中选择相应命令即可实现按指定角度旋转占位符。

选择“其他旋转选项”命令，将打开图 5-20 所示的“设置形状格式”任务窗格。在“大小与属性”选项卡中设置“高度”为 2.5 厘米，“宽度”为 5.2 厘米，“旋转”角度为 30°。单击“关闭”按钮，得到的占位符效果如图 5-21 所示。

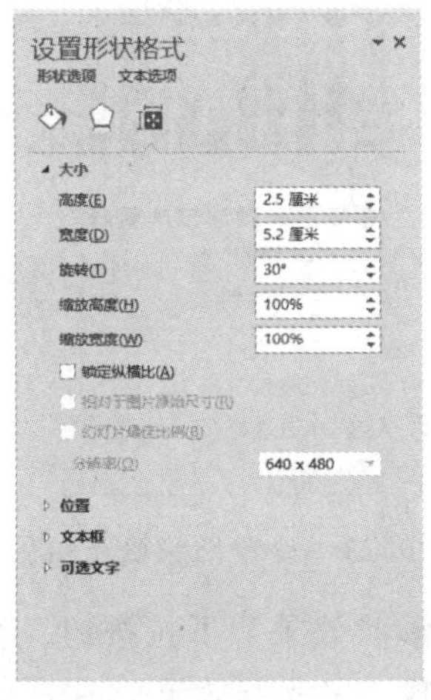

图 5-20 “设置形状格式”任务窗格

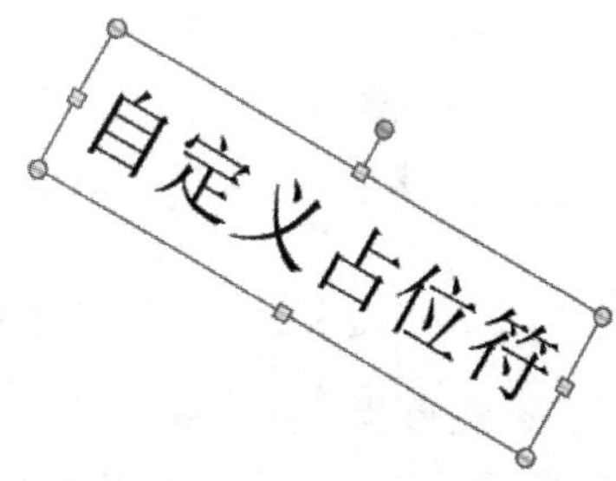

图 5-21 自定义占位符的高/宽度和旋转角度

设置占位符旋转的角度，正常为 0°，正数表示顺时针旋转，负数表示逆时针旋转。设置负数后，PowerPoint 会自动转换为对应的 360°内的数值。此外，通过鼠标同样可以旋转占位符：选中占位符后，将光标移至占位符的绿色调整柄上，按住鼠标左键，旋转占位符至合适方向即可。

3）对齐占位符

如果一张幻灯片中包含两个或两个以上的占位符，用户可以通过选择相应命令来左对齐、右对齐、水平居中或横向分布占位符。

在幻灯片中选中多个占位符，在“格式”选项卡的“排列”组中单击“对齐”下拉按钮，在弹出的下拉列表中选择相应命令，即可设置占位符的对齐方式。

4）设置占位符的形状

占位符的形状设置包括形状样式、形状填充颜色、形状轮廓和形状效果等的设置。通过设置占位符的形状，可以自定义内部纹理、渐变样式、边框颜色、边框粗细、阴影效果、反射效果等。

（1）更改形状样式：PowerPoint 2016 内置 77 种形状样式，用户可以在“形状样式”组中单击“其他”下拉按钮，在弹出的图 5-22 所示的列表中选择需要的样式即可。

（2）设置形状填充颜色：在“形状样式”组中单击“形状填充”下拉按钮，在弹出的图 5-23 所示的下拉列表中可以设置占位符的填充颜色。

（3）设置形状轮廓：在“形状样式”组中单击“形状轮廓”下拉按钮，在弹出的图 5-24 所示的下拉列表中可以设置占位符轮廓线条颜色、线型等。

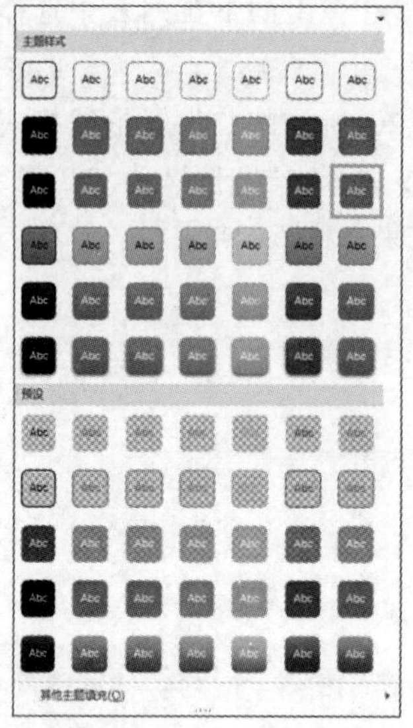

图 5-22　设置形状样式

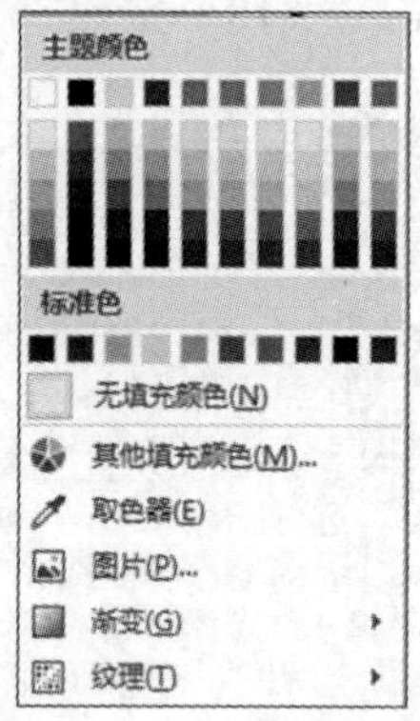

图 5-23　设置形状填充颜色

（4）设置形状效果：在“形状样式”组中单击“形状效果”下拉按钮，在弹出的图 5-25 所示的下拉列表中可以为占位符设置阴影、映像、发光等效果。

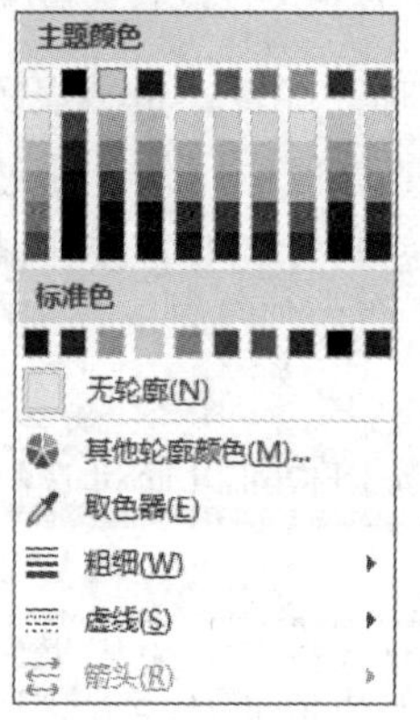

图 5-24　设置形状轮廓

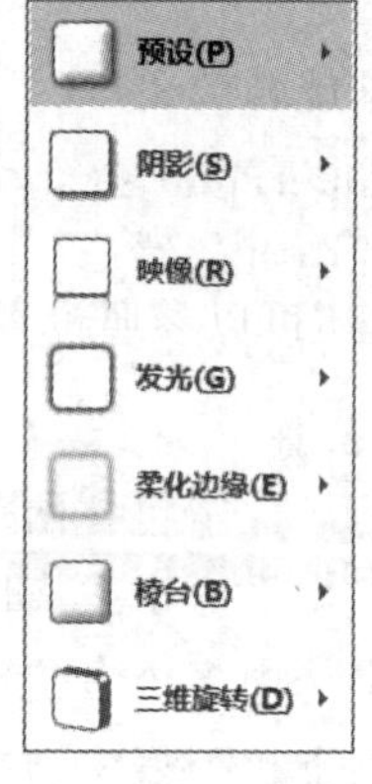

图 5-25　设置形状效果

另外，用户可以在“开始”选项卡的“绘图”组中为占位符设置形状、样式、形状填充、形状轮廓和形状效果等。

4．复制、剪切、粘贴和删除占位符

用户可以对占位符进行复制、剪切、粘贴及删除等基本编辑操作。对占位符的编辑操作与对其他对象的操作相同，选中占位符后，在“开始”选项卡的“剪贴板”组中单击“复制”“粘贴”及“剪切”等相应按钮即可。

（1）在复制或剪切占位符时，会同时复制或剪切占位符中的所有内容和格式，以及占位符的大小和其他属性。

（2）当把复制的占位符粘贴到当前幻灯片时，被粘贴的占位符将位于原占位符的附近；当把复制的占位符粘贴到其他幻灯片时，则被粘贴的占位符的位置将与原占位符在幻灯片中的位置完全相同。

（3）占位符的剪切操作常用来在不同的幻灯片间移动内容。

（4）选中占位符，按【Delete】键，可以把占位符及其内部的所有内容删除。

5.3.3 使用文本框

文本框是一种可移动、可调整大小的文字容器，它与文本占位符非常相似。使用文本框可以在幻灯片中放置多个文字块，使文字按照不同的方向排列。

1. 添加文本框

PowerPoint 2016 提供了两种形式的文本框：横排文本框和竖排文本框，分别用来放置水平方向的文字和垂直方向的文字。

在“插入”选项卡“文本”组中单击“文本框”下拉按钮，在弹出的下拉列表中选择“横排文本框”选项，移动鼠标指针到幻灯片的编辑窗口，在幻灯片页面中按住鼠标左键，这时鼠标指针变成“十”字形状，拖动鼠标。当拖动到合适大小的矩形框后，释放鼠标完成横排文本框的插入；同样在“文本”组中单击“文本框”下拉按钮，在弹出的下拉列表中选择“竖排文本框”选项，移动鼠标指针在幻灯片中绘制竖排文本框。绘制完文本框后，光标自动定位在文本框内，即可输入文本。

2. 设置文本框属性

文本框中新输入的文字没有任何格式，需要用户根据演示文稿的实际需要进行设置。文本框上方有一个绿色的旋转控制点，拖动该控制点可以方便地将文本框旋转至任意角度。

另外，用户还可以参照设置占位符的方法，对文本框进行复制、移动和删除等操作，以及设置文本框形状效果、大小等属性。

5.3.4 创建艺术字

艺术字是一种特殊的图形文字，常被用来表现幻灯片的标题文字。用户既可以像对普通文字一样设置其字号、加粗、倾斜等效果，也可以像对形状对象那样设置它的边框、填充等属性，还可以对其进行大小调整、旋转或添加阴影、三维效果等操作。

1. 插入艺术字

艺术字是一个文字样式库，可以将艺术字添加到文档中，从而制造出装饰性效果。在 PowerPoint 2016 中，在“插入”选项卡“文本”组中单击“艺术字”下拉按钮，弹出图 5-26 所示的艺术字样式列表。选择需要的样式，即可在幻灯片中插入艺术字，如图 5-27 所示。

2. 设置艺术字格式

用户在插入艺术字后，自动打开“绘图工具-格式”选项卡，如图 5-28 所示。为了使艺术字的效果更加美观，可以对艺术字格式进行相应的设置，如设置艺术字的大小、艺术字样式、形状样式等属性。

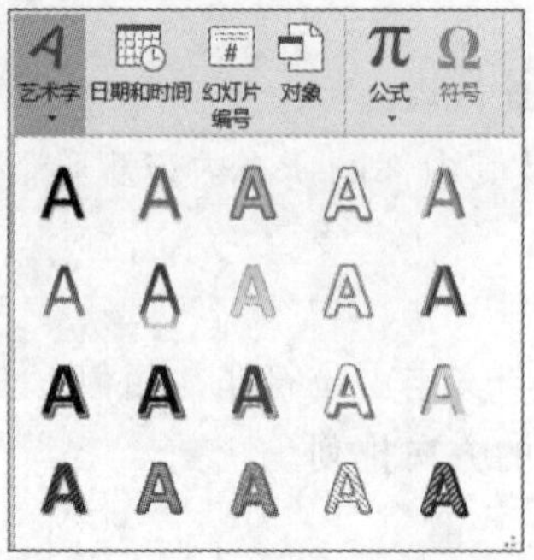

图 5-26　艺术字样式列表

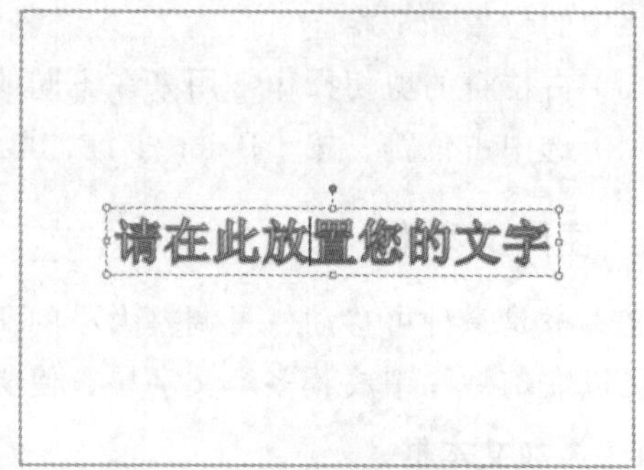

图 5-27　在幻灯片中插入艺术字

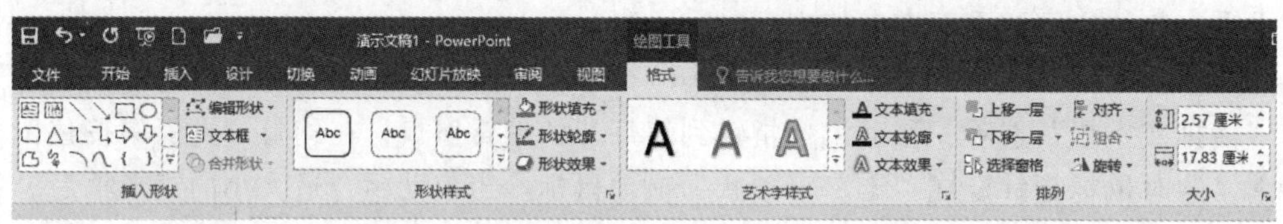

图 5-28　艺术字“绘图工具-格式”选项卡

1）设置艺术字大小

选择艺术字后，在“绘图工具-格式”选项卡“大小”组中的“高度”和“宽度”文本框中输入精确的数值即可。

2）设置艺术字样式

设置艺术字样式包含更改艺术字样式、文本效果、文本填充和文本轮廓等操作。通过在“绘图工具-格式”选项卡“艺术字样式”组中单击相应的按钮，执行对应的操作。

（1）艺术字样式：选择艺术字后，在“绘图工具-格式”选项卡“艺术字样式”组中，单击“其他”下拉按钮，在弹出的图 5-29 所示的样式列表中选择一种艺术字样式即可。

（2）更改文本效果：选择艺术字后，在“绘图工具-格式”选项卡“艺术字样式”组中，单击“文本效果”下拉按钮，在弹出的下拉列表中选择所需的文本效果，图 5-30 所示为发光效果。

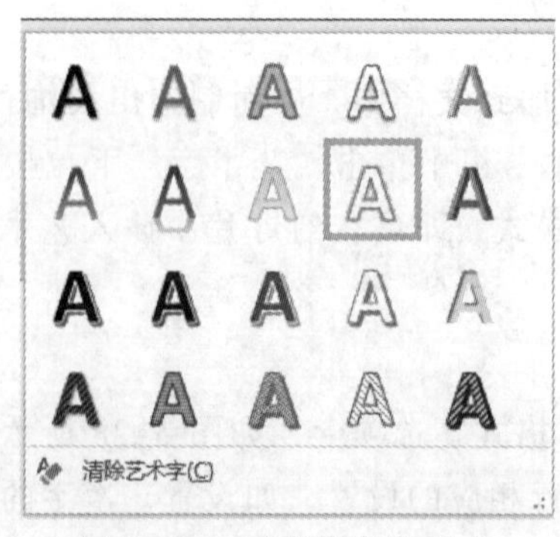

图 5-29　更改艺术字样式

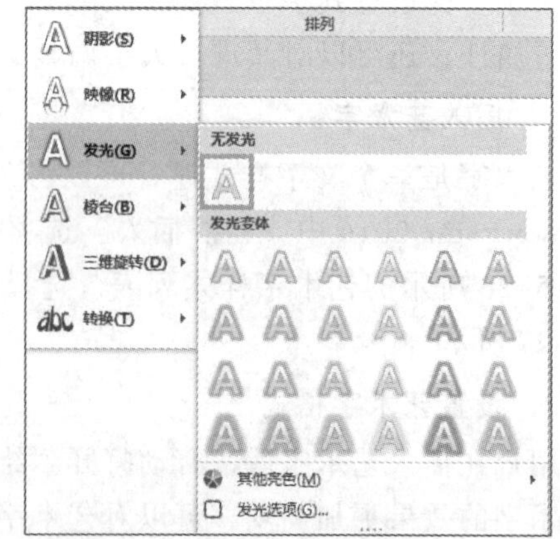

图 5-30　发光效果

（3）更改文本填充：选择艺术字后，在“绘图工具-格式”选项卡“艺术字样式”组中单击“文本填充”下拉按钮，在弹出的下拉列表中选择所需的填充颜色，或者选择渐变和纹理填充效果。

（4）更改文本轮廓：选择艺术字后，在“绘图工具-格式”选项卡“艺术字样式”组中单击“文本轮廓”下拉按钮，在弹出的下拉列表中选择所需的轮廓颜色，或者选择轮廓线条样式。

选中艺术字，在“绘图工具-格式”选项卡“艺术字样式”组中单击对话框启动器按钮，在打开的“设置形状格式”任务窗格中同样可以对艺术字进行编辑操作。

3）设置形状样式

设置形状样式包含更改艺术字形状样式、形状填充、形状轮廓和形状效果等操作。通过在“绘图工具-格式”选项卡的“形状样式”组中单击相应的按钮，执行对应的操作。

（1）更改形状样式：选择艺术字后，在“绘图工具-格式”选项卡的“形状样式”组中单击“其他”下拉按钮，在弹出的图 5-31 所示的形状样式列表中选择所需的艺术字形状样式即可。

（2）更改形状效果：选择艺术字后，在“绘图工具-格式”选项卡的“形状样式”组中单击“形状效果”下拉按钮，在弹出的下拉列表中选择所需的形状效果即可，图 5-32 所示为发光效果。

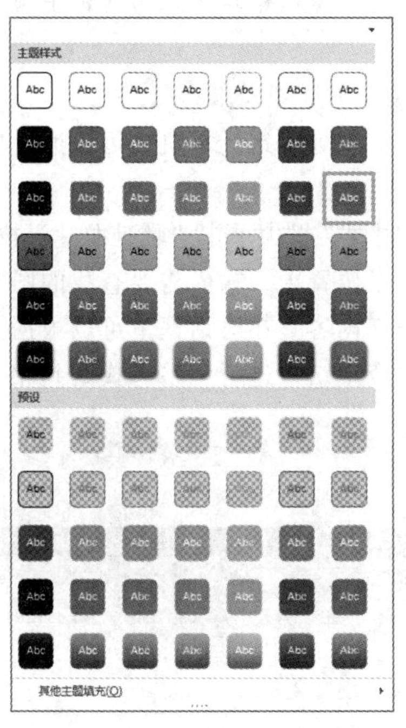

图 5-31　更改形状样式

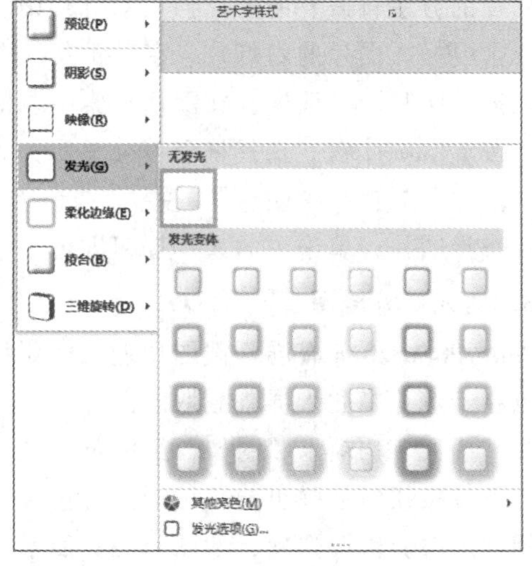

图 5-32　更改形状效果

（3）更改形状填充：选择艺术字后，在“绘图工具-格式”选项卡的“形状样式”组中，单击“形状填充”下拉按钮，在弹出的下拉列表中选择颜色、渐变、图片或纹理填充形状等内容。

（4）更改形状轮廓：选择艺术字后，在“绘图工具-格式”选项卡的“形状样式”组中单击“形状轮廓”下拉按钮，在弹出的下拉列表中选择形状轮廓的颜色、线型和粗细等选项。

3. 普通文本转换为艺术字

若想将幻灯片中已经存在的普通文本转化为艺术字，首先选中这些要转换的文本，然后在“绘图工具-格式”选项卡“艺术字样式”组中单击艺术字样式列表右下角的“其他”下拉按钮，在弹出的艺术字样式列表中选择一种样式，并适当修饰即可。

5.3.5 使用图片

在演示文稿中使用图片，可以更生动形象地阐述其主题和所需表达的思想。在插入图片时，要充分考虑到幻灯片的主题，使图片和主题和谐一致。

1. 插入图片

在演示文稿的幻灯片中可以插入磁盘中的图片。这些图片可以是BMP位图，也可以是由其他应用程序创建的图片，或是从因特网下载或通过扫描仪及数码相机输入的图片等。

在“插入”选项卡“图像”组中单击“图片”按钮，弹出“插入图片”对话框，选择需要的图片后，单击“插入”按钮，则该图片插入当前幻灯片中。

用户还可以将幻灯片中的图片保存到计算机中，右击幻灯片中的图片，在弹出的快捷菜单中选择“另存为图片”命令，弹出“另存为”对话框，设置保存路径，单击“保存”按钮即可。

2. 插入联机图片

在进行幻灯片设计时，如果需要的图片事先没有下载到本地计算机，可以通过插入联机图片的方法将需要的图片插入幻灯片中。

单击要插入图片的幻灯片，在“插入”选项卡“图像”组中单击“联机图片”按钮，弹出“插入图片”对话框，在默认搜索引擎的图片搜索位置中，输入需要查找的图片关键词，按【Enter】键，选择框里就会显示搜索到的全部内容。在对话框里可以根据偏好使用“尺寸”“类型”“颜色”“授权”“重置”命令对搜索结果进行调整。找到到相应图片后，选择图片，单击“插入”按钮即可。

3. 插入屏幕截图

PowerPoint 2016有屏幕截图功能，使用该功能可以在幻灯片中插入屏幕截取的图片。

在“插入”选项卡“图像”组中单击“屏幕截图”下拉按钮，从弹出的“可用的视窗”列表中选择“屏幕剪辑”选项，如图5-33所示，进入屏幕截图状态，拖动鼠标指针截取所需的图片区域。

图5-33 在幻灯片中插入屏幕截图

若在“图像”组中单击“屏幕截图”下拉按钮，在“可用的视窗”列表中选择某一个窗口，即可在当前幻灯片中插入所截取的窗口图片。

4. 设置图片格式

在演示文稿中插入图片后，PowerPoint 会自动打开“图片工具-格式”选项卡。在选项卡的不同组中使用相应命令按钮，可以调整图片位置和大小、裁剪图片、旋转图片、调整图片对比度和亮度、设置图片样式、为图片增加阴影、映像、发光等特定效果等。

选中图片后，在“格式”选项卡“大小”组中单击“裁剪”按钮，进入图片裁剪状态，拖动四周的控制板即可自由地裁剪图片。

5.3.6 创建图形

PowerPoint 2016 提供了功能强大的绘图工具，利用绘图工具可以在幻灯片中绘制各种线条、连接符、几何图形、星形以及箭头等复杂的图形。

1. 绘制形状

在 PowerPoint 2016 中，通过“插入”选项卡“插图”组中的“形状”下拉按钮，可以在幻灯片中绘制形状，如线条、基本图形等。可用的形状包括：线条、矩形、基本形状、箭头、公式形状、流程图、星与旗帜、标注和动作按钮。绘制形状的基本方法如下：

在“插入”选项卡“插图”组中单击“形状”下拉按钮，在弹出的下拉列表中选择需要的形状，这时鼠标指针呈“十”字形，按住鼠标左键在幻灯片中拖动，绘制图形。

2. 设置形状格式

在 PowerPoint 2016 中，可以对绘制的形状进行个性化的编辑和修改。和其他对象操作一样，在进行格式设置前，应首先选中该图形，在“绘图工具-格式”选项卡中对图形进行最基本的编辑和设置，包括旋转形状、对齐形状、更改形状、组合形状、形状填充、形状轮廓和形状效果等。

在“绘图工具”|“格式”选项卡“排列”组中单击“旋转”下拉按钮，在弹出的下拉列表中选择相应的选项来实现形状的旋转操作；在“排列”组中单击“对齐”下拉按钮，在弹出的下拉列表中选择相应的选项来实现形状的对齐操作。

3. 在形状中添加文字

有时需要在绘制的形状中增加文字，以表达更清晰的含义，实现图文并茂的效果。添加文字的方法如下：选中形状，右击，在弹出的快捷菜单中选择“编辑文字”命令，当形状中出现光标时输入文字。

5.3.7 创建 SmartArt 图形

使用 SmartArt 图形可以非常直观地说明层级关系、附属关系、并列关系、循环关系等各种常见的逻辑关系，而且所制作的图形具有很强的立体感和画面感。

1. 插入 SmartArt 图形

PowerPoint 2016 提供了多种 SmartArt 图形类型，如流程、层次结构等。

在“插入”选项卡“插图”组中单击“SmartArt”按钮，弹出“选择 SmartArt 图形”对话框，如图 5-34 所示。在对话框中，从左侧的列表中选择类型，在中间的列表中选择该类型下的图形，右侧窗格将会显示图形的缩略图和图形说明，单击“确定”按钮，即可在幻灯片中插入 SmartArt 图形。

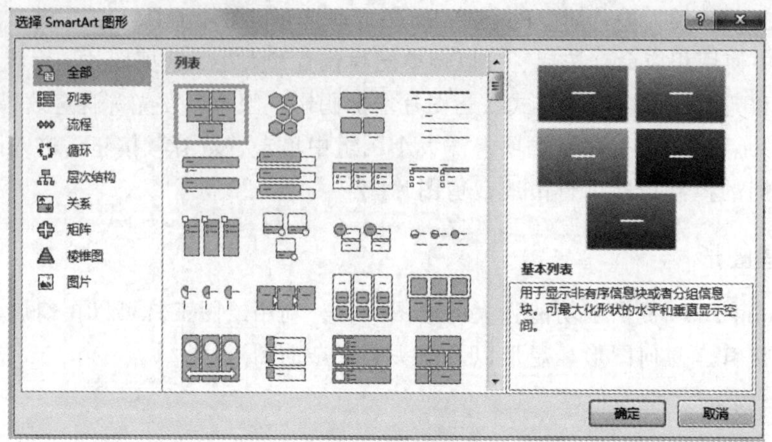

图 5-34 “选择 SmartArt 图形”对话框

同样，在幻灯片的内容占位符中单击“插入 SmartArt 图形”按钮 ，也可以打开“选择 SmartArt 图形”对话框。

2. 编辑 SmartArt 图形

创建 SmartArt 图形后，还需要对插入的 SmartArt 图形进行各种编辑，如插入或删除形状、调整形状顺序以及更改布局等。

1）添加和删除形状

默认情况插入的 SmartArt 图形的形状较少，用户可以根据需要在相应的位置添加形状。选择 SmartArt 图形，在“SmartArt 工具-设计”选项卡的“创建图形”组中，单击“添加形状”右侧的下拉按钮，在弹出的下拉列表中选择某一个选项，即可在不同的位置（后面/前面/上方/下方）添加一个形状。

如果形状过多，还可以对其进行删除。在 SmartArt 图形中直接选中要删除的形状，按【Delete】键，即可将其删除。

2）编辑文本和图片

选中幻灯片中的 SmartArt 图形，左侧显示文本窗格，可在其中添加、删除和修改文本。通过【Tab】键可以改变文本的级别，【Shift+Tab】组合键可以逆向改变文本的级别，如果文本窗格被隐藏，可以通过单击图形左侧的灰色三角箭头将其显示出来，也可以直接在形状中对文本进行编辑。如果选择了带有图片的图形，则可以在形状中插入图片。

3）调整形状顺序

在制作 SmartArt 图形的过程中，用户可以根据需求调整图形间各形状的顺序，如将上一级的形状调整到下一级等。

选中形状，单击“SmartArt 工具-设计”选项卡，在“创建图形”组中单击“升级”按钮，将形状上调一个级别；单击“降级”按钮，将形状下调一个级别；单击“上移”或“下移”按钮，将形状在同一级别中向上或向下移动。

4）更改 SmartArt 图形的布局

当用户编辑完 SmartArt 图形后，如果发现该 SmartArt 图形不能很好地反映各个数据、内容关系，则可以更改 SmartArt 图形的布局。

选中 SmartArt 图形，单击“SmartArt 工具-设计”选项卡，在“版式”组中单击“其他”下拉按钮，在弹出的图 5-35 所示的列表中可以重新选择一种布局样式。若选择“其他布局”选项，弹出“选择 SmartArt 图形”对话框，在该对话框中同样可以更改图形的样式。

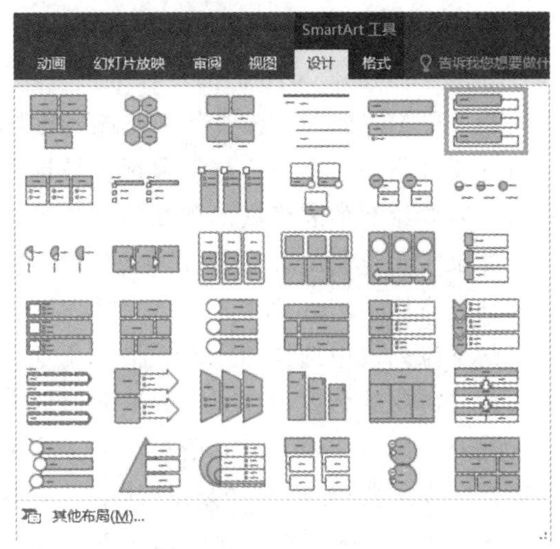

图 5-35 版式样式

5）更改 SmartArt 图形的颜色和样式

在“SmartArt 工具-设计”选项卡“SmartArt 样式”组中单击“更改颜色”下拉按钮，在其下拉列表中提供了“主题颜色”“彩色”“个性色 1”“个性色 2”“个性色 3”、“个性色 4”“个性色 5”“个性色 6”共 8 组颜色，可以根据需要选择其中的颜色。

在“SmartArt 工具-设计”选项卡“SmartArt 样式”组中单击样式列表框右下角的“其他”下拉按钮，在其下拉列表中提供了 14 种样式，可以根据需要选择其中的样式。

6）SmartArt 图形转换为形状或文本

PowerPoint 2016 还为用户提供了将 SmartArt 图形转换为形状与文本的功能。单击“SmartArt 工具-设计”选项卡，在“重置”组中单击“转换”下拉按钮，在弹出的下拉列表中选择“转换为形状”或“转换为文本”命令即可。

5.3.8 制作电子相册

随着数码相机的普及，使用计算机制作电子相册的用户越来越多，当没有制作电子相册的专门软件时，使用 PowerPoint 2016 也能轻松地制作出漂亮的电子相册。

1. 创建相册

要在幻灯片中新建相册，单击“插入”选项卡，在“图像”组中单击“相册”按钮，打开“相册”对话框，从本地磁盘的文件夹中选择所需的图片文件，单击“创建”按钮即可。在插入相册的过程中可以更改图片的先后顺序、调整图片的色彩明暗对比与旋转角度以及设置图片的版式和相框形状等。

2. 编辑相册

对于建立的相册，如果不满意它所呈现的效果，可以单击“插入”选项卡“图像”组中的“相册”下拉按钮，在弹出的下拉列表中选择“编辑相册”命令，在弹出的“编辑相册”对话框中重新修改相册顺序、图片版式、相框形状、演示文稿设计模板等相关属性。

5.3.9 插入表格

1. 创建表格

在 PowerPoint 2016 的幻灯片中可以添加表格，默认情况下最多只能创建 8 行 10 列的表格。单击“插入”选项卡“表格”组中的“表格”下拉按钮，在弹出的下拉列表中，用鼠标指针指向表格框，移动鼠标，被选择的表格边线为橙色。当达到需要的行列数时单击，需要绘制的表格就出现在幻灯片中。

如果需要绘制的表格超过了 8 行 10 列，则可以使用“插入表格”对话框来完成。在需要插入表格的幻灯片中，单击“插入”选项卡“表格”组中的“表格”下拉按钮，在弹出的下拉列表中选择“插入表格”命令，弹出“插入表格”对话框。在“列数”数值框中输入需要的列数，在“行数”数值框中输入需要的行数，单击“确定”按钮即可。

此外，PowerPoint 2016 还提供手工绘制表格的功能，通过手工可以绘制出各种样式的表格。在需要插入表格的幻灯片中，单击“插入”选项卡“表格”组中的“表格”下拉按钮，在弹出的下拉列表中选择“绘制”命令，此时，鼠标指针变成了一支笔的形状，拖动鼠标在幻灯片中绘制出一个表格，但该表格只有一个单元格。若要绘制出更多的单元格，在“表格工具-设计”选项卡中，单击“绘制”组中的“绘制表格”按钮，用变为笔形状的鼠标指针在表格中画线即可。

2. 设置表格样式

刚创建的表格样式很单调，可以对其进行修改。设置表格样式有快速套用已有的样式和自定义表格样式两种。

选择幻灯片中的表格，单击“表格工具-设计”选项卡“表格样式”组中的表格样式列表框右侧的“其他”下拉按钮，在弹出的下拉列表中选择某一种样式，完成套用已有样式的操作。

自定义表格样式则可以单独为某个或某些选中的单元格设置表格样式。例如选择表格中的第一个单元格，利用“表格工具-设计”选项卡“表格样式”组中的“底纹”、“边框”以及“效果”按钮进行格式设置。

除了对表格样式进行设置外，也可以利用“表格工具-设计”选项卡中的“艺术字样式”组中的命令对表格中的文字进行设置。还可以利用“表格工具-布局”选项卡中的各个命令，对表格进行行列的插入与删除、合并拆分以及对单元格大小、对齐方式、表格尺寸和排列方式等设置。

5.3.10 插入图表

在制作演示文稿时，经常需要在幻灯片中输入数据。将枯燥的文字数据用形象直观的图表显示出来，更容易让人理解。在幻灯片中插入图表，可以直观地体现数据之间的关系，便于分析或比较数据。

1. 插入图表

在幻灯片中插入图表常用的方法如下：

步骤 1：选择要插入图表的幻灯片，单击“插入”选项卡“插图”组中的“图表”按

钮。或者选择要插入图表的幻灯片，在拥有可插入对象的占位符中单击“插入图表”按钮。

步骤 2：弹出“插入图表”对话框，在对话框中选择需要的图表类型，单击“确定”按钮即可插入图表。

步骤 3：插入图表后，将自动启动“Microsoft PowerPoint 中的图表”窗口，在此窗口中可以输入并编辑图表中所需要的数据。

2．设置图表格式

插入图表后，将会出现“图表工具-设计”和“图表工具-格式”选项卡，利用“设计”选项卡可以更改图表类型、重新编辑图表数据、调整图表中各标签的布局、变换图表样式等。利用“格式”选项卡可以设置图表的形状样式、为图表中的文字设置艺术字样式、调整图表在幻灯片中的位置排列和大小等。

5.4 多媒体对象的插入与设置

5.4.1 声音的插入及设置

声音是制作多媒体幻灯片的基本要素。在制作幻灯片时，用户可以根据需要插入声音，从而向观众增加传递信息的通道，增强演示文稿的感染力。

1．插入 PC 上的声音

PowerPoint 2016 允许用户为演示文稿插入多种类型的声音文件，包括各种采集的模拟声音和数字音频，表 5-1 列出了一些常用的音频类型。

表 5-1 音频类型介绍及说明

音频格式	说　明
AAC	ADTS Audio， Audio Data Transport Stream（用于网络传输的音频数据）
AIFF	音频交换文件格式
AU	UNIX 系统下波形声音文档
MIDI	乐器数字接口数据，一种乐谱文件
MP3	动态影像专家组制定的第三代音频标准，也是互联网中最常用的音频标准
WAV	Windows 波形声音
WMA	Windows Media Audio，支持证书加密和版权管理的 Windows 媒体音频

插入 PC 上的声音时，需要单击“插入”选项卡“媒体”组中的“音频”下拉按钮，在弹出的下拉列表中选择“PC 上的音频”命令，如图 5-36 所示，弹出“插入音频”对话框，选择需要插入的声音文件，单击“插入”按钮即可。

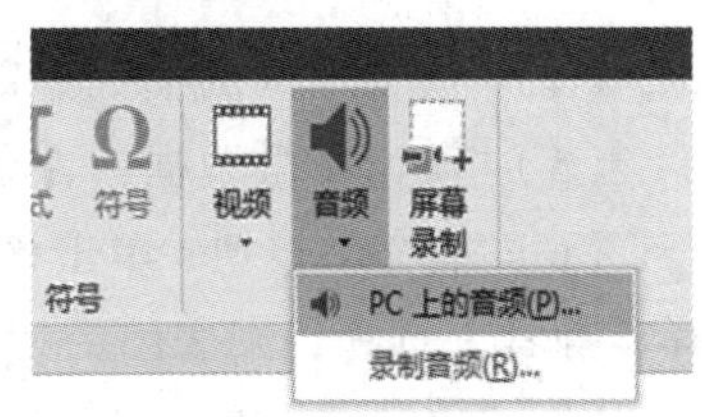

图 5-36 插入 PC 上的音频

2．为幻灯片配音

在演示文稿中不仅可以插入既有的各种声音文件，还可以现场录制声音（即配音），例如为幻灯片配解说词等。这样，在放映演示文稿时，制作者不必亲临现场也可以很好地将自己的观点表达出来。

使用 PowerPoint 2016 提供的录制声音功能，可以将自己的声音插入幻灯片中。要正常录制声音，计算机中必须配备声卡和麦克风。当插入录制的声音后，PowerPoint 2016 将在当前幻灯片中自动创建一个声音图标。具体操作方法如下：

在“插入”选项卡“媒体”组中单击“音频”下拉按钮，在弹出的下拉列表中选择“录制音频”命令，弹出“录音”对话框。在“名称”文本框可以为录制的声音设置一个名称，在“声音总长度”后面可以显示录制的声音长度。

准备好麦克风后，单击“录音”按钮●，即可开始录音。单击“停止”按钮■，可以结束该次录音；单击“播放”按钮▶，可以回放录制完毕的声音；单击“确定”按钮，可以将录制完毕的声音插入当前幻灯片中。

3. 设置声音属性

在幻灯片中选中声音图标，功能区将出现“音频工具-播放”选项卡，如图 5-37 所示。

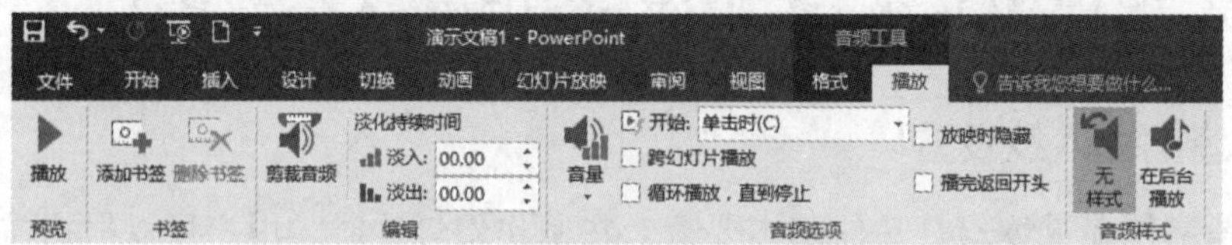

图 5-37 “音频工具-播放”选项卡

该选项卡中各选项的含义如下：

（1）“播放”按钮：单击该按钮，可以试听声音效果，再次单击该按钮即可停止收听。

（2）“添加书签”按钮：单击该按钮，可以在音频剪辑中的当前时间添加书签。

（3）“剪裁音频”按钮：单击该按钮，弹出“剪裁音频”对话框，如图 5-38 所示，在其中可以手动拖动进度条中的绿色滑块，调节剪裁的开始时间；同时也可以调节红色滑块，修改剪裁的结束时间。

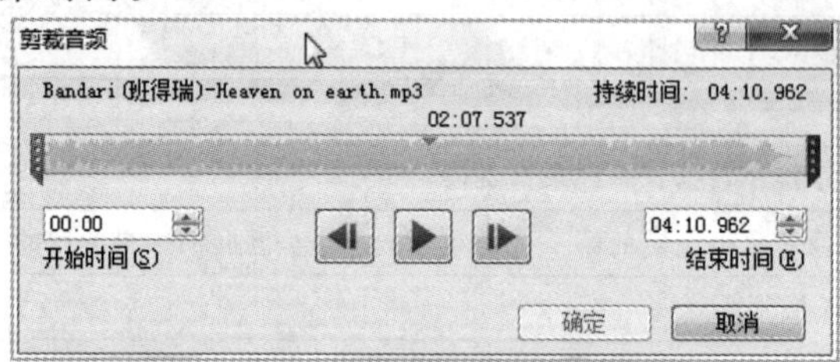

图 5-38 “剪裁音频”对话框

（4）“淡入”微调框：为音频添加开始播放时的音量放大特效。

（5）“淡出”微调框：为音频添加停止播放时的音量缩小特效。

（6）“音量”按钮：单击该按钮，在弹出的下拉列表中可以设置音频的音量大小；选择“静音”选项，则关闭声音。

（7）“放映时隐藏”复选框：选中该复选框，在放映幻灯片的过程中将自动隐藏声音的图标。

（8）“跨幻灯片播放”复选框：选中该复选框时，该声音文件不仅在插入的幻灯片中有效，而且在演示文稿的设置幻灯片中也有效。

（9）“循环播放，直到停止”复选框：选中该复选框，在放映幻灯片的过程中，音频

会自动循环播放，直到放映下一张幻灯片或停止放映为止。

（10）“开始”下拉列表框：该列表框中包含“自动”“在单击时”2个选项。

（11）“播完返回开头”复选框：选中该复选框，可以设置音频播放完毕后自动返回幻灯片的开头。

5.4.2 影片的插入及设置

PowerPoint 2016 中的影片包括视频和动画。用户可以在幻灯片中插入的视频格式有十几种，而插入的动画则主要是 GIF 动画。PowerPoint 2016 支持的影片格式会随着媒体播放器的不同而有所不同。

1. 插入 PC 上的视频文件

PowerPoint 支持多种类型的视频文档格式，允许用户将绝大多数视频文档插入演示文稿中。常见的 PowerPoint 视频格式如表 5-2 所示。

表 5-2 视频格式说明

视频格式	说　　明
ASF	高级流媒体格式，微软开发的视频格式
AVI	Windows 视频、音频交互格式
QT、MOV	QuickTime 视频格式
MP4	第 4 代动态图像专家格式
MPEG	动态图像专家格式
MP2	第 2 代动态图像专家格式
WMV	Windows 媒体视频格式

插入视频有两种方法：一是通过单击“插入”选项卡“媒体”组中的“视频”下拉按钮；二是通过单击占位符中的“插入视频文件”按钮插入。但无论采用哪种方法，都将弹出“插入视频文件”对话框，选择所需的影片，单击“插入”按钮即可将所需的影片插入演示文稿中。

2. 设置影片效果

在幻灯片中插入影片文件后，功能区将出现“视频工具-格式”和“视频工具-播放”选项卡，如图 5-39 所示。使用其中的按钮，不仅可以调整它们的位置、大小、亮度、对比度、旋转等格式，还可以对它们进行剪裁、设置透明色、重新着色及设置边框线等操作。

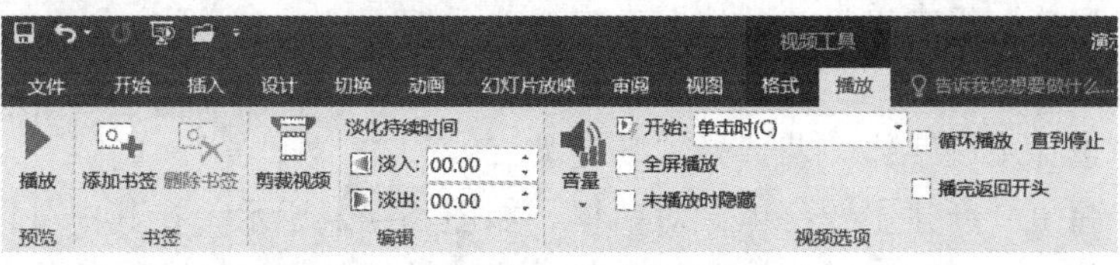

图 5-39 “视频工具-播放”选项卡

5.5 演示文稿的外观设计

5.5.1 主题和背景

PowerPoint 2016 提供了多种主题颜色和背景样式，使用这些主题颜色和背景样式，可以使幻灯片具有丰富的色彩和良好的视觉效果。

1. 设置幻灯片主题

幻灯片主题是应用于整个演示文稿的各种样式的集合，包括颜色、字体和效果三大类。PowerPoint 2016 预置了多种主题供用户选择。单击“设计”选项卡“主题”组中的“其他”下拉按钮，在弹出的下拉列表中选择某一种预置的主题，如图 5-40 所示。

图 5-40　PowerPoint 2016 预置主题

1）设置主题颜色

PowerPoint 2016 提供了多种预置的主题颜色供用户选择。在“设计”选项卡“变体”组中单击“其他”下拉按钮，在下拉列表中选择“颜色”选项，在其子菜单中选择某一种主题颜色。若选择“自定义颜色”选项，弹出“新建主题颜色”对话框，如图 5-41 所示。在该对话框中可以设置各种类型内容的颜色。设置完成后，在“名称”文本框中输入名称，单击“保存”按钮，将其添加到“颜色”菜单中。

图 5-41　“新建主题颜色”对话框

2）设置主题字体

字体也是主题中的一种重要元素。在“设计”选项卡“变体”组中单击“其他”下拉按钮，在其下拉列表中选择“字体”选项，在弹出的子菜单中选择主题字体。若选择“自定义字体”选项，弹出“新建主题字体”对话框，如图 5-42 所示，在其中可以设置标题字体、正文字体等。

3）设置主题效果

主题效果是 PowerPoint 2016 预置的一些图形元素以及特效。在“设计”选项卡“变体”组单击“其他”下拉按钮，在其下拉列表中选择“效果”选项，在弹出的子菜单中选择某一种主题效果，如图 5-43 所示。

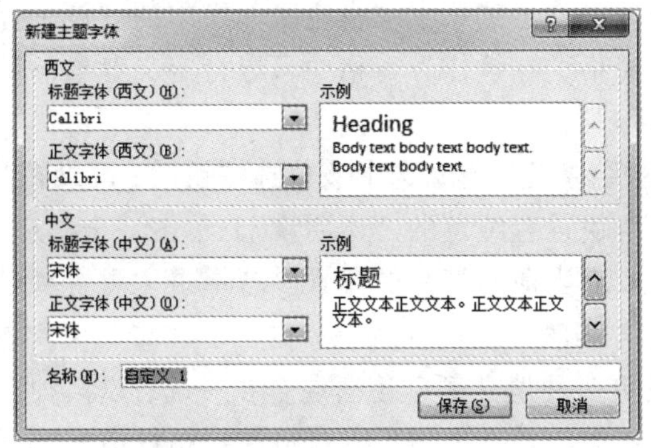

图 5-42 “新建主题字体”对话框

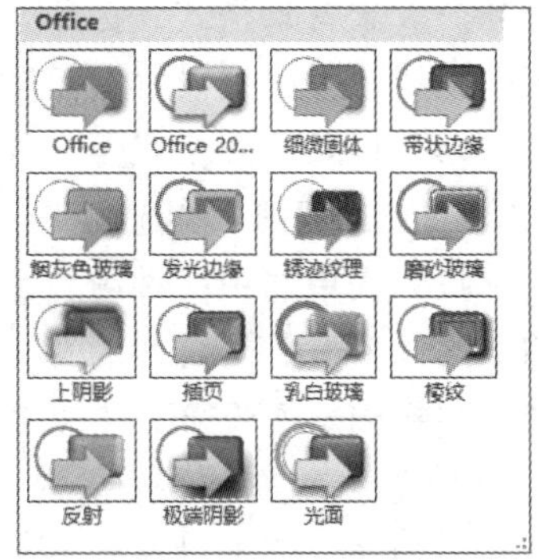

图 5-43 选择内置的主题效果

2. 设置幻灯片背景

幻灯片的背景对幻灯片放映的效果起着重要作用，为此，可以对幻灯片背景的颜色、图案和纹理等进行调整。有时用特定图片作为幻灯片背景，能达到意想不到的效果。

1）应用内置背景样式

在 PowerPoint 2016 中，可以在演示文稿中应用内置背景样式。所谓背景样式，是指来自当前主题中，主题颜色和背景亮度组合的背景填充变体。PowerPoint 2016 每个主题提供了 12 种背景样式，可以选择一种样式快速改变演示文稿中幻灯片的背景，既可以改变所有幻灯片的背景，也可以只改变所选幻灯片的背景。

应用 PowerPoint 内置背景样式，可以在“设计”选项卡“变体”组中单击“其他”下拉按钮，在下拉列表中选择“背景样式”选项，在弹出的子菜单中显示当前主题的 12 种背景样式列表，如图 5-44 所示。从背景样式列表中选择一种需要的背景样式，则演示文稿全部幻灯片均采用这种背景样式。若只希望改变部分幻灯片的背景样式，需要先选中这些幻灯片，然后在背景样式列表中右击需要的背景样式，在弹出的快捷菜单中选择“应用于所选幻灯片”选项，则选定的幻灯片采用该背景样式，而其他幻灯片不变。

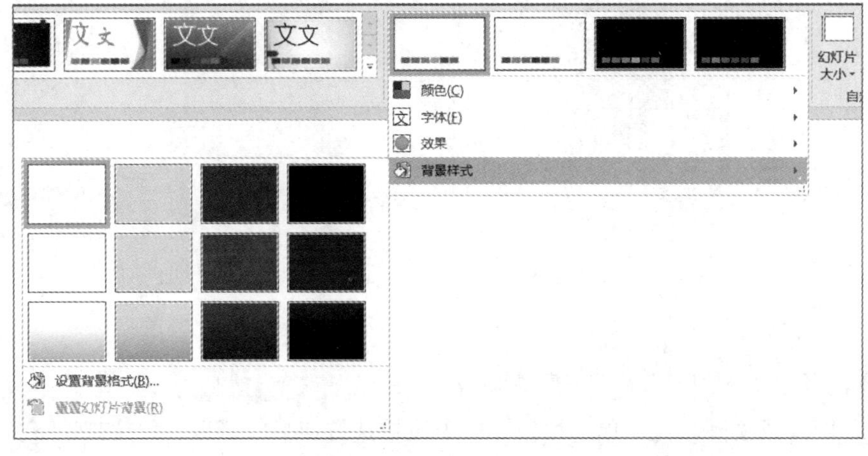

图 5-44 应用内置背景样式

2）自定义背景样式

当 PowerPoint 2016 提供的内置背景样式不能满足需求时，可以在“背景样式”列表中选择“设置背景格式”选项，或者单击“设计”选项卡“自定义”组中的“设置背景格式”按钮，弹出“设置背景格式”任务窗格，在该任务窗格中可以自定义背景的填充样式、渐变以及纹理格式等，如图 5-45 所示。

（1）“纯色填充”单选按钮：选择单一颜色填充背景。选中该单选按钮后，可以在“颜色”下拉列表中选中一种纯色颜色，拖动滑块设置纯色的“透明度”。单击“全部应用”按钮，则改变所有幻灯片的背景，否则只改变当前幻灯片的背景。若单击“重置背景”按钮，则撤销本次设置，恢复到设置前的状态。

（2）“渐变填充”单选按钮：将两种或更多种填充颜色逐渐混合在一起，以某种渐变方式从一种颜色逐渐过渡到另一种颜色。选中该单选按钮后，可以在“预设渐变”下拉列表中选择一种渐变（如“浅色渐变-个性色 2”），如图 5-46 所示；在“类型”下拉列表中选择所需的渐变类型（如“射线”：渐变颜色由中心点向四周发散）；在“方向”下拉列表中选择所需的渐变发散方向（如“从中心”）。在“渐变光圈”下，应出现与所需颜色个数相等的渐变光圈个数，否则应单击“添加渐变光圈”或“删除渐变光圈”按钮以增加或减少渐变光圈，直到要在渐变填充中使用的每种颜色都有一个渐变光圈（例如：两种颜色需要两种渐变光圈）；单击某一个渐变光圈，在“颜色”下拉列表中选择一种颜色与该渐变光圈对应。拖动渐变光圈“位置”可以调节该渐变颜色。如果需要，还可以调节颜色的“亮度”和“透明度”。对每一个渐变光圈用如上方法调节。

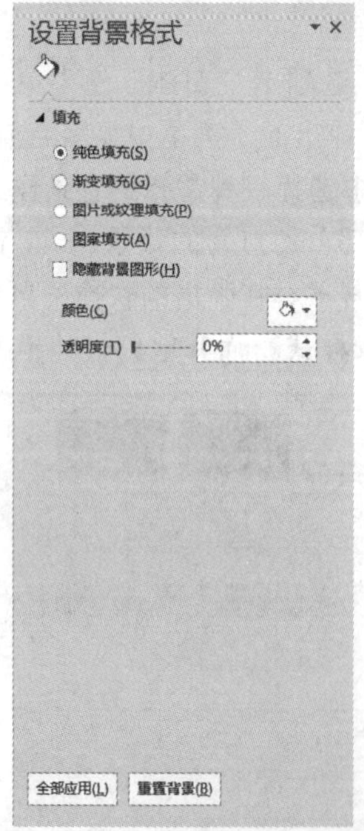

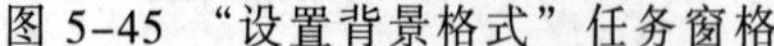
图 5-45 “设置背景格式”任务窗格

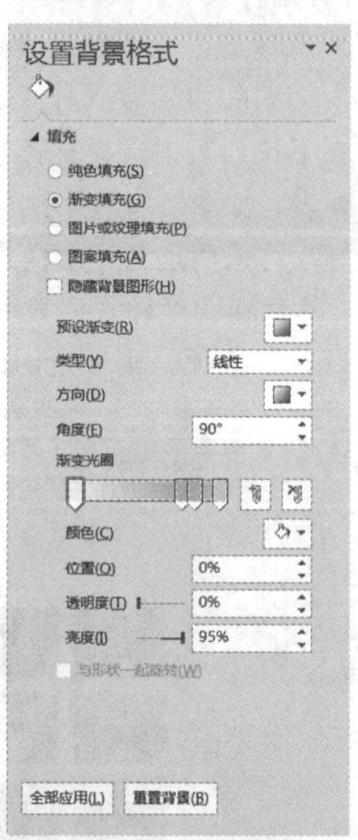

图 5-46 渐变填充

（3）“图片或纹理填充”单选按钮：选中该单选按钮后，可以在“纹理”下拉列表中选择所需纹理（如“花束”），如图 5-47 所示。如果需要用图片作为填充效果，在“插入图片来自”栏中单击“文件”按钮，弹出“插入图片”对话框，在其中选择所需的图片，单击“插入”按钮，回到“设置背景格式”窗格，所选图片成为幻灯片背景。也可以选择“剪贴板”或“联机”图片填充背景。

（4）“图案填充”单选按钮：选择该单选按钮后，可以在“图案”下拉列表中选择一种图案（如“浅色下对角线”）；在“前景”下拉列表框中选择一种图案颜色；在“背景”下拉列表框中选择一种背景颜色，如图 5-48 所示。

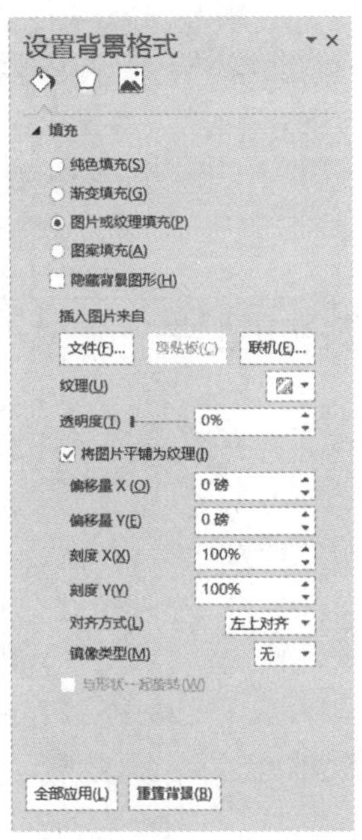

图 5-47　图片或纹理填充

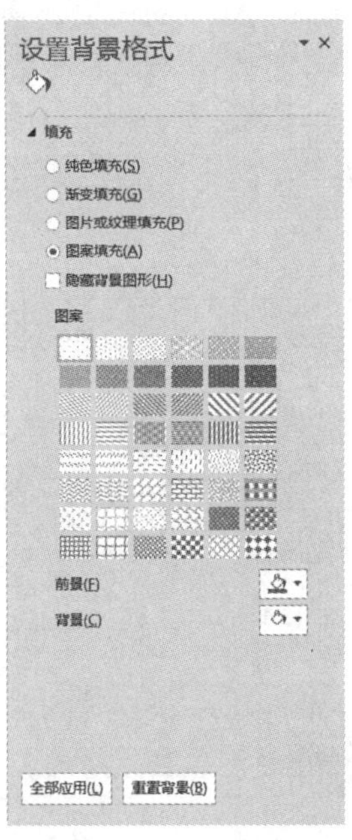

图 5-48　图案填充

（5）“隐藏背景图形”复选框：若演示文稿已经设置主题，则所设置的背景可能被主题背景图形覆盖。选择该复选框，可以忽略当前幻灯片中的背景图形。“隐藏背景图形”复选框只适用于当前幻灯片，当添加新幻灯片时，将仍然显示背景图片。如果不需要在当前演示文稿中显示背景图片，可以在幻灯片母版视图中将图片删除。

5.5.2　母版的设置

PowerPoint 2016 提供了三种母版，即幻灯片母版、讲义母版和备注母版。当设计幻灯片风格时，可以在幻灯片母版视图中进行设置；当要将演示文稿以讲义形式打印输出时，可以在讲义母版中进行设置；当要在演示文稿中插入备注内容时，则可在备注母版中进行设置。

为了使演示文稿中的每一张幻灯片都具有统一的版式和格式，PowerPoint 2016 通过母版来控制幻灯片中不同部分的表现形式。

1．幻灯片母版的种类

1）幻灯片母版

幻灯片母版是存储模板信息的元素。幻灯片母版中的信息包括字形、占位符大小和位置、背景设计和配色方案等。通过更改这些信息，就可以更改整个演示文稿中幻灯片的外观。

单击“视图”选项卡“母版视图”组中的“幻灯片母版”按钮，打开幻灯片母版视图，即可查看幻灯片母版，如图 5-49 所示。

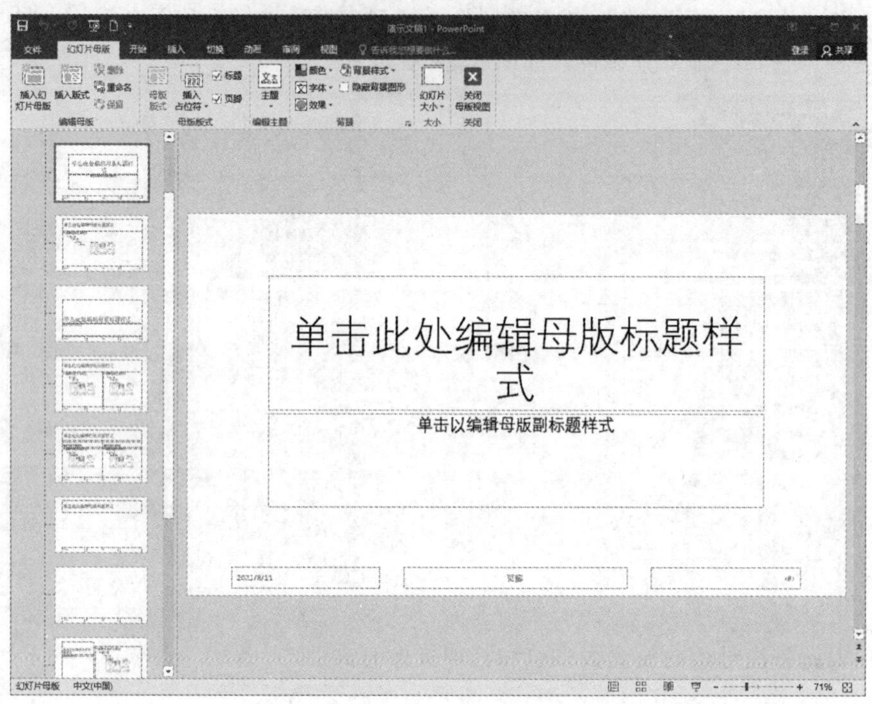

图 5-49　幻灯片母版视图

在幻灯片母版视图下，可以看到所有区域，如标题占位符、副标题占位符以及母版下方的页脚占位符。这些占位符的位置及属性，决定了应用该母版的幻灯片的外观属性。当改变了这些属性后，所有应用该母版的幻灯片的属性也将随之改变。

当用户将幻灯片切换到幻灯片母版视图时，功能区将出现“幻灯片母版”选项卡，如图 5-50 所示。

图 5-50　“幻灯片母版”选项卡

单击功能组中的命令按钮，可以对母版进行编辑或更改操作。“编辑母版”组中五个按钮的意义如下：

（1）“插入幻灯片母版”按钮：单击该按钮，可以在幻灯片母版视图中插入一个新的幻灯片母版。一般情况下，幻灯片母版中包含幻灯片内容母版和幻灯片标题母版。

（2）“插入版式”按钮：单击该按钮，可以在幻灯片母版中添加自定义版式。

（3）“删除”按钮：单击该按钮，可删除当前母版。

（4）“重命名”按钮：单击该按钮，打开“重命名版式”对话框，允许用户更改当前母版的名称。

（5）“保留”按钮：单击该按钮，可以使当前选中的幻灯片在未被使用的情况下保留在演示文稿中。

2）讲义母版

讲义母版是为制作讲义而准备的，通常需要打印输出，因此讲义母版的设置大多和打印页面有关。它允许设置一页讲义中包含几张幻灯片，设置页眉、页脚、页码等基本信息。在讲义母版中插入新的对象或者更改版式时，新的页面效果不会反映在其他母版视图中。

单击“视图”选项卡“母版视图”组中的“讲义母版”按钮，打开“讲义母版”视图。此时，功能区自动切换到“讲义母版”选项卡。

在讲义母版视图中，包含4个占位符，即页眉区、页脚区、日期区以及页码区。另外，页面上还包含虚线边框，这些边框表示的是每页所包含的幻灯片缩略图的数目。用户可以单击“讲义母版”选项卡“页面设置”组中的“每页幻灯片数量”下拉按钮，在弹出的下拉列表中选择幻灯片的数目选项。

3）备注母版

备注相当于讲义，尤其是在某个幻灯片需要提供补充信息时，使用备注对演讲者创建演讲注意事项是很重要的。备注母版主要用来设置幻灯片的备注格式，一般也用来打印输出，因此备注母版的设置大多也和打印页面有关。

单击“视图”选项卡“母版视图”组中的“备注母版”按钮，打开“备注母版”视图。备注页由单个幻灯片的图像和下面所属文本区域组成。

在备注母版视图中，用户可以设置或修改幻灯片内容、备注内容及页眉/页脚内容在页面中的位置、比例及外观等属性。

当用户退出备注母版视图时，对备注母版所做的修改将应用到演示文稿中的所有备注页。只有在备注视图下，对备注母版所做的修改才能表现出来。

无论在幻灯片母版视图、讲义母版视图还是备注母版视图中，如果要返回普通模式时，只需要在默认打开的功能区中单击“关闭母版视图”按钮即可。

2. 设置幻灯片母版

幻灯片母版决定着幻灯片的外观，用于设置幻灯片的标题、正文文字等样式，包括字体、字号、字体颜色、阴影等效果；也可以设置幻灯片的背景、页眉/页脚等内容。幻灯片母版可以为所有幻灯片设置默认的版式。

1）设置母版版式

版式用来定义幻灯片显示内容的位置与格式信息，是幻灯片母版的组成部分，主要包括占位符。在 PowerPoint 2016 中创建的演示文稿都带有默认的版式，这些版式一方面决定了占位符、文本框、图片和图表等内容在幻灯片中的位置，另一方面决定了幻灯片中文本的样式。

母版版式是通过母版上各个区域的设置来实现的。在幻灯片母版视图中，用户可以按照自己的需求来设置幻灯片母版的版式。

2）设置母版背景图片

一个精美的设计模板需要背景图片或图形的修饰，用户可以根据实际需要在幻灯片母版视图中设置背景。例如，希望让某个艺术图形（学院名称或徽标等）出现在每张幻灯片中，只需将该图形置于幻灯片母版上，此时该对象将出现在每张幻灯片的相同位置，而不必在每张幻灯片中重复添加。

3）设置页眉和页脚

页眉和页脚分别位于幻灯片的底部，主要用来显示文档的页码、日期、学院名称与徽标等内容。在制作幻灯片时，使用 PowerPoint 提供的页眉/页脚功能，可以为每张幻灯片添加这些相对固定的信息。

要插入页眉和页脚，只需在"插入"选项卡"文本"组中单击"页眉和页脚"按钮，打开"页眉和页脚"对话框，如图 5-51 所示，在其中进行相关操作即可。

插入页眉和页脚后，可以在幻灯片母版视图中对其格式进行统一设置。

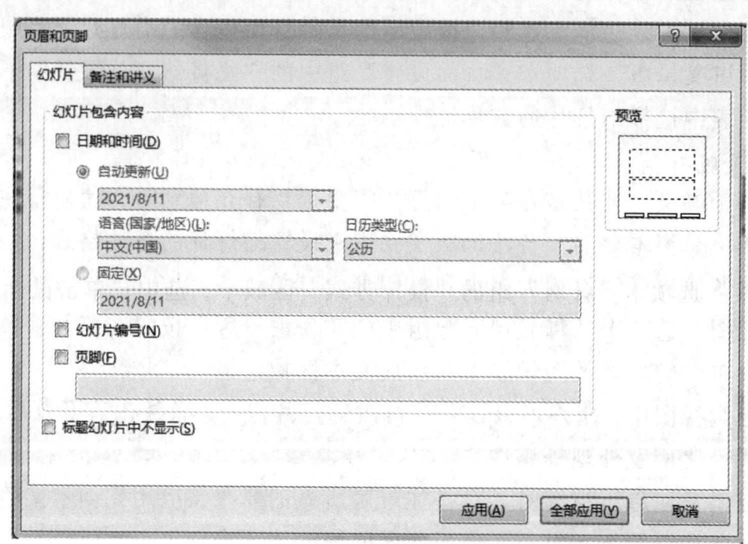

图 5-51 "页眉和页脚"对话框

5.6 演示文稿的动画应用

5.6.1 幻灯片切换动画

幻灯片切换动画是指一张幻灯片如何从屏幕上消失，以及另一张幻灯片如何显示在屏幕上的方式。幻灯片切换方式可以是简单地以一个幻灯片代替另一个幻灯片，也可以是幻灯片以特殊的效果出现在屏幕上。

1. 为幻灯片添加切换效果

在演示文稿中，可以为一组幻灯片设置同一种切换方式，也可以为每张幻灯片设置不同的切换方式。

要为幻灯片添加切换动画，可以在“切换”选项卡“切换到此幻灯片”组中进行设置。在该组中单击“其他”下拉按钮，打开图 5-52 所示的幻灯片切换效果列表，单击选择某种效果，幻灯片将应用并播放该效果。

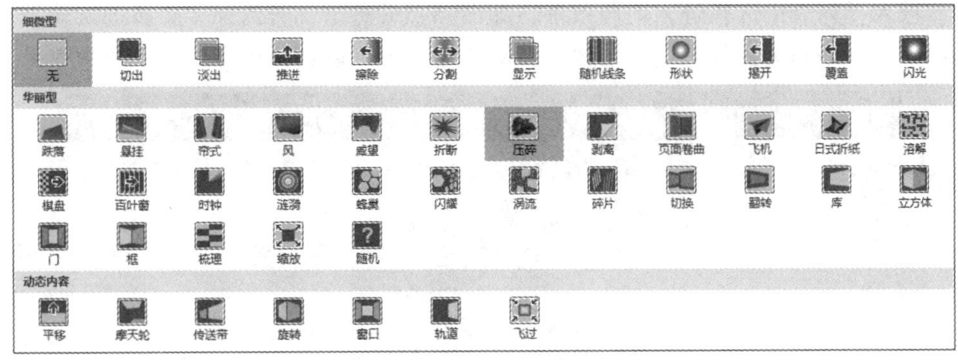

图 5-52　幻灯片切换效果列表

2. 设置切换动画计时选项

PowerPoint 2016 除了可以提供方便快捷的切换方案外，还可以为所选的切换效果配置声音、改变切换速度（持续时间）和换片方式，以增强演示文稿的活泼性，如图 5-53 所示。

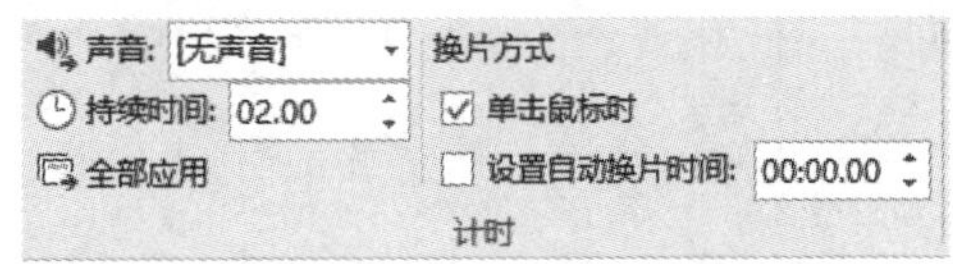

图 5-53　“幻灯片切换”选项卡“计时”组

在“切换”选项卡“计时”组的“换片方式”区域中，选中“单击鼠标时”复选框，表示在播放幻灯片时，需要通过鼠标单击来换片；而取消选中该复选框，选中“设置自动换片时间”复选框，表示在播放幻灯片时，经过所设置的时间后会自动切换至下一张幻灯片，无须单击。

如果单击“全部应用”按钮，则表示演示文稿中的全部幻灯片均采用所设置的切换效果，否则只作用于当前所选幻灯片（组）。

5.6.2　添加对象动画效果

在 PowerPoint 2016 中，除了幻灯片切换效果外，还包括幻灯片的动画效果。幻灯片的动画效果，是指在播放一张幻灯片时，幻灯片中不同对象的动态显示效果、各对象显示的先后顺序以及对象出现时的声音效果等。这样能让观看者将注意力集中在要点上以及提高观看者对演示文稿的兴趣，更能吸引观看者的视线，增加幻灯片的欣赏性。

1. 对象动画效果的类别

1）添加进入效果

进入动画是为了设置文本或其他对象以多种动画的效果进入放映屏幕。在添加该动画效果之前需要选中对象。

选中对象后，单击“动画”选项卡“动画”组中动画效果列表右下角的“其他”下拉按钮，在弹出的“进入”列表中选择一种进入效果，即可为对象添加该动画效果，如

图 5-54 所示。选择“更多进入效果”选项，弹出“更改进入效果”对话框，在对话框中可以选择更多的进入动画效果，如图 5-55 所示。

另外，在“动画”选项卡“高级动画”组中单击“添加动画”下拉按钮，可以在弹出的“进入”列表中选择进入动画效果，如图 5-56 所示。若选择“更多进入效果”命令，则弹出“添加进入效果”对话框，在对话框中也可以选择更多的进入动画效果。

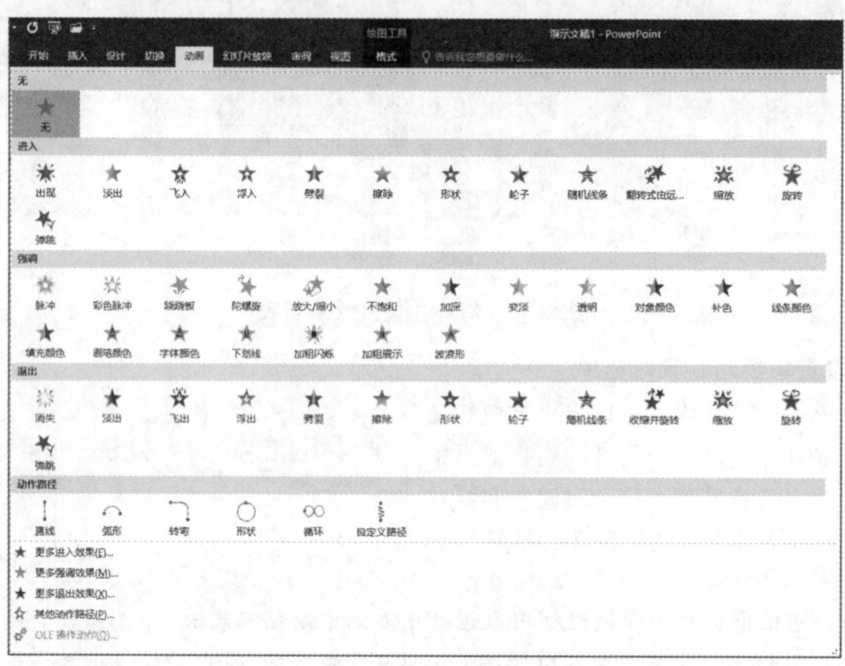

图 5-54 动画效果列表

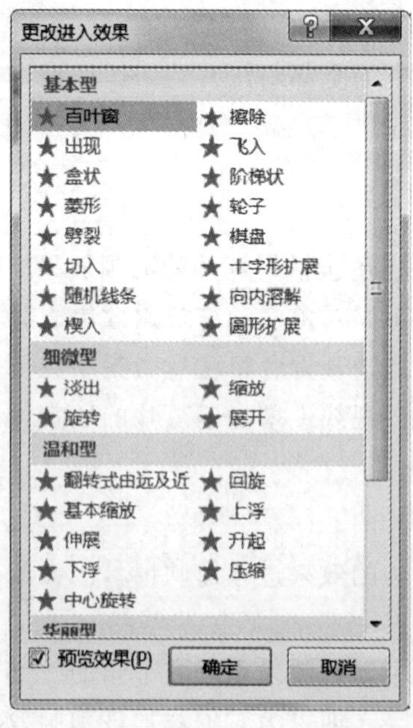

图 5-55 “更改进入效果”对话框

图 5-56 “添加动画”列表

2）添加强调效果

强调动画是为了突出幻灯片中的某部分内容而设置的特殊动画效果。添加强调动画的过程和添加进入效果大体相同，选择对象后，单击“动画”选项卡“动画”组中动画效果列表框右下角的“其他”下拉按钮，在弹出的“强调”列表中选择一种强调效果，即可为对象添加该动画效果。选择“更多强调效果”选项，弹出“更改强调效果”对话框，在对话框中可以选择更多的强调动画效果。

另外，在“动画”选项卡“高级动画”组中单击“添加动画”下拉按钮，可以在弹出的“强调”列表中选择一种强调动画效果。若选择“更多强调效果”选项，弹出“添加强调效果”对话框，在对话框中也可以选择更多的强调动画效果。

3）添加退出效果

退出动画是为了设置幻灯片中的对象退出屏幕的效果。添加退出动画的过程和添加进入、强调动画效果大体相同。

选择需要添加退出效果的对象，单击“动画”选项卡“动画”组中动画效果列表框右下角的“其他”下拉按钮，在弹出的“退出”列表中选择一种强调效果，即可为对象添加该动画效果。选择“更多退出效果”选项，将弹出“更改退出效果”对话框，在对话框中可以选择更多的退出动画效果。退出动画名称有很大一部分与进入动画名称相同，所不同的是，它们的运动方向存在差异。

另外，在“动画”选项卡“高级动画”组中单击“添加动画”下拉按钮，在弹出的“退出”列表框中选择一种退出动画效果。若选择“更多退出效果”命令，则打开“添加退出效果”对话框，在该对话框中可以选择更多的退出动画效果。

4）添加动作路径效果

动作路径动画又称为路径动画，可以指定文本等对象沿着预定的路径运动。PowerPoint 2016 中的动作路径动画不仅提供了大量的预设路径效果，还可以由用户自定义路径动画。

（1）添加预设动作路径。

添加预设动作路径效果的步骤与添加进入动画的步骤基本相同。单击“动画”选项卡“动画”组中动画效果列表框右下角的“其他”下拉按钮，在弹出的“动作路径”列表中选择一种动作路径效果，即可为对象添加该动画效果。若选择“其他动作路径”选项，弹出“更改动作路径”对话框，可以选择其他的动作路径效果。当选择了某一种动作路径后，例如“弧形”，可以看到图形对象的弧形路径（虚线）、路径周边的 8 个控制点以及顶端的旋转手柄控点，如图 5-57（a）和（b）所示，拖动路径的各控点可以改变路径。启动动画后，图形将沿着弧形路径从路径起始点移动到路径结束点。

另外，在“动画”选项卡“高级动画”组中单击“添加动画”下拉按钮，在弹出的“动作路径”列表中可以选择一种动作路径效果。若选择“其他动作路径”选项，弹出“添加动作路径”对话框，也可以选择更多的动作路径。

（2）自定义动作路径。

在设置动作路径动画时，如果发现现有的动作路径不能满足需要，也可以自己画“动作路径”。为对象设置自定义动作路径的具体操作步骤如下：

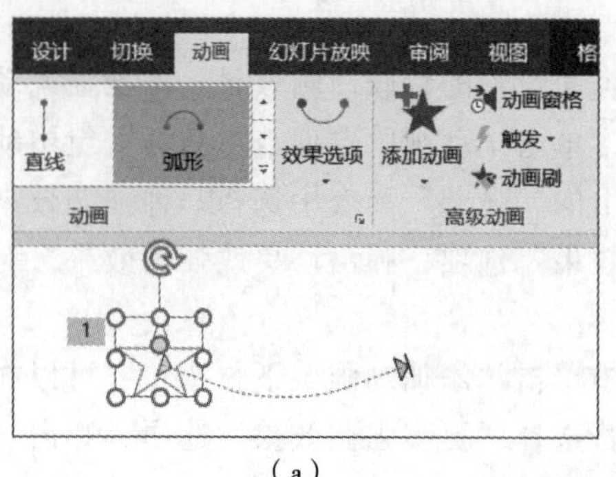

（a）

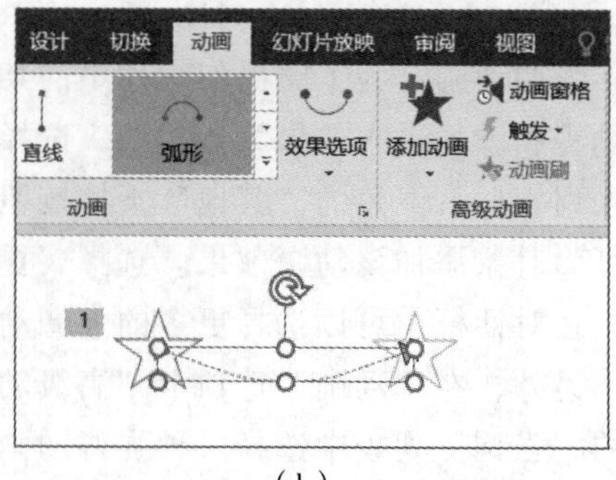

（b）

图 5-57 “弧形”动作路径

步骤 1：在幻灯片中单击选中需要设置动作路径动画的对象。

步骤 2：单击“动画”选项卡“动画”组中动画效果列表框右下角的“其他”下拉按钮，在弹出的“动作路径”列表中选择“自定义路径”选项，这时鼠标指针变成“+”形状，用鼠标指向动作路径开始位置，拖动鼠标画出需要的路径曲线。当要结束时，双击即可。

当画完动作路径后，PowerPoint 2016 会自动演示自制的动作路径动画。

2．设置动画属性

设置动画时，如果不设置动画属性，系统将采用默认的动画属性。例如设置“陀螺旋”动画，则其效果选项“方向”默认为“顺时针”，“开始”方式为“单击时”等，用户可以对动画效果选项、动画开始方式、动画音效等重新设置。

1）设置动画效果选项

动画效果选项是指动画的方向、形状和序列。设置方法如下：选择要设置动画的对象，单击“动画”选项卡“动画”组中的“效果选项”下拉按钮，在弹出的下拉列表中选择所需要的效果。

2）设置动画计时选项

默认设置的动画效果在幻灯片放映屏幕中需要单击才会开始播放下一个动画。为对象添加了动画效果后，还需要设置动画计时选项，如开始时间、持续时间、延迟时间等。动画开始方式是指开始播放动画的方式；动画持续时间是指动画开始后的整个播放时间；动画延迟时间是指播放操作开始后延迟播放的时间。

选择要设置动画的对象，单击“动画”选项卡“计时”组中“开始”右侧下拉按钮，如图 5-58 所示，在其下拉列表中选择动画开始方式。“单击时”是指单击鼠标开始播放动画；“与上一动画同时”是指播放前一动画的同时播放该动画，可以在同一时间组合多个效果；“上一动画之后”是指前一动画播放之后开始播放该动画。

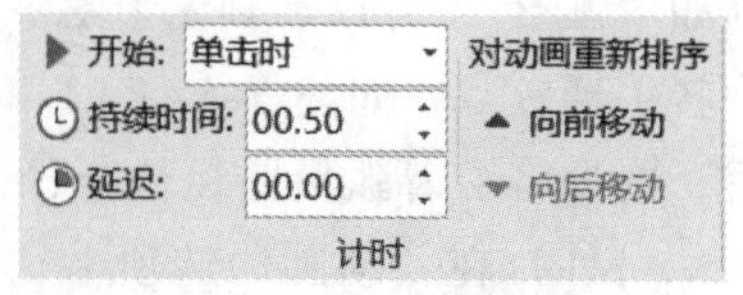

图 5-58 “动画”选项卡“计时”组

在“动画”选项卡“计时”组的“持续时间”栏中调整动画持续时间；在“延迟”栏中调整动画延迟时间。

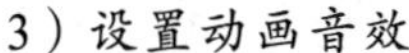
3）设置动画音效

默认动画无音效，在需要音效时可以自行设置。下面以给“陀螺旋”动画设置音效为例，说明设置音效的方法。

步骤 1：选择设置动画音效的对象（该对象应设置“陀螺旋”动画），单击“动画”选项卡“动画”组右下角“显示其他效果选项”的对话框启动器按钮，如图 5-59 所示。也可以单击“动画”选项卡“高级动画”组中的“动画窗格”按钮，在右侧“动画窗格”中单击“陀螺旋”动画右侧的下拉按钮，在其下拉列表中选择“效果选项”，如图 5-60 所示。

图 5-59 “显示其他效果选项”对话框启动器按钮

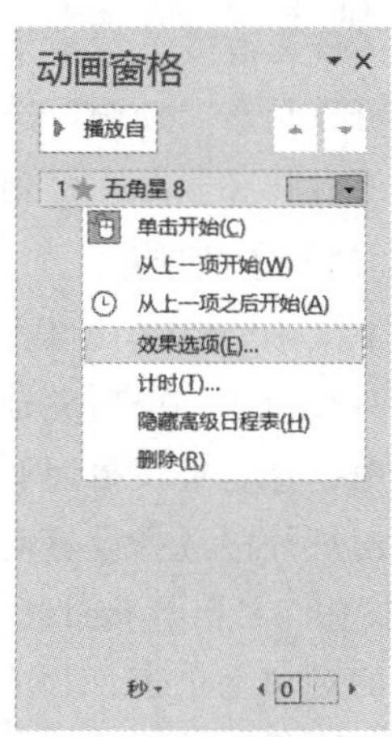

图 5-60 效果选项

步骤 2：弹出“陀螺旋”动画效果对话框，如图 5-61 所示，在“效果”选项卡中单击“声音”栏右侧的下拉按钮，在其下拉列表中选择一种音效，如“打字机”，单击“确定”按钮完成设置。

在“效果”选项卡中可以设置动画方向、形式和音效，在“计时”选项卡中可以设置动画开始方式、动画持续时间（在“期间”栏设置）和动画延迟时间等，如图 5-62 所示。因此，在需要设置多种动画属性时，可以直接调出该动画的““效果选项”对话框，分别设置各种动画效果。

图 5-61 “效果”选项卡

图 5-62 “计时”选项卡

3. 重新排序动画

在给对象添加动画效果后，对象旁边出现该动画播放的序号。一般地，该序号与设置动画的顺序一致，即按设置动画的顺序播放动画。在对多个对象设置动画效果后，可以根据需要调整对象的动画播放顺序，方法如下：

单击“动画”选项卡“高级动画”组中的“动画窗格”按钮，调出动画窗格。动画窗格显示所有对象的动画效果，它左侧的数字表示该对象的动画播放序号，与幻灯片中动画对象旁边显示的序号一致。选择需要调整顺序的对象动画效果，单击动画窗格中的[▲]按钮和[▼]按钮改变该对象动画效果的播放顺序。

也可以单击“动画”选项卡“计时”组中的“向前移动”/“向后移动”按钮来调整顺序；或者按住鼠标左键拖动对象动画效果来调整动画顺序。

4. 动画刷的使用

在 PowerPoint 2016 中，用户经常需要在同一幻灯片中为多个对象设置同样的动画效果，这时在设置一个对象动画后，通过动画刷复制动画功能，可以快速地复制动画到其他对象中，这是最快捷而有效的方法。

在幻灯片中选择设置动画后的对象，在“动画”选项卡“高级动画”组中单击“动画刷”按钮，将鼠标指针指向需要添加动画的对象，此时鼠标指针变成指针加刷子形状，在指定的对象上单击，即可复制所选的动画效果。将复制的动画效果应用到指定对象时，自动预览所复制的动画效果，表示该动画效果已被应用到指定对象中。

5. 设置动画触发器

在幻灯片放映时，使用触发器功能，可以在单击幻灯片中的对象时显示动画效果。为幻灯片对象设置动画触发器的方法，可以按以下操作步骤进行。

步骤 1：启动 PowerPoint 2016 应用程序，打开创建好的演示文稿。

步骤 2：选择一张幻灯片，在“动画”选项卡“高级动画”组中单击“动画窗格”按钮，打开“动画窗格”任务窗格。

步骤 3：选择某一个动画效果，在“高级动画”组中单击“触发”下拉按钮，在弹出的下拉列表中选择“单击”选项，然后再从弹出的子列表中选择要设置触发动画的对象，例如：“标题 1”或者“图示 2”选项，如图 5-63 所示。

步骤 4：此时，对象上产生动画的触发器，并在任务窗格中显示所设置的触发器，如图 5-64 所示。

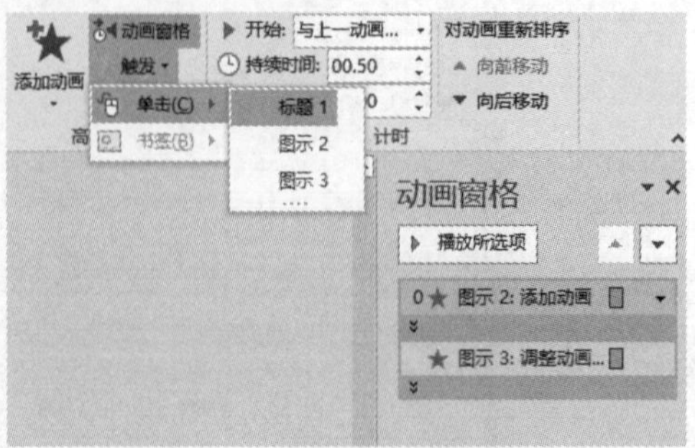

图 5-63　添加动画触发器

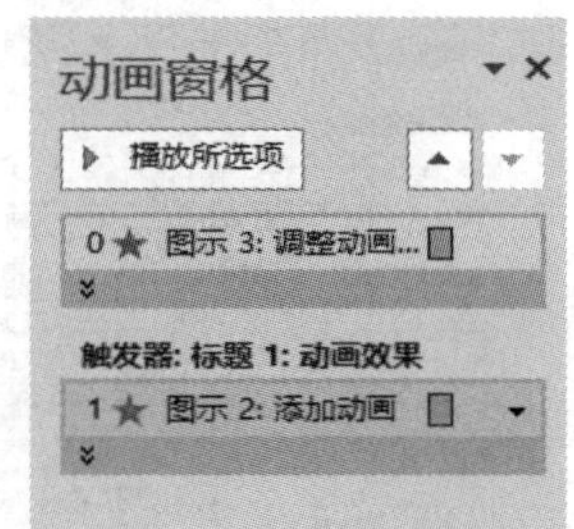

图 5-64　显示设置的触发器

步骤 5：当播放幻灯片时，将鼠标指针指向设置的对象并单击，即可启用触发器的动画效果。

单击“动画窗格”中设置触发器的动画效果右侧的下拉箭头，在弹出的下拉列表中选择“计时”选项，弹出设置对话框，如图 5-65 所示，在“触发器”区域对触发器进行设置，如图 5-66 所示。

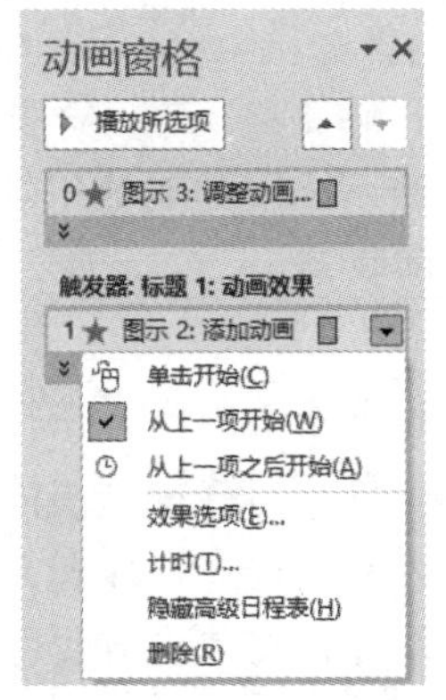

图 5-65　选择“计时”选项

图 5-66　设置触发器

5.6.3　幻灯片的超链接设置

超链接是指向特定位置或文件的一种链接方式，可以利用它指定程序的跳转位置。超链接只有在幻灯片放映时才有效果。在 PowerPoint 2016 中，超链接可以跳转到当前演示文稿中的特定幻灯片、其他演示文稿中特定的幻灯片、自定义放映、电子邮件地址、文件或 Web 页上。只有幻灯片中的文本和对象才能添加超链接，备注、讲义等内容不能添加超链接。

1. 添加超链接

为文本添加超链接，可以按以下操作步骤进行：

步骤 1：启动 PowerPoint 2016 应用程序，打开设置动画效果后的演示文稿。

步骤 2：在普通视图模式下，选中某一张幻灯片中相关的文本内容，在“插入”选项卡“链接”组中单击“超链接”按钮。

步骤 3：弹出“插入超链接”对话框，如图 5-67 所示，在左侧“链接到”列表中选择“在本文档中的位置”选项，在“请选择文档中的位置”列表框中选择想链接位置的幻灯片编号，单击右侧的“屏幕提示”按钮。

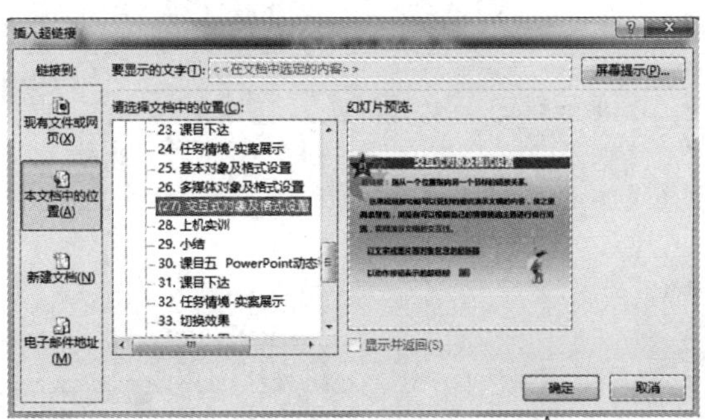

图 5-67　“插入超链接”对话框

步骤 4：打开“设置超链接屏幕提示”对话框，如图 5-68 所示，在“屏幕提示文字”文本框中输入文本，单击“确定”按钮。

步骤 5：返回至“插入超链接”对话框，单击“确定”按钮，此时所选中的文字变为蓝色，且下方出现横线，说明超链接已设置完成。

图 5-68 “设置超链接屏幕提示”对话框

2. 链接到其他对象

在 PowerPoint 2016 中，除了可以将对象链接到当前演示文稿的其他幻灯片中外，还可以链接到其他对象中，如其他演示文稿、电子邮件和网页等。

1）链接到其他演示文稿

将幻灯片中对象链接到其他演示文稿的目的是快速查看相关内容。在打开的幻灯片中选中某一对象，然后在“插入”选项卡“链接”组中单击“超链接”按钮，弹出“插入超链接”对话框，如图 5-69 所示，在“链接到”列表框中选择“现有文件或网页”选项，在“查找范围”下拉列表中选择目标文件所在的位置，在“当前文件夹”列表框中选择你想链接的其他演示文稿。

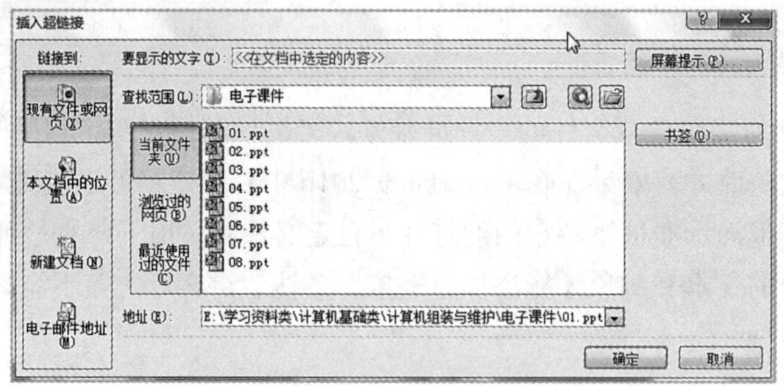

图 5-69 “插入超链接”对话框

2）链接到电子邮件

在 PowerPoint 2016 中可以将幻灯片链接到电子邮件中。选择要链接的对象，在“插入”选项卡“链接”组中单击“超链接”按钮，弹出“插入超链接”对话框，如图 5-70 所示，在“链接到”列表框中选择“电子邮件地址”选项，在“电子邮件地址”和“主题”文本框中输入所需文本，单击“确定”按钮，此时对象中的文本文字颜色变为绿色，并自动添加下画线。

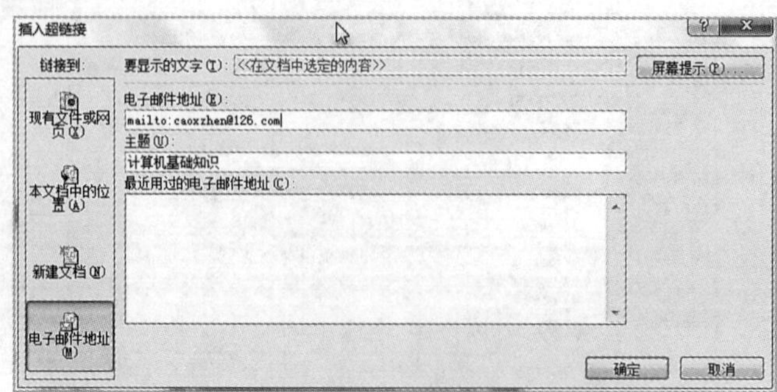

图 5-70 设置电子邮箱地址和主题

放映链接后的演示文稿，单击超链接文本，将自动启动电子邮件软件 Outlook 2016，在打开的写信页面中填写收件人和主题，输入正文后，单击“发送”按钮即可发送邮件。

3）链接到网页

在 PowerPoint 2016 中，还可以将幻灯片链接到网页中。其链接方法与为幻灯片中的文本或图片添加超链接的方法类似，只是链接的目标位置不同。

选择要设置链接的对象，在“插入”选项卡“链接”组中单击“超链接”按钮，弹出“插入超链接”对话框，如图 5-71 所示，在“链接到”列表框中选择“现有文件或网页”选项，在“地址”文本框中粘贴所复制的网页地址，单击“确定”按钮即可。

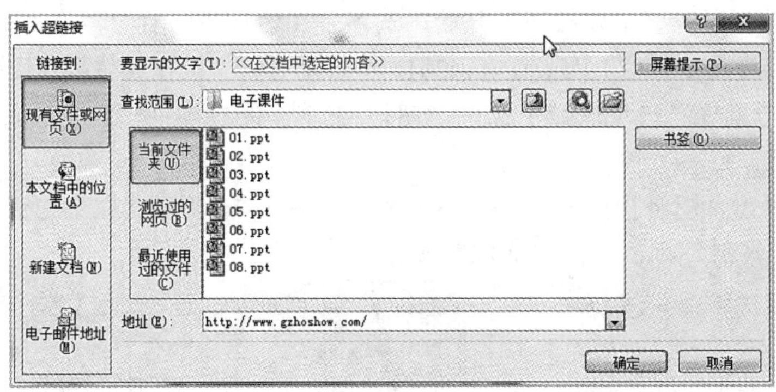

图 5-71　输入网站地址

在放映幻灯片时，单击添加超链接的对象后，将自动打开所链接的网站。

4）链接到其他文件

在 PowerPoint 2016 中还可以将幻灯片链接到其他文件，如 Office 文件。在“插入”选项卡“链接”组中单击“超链接”按钮，弹出“插入超链接”对话框，如图 5-72 所示，在“链接到”列表框中选择“现有文件或网页”选项，在“查找范围”右侧单击“浏览文件”按钮，打开“链接到文件”对话框，在其中选择目标文件，单击“确定”按钮。

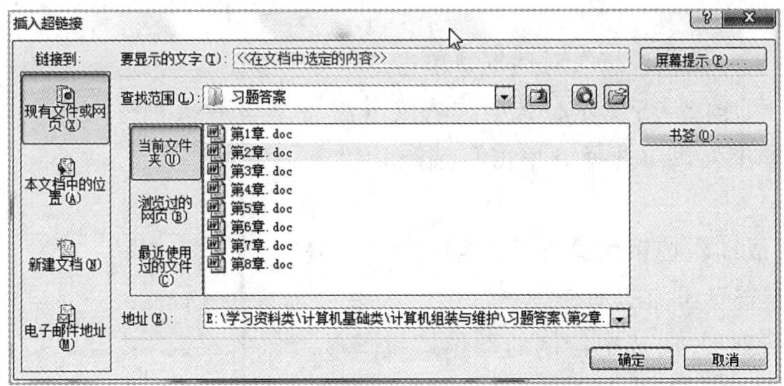

图 5-72　选择要链接的 Word 文档

3．添加动作按钮

动作按钮是 PowerPoint 2016 中预先设置好的一组带有特定动作的图形按钮，这些按钮被预先设置为指向前一张、后一张、第一张、最后一张幻灯片、播放声音及播放电影等链接，应用这些预置好的动作按钮，可以实现在放映幻灯片时跳转的目的。

动作按钮与超链接有很多相似之处，几乎包括了超链接可以指向的所有位置，动作按钮还可以设置其他属性，如设置当鼠标移过某一对象上方时的动作。设置动作按钮与设置超链接相互影响，在“操作设置”对话框中所作的设置，可以在“编辑超链接”对话框中表现出来。在演示文稿中添加动作按钮，可以按以下操作步骤进行：

步骤 1：启动 PowerPoint 2016 应用程序，打开已经创建好的演示文稿。

步骤 2：在幻灯片浏览窗格中选择第 5 张幻灯片缩略图，将其显示在幻灯片编辑窗口中。

步骤 3：在“插入”选项卡“插图”组中单击“形状”下拉按钮，在弹出的下拉列表中选择“动作按钮”→“动作按钮：开始”选项，在幻灯片的右上角拖动鼠标绘制形状。

步骤 4：当释放鼠标时，PowerPoint 2016 将自动打开“操作设置”对话框，如图 5-73 所示，在“单击鼠标”选项区域中选中“超链接到”单选按钮，在其下拉列表框中选择“幻灯片”选项。

步骤 5：弹出“超链接到幻灯片”对话框，如图 5-74 所示，在“幻灯片标题”列表框中选择第 27 张幻灯片，单击“确定”按钮。

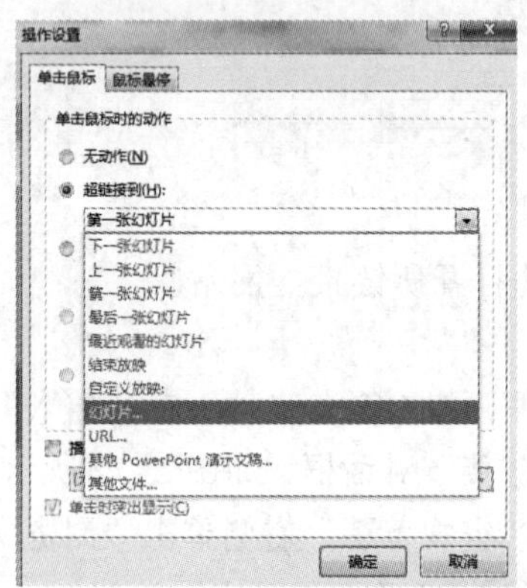

图 5-73 “操作设置”对话框

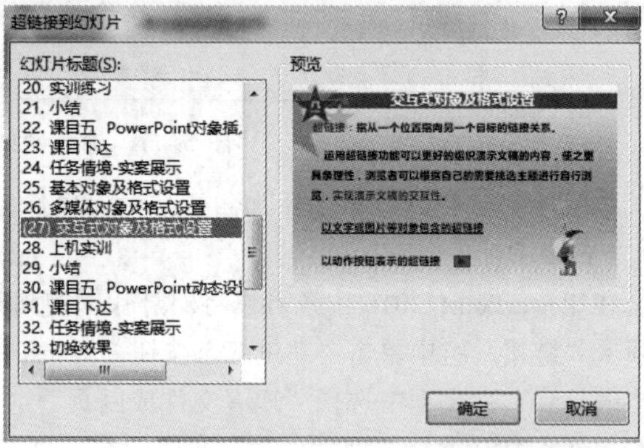

图 5-74 “超链接到幻灯片”对话框

步骤 6：返回“操作设置”对话框，单击“鼠标悬停”选项卡，如图 5-75 所示，选中“播放声音”复选框，在其下拉列表中选择“单击”选项，单击“确定”按钮。

步骤 7：完成动作按钮的设置后，返回幻灯片编辑窗口中，可以查看添加的动作按钮。

步骤 8：在幻灯片中选中绘制的动作按钮图形，在“绘图工具-格式”选项卡中单击“形状样式”组中的“其他”下拉按钮，在弹出的下拉列表中选择某一种形状样式，可以为图形快速应用该形状样式。

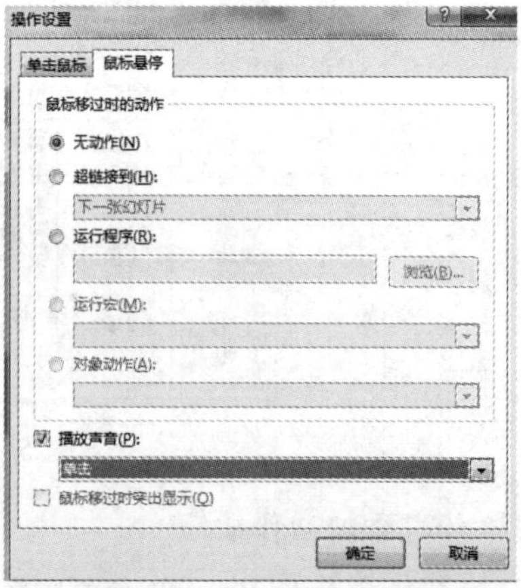

图 5-75 “鼠标悬停”选项卡

5.7 幻灯片的放映与审阅

5.7.1 放映的前期设置

制作完演示文稿后，用户可以根据需要进行放映前的准备，如进行录制旁白，排练计时、设置放映方式和类型、设置放映内容或调整幻灯片放映的顺序等。

1．设置放映时间

在放映幻灯片之前，演讲者可以运用 PowerPoint“排练计时”功能来排练整个演示文稿放映的时间，以掌握每张幻灯片的放映时间和整个演示文稿的总放映时间。使用“排练计时”功能排练演示文稿的放映时间，可以按以下操作步骤进行：

步骤 1：启动 PowerPoint 2016 应用程序，打开已创建好的演示文稿。

步骤 2：在“幻灯片放映”选项卡“设置”组中单击“排练计时”按钮，如图 5-76 所示。

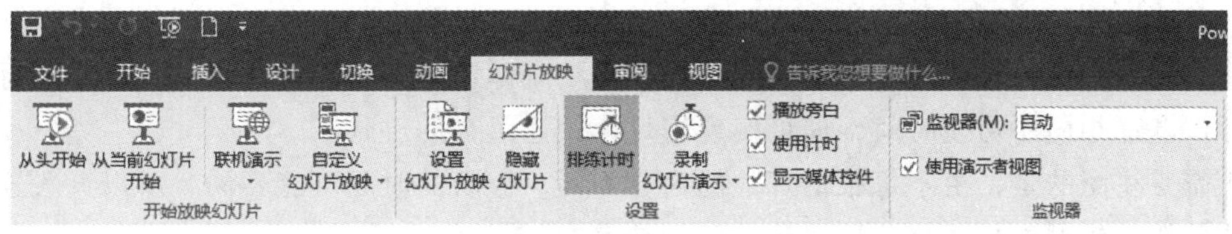

图 5-76 “幻灯片放映”选项卡“设置”组

步骤 3：演示文稿将自动切换到幻灯片放映状态，效果如图 5-77 所示。与普通放映不同的是，在幻灯片左上角将显示“录制”对话框。

图 5-77 开始排练并打开“录制”对话框

步骤 4：单击鼠标进行幻灯片的放映，此时“录制”对话框中的数据会不断更新。

步骤 5：当最后一张幻灯片放映完毕后，弹出“Microsoft PowerPoint”对话框，如图 5-78 所示，该对话框显示幻灯片播放的总时间，并询问用户是否保留该排练时间，单击“是”按钮。

图 5-78 提示信息框

步骤 6：此时，演示文稿将切换到幻灯片浏览视图，从幻灯片浏览视图中可以看到每张幻灯片下方均显示各自的排练时间。

2. 设置放映方式

PowerPoint 2016 提供了多种演示文稿的放映方式，最常用的是幻灯片页面的演示控制，主要有幻灯片的定时放映、连续放映及循环放映三种。

1）定时放映

用户在设置幻灯片切换效果时，可以设置每张幻灯片在放映时停留的时间，当等待到设定的时间后，幻灯片将自动向下放映。

在“切换”选项卡“换片方式”组中选中“单击鼠标时”复选框，则用户单击鼠标或按下【Enter】键或空格键时，放映的演示文稿将切换到下一张幻灯片；选中“设置自动换片时间”复选框，并在其右侧的文本框中输入时间（时间为秒）后，则在演示文稿放映时，当幻灯片等待了设定的秒数之后，将自动切换到下一张幻灯片。

2）连续放映

在“切换”选项卡“换片方式”选项组中选中“设置自动换片时间”复选框，并为当前选定的幻灯片设置自动切换时间，再单击“全部应用”按钮，为演示文稿中的每张幻灯片设定相同的切换时间，即可实现幻灯片的连续自动放映。

需要注意的是，由于每张幻灯片的内容不同，放映的时间可能不同，所以设置连续放映最常见的方法是通过“排练计时”功能完成。

3）循环放映

用户将制作好的演示文稿设置为循环放映，可以应用于例如展览会场的展台等场合，让演示文稿自动运行并循环播放。

在“幻灯片放映”选项卡“设置”组中单击“设置幻灯片放映”按钮，弹出“设置放映方式”对话框，如图 5-79 所示。在“放映选项”选项区中选中“循环放映，按 ESC 键终止”复选框，则在播放完最后一张幻灯片后，会自动跳转到第一张幻灯片，而不是结束放映，循环放映直到用户按【Esc】键退出放映状态。

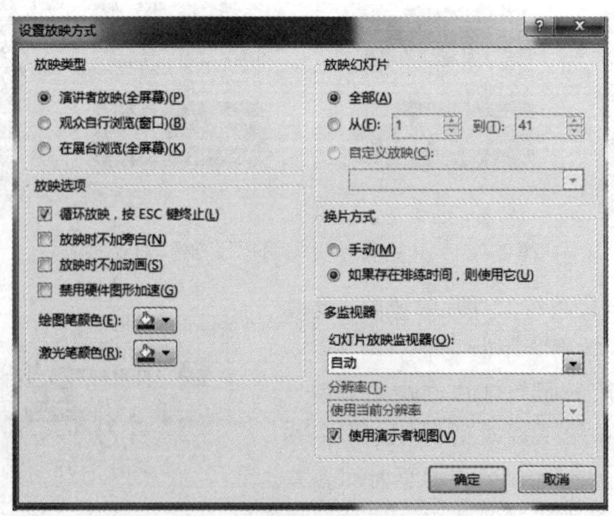

图 5-79 “设置放映方式”对话框

3．设置放映类型

在“设置放映方式”对话框的“放映类型”选项区中可以设置幻灯片的放映模式。

（1）“演讲者放映”模式（全屏幕）：该模式是系统默认的放映类型，也是最常见的全屏放映方式。在这种放映方式下，演讲者现场控制演示节奏，具有放映的完全控制权。用户可以根据观众的反应随时调整放映速度或节奏，还可以暂停下来进行讨论或记录观众即席反应，甚至可以在放映过程中录制旁白。

（2）“观众自动浏览”模式（窗口）：观众自行浏览是在标准 Windows 窗口中显示的放映形式，放映时 PowerPoint 窗口具有菜单栏、Web 工具栏，类似于浏览网页的效果，便于观众自行浏览。

（3）“展台浏览”模式（全屏幕）：采用该放映类型，最主要的特点是不需要专人控制就可以自行运行，在使用该放映类型时，如超链接等控制方法失效。当播放完最后一张幻灯片后，会自动从第一张重新开始播放，直至用户按下【Esc】键才会停止播放。

4．自定义放映

自定义放映是指用户可以自定义演示文稿放映的张数，使一个演示文稿适用于多种观众，即可以将一个演示文稿中的多张幻灯片进行分组，以便对特定的观众放映演示文稿中的特定部分。用户可以用超链接分别指向演示文稿中的各个自定义放映，也可以在放映整个演示文稿时只放映其中的某个自定义放映。为演示文稿创建自定义放映，可以按以下操作步骤进行：

步骤 1：启动 PowerPoint 2016 应用程序，打开已创建好的演示文稿。

步骤 2：在“幻灯片放映”选项卡“开始放映幻灯片”组中单击“自定义幻灯片放映”下拉按钮，在弹出的下拉列表中选择“自定义放映”选项，弹出“自定义放映”对话框，如图 5-80 所示。

步骤 3：单击“新建”按钮，弹出“定义自定义放映”对话框，如图 5-81 所示，在“幻灯片放映名称”文本框中输入文字“PPT 放映输出”，在“在演示文稿中的幻灯片”列表中选择第 38 张和第 39 张幻灯片，然后单击“添加”按钮，将两张幻灯片添加到“在自定义放映中的幻灯片”列表中，单击“确定”按钮。

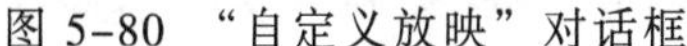
图 5-80 “自定义放映”对话框

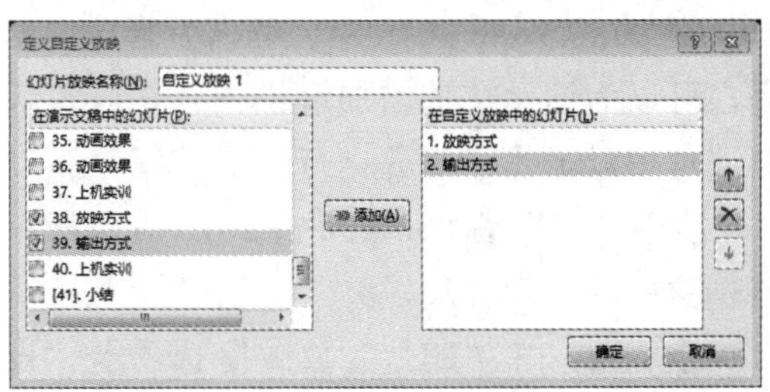

图 5-81 “定义自定义放映”对话框

步骤 4：返回“自定义放映”对话框，在“自定义放映”列表中显示创建的放映，如图 5-82 所示，单击“关闭”按钮。

步骤 5：在“幻灯片放映”选项卡“设置”组中单击“设置幻灯片放映”按钮，弹出“设置放映方式”对话框，如图 5-83 所示，在“放映幻灯片”区域中选中“自定义放映”单选按钮，然后在其下方的列表框中选择需要放映的自定义放映“PPT 放映输出”选项，单击“确定”按钮。

图 5-82　显示创建的自定义放映

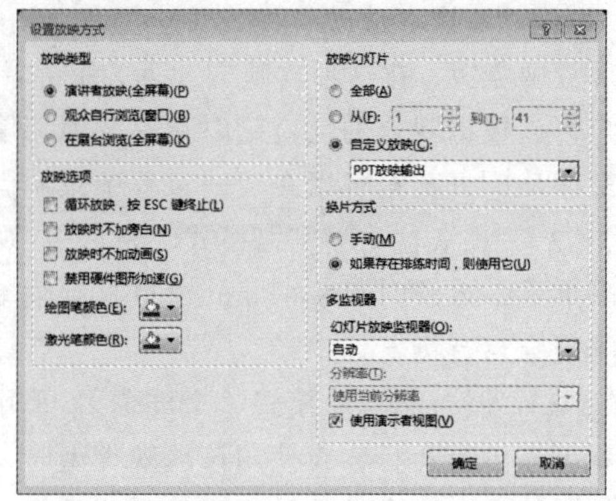

图 5-83　“设置放映方式”对话框

步骤 6：按下【F5】键时，将自动播放自定义放映幻灯片。

步骤 7：选择“文件”→“另存为”命令，将该演示文稿以“自定义放映”为名进行保存。

5. 幻灯片缩略图放映

幻灯片缩略图放映是指可以让 PowerPoint 演示文稿在屏幕的左上角显示幻灯片的缩略图，从而方便用户在编辑时预览幻灯片效果。使演示文稿实现幻灯片缩略图放映，可以按以下操作步骤进行。

步骤 1：启动 PowerPoint 2016 应用程序，打开已创建好的演示文稿。

步骤 2：按住【Alt】键，同时单击状态栏右侧“视图切换按钮”中的“幻灯片放映”按钮，此时即可进入幻灯片缩略图放映模式。

步骤 3：在屏幕放映区域自动放映幻灯片中的对象动画。放映结束后，再次单击“幻灯片放映”按钮或【Esc】键退出缩略图放映模式。

6. 录制语音旁白

在 PowerPoint 2016 中，可以为指定的幻灯片或全部幻灯片添加录音旁白。使用录制旁白可以为演示文稿增加解说词，在放映状态下主动播放语音说明。为演示文稿录制旁白，可按以下操作步骤进行：

步骤 1：启动 PowerPoint 2016 应用程序，打开已创建好的演示文稿。

步骤 2：在“幻灯片放映”选项卡“设置”组中单击“录制幻灯片演示”下拉按钮，在其下拉列表中选择“从头开始录制”选项，弹出“录制幻灯片演示”对话框，如图 5-84 所示，保持默认设置，单击“开始录制”按钮。

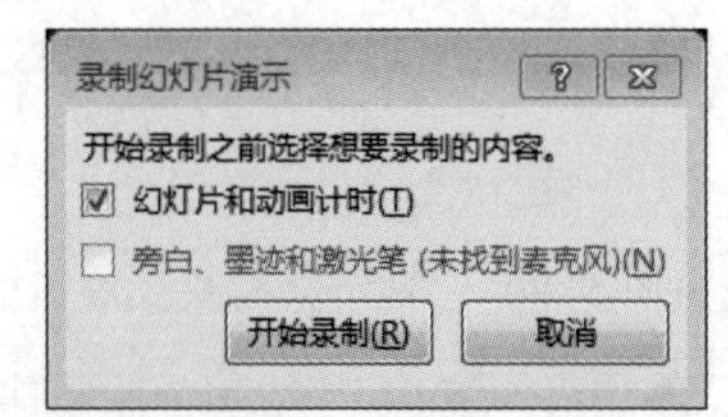

图 5-84　“录制幻灯片演示”对话框

步骤 3：进入幻灯片放映状态，开始录制旁白，同时在打开的“录制”对话框中显示录制时间。如果是第一次录音，用户可以根据需要自行调节麦克风的声音质量。

步骤 4： 单击或按【Enter】键切换到下一张幻灯片。

步骤 5： 当旁白录制完成后，按下【Esc】键或者单击。此时，演示文稿将切换到幻灯片浏览视图，可以查看录制的效果。

步骤 6： 单击“文件”→“另存为”选项，将演示文稿以“旁白”为名进行保存。

5.7.2 幻灯片放映预览

完成放映前的准备工作后，就可以开始放映演示文稿了。常用的放映方法很多，除了自定义放映外，还有从头开始放映、从当前幻灯片开始放映和广播幻灯片等。

1. 从头开始放映

从头开始放映是指从演示文稿的第一张幻灯片开始播放演示文稿。在“幻灯片放映”选项卡“开始放映幻灯片”组中单击“从头开始”按钮，如图 5-85 所示。或者直接按【F5】键，开始放映演示文稿，幻灯片以全屏方式从第一张幻灯片开始放映。

图 5-85 从头开始放映

2. 从当前幻灯片开始放映

当用户需要从指定的某张幻灯片开始放映，则可以使用“从当前幻灯片开始”功能。

选择指定的幻灯片，在“幻灯片放映”选项卡“开始放映幻灯片”组中单击“从当前幻灯片开始”按钮或者直接按【Shift+F5】组合键，此时进入幻灯片放映视图，幻灯片以全屏幕方式从当前幻灯片开始放映。

5.7.3 放映的操作控制

在放映演示文稿的过程中，用户可以根据需要按放映次序依次放映、快速定位幻灯片、为重点内容做上标记、使屏幕出现黑屏或白屏以及结束放映等操作。

1. 切换与定位幻灯片

在放映幻灯片时，可以从当前幻灯片切换到上一张幻灯片或下一张幻灯片中，也可以直接从当前幻灯片跳转到另一张幻灯片。

以全屏幕方式进入幻灯片放映视图，在幻灯片中右击，在弹出的快捷菜单中选择“上一张”或“下一张”选项，快速切换幻灯片；在幻灯片中右击，在弹出的快捷菜单中选择“查看所有幻灯片”选项，会以缩略图形式显示所有幻灯片，单击就可以定位到想选择放映的幻灯片中。

另外，在幻灯片左下角出现的控制区域中单击“下一张”按钮，切换到下一张幻灯片中；单击“上一张”按钮，切换到上一张幻灯片中。

2．为重点内容做标记

使用 PowerPoint 2016 提供的绘图笔可以为重点内容做上标记。绘图笔的作用类似于板书笔，常用于强调或添加注释。用户可以选择绘图笔的形状和颜色，也可以随时擦除绘制的笔迹。

使用绘图笔标注重点，可以按以下操作步骤进行：

步骤 1：启动 PowerPoint 2016 应用程序，打开已创建好的演示文稿。

步骤 2：在“幻灯片放映”选项卡“开始放映幻灯片”组中单击“从头开始”按钮放映演示文稿。

步骤 3：在屏幕中右击，在弹出的快捷菜单中选择“指针选项”→“荧光笔”选项，将绘图笔设置为荧光笔样式；在弹出的快捷菜单中选择“墨迹颜色”选项，在打开的“标准色”面板中选择“黄色”选项，如图 5-86 所示。

步骤 4：此时，鼠标指针变为一个小矩形形状，在需要绘制的地方拖动鼠标绘制标记。

步骤 5：当放映到第 5 张幻灯片时，右击幻灯片空白处，在弹出的快捷菜单中选择“指针选项”→“笔”选项；再次右击，在弹出的快捷菜单中选择“指针选项”→“墨迹颜色”选项，然后在弹出的颜色面板中选择“红色”选项。

步骤 6：此时，拖动鼠标在放映界面中的形状上绘制墨迹注释，如图 5-87 所示。

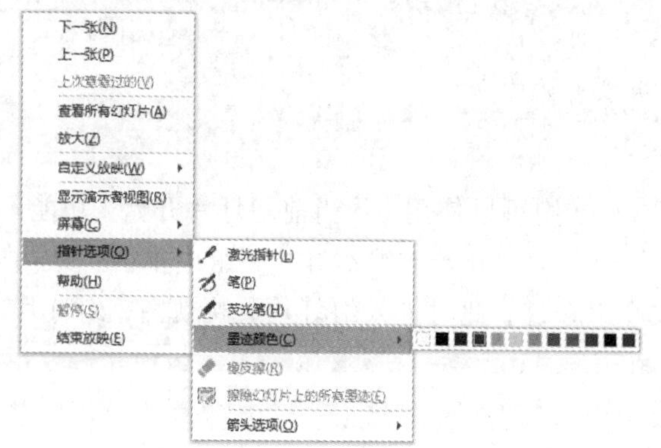

图 5-86　选择荧光笔颜色

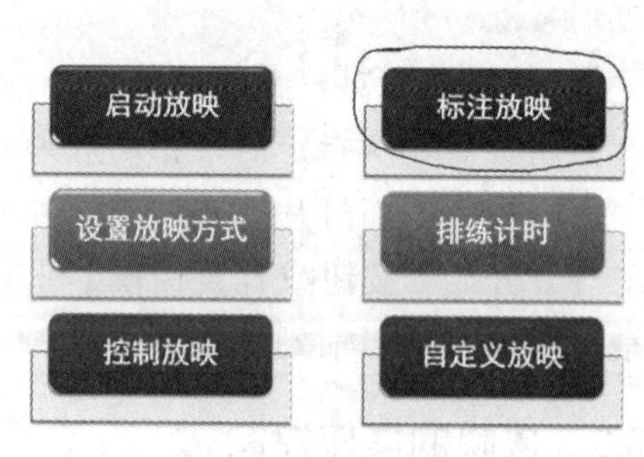

图 5-87　使用笔在幻灯片中绘制重点

步骤 7：当幻灯片播放完毕后，单击以退出放映状态时，PowerPoint 2016 将弹出对话框询问用户是否保留在放映时所做的墨迹注释，如图 5-88 所示。

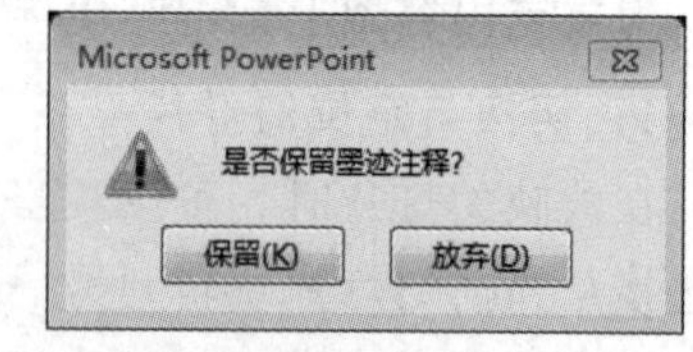

图 5-88　Microsoft PowerPoint 对话框

步骤 8：单击“保留”按钮，将绘制的注释标记保留在幻灯片中，在幻灯片浏览视图中可以查看保留的墨迹。

步骤 9：在快速访问工具栏中单击“保存”按钮，将修改后的演示文稿保存。

3．使用激光指针

在幻灯片放映视图中，可以将鼠标指针变为激光指针样式，以将观看者的注意力吸引到幻灯片上的某个重点内容或特别要强调的内容位置上。

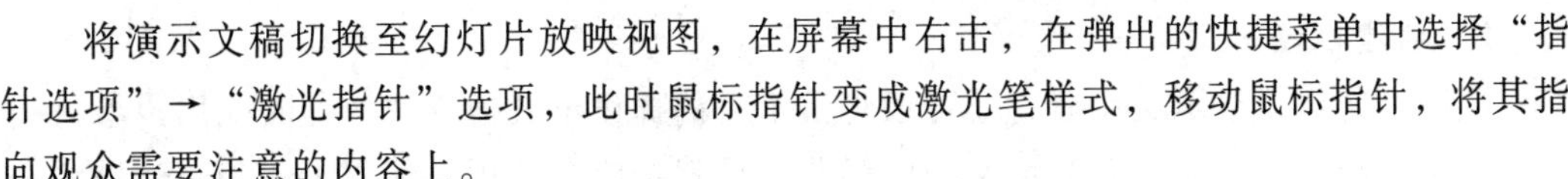

将演示文稿切换至幻灯片放映视图，在屏幕中右击，在弹出的快捷菜单中选择“指针选项”→“激光指针”选项，此时鼠标指针变成激光笔样式，移动鼠标指针，将其指向观众需要注意的内容上。

或者在幻灯片放映视图下，在按住【Ctrl】键的同时单击，此时鼠标指针变成激光笔样式，按住鼠标左键移动鼠标指针，将其指向观众需要注意的内容上。

4．使用黑屏或白屏

在幻灯片放映的过程中，有时为了隐藏幻灯片内容，可以将幻灯片进行黑屏或白屏显示。具体方法为：在幻灯片放映视图下，右击，在弹出的快捷菜单中选择“屏幕”→“黑屏”选项或“屏幕”→“白屏”选项即可。

5.7.4 演示文稿的审阅

PowerPoint 2016 提供了多种实用的工具，如审阅功能，允许对演示文稿进行校验和翻译，甚至允许多个用户对演示文稿的内容进行编辑并标记编辑历史等。

1．校验演示文稿

校验演示文稿的作用是校验演示文稿中使用的文本内容是否符合语法。它可以将演示文稿中的词汇与 PowerPoint 2016 自带的词汇进行比较，查找出使用错误的词。校验制作好的演示文稿，操作步骤如下：

步骤 1：启动 PowerPoint 2016 应用程序，打开已创建好的演示文稿。

步骤 2：在“审阅”选项卡“校对”组中单击“拼写检查”按钮，在右侧弹出“拼写检查”任务窗格，自动校验演示文稿，并检测所有文本中不符合词典的单词。

步骤 3：在文本框中显示不符合词典的单词，同时为用户提供更改建议，如需更改单击“更改”按钮，如图 5-89 所示。

步骤 4：当检测完毕后，自动弹出“Microsoft PowerPoint”提示框，提示用户拼写检查结束，如图 5-90 所示，单击“确定”按钮。

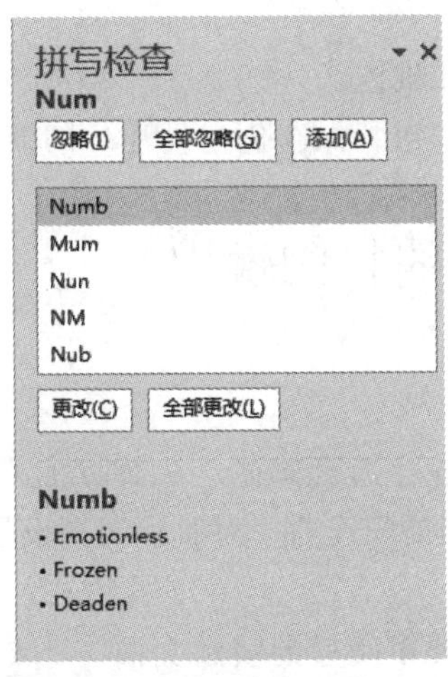

图 5-89 “拼写检查”对话框

图 5-90 拼写检查结束提示框

步骤 5：完成拼写检查并更改后，按【Ctrl+S】组合键，保存演示文稿。

2. 创建批注

在用户制作完演示文稿后，还可以将演示文稿提供给其他用户，让其他用户参与到演示文稿的修改中，添加对演示文稿的修改意见就需要其他用户使用 PowerPoint 批注功能对演示文稿进行修改和审阅。为演示文稿创建批注，可以按以下操作步骤进行：

步骤 1：启动 PowerPoint 2016 应用程序，打开已创建好的演示文稿。

步骤 2：在幻灯片浏览窗格中选择其中一张幻灯片缩略图，并将其显示在幻灯片编辑窗口中。

步骤 3：在“审阅”选项卡“批注”组中单击“新建批注”按钮，此时在右侧打开“批注”任务窗格，在文本框中输入批注文本，如图 5-91 所示。

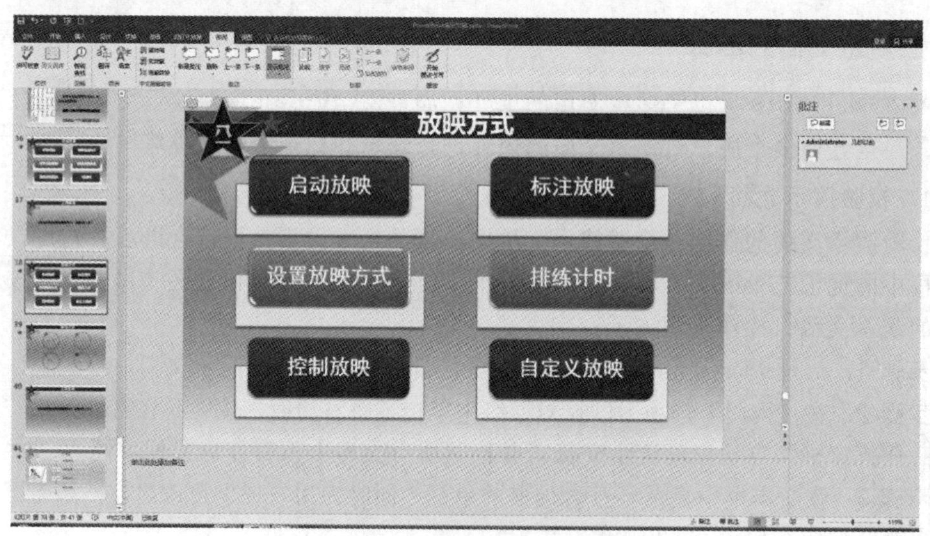

图 5-91 输入批注文本

步骤 4：输入批注内容后，可关闭“批注”窗格。当鼠标指针移动到左上角的批注标签上，自动弹出批注框，显示文本信息。

步骤 5：使用同样的方法，为其他幻灯片添加批注。

步骤 6：在快速访问工具栏中单击“保存”按钮，保存创建批注后的演示文稿。

5.8 演示文稿的打印输出

5.8.1 演示文稿的保护

为了更好地保护演示文稿，可以对演示文稿进行加密保存，从而防止其他用户在未授权的情况下打开或修改演示文稿，以此加强文档的安全性。为演示文稿设置权限密码，可以按以下操作步骤进行：

步骤 1：启动 PowerPoint 2016 应用程序，打开审阅过的演示文稿。

步骤 2：选择“文件”→“信息”命令，然后单击“保护演示文稿”下拉按钮，在弹出的下拉列表中选择“用密码进行加密”选项。

步骤 3：弹出“加密文档”对话框，在“密码”文本框中输入密码（例如 123456），如图 5-92 所示，单击“确定”按钮。

步骤 4：弹出“确认密码”对话框，在“重新输入密码”文本框中再次输入密码，单击“确定”按钮。

步骤 5：返回演示文稿界面，在信息窗格中显示用黄色标记的“打开此演示文稿时需要密码”权限信息。

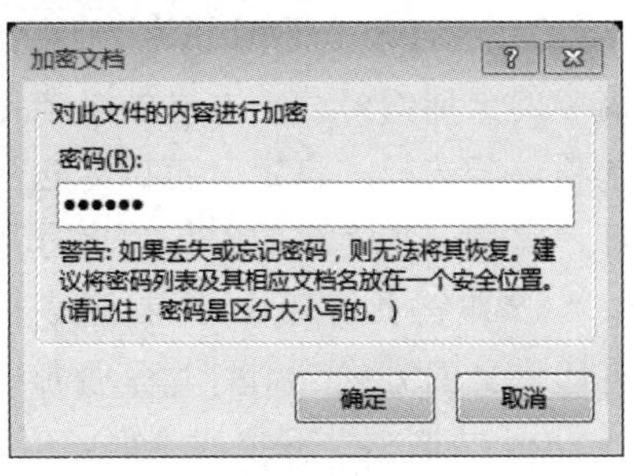

图 5-92 “加密文档”对话框

步骤 6：保存并关闭演示文稿，当再次打开演示文稿时，自动打开提示框，输入正确的密码才能打开该演示文稿。

5.8.2 演示文稿的打印

制作好的演示文稿不仅可以进行现场演示，还可以将其通过打印机打印出来，分发给观众作为演讲提示。

1. 页面设置

在打印演示文稿前，可以根据需要对打印页面进行设置，使打印的形式和效果更符合实际需要。

在“设计”选项卡“自定义”组中单击“幻灯片大小”下拉按钮，在其下拉列表中选择“自定义幻灯片大小”选项，弹出图 5-93 所示的“幻灯片大小”对话框，在此对话框中对幻灯片的大小、编号和方向进行设置。

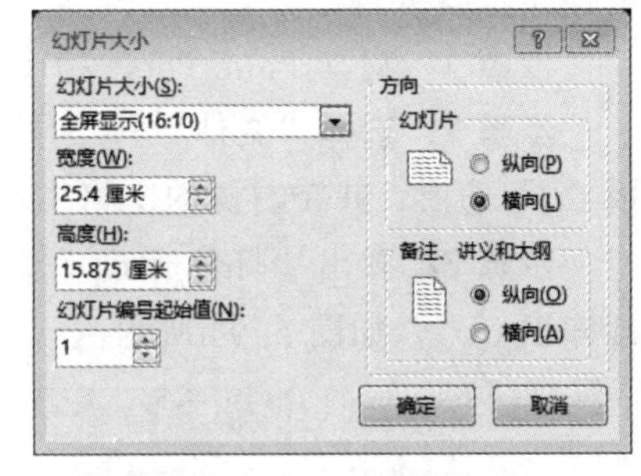

图 5-93 “页面设置”对话框

该对话框中部分选项的含义如下：

（1）“幻灯片大小”下拉列表框：该下拉列表框用来设置幻灯片的大小比例。

（2）“宽度”和“高度”文本框：用来设置打印区域的尺寸，单位为厘米。

（3）“幻灯片编号起始值”文本框：用来设置当前打印的幻灯片的起始编号。

（4）“方向”选项区域：用来分别设置幻灯片与备注、讲义和大纲的打印方向，在此处设置的打印方向对整个演示文稿中的所有幻灯片及备注、讲义和大纲均有效。

2. 预览并打印

在实际打印之前，用户可以使用打印预览功能先预览演示文稿的打印效果。预览效果满意后，可以连接打印机开始打印演示文稿。选择“文件”→“打印”命令，在右侧窗格中预览演示文稿效果，在中间的“打印”窗格中进行相关的打印设置。

“打印”窗格中各选项的主要作用如下：

（1）“打印机”下拉列表框：自动调用系统默认的打印机，当用户计算机上装有多个打印机时，可以根据需要选择打印机或设置打印机的属性。

（2）“打印全部幻灯片”下拉列表框：用来设置打印范围，系统默认打印当前演示文稿中的全部幻灯片，用户可以选择“打印所选幻灯片”“打印当前幻灯片”“自定义范围”选项。若选择“自定义范围”选项，在其对应的“幻灯片”文本框中输入需要打印的幻灯片编号。非连续的幻灯片序号用英文逗号“,”分开，连续的幻灯片序号用“-”分开。

（3）“整页幻灯片”下拉列表框：用来设置打印的版式（整页幻灯片、备注页或大纲）、打印讲义的方式、幻灯片是否加边框等参数。

（4）“调整”下拉列表框：用来设置打印顺序。如果打印多份演示文稿，有两种打印顺序：“调整”是指打印1份完成的演示文稿后再打印下一份；“取消排序”则表示在打印各份演示文稿的第一张幻灯片后再打印各份演示文稿的第二张幻灯片。

（5）“颜色”下拉列表框：用来设置幻灯片打印时的颜色。

（6）“份数”微调框：用来设置打印的份数。

纸张大小等信息可以通过单击“打印机”栏下方的“打印机属性”按钮来设置。

5.8.3 演示文稿的打包

使用 PowerPoint 2016 提供的“将演示文稿打包成 CD”功能，在有刻录光驱的计算机上可以方便地将制作好的演示文稿及其链接的各种媒体文件一次性打包到 CD 上，轻松实现将演示文稿分发或转移到其他计算机上进行演示。将演示文稿打包为 CD，可按以下操作步骤进行：

步骤 1：启动 PowerPoint 2016 应用程序，打开已创建好的演示文稿。

步骤 2：选择“文件”→“导出”命令，在中间“导出”栏中选择“将演示文稿打包成 CD”选项，并在右侧的窗格中单击“打包成 CD”按钮。

步骤 3：弹出“打包成 CD”对话框，在“将 CD 命名为”文本框中输入“计算机基础知识 CD”，如图 5-94 所示。

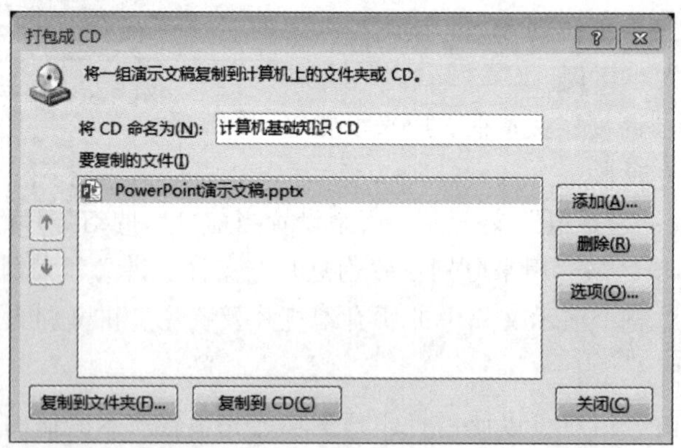

图 5-94 “打包成 CD”对话框

步骤 4：若要打包多个演示文稿，单击“添加”按钮，弹出“添加文件”对话框，选择“演示文稿 1”文件，单击“添加”按钮。

步骤 5：返回“打包成 CD”对话框，可以看到新添加的幻灯片，如图 5-95 所示。

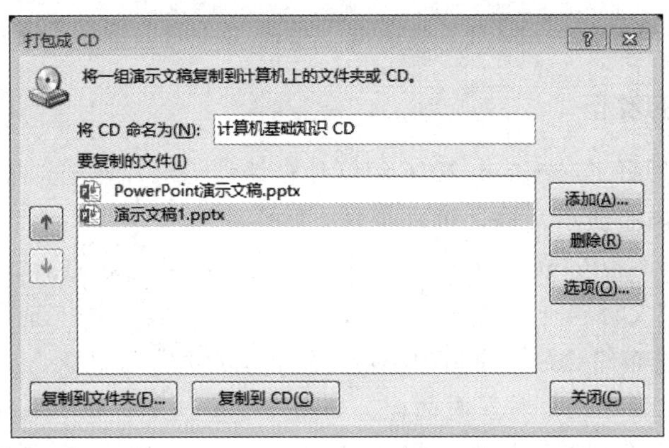

图 5-95　显示添加的演示文稿

步骤 6：单击“选项”按钮，弹出“选项”对话框，如图 5-96 所示，保持默认设置，单击“确定”按钮。

步骤 7：返回“打包成 CD”对话框，单击“复制到文件夹”按钮，弹出“复制到文件夹”对话框，如图 5-97 所示，在“位置”文本框中设置文件的保存路径，单击“确定”按钮。

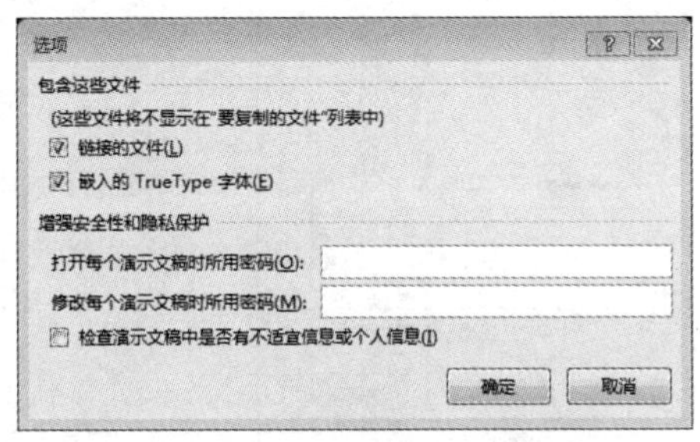

图 5-96　“选项”对话框

图 5-97　“复制到文件夹”对话框

步骤 8：自动弹出图 5-98 所示的“Microsoft PowerPoint”提示框，单击“是”按钮。

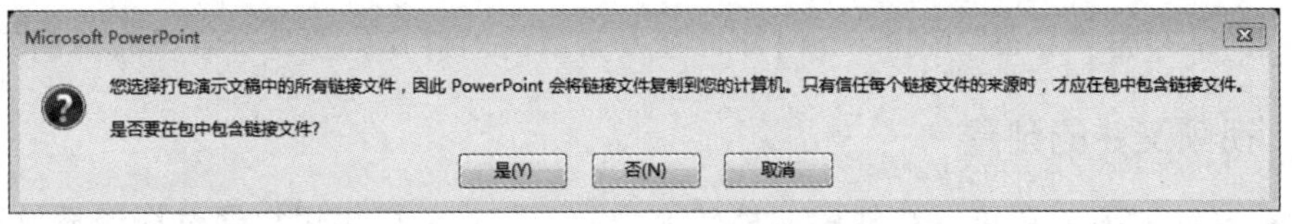

图 5-98　Microsoft PowerPoint 提示框

步骤 9：此时，系统将开始自动复制文件到文件夹，如图 5-99 所示。

图 5-99　PowerPoint 打包文件提示

步骤 10：打包完毕后，将自动打开保存的文件夹“计算机基础知识 CD”，文件夹中显示打包后的所有文件。

步骤 11：返回至“打包成 CD”对话框，单击“关闭”按钮，关闭该对话框。

5.8.4 演示文稿的发布

发布幻灯片是指将 PowerPoint 2016 幻灯片存储到幻灯片库中，以达到共享和调用各个幻灯片的目的。发布演示文稿，可以按以下操作步骤进行：

步骤 1：启动 PowerPoint 2016 应用程序，打开已经创建好的演示文稿。

步骤 2：选择“文件”→“共享”命令，在中间“共享”栏中选择“发布幻灯片”选项，并在右侧的“发布幻灯片”窗格中单击“发布幻灯片”按钮。

步骤 3：弹出“发布幻灯片”对话框，如图 5-100 所示，在“选择要发布的幻灯片”列表框中选中需要发布到幻灯片库中的幻灯片缩略图前的复选框，在“发布到”文本框中输入发布到的幻灯片库的位置。

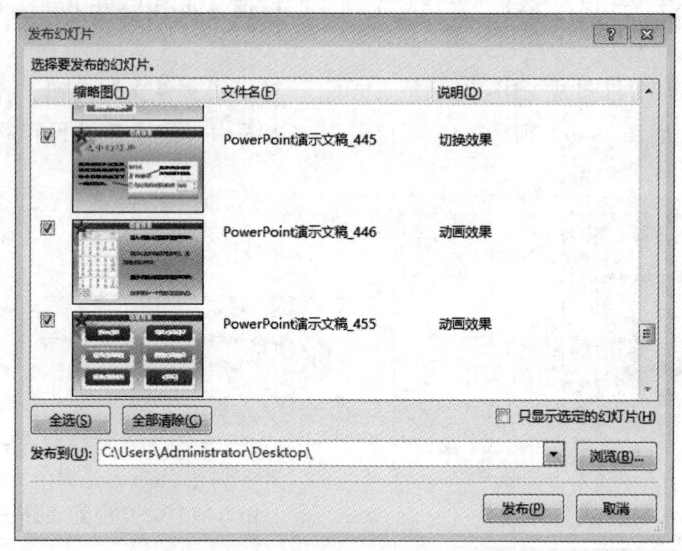

图 5-100 “发布幻灯片”对话框

步骤 4：单击“发布”按钮，此时即可在发布到的幻灯片位置处查看发布后的幻灯片。

5.8.5 视频文件的创建

PowerPoint 2016 还可以将演示文稿转换为视频内容，以供用户通过视频播放器播放该视频文件，实现与其他用户共享该视频。将演示文稿创建为视频，可按以下操作步骤进行：

步骤 1：启动 PowerPoint 2016 应用程序，打开已经创建好的演示文稿。

步骤 2：选择“文件”→“导出”命令，在中间“导出”栏中选择“创建视频”选项，并在右侧窗格的“创建视频”区域中选择质量、录制计时和旁白以及设置放映每张幻灯片的秒数，单击“创建视频”按钮。

步骤 3：弹出“另存为”对话框，设置视频文件的名称、保存类型以及保存路径，单击“保存”按钮。

步骤 4：此时，PowerPoint 2016 窗口任务栏中将显示制作视频的进度。

步骤 5：制作完毕后，打开视频存放路径，双击视频文件，即可使用计算机中的视频播放器来播放该视频。

5.8.6 其他格式的输出

演示文稿制作完成后，还可以将它们转换为其他格式的文件，如图片文件、幻灯片放映以及 RTF 大纲文件等，以满足用户多用途的需求。

1. 输出为图片文件

PowerPoint 2016 支持将演示文稿中的幻灯片输出为 GIF、JPG、PNG、TIFF、BMP、WMF 以及 EMF 等格式的图片文件，这有利于用户在更大范围内交换或共享演示文稿中的内容。

在 PowerPoint 2016 中，不仅可以将整个演示文稿中的幻灯片输出为图形文件，还可以将当前幻灯片输出为图片文件。将演示文稿输出为 JPEG 格式的图片文件，可以按以下操作步骤进行：

步骤 1：启动 PowerPoint 2016 应用程序，打开已经创建好的演示文稿。

步骤 2：选择“文件”→“导出”命令，在中间“导出”栏中选择“更改文件类型”选项，并在右侧“更改文件类型”窗格的“图片文件类型”选项区域中选择“JPEG 文件交换格式”选项，单击“另存为”按钮。

步骤 3：打开“另存为”对话框，设置文件名以及存放路径，单击“保存”按钮。

步骤 4：此时 PowerPoint 2016 会弹出提示对话框，供用户选择输出为图片文件的幻灯片范围，单击“所有幻灯片”按钮，如图 5-101 所示。

图 5-101 选择导出方式

步骤 5：完成将演示文稿输出为图片文件，并弹出图 5-102 所示的提示框，提示用户每张幻灯片都以独立的方式保存到文件夹中，单击“确定”按钮。

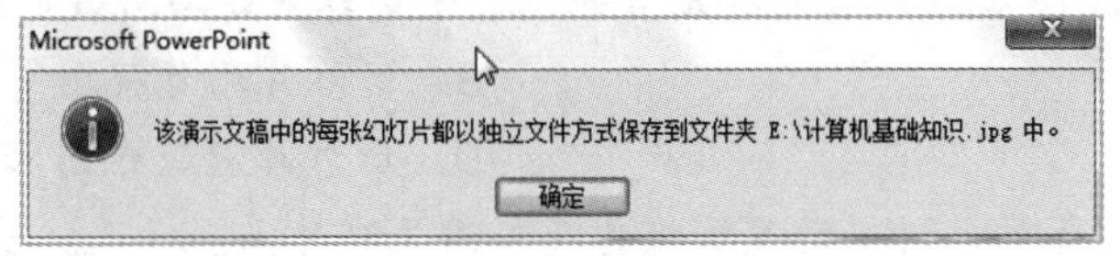

图 5-102 完成提示框

步骤 6：在路径中双击打开保存的文件夹，此时幻灯片以图片格式显示在文件夹中。

步骤 7：双击某张图片，即可打开该图片并查看其内容。

2. 输出为幻灯片放映文件

在 PowerPoint 2016 中经常用到的输出格式还有幻灯片放映。幻灯片放映是将演示文稿保存为总是以幻灯片放映的形式打开演示文稿，每次打开该类型文件，PowerPoint 2016

会自动切换到幻灯片放映状态，而不会出现 PowerPoint 2016 编辑窗口。将演示文稿输出为幻灯片放映文件，可以按以下操作步骤进行：

步骤 1：启动 PowerPoint 2016 应用程序，打开已经创建好的演示文稿。

步骤 2：选择“文件”→“导出”命令，在中间“导出”栏中选择“更改文件类型”选项，并在右侧“更改文件类型”窗格的“演示文稿文件类型”选项区域中选择“PowerPoint 放映”选项，单击“另存为”按钮。

步骤 3：弹出“另存为”对话框，设置文件名以及保存路径，单击“保存”按钮。

步骤 4：此时，即可将幻灯片输出为幻灯片放映文件，在路径中双击该放映文件，可直接进入放映模式。

3. 输出为大纲文件

PowerPoint 2016 输出的大纲文件是按照演示文稿中幻灯片标题及段落级别生成的标准 RTF 文件，可以被其他软件（如 Word 等文字处理软件）打开或编辑。将演示文稿输出为大纲文件，可以按以下操作步骤进行：

步骤 1：启动 PowerPoint 2016 应用程序，打开已经创建好的演示文稿，选择“文件”→“另存为”命令，在右侧窗格中单击“浏览”选项。

步骤 2：弹出“另存为”对话框，设置文件名以及保存路径，在“保存类型”下拉列表中选择“大纲/RTF 文件”选项，单击“保存”按钮。

步骤 3：此时，即可将幻灯片中的文本输出为大纲/RTF 文件，双击该文件，即可启动 Word 2016 应用程序并可打开大纲文件。

习　题

一、选择题

1. PowerPoint 2016 制作的演示文稿是由若干张（　　）连续组成的文档。

A. 幻灯片　　B. 投影片　　C. 文本　　D. Word 文档

2. 要进行幻灯片大小设置、主题选择，可以在（　　）选项卡中操作。

A. “开始”　　B. “插入”　　C. “视图”　　D. “设计”

3. 在 PowerPoint 2016 提供的各种视图方式中，全屏幕显示幻灯片的是（　　）。

A. 大纲视图　　B. 幻灯片浏览视图

C. 幻灯片视图　　D. 幻灯片放映视图

4. 在演示文稿中，备注视图中的备注信息在文稿放映时（　　）。

A. 会显示　　B. 不会显示　　C. 显示一部分　　D. 显示标题

5. 从当前幻灯片开始放映幻灯片的组合键是（　　）。

A.【Shift+F5】　　B.【Shift+F3】　　C.【Shift+F4】　　D.【Shift+F2】

6. 在幻灯片的（　　）视图中可以从整体上浏览所有幻灯片的效果。

A. 普通　　B. 浏览　　C. 大纲　　D. 放映

7. PowerPoint 2016 文件的默认扩展名是（　　）。

A. pptx B. pdf C. ppt D. docx

8. 要让 PowerPoint 2016 制作的演示文稿在 PowerPoint 2003 中放映，必须将演示文稿的保存类型设置为（ ）。

A. PowerPoint 演示文稿（*.pptx） B. PowerPoint 97-2003 演示文稿（*.ppt）

C. XPS 文档（*.xps） D. Windows Media 视频（*.wmv）

9. 在进行幻灯片动画设置时，可以设置的动画类型有（ ）。

A. 进入 B. 强调 C. 退出 D. A、B、C 都是

10. 播放幻灯片中途若要退出幻灯片放映可按（ ）退出。

A.【Esc】 B. “开始” C. “设计” D. “审阅”

11. “设置放映方式”对话框中没有的放映类型是（ ）。

A. 演讲者放映 B. 观众自行浏览 C. 在展台浏览 D. 定时放映

12. 关于自定义动画，说法正确的是（ ）。

A. 可以调整顺序 B. 可以设置动画效果

C. 可以调整速度 D. 以上都对

13. 在 PowerPoint 2016 中，通过设置（ ）选项可以改变幻灯片的布局。

A. 字体 B. 幻灯片版式 C. 幻灯片配色方案 D. 背景

14. 要在幻灯片中插入表格、图片、艺术字、视频、音频等元素时，应在（ ）选项卡中操作。

A. “文件” B. “开始” C. “插入” D. “设计”

15. 单击影片框播放幻灯片中的影片，再次单击，将会（ ）。

A. 返回幻灯片 B. 暂停播放

C. 没反应 D. 播放下一张幻灯片

16. 在设置幻灯片自动切换之前，应该事先进行演示文稿（ ）设置。

A. 自动播放 B. 排练计时 C. 打印输出 D. 打包

17. PowerPoint 2016 中插入图表后，图表的特点是数据表中数据变化时，图表（ ）。

A. 随之改变 B. 不出现变化

C. 自然消失 D. 生成新图表，保留原图表

18. 单击“开始”选项卡的“新建幻灯片”按钮后，新插入的幻灯片在当前幻灯片（ ）。

A. 前 B. 后 C. 不确定 D. 不变

19. 若想对幻灯片设置不同的颜色、阴影、图案或纹理的背景，可使用（ ）选项卡的“设置背景格式”设置。

A. 视图 B. 设计 C. 幻灯片放映 D. 开始

20. 从第一张幻灯片开始放映幻灯片的快捷键是（ ）。

A.【F2】 B.【F3】 C.【F4】 D.【F5】

二、判断题

1. PowerPoint 2016 如同 Office 2016 系列软件中所包含的其他应用程序一样，启动和运行方式基本相同。 （ ）

2. 在 PowerPoint 2016 的“视图”选项卡中，演示文稿视图有普通视图、幻灯片浏览、备注页和阅读视图 4 种模式。 ( )
3. PowerPoint 2016 默认的显示方式是大纲视图。 ( )
4. 在大纲模式下可以方便地对幻灯片内容进行修改和调整。 ( )
5. PowerPoint 2016 可以直接打开 PowerPoint 2003 制作的演示文稿。 ( )
6. 在幻灯片浏览视图中可以对某个幻灯片进行编辑和修改。 ( )
7. 只要幻灯片不切换，幻灯片声音将一直播放下去。 ( )
8. 当单击幻灯片上的图片时，可以启动 Word 程序。 ( )
9. PowerPoint 2016 功能区中的命令不能进行增加和删除。 ( )
10. 播放幻灯片中的影片时，当单击影片，可将影片放大至全屏。 ( )

三、简答题

1. 什么是占位符？什么是文本框？它们各自的区别是什么？
2. 幻灯片母版的作用是什么？
3. 在幻灯片中插入超链接与插入动作按钮的区别是什么？
4. 将演示文稿进行打包的作用是什么？

第 6 章 Photoshop 图像处理

Photoshop 是美国 Adobe 公司旗下最著名图像处理软件之一，被誉为“图像处理大师”，它的功能十分强大且使用方便，毫不夸张地说，凡是有图像的地方，基本都能找到 Photoshop 的影子。

通过本章内容的学习，能够使学生了解图像处理的相关理论知识，熟悉 Photoshop 工作界面的组成及操作，在 Photoshop 常用操作中掌握图像的基本操作、工具箱中工具的使用、选区的创建、路径的使用及蒙版的应用等知识。

6.1 图像处理的基础知识

6.1.1 图像的基本分类

图像文件可以分为两大类：位图和矢量图，在绘图或处理图像的过程中，这两种类型的图像可以相互交叉使用。

1. 位图

位图图像也称点阵图像，它是由许多单独的小方块组成的，这些小方块又称为像素点，每个像素点都有特定的位置和颜色值，位图图像的显示效果与像素点是紧密联系在一起的，不同排列和着色的像素点组合在一起构成了一幅色彩丰富的图像。像素点越多，图像的分辨率越高，相应地，图像的文件也就越大。

一幅位图图像的原始效果如图 6-1 所示，使用放大镜工具放大后，可以清晰地看到像素的小方块形状与不同的颜色，如图 6-2 所示。

图 6-1　位图图像

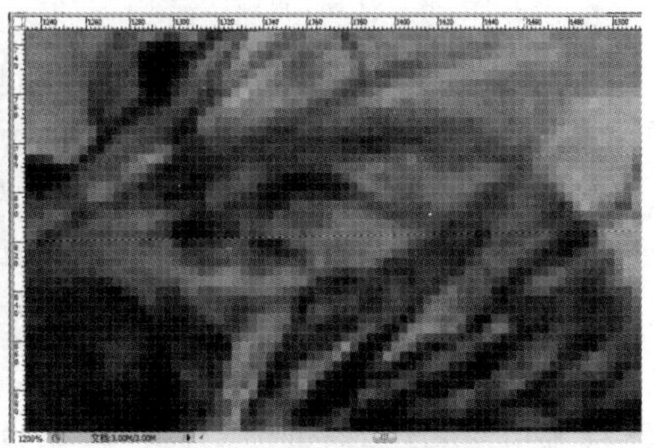

图 6-2　放大的位图图像

位图与分辨率有关，如果在屏幕上以较大的倍数放大显示图像，或以低于创建时的分辨率打印图像，图像就会出现锯齿状的边缘，并且会丢失细节。

2. 矢量图

矢量图也称向量图，它是一种基于图形的几何特征来描述的图像。矢量图中的各种图形元素称为对象，每一个对象都是独立的个体，都具有大小、颜色、形状、轮廓等属性。

矢量图与分辨率无关，可以将它设置为任意大小，其清晰度不变，也不会出现锯齿状的边缘。在任何分辨率下显示或打印，都不会损失细节。

矢量图所占的容量较小，但这种图形的缺点是不易制作色调丰富的图像，而且绘制出来的图形无法像位图那样精确地描绘各种绚丽的景象。

6.1.2 图像的分辨率

分辨率是用于描述图像文件信息的术语。分辨率分为图像分辨率、屏幕分辨率和输出分辨率。

1. 图像分辨率

图像分辨率也称图像解析度，更为通俗的名称为图像的清晰度。也就是说，一幅图像的分辨率越高，就意味着这幅图像的清晰度越大，反之亦然。

图像的分辨率，主要是应用于屏幕显示和打印输出。那么，不同用途的图像，对它们也有不同的分辨率要求，如表 6-1 所示。

表 6-1 常用的图像分辨率

用途	举例说明	图像分辨率参考
屏幕显示	网页、幻灯片、电子书、计算机桌面	72 ppi
打印输出	一般打印：黑白样稿、办公文件打印等	100～200 ppi
	精确打印：彩色照片等	300 ppi
	彩色印刷：宣传册、书籍封面和彩色插页等	300～350 ppi
	黑白印刷：报纸、杂志内页等	100～200 ppi
	喷绘机输出：大幅喷绘广告	9～45 ppi
	写真机输出：宣传栏中的宣传海报等	72 ppi

2. 屏幕分辨率

屏幕分辨率是显示器上每单位长度显示的像素数目。屏幕分辨率取决于显示器大小及像素设置。PC 显示器的分辨率一般约为 96 像素/英寸，Mac 显示器的分辨率一般约为 72 像素 / 英寸。在 Photoshop 中，图像像素被直接转换成显示器像素，当图像分辨率高于显示器分辨率时，屏幕中显示的图像比实际尺寸大。

3. 输出分辨率

输出分辨率是照相机或打印机等输出设备产生的每英寸的油墨点数（dpi）。打印机的分辨率在 720dpi 以上的，可以使图像获得比较好的效果。

6.1.3 图像的色彩模式

Photoshop 提供了多种色彩模式，这些色彩模式正是作品能够在屏幕和印刷品上成功表现的重要保障。这些模式都可以在模式菜单下选取，每种色彩模式都有不同的色域，并且各个模式之间可以转换。

1. CMYK 模式

CMYK 代表了印刷上用的 4 种油墨颜色：C 代表青色；M 代表洋红色；Y 代表黄色；K 代表黑色。CMYK 模式在印刷时应用了色彩学中的减法混合原理，即减色色彩模式，它是图片、插图和其他 Photoshop 作品中最常用的一种印刷方式，如图 6-3 所示。

2. RGB 模式

与 CMYK 模式不同的是，RGB 模式是一种加色模式，它通过红、绿、蓝 3 种色光相叠加而形成更多的颜色。RGB 模式应是最佳的选择，因为它可以提供全屏的多边 24 bit 的色彩范围，一些计算机领域的色彩专家称之为“True Color（真色彩）”显示，如图 6-4 所示。

3. 灰度模式

灰度模式，灰度图又称 8 bit 深度图。每个像素用 8 个二进制位表示。当一个彩色文件被转换为灰度模式文件时，所有的颜色信息都将从文件中丢失。尽管 Photoshop 允许将一个灰度文件转换为彩色模式文件，但不可能将原来的颜色完全还原，所以当要转换灰度模式时，应先做好图像的备份。

与黑白照片一样，一个灰度模式的图像只有明暗值，没有色相饱和度的颜色信息。0%代表白色，100%代表黑色，如图 6-5 所示。

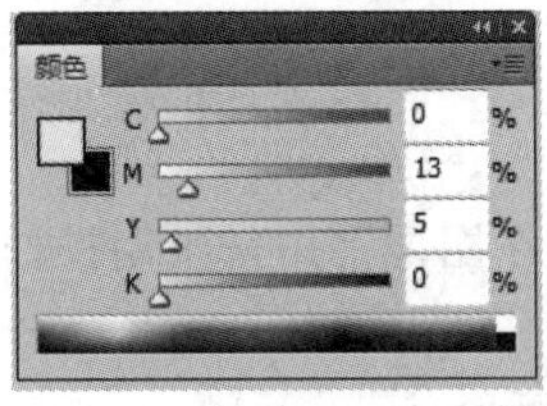

图 6-3　CMYK 模式

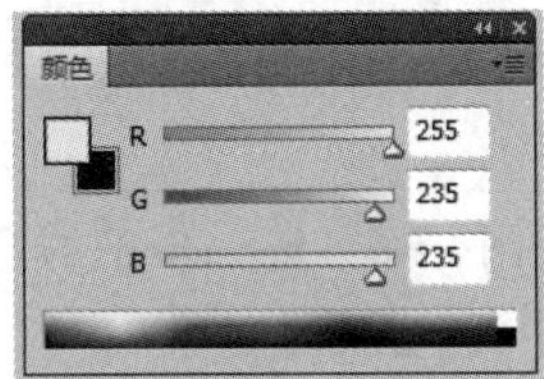

图 6-4　RGB 模式

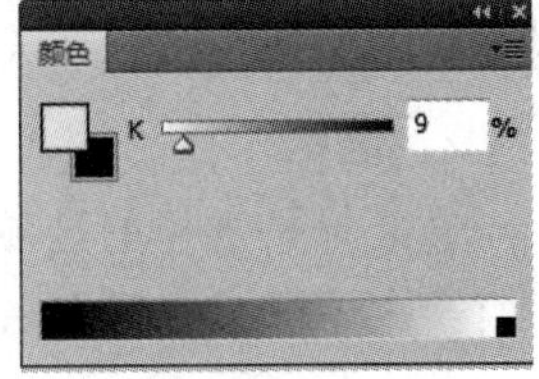

图 6-5　灰度模式

6.1.4 图像的常用格式

1. BMP 格式

BMP（Bitmap，位图）格式用于 PC 上图像的显示和存储，支持任何运行在 Windows 下的软件。BMP 位图文件默认的文件扩展名是.bmp。文件可以包含每个像素 1 位、4 位、8 位或 24 位的图像。

2. GIF 格式

GIF（Graphics Interchange Format，图形交换）格式是采用数据块来存储图像的相关数据，并采用 LZW 压缩算法减小图像尺寸，还可在一个文件中存放多幅彩色图形、图像，这些图形、图像可以像幻灯片那样显示或像动画那样演示。GIF 文件扩展名为.gif。

3．TIFF 格式

TIFF（Tagged Image File Format，标签图像文件）格式是存储扫描的点阵图像（如照片）的标准方法，所占空间比 GIF 格式大，主要用于分色印刷和打印输出。TIFF 文件扩展名为.tiff 或.tif。

4．JPEG 格式

JPEG（Joint Photographic Experts Group，图像专家联合组）格式是以 JPEG 压缩方式产生的图像文件，属 RGB 真彩色格式。JPEG 压缩方式一般可压缩 20%左右，支持 Macintosh、PC 和工作站上的软件。JPEG 是最常用的图像文件格式，其扩展名为.jpg 或.jpeg。

5．PNG 格式

PNG（Portable Network Graphic，可移植的网络图像）格式是为了适应网络数据传输而设计的位图文件存储格式。PNG 文件压缩比高，生成文件容量小。文件扩展名为.png。

6．PSD 格式

PSD 是 Adobe Photoshop 的专用格式，可以存储成 RGB 或 CMYK 模式，也能自定颜色数目存储。PSD 文件可将不同的物件以图层分别存储，很适用于修改和制作各种特色效果。文件扩展名为.psd。

6.1.5 相关的理论概念

1．图层

图层是图像处理非常重要的概念。所谓“图”指的是图形、图像，“层”指的是层次、分层。图层相当于若干张可调整透明度的“玻璃纸”，把描绘的物体“化整为零”分配在各个不同的“纸”（图层）上，各个图层上的物体既可独立编辑也可以通过链接整体编辑，图层间也可以随意调整顺序，图像最后的效果是由各图层叠加实现的。

2．选区

选区就是选择的区域或者范围，而 Photoshop 的选区是指在图像上用来限制操作范围的动态（浮动）蚂蚁线，如图 6-6 所示。

图 6-6 选区

根据选区形状的不同，可以将 Photoshop 的选区分为规则形状的选区和不规则形状的选区两大类。规则选区主要由矩形、椭圆、单行和单列 4 个选框工具完成，而不规则选区则主要由自由套索、多边形套索、磁性套索以及快速选择和魔棒等多个工具完成。

3．路径

路径是由锚点、方向线及方向点构成的，如图 6-7 所示。

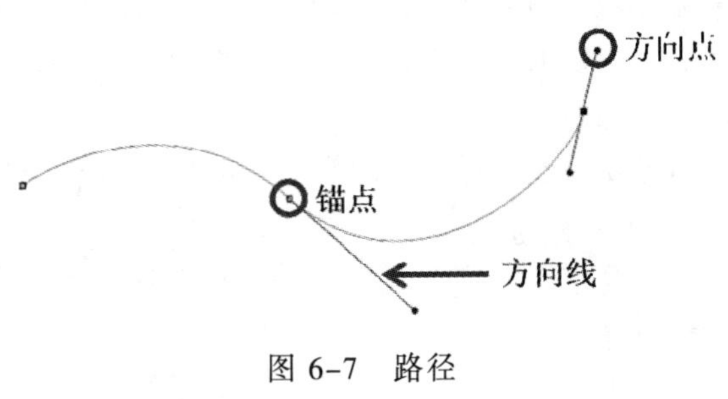

图 6-7　路径

路径上的点被称为锚点或节点，锚点的位置直接影响到路径的形状，位于两个连续锚点之间的路径称为路径段。一个锚点上最多能出现两条方向线，方向线的长短直接影响到路径弯曲度的大小。换言之，方向线越长，其所控制的路径弯曲度就越大；反之，方向线越短，其所控制的路径弯曲度就越小。方向线的有无直接决定了路径是直线还是曲线。

在 Photoshop 中，创建路径的工具比较多，包括钢笔工具、自由钢笔工具、添加锚点工具、删除锚点工具、转换点工具、路径选择工具、直接选择工具以及其他形状工具等。

4．蒙版

Photoshop 中的蒙版主要包括四大类蒙版：图层蒙版、矢量蒙版、剪切蒙版和快速蒙版，无论是哪种蒙版，其作用都是用来生成选区的。

1）图层蒙版

图层蒙版的本质是灰度图像，它只是用来制作选区（要显示的部分）和非选区（隐藏的部分）的标识而已。在图层蒙版中，白色表示选区的存在，同时表示图像不透明部分，即盖不住当前图层上的图像；黑色表示选区不存在，同时表示透明图像部分，即盖住当前图层上的图像。介于黑白之间的灰色则表示半透明之意，如果大于 50%的灰度则表示非选区部分，而小于或等于 50%的灰度则表示选区部分。

提示： 使用图层蒙版来制作选区和使用基本的选区工具（如套索、魔棒等）来制作选区的最大区别在于：图层蒙版对图像没有任何破坏作用，而基本选区工具所绘制的选区将不保留的图像删除后，图像也随之破坏了。

2）矢量蒙版

由于本身的局限，矢量蒙版要么将图像保留（也就是路径范围内显示的部分），要么将图像不保留（也就是路径范围之外被隐藏的部分），而不能像图层蒙版那样制作出图像的半透明效果。

3）剪切蒙版

剪切蒙版是将一个图层变成其他图层（可以是一个图层，也可以是多个图层）的蒙版，可以透过其下方图层的形状来看到上方图层的颜色。

4）快速蒙版

快速蒙版可以看作图层蒙版的一个特殊表现形式，二者都跟像素有关，其编辑的方法也是相同的。可以在这两类蒙版上使用绘图类工具（如画笔、铅笔等），而矢量蒙版则不能直接使用绘图类工具进行编辑，只能使用“钢笔工具”等矢量工具进行编辑。

5. 通道

Photoshop 的通道主要分为 3 类，颜色通道、专色通道、Alpha 通道。在 Photoshop 中除了多通道之外的其他图像模式，其颜色通道的数量是固定的。例如 RGB 模式的图像有 3 个颜色通道，CMYK 模式的图像有 4 个颜色通道。颜色通道的位置也不能改变。

1）颜色通道

主要用于保存图像的颜色，如果颜色通道的明暗发生了变化，则图像的颜色也就变了。

2）专色通道

主要用于印刷专色效果，专色在计算机屏幕上显示的效果往往和实际印刷后的效果大相径庭。

3）Alpha 通道

主要用于保存选区范围，这也是抠图所用的主要通道。Photoshop 最多允许创建 56 个通道，这意味着，如果是 RGB 模式的图像，则最多还能创建 53 个专色通道或 Alpha 通道。

通道的本质也是灰度图像，与蒙版本质相同。在 Alpha 通道中，白色表示选区，黑色表示非选区，介于黑白之间的灰色，如果大于 50%的灰度则表示非选区部分，而小于或等于 50%的灰度则表示选区部分。

6.2 工作界面的基本组成

6.2.1 工作界面

Photoshop CS5 的工作界面主要由菜单栏、属性栏、工具箱、图像及画布工作区、状态栏、控制面板等部分组成。其中，工作区窗口就是绘画和编辑处理图像的主要区域，其他所有工具和命令都是为工作区窗口的图像操作而服务的，如图 6-8 所示。

图 6-8 Photoshop 工作界面

（1）菜单栏：菜单栏中包含多个菜单命令。利用菜单命令可以完成对图像的编辑、调整色彩、添加滤镜效果等操作。

（2）工具箱：工具箱中包含多个工具，利用不同的工具可以完成对图像的绘制、观察、测量等操作。工具箱还可以根据需要在单栏与双栏之间自由切换。

（3）属性栏：属性栏是工具箱中各个工具的功能扩展。通过在属性栏中设置不同的选项，可以快速地完成多样化的操作。属性栏主要是配合工具箱中的工具使用；当在工具箱中选择不同的工具时，属性栏就会显示不同的内容，相当于对工具属性的设置。

（4）控制面板：控制面板是 Photoshop 的重要组成部分。通过不同的功能面板，可以完成图像中填充颜色、设置图层、添加样式等操作。

隐藏与显示控制面板：按【Tab】键，可以隐藏工具箱和控制面板；再次按【Tab】键，可显示出隐藏的部分。按【Shift+Tab】组合键，可以隐藏控制面板；再次按【Shift+Tab】组合键，可显示出隐藏的部分。

（5）状态栏：状态栏可以提供当前文件的显示比例、文档大小、当前工具、暂存盘大小等提示信息。

（6）图像及画布工作区：图像及画布工作区是 Photoshop 最重要的区域，因为 Photoshop 最终的作品就是通过图像及画布工作区展现出来的。

6.2.2 自定义工作区

1）设置工作区

可以将工具箱、选项栏和面板拖动至工作界面的某个位置，也可以将控制面板重新进行组合，但是应用程序的主菜单是无法在界面中改变位置的。

2）保存工作区

工作区设置完毕后，可以保存起来以后直接调用。选择“窗口”→“工作区”→“新建工作区”命令，在弹出的对话框中给自定义的工作区命名，单击“存储”按钮，就可以将自定义工作区保存起来。

3）调用自定义工作区

定义完的工作区会出现在“窗口”→“工作区”的子菜单中，如果要在不同的工作区中进行切换，就可以从“窗口”→“工作区”的子菜单中进行选择。

4）复位自定义工作区

如果在操作中将自定义工作区中的工具箱或控制面板改变了原来的位置，可以选择“窗口”→“工作区”→“复位”命令复位工作区。

5）删除工作区

选择“窗口”→“工作区”→“删除工作区”命令，可以将选择的工作区删除。

6.3 图像处理的基本操作

6.3.1 文件的基本操作

1. 新建

选择“文件”→“新建”命令或者按【Ctrl+N】组合键，弹出“新建”对话框，在对话框中，可以设置图像文件的名称、宽度、高度、分辨率、颜色模式及背景内容等参数，如图 6-9 所示。经常新建同样参数设置的文档，可以将设置好的参数通过该对话框右侧的“存储预设”按钮将其保存起来，使用时可以直接从“预设”下拉列表框中进行选择，这就避免了再次设置参数的麻烦。

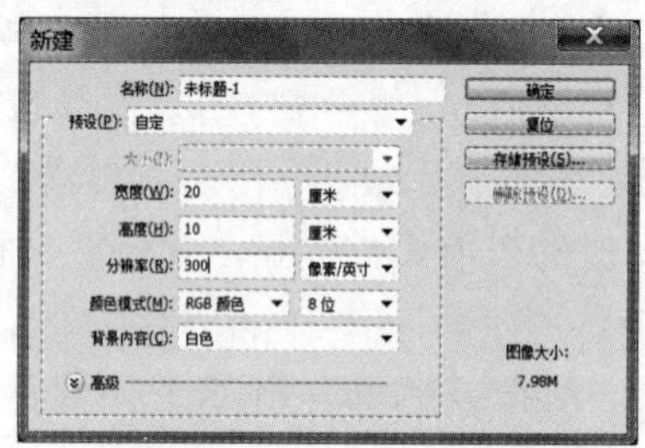

图 6-9 “新建”对话框

2. 保存

选择“文件”菜单中的“存储”命令或者按【Ctrl+S】组合键。对于一个从未保存过的新文件来说，首次保存时弹出“存储为”对话框，在对话框中，可以指定图像的保存路径、图像的命名及图像的保存格式，如图 6-10 所示。

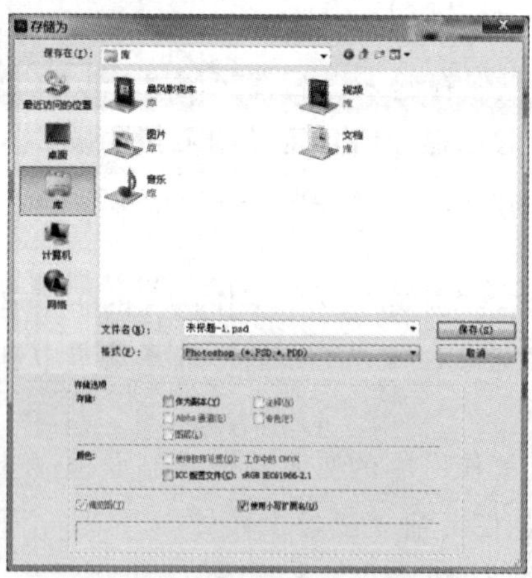

图 6-10 “存储为”对话框

3. 关闭

选择“文件”→“关闭”命令或者按【Ctrl+W】组合键。如果当前 Photoshop 中已经存在一个图像文件，也可以右击图像文件的标题栏，在弹出的快捷菜单中选择“关闭”命令即可，如图 6-11 所示。如果要一次性关闭所有打开的图像文件，可以选择“文件”

→“关闭全部”命令或者按【Ctrl+Alt+W】组合键来实现。

4．打开

选择“文件”→“打开”命令或者按【Ctrl+O】组合键。如果当前 Photoshop 中已经存在一个图像文件，也可以右击图像文件的标题栏，在弹出的快捷菜单中选择“打开”命令。另外 Photoshop 还有一个更为快捷的打开图像文件的方法，只需将鼠标放在程序界面的空白处双击，即可快速执行“打开”命令，如图 6-12 所示。

图 6-11 “关闭”对话框

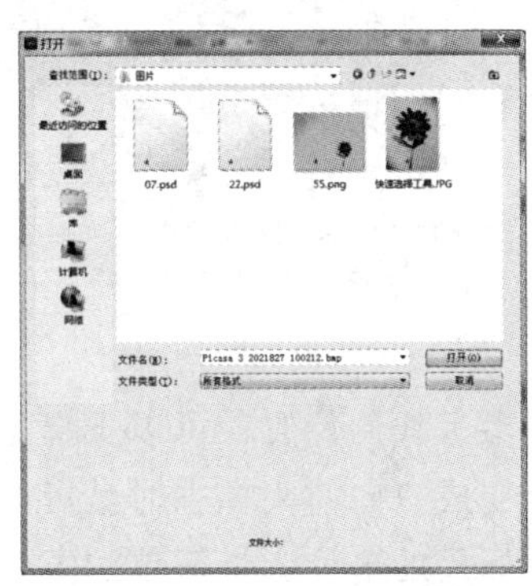

图 6-12 “打开”对话框

6.3.2 撤销的操作

编辑图像若出现误操作，可以通过相关组合键或“编辑”菜单中的“还原”“前进一步”“后退一步”等命令实现。相关快捷键如表 6-2 所示。

表 6-2 快捷键

快捷键	作用
【Ctrl+Z】	只撤销一次
【Ctrl+Alt+Z】	撤销多次（与其相反的是【Ctrl+Shift+Z】）
【F12】	恢复到最后一次保存时的状态
历史记录	是专门用于存放撤销步骤的面板

6.3.3 参考线的设置

参考线是用来帮助用户完成准确定位的一些只能观看却不能打印出来的参考线段。

1．标尺参考线

创建标尺参考线的方法有两种：一种是用鼠标左键从标尺上拖出来水平或垂直的标尺参考线；另一种是选择“视图”→“新建参考线”命令，在图像上创建位置精确的标尺参考线。

显示标尺隐藏标尺：选择“视图”→“标尺”命令，或者按【Ctrl+R】快捷键可以显示或隐藏标尺。默认状态下，标尺的左边原点位于图像的左上角位置。

改变坐标原点位置：将鼠标放在水平标尺和垂直标尺交汇处并按下鼠标左键拖动，即可改变坐标原点的位置。如果要恢复坐标原点的位置，只需双击水平标尺和垂直标尺的交汇处即可，如图 6-13 所示。

图 6-13　水平和垂直参考线

改变参考线的位置：可以选择工具箱中的移动工具并将鼠标指针指向参考线，当鼠标指针变成双向箭头标志时就可以按下鼠标左键移动参考线的位置了。

改变标尺的单位：最简单的方法就是在标尺上右击，在弹出的快捷菜单中选择标尺的单位，如图 6-14 所示。

图 6-14　设置标尺单位

删除参考线：一种是使用移动工具将标尺参考线拖回标尺上，此方法一次只能删除一条参考线；另一种方法是选择“视图”→“清除参考线”命令，该命令可以一次性清除所有标尺参考线。

2. 网格线

网格线的样子有些类似于下围棋时用的棋盘，要显示或隐藏网格，可以选择“视图”→“显示”→“网格”命令。

默认状态下，一个大网格的宽度和高度是 25 mm，并且大网格还被平均分成了 16 个小方格。如果要改变网格的大小及颜色，可以选择“编辑”→“首选项”→“参考线、网格和切片”命令，在弹出的对话框中可以改变网格的颜色、大小、样式，以及子网格的数量等，如图 6-15 所示。

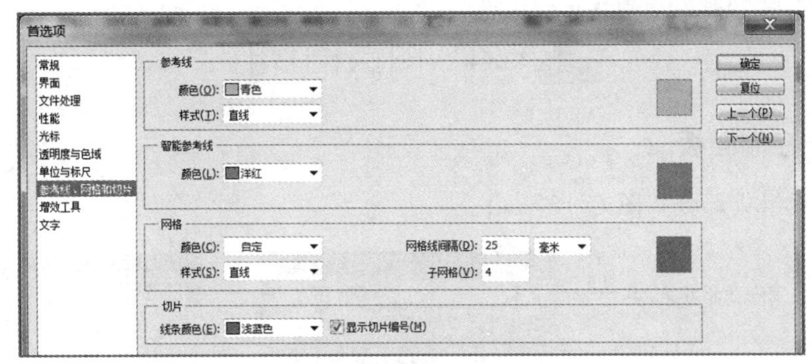

图 6-15 “首选项”对话框

提示：无论是标尺参考线还是网格线，它们都不会随着视图大小的改变而改变。

6.3.4 画布尺寸调整

画布是指绘制和编辑图像的工作区域，也就是图像显示区域。调整画布大小可以在图像的四周增加空白区域，也可将图像不需要的边缘裁切掉，“画布大小”对话框如图 6-16 所示。

（1）“当前大小”：是当前画布的实际大小。

（2）“新建大小”：用于输入希望调整后图像的宽度和高度。

（3）“相对”复选框：选中表示“新建大小”栏中的“宽度”和“高度”在原画布的基础上相对增加或是减少的尺寸。正数表示增加尺寸，负数表示减少尺寸。

图 6-16 “画布大小”对话框

6.3.5 图像大小调整

利用 Photoshop 处理图像时，常常需要重新调整图像的尺寸和分辨率，以满足制作或输出的需要。图像的尺寸和分辨率是与图像质量息息相关的，同样大小的图像，其分辨率越高，得到的印刷图像质量就越好。图像的分辨率和尺寸越大，其文件的数据量也就越大，处理速度也就越慢。因此，若图像用于印刷一般设置为 300 dpi，而用于在屏幕上显示的图像一般要设置为 72 dpi，如图 6-17 所示。

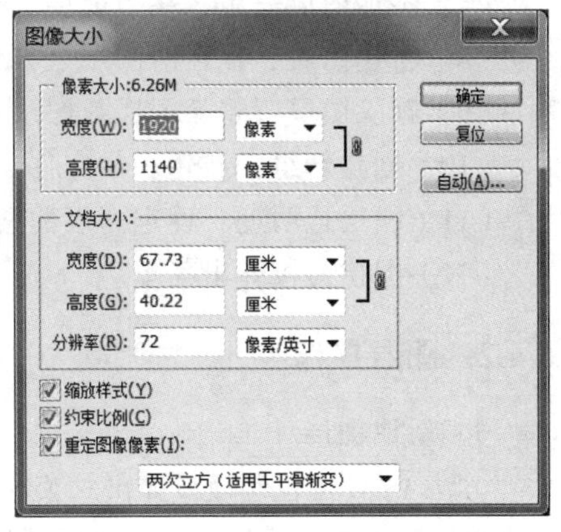

图 6-17 “图像大小”对话框

6.4 图层的操作

6.4.1 图层控制面板

图层面板组成部分如图 6-18 所示。

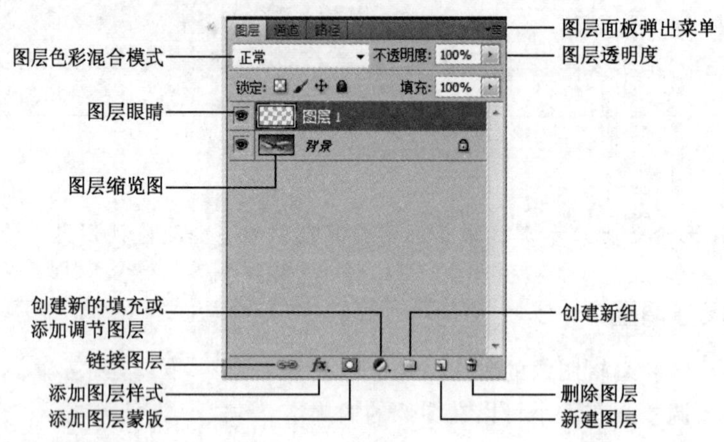

图 6-18 “图层”面板

（1）图层色彩混合模式：利用它可以制作出不同的图像合成效果。

（2）图层眼睛：控制图层的可见性。

（3）图层缩览图：用来显示每个图层上图像的预览。

（4）创建新的填充或添加调节图层：这是图层的高级应用部分，是与 Photoshop 的色彩调整命令相结合的功能。

（5）链接图层：选择两个以上的图层单击该图标，建立图层链接。

（6）添加图层样式：为当前图层添加图层样式效果。

（7）添加图层蒙版：在当前层上创建一个蒙版。

（8）新建图层：在当前图层上方创建一个普通的图层。

（9）删除图层：删除图层或图层组。

（10）创建新组：新建一个文件夹，在其中放入图层。

（11）图层透明度：设定图层的透明程度。

（12）图层面板弹出菜单。

6.4.2 图层操作

1. 新建图层

方法 1：使用控制面板弹出式菜单，单击“图层”控制面板右上方的图标，弹出其命令菜单，选择“新建图层”命令，弹出“新建图层”对话框，如图 6-19 所示。

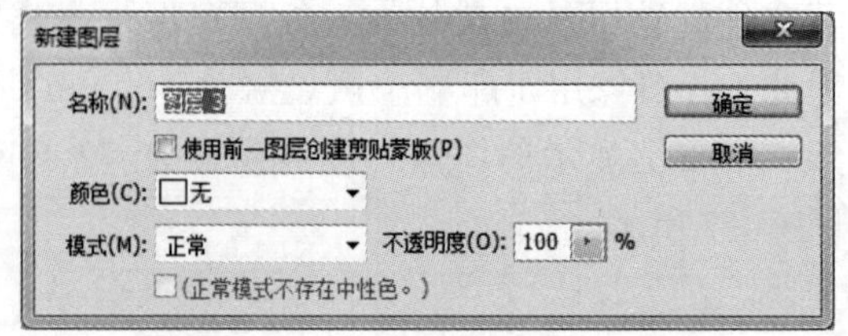

图 6-19 “新建图层”对话框

（1）名称：用于设定新图层的名称，

可以选择与前一层创建剪贴蒙版。

（2）颜色：用于设定新图层的颜色。

（3）模式：用于设定当前图层的模式。

（4）不透明度：用于设定当前图层的不透明度。

方法 2：使用控制面板按钮或快捷键，单击“图层”控制面板下方的“创建新图层”按钮，可以创建一个新图层。按住【Alt】键的同时，单击“创建新图层”按钮，将弹出“新建图层”对话框。

方法 3：使用“图层”菜单命令或快捷键：选择“图层”→“新建”→“图层”命令，弹出“新建图层”对话框，按【Ctrl+Shift+N】组合键，也可以弹出“新建图层”对话框。

2．复制图层

方法 1：使用控制面板弹出式菜单，单击“图层”控制面板右上方的图标，弹出命令菜单，选择“复制图层”命令，弹出“复制图层”对话框，如图 6-20 所示。

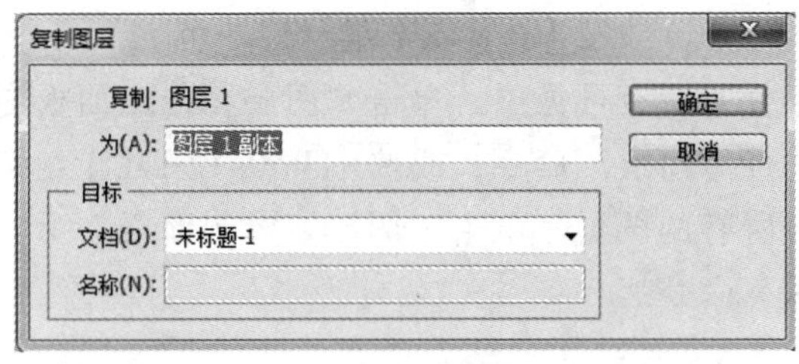

图 6-20 “复制图层”对话框

方法 2：使用控制面板按钮，将需要复制的图层拖动到控制面板下方的“创建新图层”按钮上，可以将所选的图层复制为一个新图层。

方法 3：使用菜单命令，选择“图层”→“复制图层”命令，弹出“复制图层”对话框。

3．删除图层

方法 1：使用控制面板弹出式菜单，单击“图层”控制面板右上方的图标，弹出其命令菜单，选择“删除图层”命令，弹出提示对话框，如图 6-21 所示。

图 6-21 删除图层提示对话框

方法 2：使用控制面板按钮，选中要删除的图层，单击“图层”控制面板下方的“删除图层”按钮，即可删除图层。或将需要删除的图层直接拖动到“删除图层”按钮上进行删除。

方法 3：使用菜单命令，选择“图层”→“删除”→“图层”命令，即可删除图层。

4．显示和隐藏图层

单击“图层”控制面板中任意图层左侧的眼睛图标，可以隐藏或显示这个图层。

按住【Alt】键的同时，单击“图层”控制面板中的任意图层左侧的眼睛图标，此时，图层控制面板中将只显示这个图层，其他图层被隐藏。

5．选择、排列图层

选择图层：单击“图层”控制面板中的任意一个图层，可以选择这个图层。

选择“移动工具”，右击窗口中的图像，弹出一组供选择的图层选项菜单，选择所需要的图层即可。

排列图层：单击“图层”控制面板中的任意图层并按住鼠标不放，拖动鼠标可将其调整到其他图层的上方或下方。选择“图层”→“排列”命令，在子菜单中选择一种排列方式即可。

提示：按【Ctrl+[】组合键，可以将当前图层向下移动一层；按【Ctrl+]】组合键，可以将当前图层向上移动一层；按【Shift+Ctrl+[】组合键，可以将当前图层移动到除了背景图层以外的所有图层的下方；按【Shift+Ctrl+]】组合键，可以将当前图层移动到所有图层的上方。背景图层不能随意移动，可转换为普通图层后再移动。

6．合并图层

合并图层用于向下合并图层。单击“图层”控制面板右上方的图标，在弹出式菜单中选择“向下合并”命令，或按【Ctrl+E】组合键即可。

合并可见图层用于合并所有可见层。单击“图层”控制面板右上方的图标，在弹出式菜单中选择“合并可见图层”命令，或按【Shift+Ctrl+E】组合键即可。

拼合图像用于合并所有的图层。单击“图层”控制面板右上方的图标，在弹出式菜单中选择“拼合图像”命令。

提示：选择某一图层，右击，在弹出的快捷菜单中同样可以选择这 3 种命令。

7．图层属性

图层属性用于设置图层的名称以及颜色。单击“图层”控制面板右上方的图标，在弹出式菜单中选择“图层属性”命令，弹出“图层属性”对话框，如图 6-22 所示。

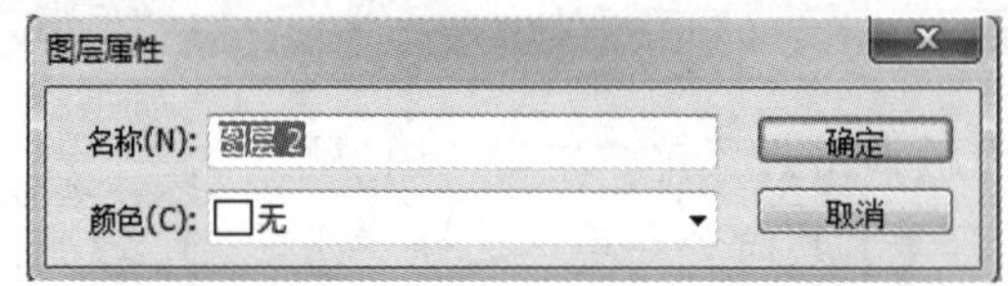

图 6-22 “图层属性”对话框

8．图层组

当编辑多个图层图像时，为了方便操作，可以将多个图层建立在一个图层组中。单击“图层”控制面板右上方的图标，在弹出的菜单中选择“新建组”命令，弹出“新建组”对话框，单击“确定”按钮，新建一个图层组，选中要放置到组中的多个图层，将其拖动到图层组中，选中的图层被放置在图层组中，如图 6-23、图 6-24 所示。

提示：单击“图层”控制面板下方的“创建新组”按钮，可以新建图层组。选择“图层”菜单“新建”子菜单中“组”命令，也可新建图层组。还可选中要放置在图层组中的所有图层，按【Ctrl+G】组合键，自动生成新的图层组。

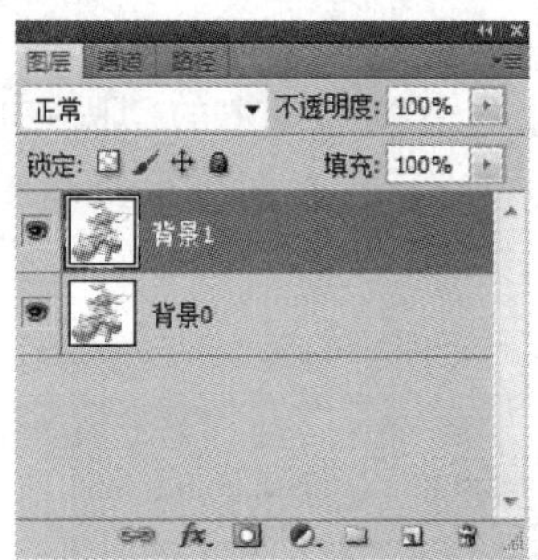

图 6-23 图层组设置前

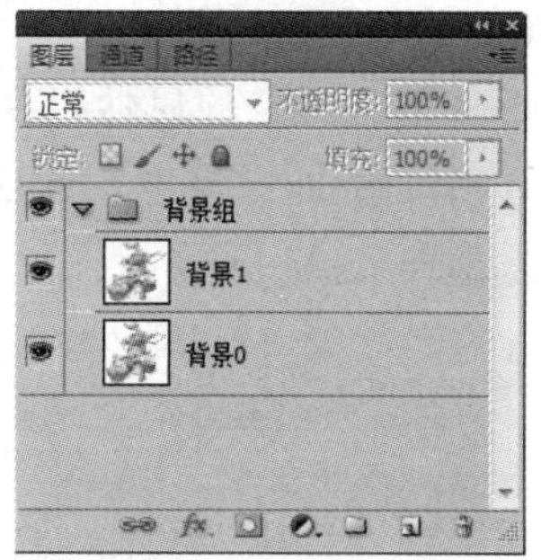

图 6-24 图层组设置后

6.5 选区工具

6.5.1 选框工具

1. 矩形选框工具属性栏

选择“矩形选框工具”，或反复按【Shift+M】组合键，其属性栏状态如图 6-25 所示。

图 6-25 “矩形选框工具”属性栏

（1）新选区：去除旧选区，绘制新选区。

（2）添加到选区：在原有选区的上面增加新的选区。

（3）从选区减去：在原有选区上减去新选区的部分。

（4）与选区交叉：选择新旧选区重叠的部分。

（5）羽化：用于设定选区边界的羽化程度。

（6）消除锯齿：用于清除选区边缘的锯齿。

（7）样式：用于选择类型。

2. 绘制矩形选区

选择“矩形选框工具”，在图像中适当的位置单击并按住鼠标不放，向右下方拖动鼠标绘制选区，松开鼠标矩形选区绘制完成，如图 6-26 所示。按住【Shift】键，在图像中可以绘制出正方形选区。按住【Alt】键，在图像中可以绘制一个以单击点为中心的矩形。按住【Shift+Alt】组合键，在图像中可以绘制一个以单击点为中心的正方形。

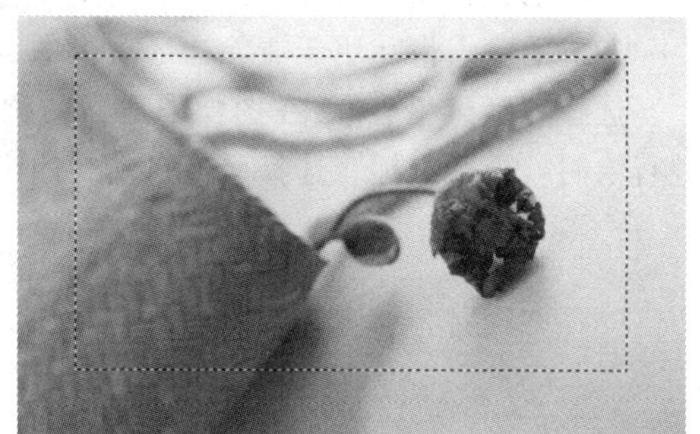
图 6-26 绘制矩形选区

3．设置矩形选区的比例

在“矩形选框工具”的属性栏中，选择“样式”选项下拉列表中的“固定比例”，将“宽度”选项设为 2，“高度”选项设为 1，如图 6-27 所示。在图像中绘制固定比例的选区，效果如图 6-28 所示。

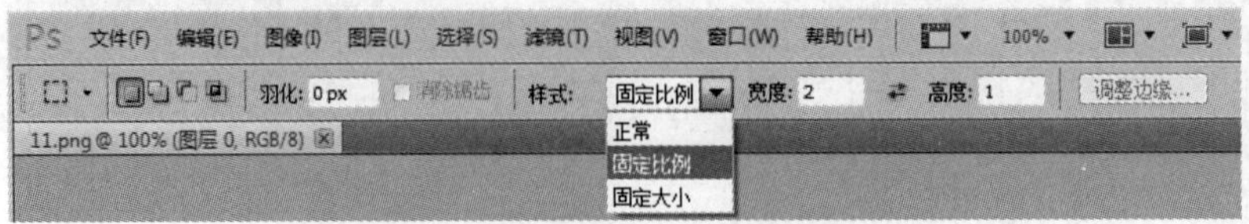

图 6-27　设置矩形选区样式

图 6-28　绘制宽高比为 2:1 的矩形选区

4．设置固定尺寸的矩形选区

在“矩形选框工具”的属性栏中，选择“样式”选项下拉列表中的“固定大小”，在“宽度”和“高度”选项中输入数值，单位只能是像素，可绘制固定大小的选区。

提示：因“椭圆选框工具”的应用与“矩形选框工具”基本相同，这里就不再赘述。

6.5.2　套索工具

选择“套索工具”，或反复按【Shift+L】组合键，其属性栏状态如图 6-29 所示。

（1）羽化：用于设定选区边缘的羽化程度。

（2）消除锯齿：用于清除选区边缘的锯齿。

选择“套索工具”，在图像中适当的位置单击并按住鼠标不放，拖动鼠标沿花周围进行绘制，松开鼠标，选择区域自动封闭生成选区，效果如图 6-30 所示。

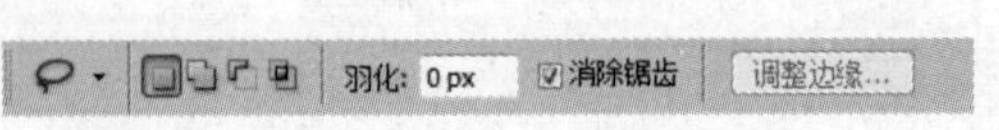

图 6-29　“套索工具”属性栏

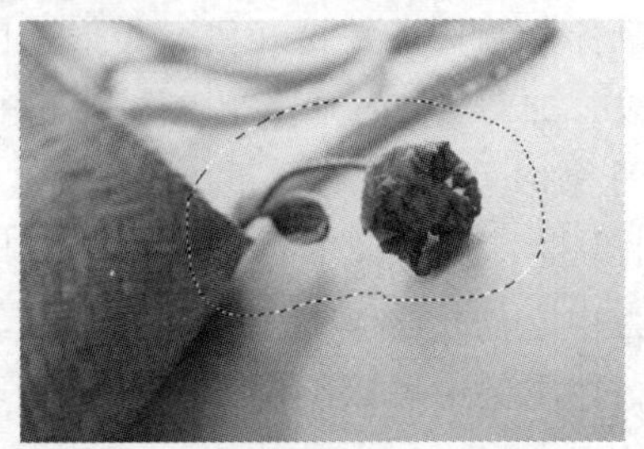

图 6-30　使用套索工具绘制选区

6.5.3 魔棒工具

选择“魔棒工具”，或按【W】键，其属性栏状态如图 6-31 所示。

图 6-31 “魔棒工具”属性栏

（1）容差：用于控制色彩的范围，数值越大，可容许的颜色范围越大。

（2）消除锯齿：用于清除选区边缘的锯齿。

（3）连续：用于选择单独的色彩范围。

（4）对所有图层取样：用于将所有可见层中颜色容许范围内的色彩加入选区。

选择“魔棒工具”，在图像中单击需要选择的颜色区域，即可得到需要的选区。调整属性栏中的容差值，再次单击需要选择的区域，不同容差值的选区效果如图 6-32、图 6-33 所示。

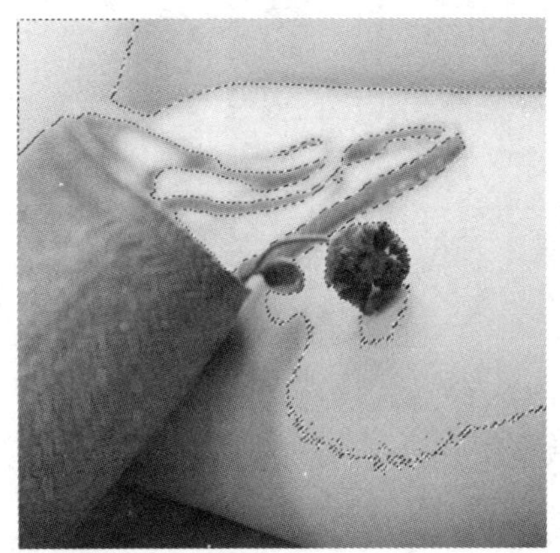

图 6-32 容差值设为 32 时的选区

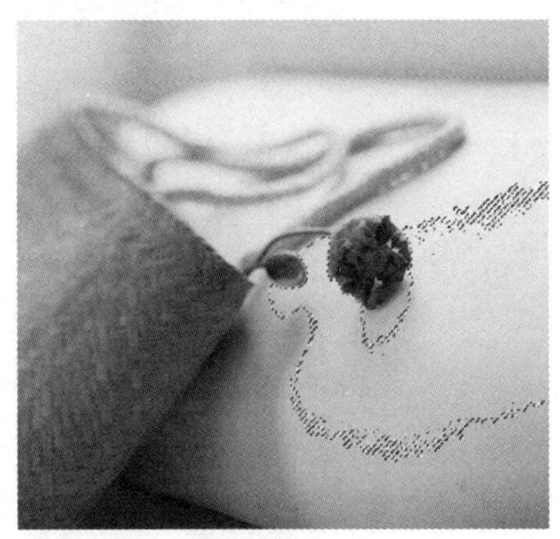

图 6-33 容差值设为 20 时的选区

6.5.4 钢笔工具

钢笔工具用于绘制自定义的形状和路径。

1. 钢笔工具

选择“钢笔工具”，或反复按【Shift+P】组合键，其属性栏状态如图 6-34 所示。

图 6-34 “钢笔工具”属性栏

提示：按住【Shift】键创建锚点时，将强迫系统以 45°或 45°的倍数绘制路径。按住【Alt】键，当钢笔工具移到锚点上时，暂时将“钢笔工具”转换为“转换点工具”。按住【Ctrl】键，暂时将“钢笔工具”转换成“直接选择工具”。

使用钢笔工具绘制路径，可分为绘制直线路径和绘制曲线路径。

1）绘制直线

建立一个新的图像文件，选择“钢笔工具”，在“钢笔工具”属性栏中选择“路径按钮”，钢笔工具绘制的是路径。如果选中“形状图层”按钮，绘制出形状图层。勾选“自动添加/删除”复选框，钢笔工具的属性栏如图 6-35 所示。

图 6-35　路径按钮

在图像中任意位置单击，创建一个锚点，将鼠标移动到其他位置再次单击，创建第二个锚点，两个锚点之间自动以直线进行连接。再将鼠标移动到其他位置单击，创建第三个锚点，而系统将在第二个和第三个锚点之间生成一条新的直线路径，照此方法创建多个锚点生成复杂路径，如图 6-36 所示。

图 6-36　锚点生成路径

将鼠标指针移至某个锚点上，指针暂时转换成“删除锚点工具”，在锚点上单击，即可将相应锚点删除。

2）绘制曲线

用“钢笔工具”单击建立新的锚点并按住鼠标不放，拖动鼠标，建立曲线段和曲线锚点。释放鼠标，按住【Alt】键的同时，用“钢笔工具”单击刚建立的曲线锚点，将其转换为直线锚点，在其他位置再次单击建立下一个新的锚点，可在曲线段后绘制出直线段，如图 6-37 所示。

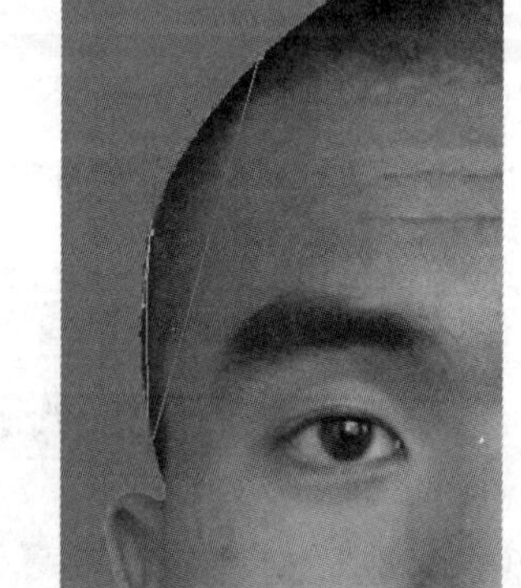

图 6-37　钢笔工具绘制曲线

2．自由钢笔工具

选择“自由钢笔工具”，对其属性栏进行设置。

在图像中单击确定最初的锚点，然后沿图像小心地拖动鼠标并单击，确定其他的锚点。如果在选择中存在误差，只需要使用其他的路径工具对路径进行修改和调整，就可以补救。

3．添加锚点工具

将“钢笔工具”移动到建立的路径上，若当前此处没有锚点，则“钢笔工具”转换成“添加锚点工具”，在路径上单击可以添加一个锚点。如单击添加锚点后按住鼠标不放，向上拖动鼠标，建立曲线段和曲线锚点。

4．删除锚点工具

删除锚点工具用于删除路径上已经存在的锚点。将“钢笔工具”放到路径的锚点上，则“钢笔工具”转换成“删除锚点工具”，单击锚点将其删除。将“钢笔工具”放到曲线路径的锚点上，也能转换成“删除锚点工具”，单击锚点将其删除。

5．转换点工具

按住【Shift】键，拖动其中的一个锚点，将强迫手柄以45°或45°的倍数进行改变。按住【Alt】键，拖动手柄，可以任意改变两个调节手柄中的一个手柄，而不影响另一个手柄的位置。按住【Alt】键，拖动路径中的线段，可以将路径进行复制。

使用“钢笔工具”在图像中绘制三角形路径，当要闭合路径时鼠标指针变为右下角带圆圈的钢笔图标，单击即可闭合路径，完成三角形路径的绘制。选择“转换点工具”，将鼠标指针放置在锚点上，单击锚点并将其向右上方拖动形成曲线锚点。使用相同的方法将三角形右上角的锚点转换为曲线锚点。

6．选区和路径的转换

1）选区转换为路径

方法1：使用菜单命令时，在图像上绘制选区，单击“路径”控制面板右上方的图标，在弹出式菜单中选择“建立工作路径”命令，弹出“建立工作路径”对话框，在对话框中，应用“容差”选项设置转换时的误差允许范围，数值越小越精确，路径上的关键点也越多。如果要编辑生成的路径，在此处设定的数值最好为2，单击“确定”按钮。

方法2：使用按钮命令时，单击“路径”控制面板下方的“从选区生成工作路径”按钮，将选区转换成路径，如图6-38所示。

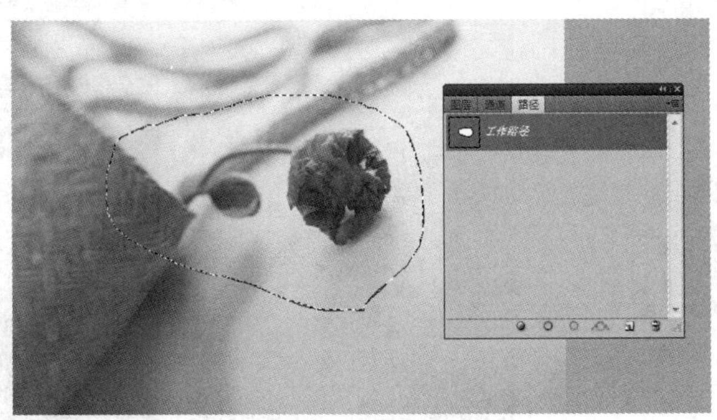

图6-38　选区转换路径

2）路径转换为选区

方法1：使用菜单命令时，在图像中创建路径，单击“路径”控制面板右上方的图标，在弹出式菜单中选择“建立选区”命令，弹出“建立选区”对话框。设置完成后，单击“确定”按钮，将路径转换成选区。

方法2：使用按钮命令时，单击“路径”控制面板下方的“将路径作为选区载入”按钮，将路径转换成选区，如图6-39所示。

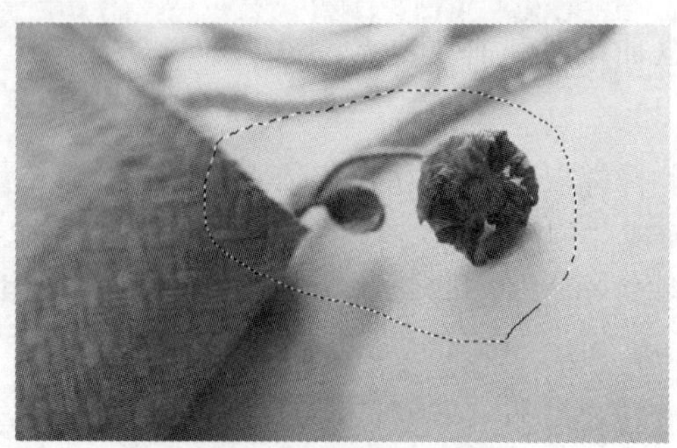

图 6-39　路径转换选区

6.5.5　选区操作

1. 移动选区

使用鼠标移动选区时，选择绘制选区的工具，将鼠标指针放在选区中，按住鼠标并进行拖动，将选区拖动到其他位置，松开鼠标，即可完成选区的移动。

使用键盘移动选区时，当使用矩形和椭圆选框工具绘制选区时，不要松开鼠标，按住【Space】键的同时拖动鼠标，即可移动选区。绘制出选区后，使用键盘中的方向键，可以将选区沿各方向移动 1 个像素；使用【Shift+方向】组合键，可以将选区沿各方向移动 10 个像素。

2. 羽化选区

方法 1：在图像中绘制选区，如图 6-40 所示，选择“选择”→“修改”→“羽化”命令，弹出“羽化选区”对话框，设置羽化半径的数值，单击“确定”按钮，选区被羽化。按【Shift+Ctrl+I】组合键，将选区反选，如图 6-41 所示，在选区中填充颜色后，效果如图 6-42 所示。

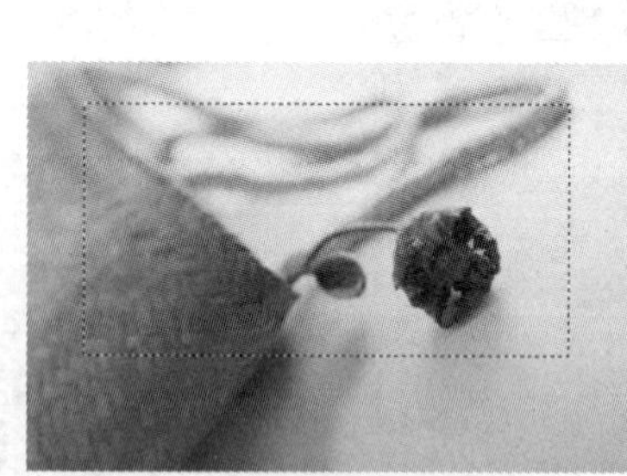

图 6-40　羽化值为 0 时的矩形选区

图 6-41　反选羽化值为 20 的矩形选区

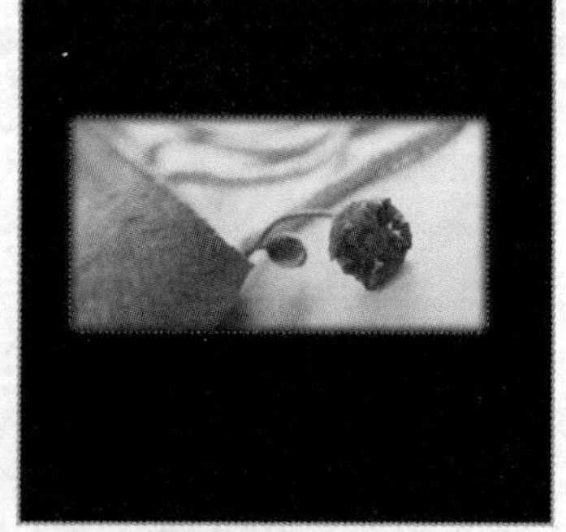

图 6-42　填充效果

方法 2：在绘制选区前，在所使用工具的属性栏中直接输入羽化的数值，如图 6-43 所示，此时，绘制的选区自动成为带有羽化边缘的选区。

羽化: 20 px　消除锯齿　样式: 正常　宽度:　高度:　调整边缘...

图 6-43　“矩形选区工具”属性栏

3. 取消选区

选择“选择”→“取消选择”命令，或按【Ctrl+D】组合键，可以取消选区。

4. 全选和反选选区

选择“选择”→“全部”命令，或按【Ctrl+A】组合键，即可选取全部图像。

选择“选择”→“反向”命令，或按【Shift+Ctrl+I】组合键，可以对当前的选区进行反向选取。

6.6 文字工具

6.6.1 字符设置

1. 输入水平、垂直文字

选择“横排文字工具”，或按【T】键，其属性栏状态如图 6-44 所示。

图 6-44 “横排文字工具”属性栏

（1）切换文本取向：用于选择文字输入的方向。

（2）：用于设定字体的大小。

（3）：用于设定文字的字体及属性。

（4）：用于消除文字的锯齿，包括无、锐利、犀利、浑厚和平滑 5 个选项。

（5）：用于设定文字的段落格式，分别是左对齐、居中对齐和右对齐。

（6）：用于设置文字的颜色。

（7）创建文字变形：用于对文字进行变形操作。

（8）切换字符和段落面板：用于打开“段落”和“字符”控制面板。

（9）取消所有当前编辑：用于取消对文字的操作。

（10）提交所有当前编辑：用于确定对文字的操作。

而选择“直排文字工具”，可以在图像中建立垂直文本。

2. 创建文字形状选区

（1）横排文字蒙版工具：可以在图像中建立文本的选区。

（2）直排文字蒙版工具：可以在图像中建立垂直文本的选区。

3. 字符控制面板

“字符”控制面板用于编辑文本字符。选择“窗口”→“字符”命令，弹出“字符”控制面板，如图 6-45 所示。

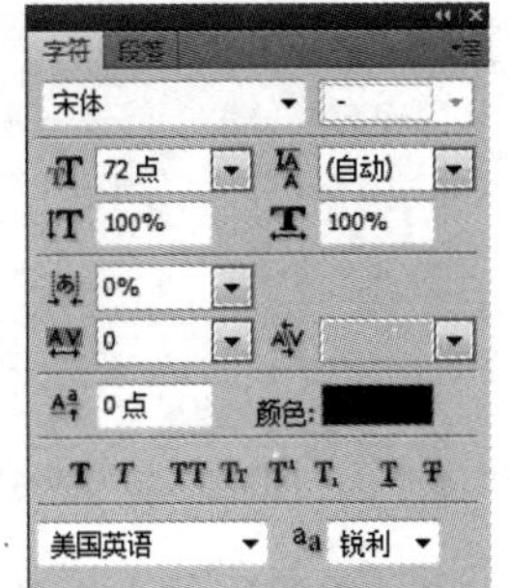

图 6-45 “字符”控制面板

在控制面板中，第一栏选项可以用于设置字符的字体和样式；第二栏选项用于设置字符的大小、行距、字距和单个字符所占横向空间的大小；

第三栏选项用于设置字符垂直方向的长度、水平方向的长度、角标和字符颜色；第四栏按钮用于设置字符的形式；第五栏选项用于设置语言和消除字符的锯齿。

4. 栅格化文字

“图层”控制面板中文字图层的效果如图 6-46 所示，选择菜单“图层”→“栅格化”→“文字”命令，可以将文字图层转换为图像图层，如图 6-47 所示。也可右击文字图层，在弹出的快捷菜单中选择“栅格化文字”命令。

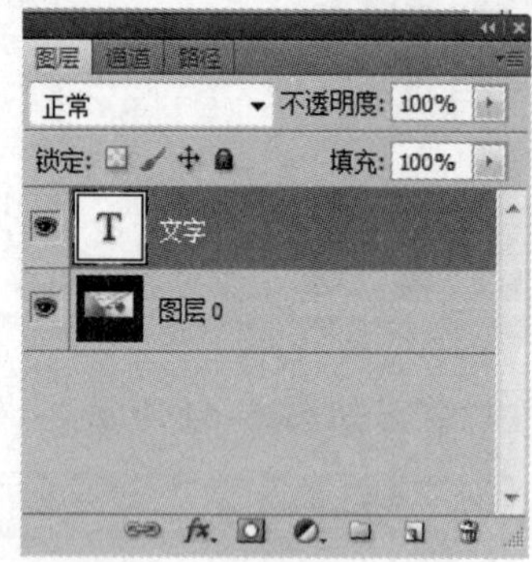

图 6-46 文字栅格化前

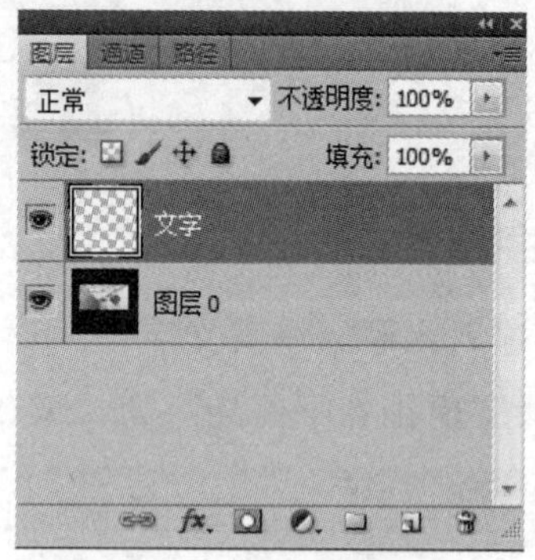

图 6-47 文字栅格化后

6.6.2 段落设置

1. 输入段落文字

建立段落文字图层就是以段落文字框的方式建立文字图层。选择“横排文字工具”T.，将鼠标指针移动到图像窗口中。单击并按住鼠标左键不放，拖动鼠标在图像窗口中创建一个段落定界框，如图 6-48 所示。插入点显示在定界框的左上角，段落定界框具有自动换行的功能，如果输入的文字较多，则当文字遇到定界框时，会自动换到下一行显示，输入文字效果如图 6-49 所示。如果输入的文字需要分段落，可以按【Enter】键进行操作，还可以对定界框进行旋转、拉伸等操作。

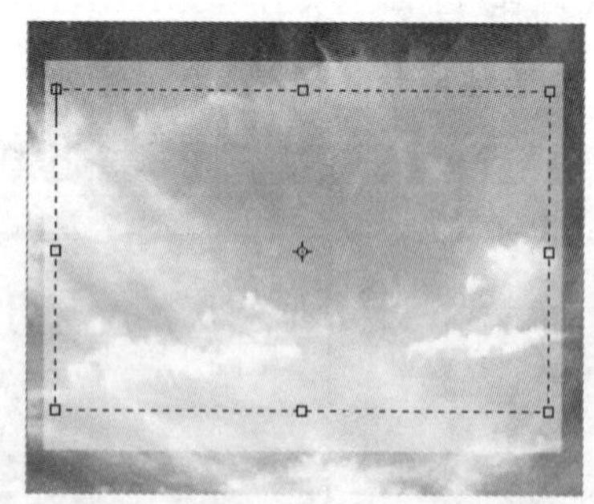

图 6-48 段落定界框

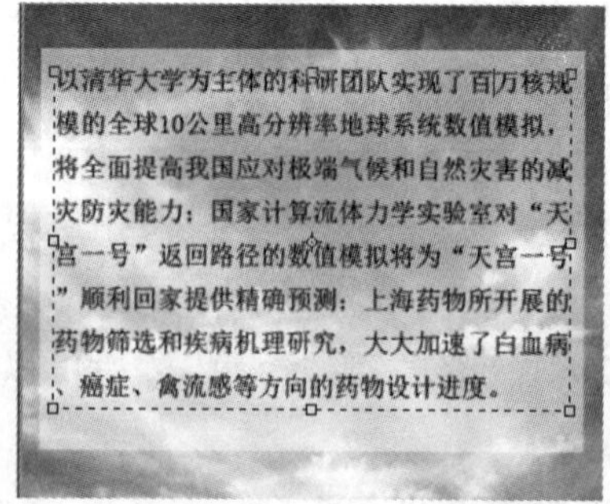

图 6-49 输入文字

2. 编辑段落文字的定界框

输入文字后可对段落文字定界框进行编辑。将鼠标指针放在定界框的控制点上，拖动控制点可以按需求缩放定界框，如图 6-50 所示。如果按住【Shift】键的同时，拖动控制点，可以成比例地拖动定界框。将鼠标指针放在定界框的外侧，鼠标变为↷，此时拖

动控制点可以旋转定界框，如图 6-51 所示。

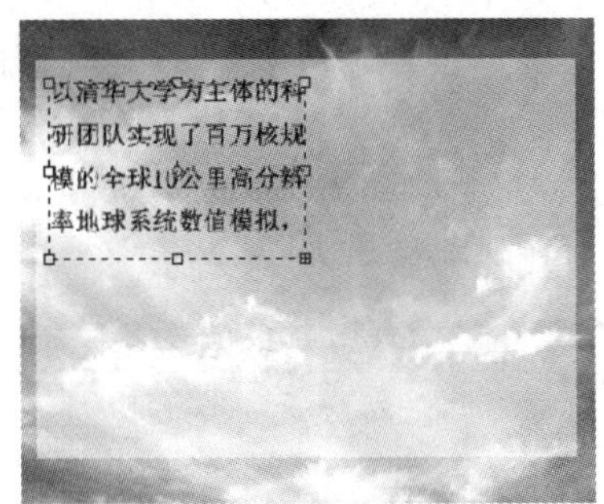

图 6-50　缩放定界框

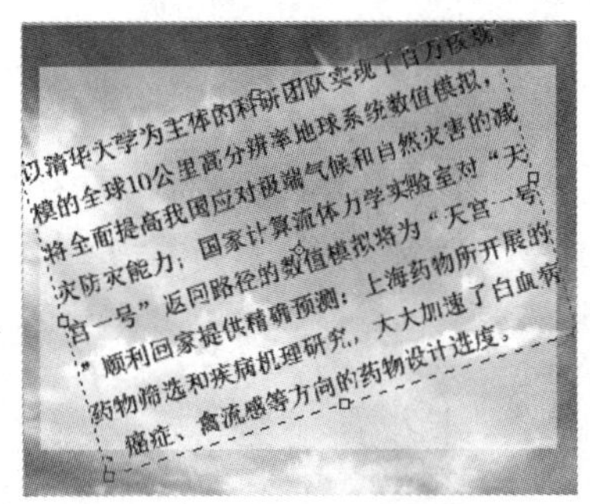

图 6-51　旋转定界框

3. 段落控制面板

“段落”控制面板用于编辑文本段落。选择“窗口”→“段落”命令，弹出“段落”控制面板，如图 6-52 所示。

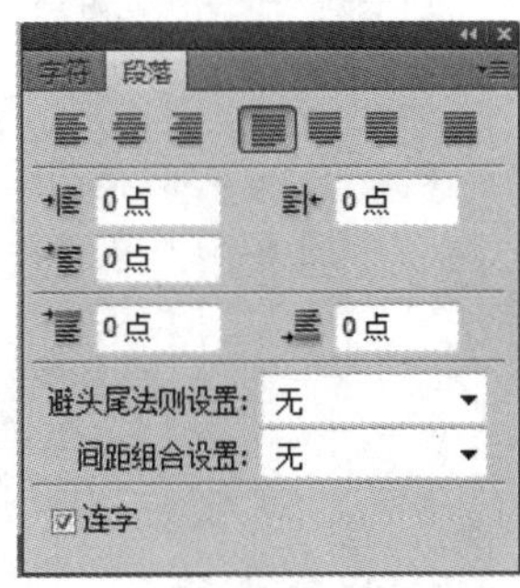

图 6-52　“段落”控制面板

（1）：用于调整文本段落中每行的方式，左对齐、中间对齐、右对齐。

（2）：用于调整段落的对齐方式，段落最后一行左对齐、段落最后一行中间对齐、段落最后一行右对齐。

（3）全部对齐：用于设置整个段落中的行两端对齐。

（4）左缩进：在选项中输入数值可以设置段落左端的缩进量。

（5）右缩进：在选项中输入数值可以设置段落右端的缩进量。

（6）首行缩进：在选项中输入数值可以设置段落第一行的左端缩进量。

（7）段前添加空格：在选项中输入数值可以设置当前段落与前一段落的距离。

（8）段后添加空格：在选项中输入数值可以设置当前段落与后一段落的距离。

（9）避头尾法则设置、间距组合设置：用于设置段落的样式。

（10）连字：用于确定文字是否与连字符连接。

6.6.3 横排与直排

在图像中输入横排文字，如图 6-53 所示，选择“图层”→“文字”→“垂直”命令，文字将从水平方向转换为垂直方向，如图 6-54 所示。

以清华大学为主体的科研团队实现了百万核规模的全球10公里高分辨率地球系统数值模拟，将全面提高我国应对极端气候和自然灾害的减灾防灾能力；国家计算流体力学实验室对“天宫一号”返回路径的数值模拟将为“天宫一号”顺利回家提供精确预测；上海药物所开展的药物筛选和疾病机理研究，大大加速了白血病、癌症、禽流感等方向的药物设计进度。

图 6-53　横排文字

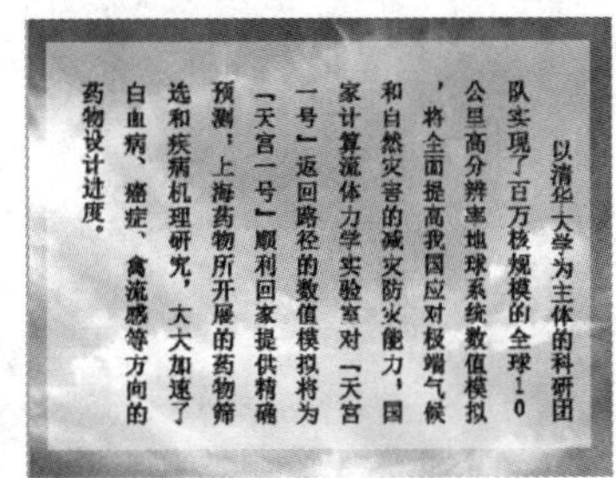

图 6-54　直排文字

6.6.4 文字转换为路径、形状

在图像中输入文字，如图 6-53 所示，选择“图层”→“文字”→“创建工作路径”命令，将文字转换为路径。

选择“图层”→“文字”→“转换为形状”命令，将文字转换为形状，如图 6-55 所示。“图层”控制面板中，文字图层被形状路径图层所代替，如图 6-56 所示。

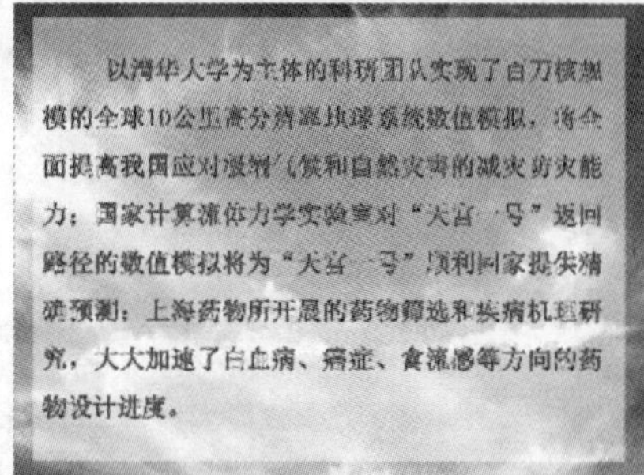

图 6-55 文字转换为形状

图 6-56 形状路径图层

6.7 修复与修补工具

6.7.1 修补工具

可以用图像中的其他区域来修补当前选中的需要修补的区域，也可以使用图案来修补区域。选择“修补工具”，或反复按【Shift+J】组合键，可打开“修补工具”属性栏，如图 6-57 所示。

图 6-57 “修补工具”属性栏

用修补工具在图像中绘制选区，如图 6-58 所示。选择“修补工具”属性栏中的“源”选项，在选区中单击并按住鼠标不放，移动鼠标将选区中的图像拖动到需要的位置，如图 6-59 所示。释放鼠标，选区中的图像被新放置的选取位置的图像所修补。

图 6-58 绘制选区

图 6-59 拖动鼠标

按【Ctrl+D】组合键，取消选区，修补的效果如图 6-60 所示。选择“修补工具”属性栏中的“目标”选项，用“修补工具”圈选图像中的区域，如图 6-61 所示。再将选区拖动到要修补的图像区域，圈选区域中的图像修补了现在的图像，如图 6-62 所示。按【Ctrl+D】组合键，取消选区。

图 6-60　效果图

图 6-61　目标选项圈选选区

图 6-62　拖动选区

6.7.2　修复画笔工具

选择“修复画笔工具”，或反复按【Shift+J】组合键，打开修复画笔工具属性栏，如图 6-63 所示。

图 6-63　“修复画笔工具”属性栏

（1）模式：在其弹出的菜单中可以选择复制像素或填充图案与底图的混合模式。

（2）源：选择“取样”单选按钮后，按住【Alt】键，鼠标指针变为圆形“十”字图标，单击定下样本的取样点，释放鼠标，在图像中要修复的位置单击并按住鼠标不放，拖动鼠标复制出取样点的图像；选择“图案”单选按钮后，在“图案”面板中选择图案或自定义图案来填充图像。

（3）对齐：勾选此复选框，下一次的复制位置会和上次的完全重合。图像不会因为重新复制而出现错位。

（4）设置修复画笔：可以选择修复画笔的大小。单击“画笔”选项右侧的按钮，在弹出的“画笔”面板中，可以设置画笔的直径、硬度、间距、角度、圆度和压力大小，如图 6-64 所示。

图 6-64　设置修复画笔

（5）使用修复画笔工具：“修复画笔工具”可以将取样点的像素信息非常自然地复制到图像的破损位置，并保持图像的亮度、饱和度、纹理等属性，过程如图 6-65 所示。

图 6-65　修复过程

6.7.3　污点修复画笔工具

使用污点修复画笔工具不需要制定样本点，将自动从所修复区域的周围取样。选择“污点修复画笔工具”，或反复按【Shift+J】组合键，可打开其属性栏，如图 6-66 所示。

图 6-66 “污点修复画笔工具”属性栏

选择“污点修复画笔工具”，在属性栏中选择一个比修复区域稍大一点的柔和的画笔笔尖，并将“类型”设置为“内容识别”，其他项保持默认设置，在要修复的污点图像上拖动鼠标，释放鼠标，污点被去除，如图 6-67 所示。

图 6-67　修复过程

6.7.4　红眼工具

红眼工具可去除用闪光灯拍摄的人物照片中的红眼，也可以去除用闪光灯拍摄的照片中的白色或绿色反光。

选择“红眼工具”，或反复按【Shift+J】组合键，可打开其属性栏，如图 6-68 所示。

瞳孔大小: 50%　变暗量: 50%

图 6-68 “红眼工具”属性栏

（1）瞳孔大小：用于设置瞳孔的大小。

（2）变暗量：用于设置瞳孔的暗度。

6.7.5　图案图章工具

图案图章工具：图案图章工具可以以预先定义的图案为复制对象进行复制。选择

“图案图章工具”，或反复按【Shift+S】组合键，其属性栏状态如图 6-69 所示。

图 6-69 “图案图章工具”属性栏

使用图案图章工具，在要定义为图案的图像上绘制矩形选区，如图 6-70 所示。选择“编辑”→“定义图案”命令，弹出“图案名称”对话框，如图 6-71 所示，单击“确定”按钮，定义选区中的图像为图案。

图 6-70 绘制选区

图 6-71 “图案名称”对话框

在“图案图章工具”属性栏中选择定义好的图案，如图 6-72 所示，按【Ctrl+D】组合键，取消图像中的选区。选择“图案图章工具”，在合适的位置单击并按住鼠标不放，拖动鼠标复制出定义好的图案，效果如图 6-73 所示。

提示：在图像上绘制选区定义图案时，只能绘制矩形选区来定义图案。

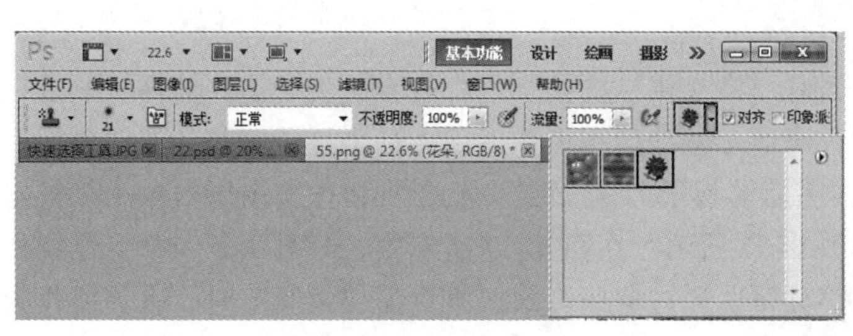

图 6-72 选择图案

图 6-73 效果图

6.7.6 仿制图章工具

仿制图章工具可以以指定的像素点为复制基准点，将其周围的图像复制到其他地方。

选择“仿制图章工具”，或反复按【Shift+S】组合键，可打开其属性栏，如图 6-74 所示。

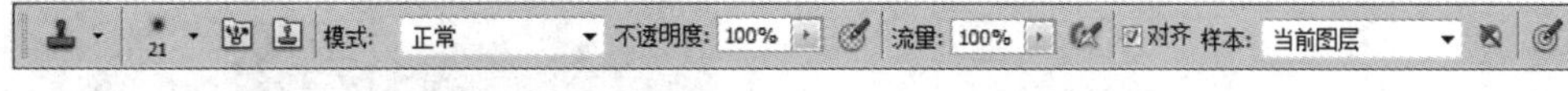

图 6-74 “仿制图章工具”属性栏

（1）画笔：用于选择画笔。

（2）模式：用于选择混合模式。

（3）不透明度：用于设定不透明度。

（4）流量：用于设定扩散的速度。

（5）对齐：用于控制是否在复制时使用对齐功能。

选择“仿制图章工具”，将仿制图章工具放在图像中需要复制的位置，按住【Alt】键，鼠标指针变为圆形“十”字图标，如图 6-75 所示，单击定下取样点，释放鼠标，在合适的位置单击，可仿制出取样点的图像，用相同的方法可以多次仿制，效果如图 6-76 所示。

图 6-75　选择图像

图 6-76　效果图

6.8　蒙版的使用

6.8.1　认识蒙版

在墙体上喷绘一些广告标语时，常会用一些挖空广告内容的板子遮住墙体，然后在上面喷色，将板子拿下后，广告语就工整地印在墙体上了。这个板子就起到了“蒙版”的作用。蒙版可以理解为“蒙在上面的板子”，通过这个板子可以保护图层对象中未被选中的区域，使其不被编辑，如图 6-77 所示。在图 6-77 所示中，只显示了一部分宠物作为可编辑区域，不需要显示的部分可以通过蒙版隐藏。当取消“蒙版”时，整体将作为可编辑区域，全部显示在画布中，如图 6-78 所示。

图 6-77　蒙版效果

图 6-78　无蒙版效果

在蒙版中“黑色”为蒙版的保护区域，可隐藏未被编辑的图像，“白色”为“蒙版”的编辑区域，用于显示需要编辑的图像部分，“灰色”为“蒙版”部分保护区域，在此区域的图像会显示半透明状态。

6.8.2 图层蒙版

图层蒙版：就是在图层上直接建立蒙版，通过对该蒙版进行编辑、隐藏、链接、删除等操作完成图层对象的操作。

1. 添加图层蒙版

使用控制面板按钮或快捷键：单击“图层”控制面板下方的“添加图层蒙版”按钮，可以创建一个图层的蒙版，如图 6-79 所示。按住【Alt】键，单击“图层”控制面板下方的“添加图层蒙版”按钮，可以创建一个遮盖图层全部的蒙版，如图 6-80 所示。

使用菜单命令：选择“图层”→“图层蒙版”→“显示全部”命令，效果如图 6-79 所示。选择“图层”→“图层蒙版”→“隐藏全部”命令，效果如图 6-80 所示。

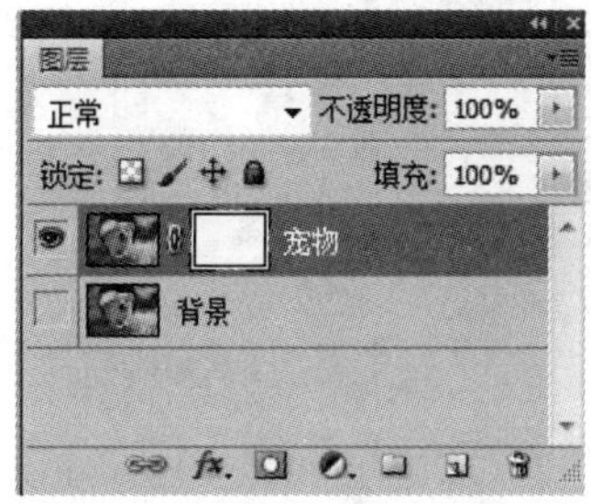

图 6-79 添加图层蒙版

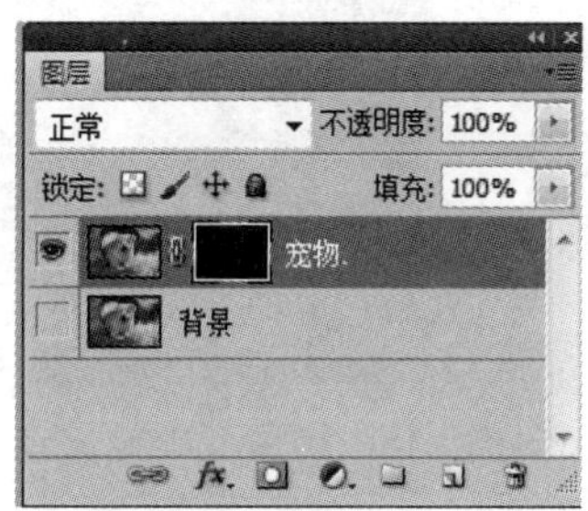

图 6-80 创建遮盖图层全部的蒙版

2. 隐藏图层蒙版

按住【Alt】键的同时，单击图层蒙版缩览图，图像窗口中的图像将被隐藏，只显示蒙版缩览图中的效果，如图 6-81 所示，“图层”控制面板如图 6-82 所示。按住【Alt】键，再次单击图层蒙版缩览图，将恢复图像窗口中的图像效果。按住【Alt+Shift】组合键的同时，单击图层蒙版缩览图，将同时显示图像和图层蒙版的内容。

图 6-81 蒙版缩略图

图 6-82 “图层”控制面板

3. 图层蒙版的链接

在“图层”控制面板中图层缩览图与图层蒙版缩览之间存在链接图标，当图层图像与蒙版关联时，移动图像时蒙版会同步移动，单击链接图标，将不显示此图标，可以分别对图像与蒙版进行操作。

4. 停用和恢复图层蒙版

选择“图层”→“图层蒙版”→“停用”命令，或按【Shift】键的同时单击“图层”控制面板中的图层蒙版缩览图，图层蒙版被停用，如图 6-83 所示，图像将全部显示，效果如图 6-78 所示。按住【Shift】键，再次单击图层蒙版缩览图，将恢复图层蒙版效果，效果如图 6-77 所示。

图 6-83 停用图层蒙版

5. 删除图层蒙版

选择“图层”→“图层蒙版”→“删除”命令，或在图层蒙版缩览图上右击，在弹出的快捷菜单中选择“删除图层蒙版”命令，可以将图层蒙版删除，如图 6-84 所示。

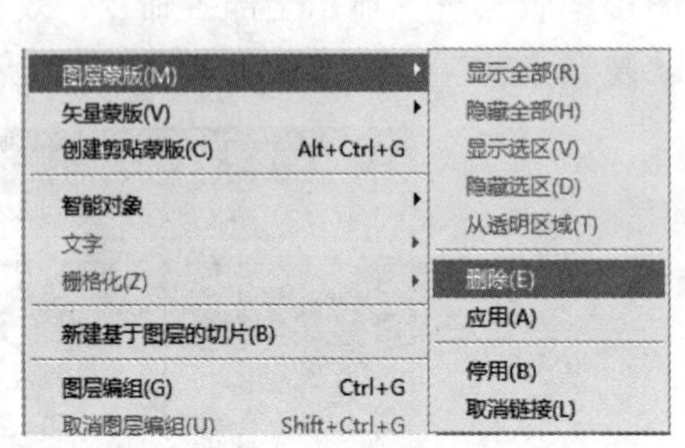

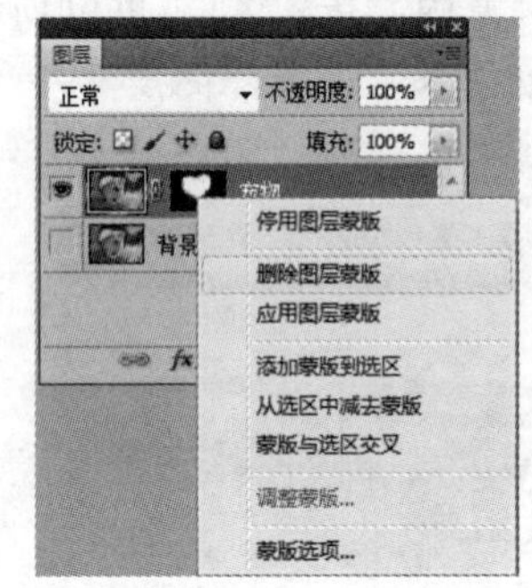

图 6-84 删除图层蒙版

6.8.3 剪贴蒙版

剪贴蒙版是使用某个图层的内容来遮盖其上方的图层，遮盖效果由基底图层决定。

在 Photoshop 中，至少需要两个图层才能创建剪贴蒙版，通常把位于下面的图层称为“基底图层”，位于上面的图层称为“剪贴层”。图 6-85 所示的剪贴蒙版效果就是由一个“爪印”基底图层和“宠物”剪贴层组成的，如图 6-86 所示。

图 6-85 剪贴蒙版效果

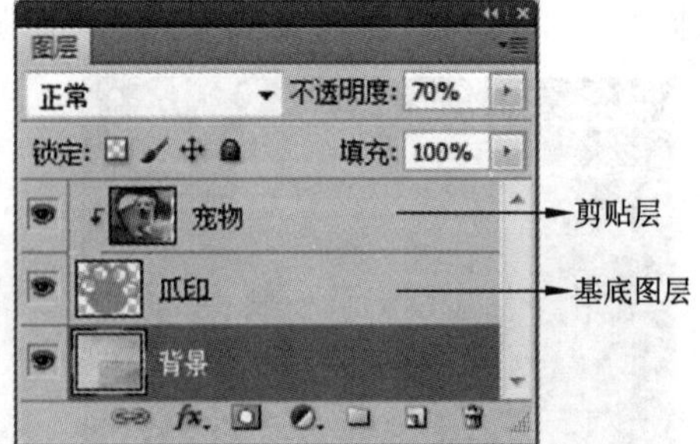

图 6-86 基底图层和剪贴层

1. 创建剪贴蒙版

选中要作为“剪贴层”的图层，右击该图层，在弹出的快捷菜单中选择“创建剪贴蒙版”命令，如图 6-87 所示。或按【Ctrl+Alt+G】组合键，即可用下方相邻图层作为基底图层，创建一个剪贴蒙版，“基底图层”图层名称下方会带一条下画线。

此外，按住【Alt】键不放，将鼠标指针移动到“剪贴层”和“基底图层”之间单击，也可以创建剪贴蒙版。

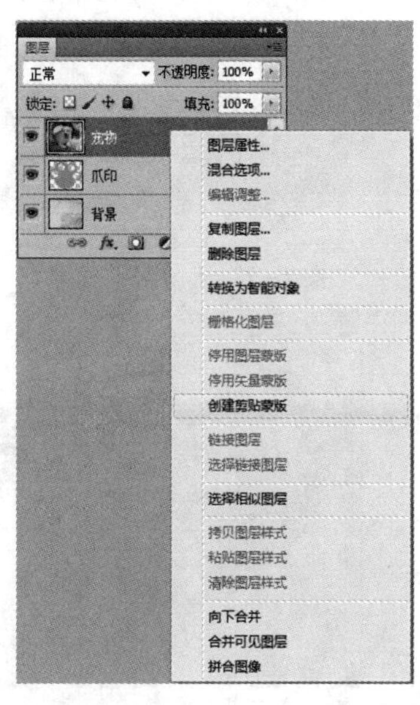

图 6-87　创建剪贴蒙版

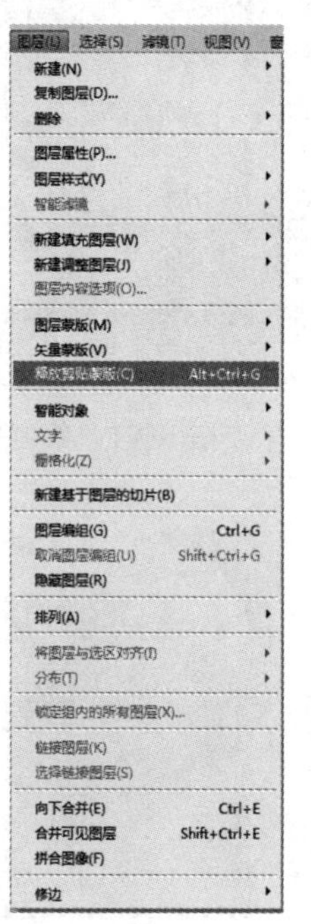

图 6-88　释放剪贴蒙版

2. 取消剪贴蒙版

如果要取消剪贴蒙版，可以选中剪贴蒙版组中上方的图层，选择“图层”→“释放剪贴蒙版”命令，如图 6-88 所示。或按【Alt+Ctrl+G】组合键即可删除。

6.8.4　矢量蒙版

1. 添加矢量蒙版

原始图像效果如图 6-89 所示。选择“自定形状工具”，在属性栏中选中“路径”按钮，在形状选择面板中选中“红桃”图形，如图 6-90 所示。

图 6-89　原始图像效果

图 6-90　自定形状工具属性栏

在图像窗口中绘制路径，如图 6-91 所示，选中“宠物”图层，选择“图层”→“矢量蒙版”→“当前路径”命令，为“宠物”图层添加矢量蒙版，如图 6-92 所示，图像窗口中的效果如图 6-93 所示。选择“直接选择工具”可以修改路径的形状，从而修改蒙版的遮罩区域，如图 6-94 所示。

图 6-91　绘制路径

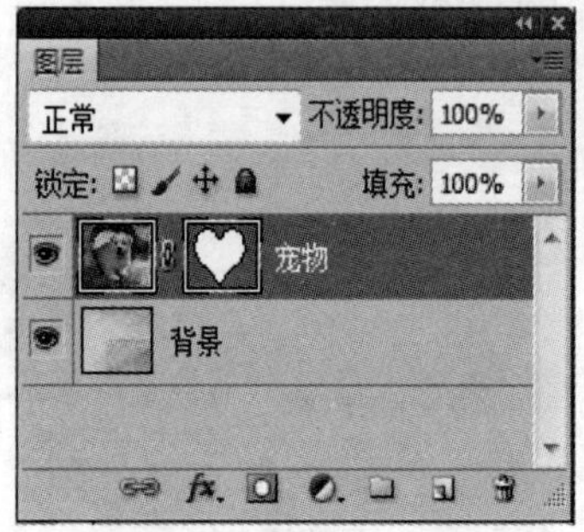

图 6-92　“图层”控制面板

图 6-93　矢量蒙版效果图

图 6-94　修改路径

2. 停用和删除矢量蒙版

选择“图层”菜单“矢量蒙版”子菜单中“删除”/“停用”命令，或在矢量蒙版缩览图上右击，在弹出的快捷菜单中选择“删除矢量蒙版”/“停用矢量蒙版”命令，可以将矢量蒙版删除/停用，如图 6-95、图 6-96 所示。

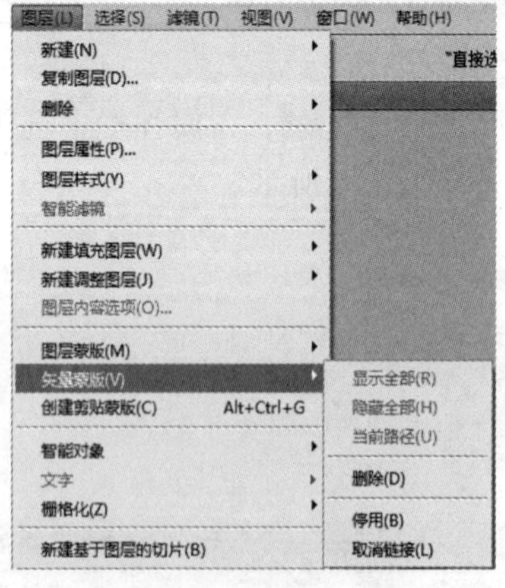

图 6-95　删除矢量蒙版

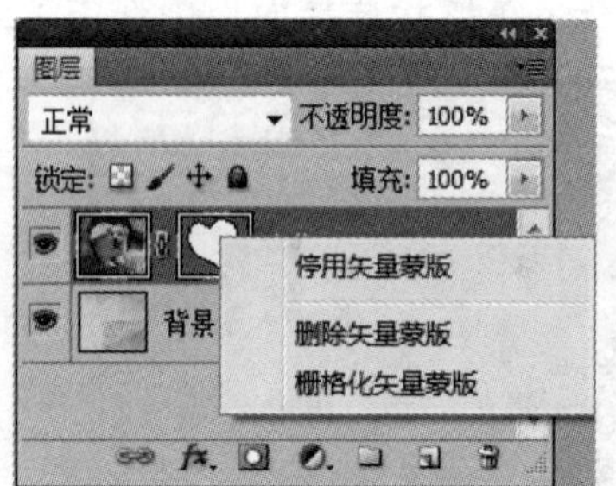

图 6-96　停用矢量蒙版

习　题

一、单选题

1. 下列哪个是 Photoshop 图像最基本的组成单元（　　）。

   A. 节点　B. 色彩空间　C. 像素　D. 路径

2. 图像分辨率的单位是（　　）。

   A. dpi　B. ppi　C. lpi　D. pixel

3. 在 Photoshop 中将前景色和背景色恢复为默认颜色的快捷键是（　　）。

   A.【D】　B.【Ctrl】　C.【Tab】　D.【Alt】

4. 在 Photoshop 中使用仿制图章工具按住（　　）键并单击可以确定取样点。

   A.【Alt】　B.【Ctrl】　C.【Shift】　D.【Alt+Shift】

5. Photoshop 中在使用矩形选择工具创建矩形选区时，得到的是一个具有圆角的矩形选择区域，其原因是下列各项的（　　）。

   A. 拖动矩形选择工具的方法不正确

   B. 矩形选择工具具有一个较大的羽化值

   C. 使用的是圆角矩形选择工具而非矩形选择工具

   D. 所绘制的矩形选区过大

6. Photoshop 中利用橡皮擦工具擦除背景层中的对象，被擦除区域填充（　　）。

   A. 黑色　B. 白色　C. 透明　D. 背景色

7. Photoshop 中在绘制选区过程中想移动选区的位置，可以按（　　）键拖动鼠标。

   A.【Ctrl】　B. 空格　C.【Alt】　D.【Esc】

8. Photoshop 中在使用矩形选框工具的情况下，按住（　　）键可以创建一个以落点为中心的正方形的选区。

   A.【Ctrl+Alt】　B.【Ctrl+Shift】　C.【Alt+Shift】　D.【Shift】

9. Photoshop 中为了确定磁性套索工具对图像边缘的敏感程度，应调整下列（　　）数值。

   A. 容差　B. 边对比度　C. 频率　D. 宽度

10. Photoshop 中移动图层中的图像时，如果每次要移动 10 个像素的距离，应该（　　）。

    A. 按住【Alt】键的同时连续点按键盘上的方向键

    B. 按住【Ctrl】键的同时连续点按键盘上的方向键

    C. 按住【Shift】键的同时连续点按键盘上的方向键

    D. 按住【Tab】键的同时连续点按键盘上的方向键

二、简答题

1. 什么是图层？它的作用是什么？
2. 图像常用的文件格式有哪些？各自的特点是什么？
3. 在 Photoshop 中蒙版共有哪几大类？它们各自的用法是什么？
4. 简述位图与矢量图的区别。它们各自的优缺点有哪些？

第7章 计算机网络与 Internet

计算机网络是计算机技术与通信技术相互渗透、不断发展的产物，尤其是迅速发展的 Internet，正深刻地改变着人们的生产和生活方式。

通过本章内容的学习，能够使学员了解计算机网络的定义、功能、组成和网络协议等基础理论知识；了解 Internet 的相关概念及 Internet 的接入方法，掌握 Internet 基本服务的使用。

7.1 计算机网络基础知识

7.1.1 计算机网络的定义

计算机网络就是若干台独立的计算机通过传输介质相互连接，并通过网络软件逻辑地相互联系到一起，从而实现资源共享的计算机系统。网络主要包括连接对象、连接介质、连接的控制机制（如约定、协议、软件）和连接方式与结果等。

计算机网络连接的对象是各种类型的计算机（如大型计算机、工作站、微型计算机等）或其他数据终端设备（如各种计算机外围设备、终端服务器等）。计算机网络的连接介质是通信线路（如光缆、同轴电缆、双绞线、微波、卫星）和通信设备（如网关、交换机、路由器、Modem 等），其控制机制是各层的网络协议和各类网络软件。所以，计算机网络是利用通信线路和通信设备，把地理上分散的、并具有独立功能的多个计算机系统互相连接起来，按照网络协议进行数据通信，用功能完善的网络软件实现资源共享的计算机系统的集合。即以实现远程通信和资源共享为目的的大量分散但互联的计算机的集合。

7.1.2 计算机网络的产生与发展

计算机网络是计算机技术和通信技术相结合的产物。计算机网络的产生与发展经历了四个阶段：

第一阶段：面向终端的计算机网络（以数据通信为主）。

1954 年，美国军方的半自动地面防空系统（SAGE）将远距离的雷达和测控仪器所探测到的信息，通过通信线路汇集到某个基地的一台 IBM 计算机上进行集中的信息处理，再将处理好的数据通过通信线路送回各自的终端设备。这种以单个计算机为中心、面向终端设备的网络结构，严格地讲是一种联机系统，只是计算机网络的雏形，一般称之为第一代计算机网络。

第二阶段：计算机—计算机网络（以资源共享为主）。

计算机—计算机网络是多台计算机通过通信线路相互连接起来为用户提供服务。20世纪60年代，美国国防部高级研究计划署协助开发了ARPNET，把分布在加利福尼亚州大学洛杉矶分校、加州大学圣巴巴拉分校、斯坦福大学、犹他州大学的4台大型机连接起来，采用了分组交换技术，实现了计算机之间资源共享、远程通信。ARPNET是计算机网络技术发展中的一个重要的里程碑，它的研究成果对促进计算机网络技术的发展起到了重要的作用，并为Internet的形成奠定了基础。第二代计算机网络是以分组交换网为中心的计算机网络，它与第一代计算机网络的区别在于：一是网络中通信双方都是具有自主处理能力的计算机，而不是终端机；二是计算机网络功能以资源共享为主，而不是以数据通信为主。第二代计算机网络的主要特点是资源共享，分散控制，分组交换，采用专门的通信控制处理机，分层的网络协议。这些特点被认为是现代计算机网络的典型特征，但其最大的缺点是网络标准不统一。

第三阶段：开放式标准化网络。

为了使计算机网络都能互相连接和通信，国际标准化组织ISO（International Standards Organization）于1984年正式颁布了一个能使各种计算机在世界范围内互联成网的国际标准ISO 7498，简称OSI/RM（Open System Interconnection Basic Reference Model）即开放系统互联参考模型。OSI/RM由七层组成，所以也称OSI七层模型。开放式标准化网络指的就是遵循“开放系统互联基本参考模型”标准的网络系统。它具有统一的网络体系结构、遵循国际标准化协议。

第四阶段：以高速和多媒体应用为核心的第四代计算机网络。

进入20世纪90年代之后，随着数字通信的出现，特别是Internet的空前发展及Web技术的广泛应用，计算机网络向高速化、智能化、集成化、多媒体化的方向发展，整个网络就像一个对用户透明的计算机系统，这就是第四代计算机网络。

7.1.3 计算机网络的组成与功能

1. 计算机网络的组成

一般来讲，计算机网络包括3个主要组成部分：若干个主机，它们为用户提供服务；一个通信子网，它主要由结点交换机和连接这些结点的通信链路所组成；一系列的协议，这些协议是为在主机和主机之间或主机和子网中各结点之间的通信而采用的，它是通信双方事先约定好的和必须遵守的规则。

1）通信子网

通信子网由通信线路和通信设备组成，负责完成网络数据传输、转发等通信处理任务。通信线路指的是传输介质及其连接部件，包括光缆，同轴电缆，双绞线等。通信设备指的是网络连接设备，包括网卡、集线器，中继器、交换机、网桥、路由器以及调制解调器等。通信线路和通信设备是连接计算机系统之间的桥梁，是数据传输的通道。

2）资源子网

资源子网包含通信子网所连接的全部计算机（又称为主机Host），由各计算机系统、终端控制器和终端设备、软件和可供共享的数据库等组成。资源子网负责全网的数据处理业务，向网络用户提供数据处理能力、数据存储能力、数据管理能力、数据输入输出能力以及其他数据资源。

2. 计算机网络的功能

计算机网络的主要目标是实现资源共享。分析其功能，主要有以下几点：

（1）资源共享。计算机资源主要是指计算机的硬件、软件和数据资源。资源共享功能是组建计算机网络的驱动力之一，使得网络用户可以克服地理位置的差异性，共享网络中的计算机资源。共享数据资源可以促进人们相互交流，达到充分利用信息资源的目的。

（2）数据通信。这是计算机网络最基本的功能，用于实现计算机之间的信息传送。在计算机网络中，人们可以在网上收发电子邮件，发布新闻消息，进行电子商务、远程教育、远程医疗，传递文字、图像、声音、视频等信息。

（3）分布式处理。利用分布式计算技术，网络系统中若干台在结构上独立的计算机可以互相协作完成同一个大型信息处理任务，解决单台计算机无法完成的信息处理任务。在处理过程中，每台计算机独立承担各自的任务。

（4）负载均衡。当网络中某一台计算机的处理负担过重时，可以将部分作业转移到其他空闲的计算机上去执行。

（5）提高计算机系统的可靠性和可用性。网络中的计算机可以互为后备，一旦某台计算机出现故障，它的任务可以由网络中其他的计算机替代。当网络中某些计算机负荷过重时，网络可以将新任务分配给较空闲的计算机去执行，从而提高了每一台计算机的可靠性和可用性。

7.1.4　计算机网络的分类

1. 按网络覆盖范围分类

计算机网络常见的分类依据是网络覆盖的地理范围，按照这种分类方法，可将计算机网络分为局域网、广域网和城域网 3 类。

（1）局域网（Local Area Network，LAN），它是连接近距离计算机的网络，覆盖范围从几米到数千米。例如办公室或实验室的网、同一建筑物内的网及校园网等。

（2）广域网（Wide Area Network，WAN），其覆盖的地理范围从几十千米到几千千米，覆盖一个国家、地区或横跨几个洲，形成国际性的远程网络。例如我国的公用数字数据网（China DDN）、电话交换网（PSDN）等。

（3）城域网（Metropolitan Area Network，MAN），它是介于广域网和局域网之间的一种高速网络，覆盖范围为几十千米，大约是一个城市的规模。

计算机网络技术不断发展，利用网络互联设备将各种类型的广域网、城域网和局域网互联起来，形成了称为互联网的网中网。互联网的出现使全世界的计算机都能连接起来，这就是 Internet 网。

2. 按网络拓扑结构分类

拓扑结构就是网络的物理连接形式。把网络中的计算机和终端看作一个节点，把通信线路看作一根连线，这就抽象出计算机网络的拓扑结构。局域网的拓扑结构主要有星

状、总线和环状三种，如图 7-1～图 7-3 所示。

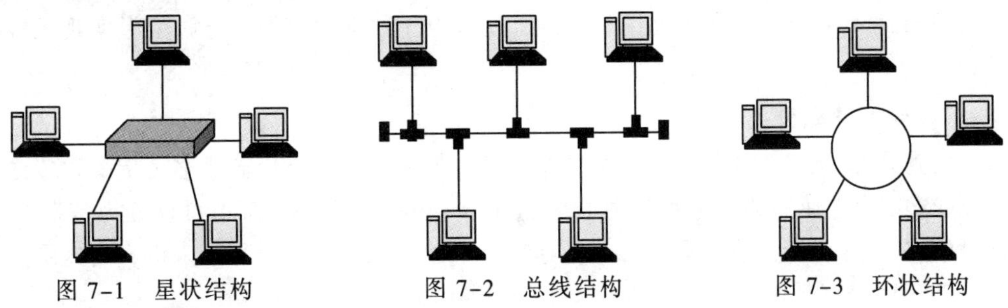

图 7-1　星状结构　　图 7-2　总线结构　　图 7-3　环状结构

1）星状拓扑结构

这种结构以一台设备作为中央节点，其他外围节点都单独连接在中央节点上。各外围节点之间不能直接通信，必须通过中央节点进行通信。中央节点可以是文件服务器或专门的接线设备，负责接收某个外围节点的信息，再转发给另外一个外围节点。星状拓扑结构广泛应用于网络中智能集中于中央节点的场合。在目前传统的数据通信中，该拓扑结构仍占支配地位。

2）总线拓扑结构

这种结构所有节点都直接连到一条主干电缆上，这条主干电缆就称为总线。该类结构没有关键性节点，任何一个节点都可以通过主干电缆与连接到总线上的所有节点通信。

3）环状拓扑结构

这种结构各节点形成闭合的环，信息在环中做单向流动，可实现环上任意两节点间的通信。

4）混合结构

混合结构是将多种拓扑结构的局域网连在一起而形成的，如图 7-4 所示。混合拓扑结构的网络兼有不同拓扑结构的优点。

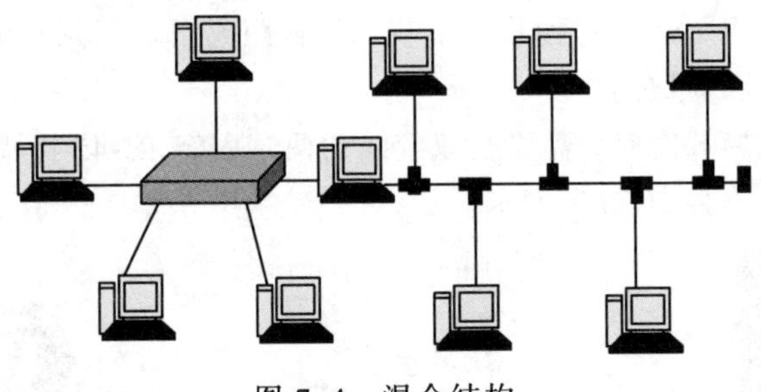

图 7-4　混合结构

3. 按传输介质分类

传输介质指用于网络连接的通信线路。根据传输介质的不同，网络可分为有线网和无线网。

（1）有线网采用双绞线、同轴电缆、光纤或电话线作传输介质。采用双绞线和同轴电缆连成的网络经济且安装简便，但传输距离相对较短。以光纤为介质的网络传输距离远、传输率高、抗干扰能力强、安全好用，但成本稍高。

（2）无线网主要以无线电波或红外线为传输介质。联网方式灵活方便，但联网费用稍高，可靠性和安全性还有待改进。另外，还有卫星数据通信网，通过卫星实现无线数据通信。

4．按带宽速率分类

带宽速率指的是“网络带宽”和“传输速率”两个概念。传输速率是指每秒传送的二进制位数，通常使用的计量单位为 bit/s、kbit/s、Mbit/s。按网络带宽可以分为基带网(窄带网)和宽带网；按传输速率可以分为低速网、中速网和高速网。一般来讲，高速网是宽带网，低速网是窄带网。

5．按网络的使用性质分类

（1）公用网（Public Network），是一种付费网络，属于经营性网络，由商家建造并维护，消费者付费使用。

（2）专用网（Private Network），是某个部门根据本系统的特殊业务需要建造的网络，这种网络一般不对外提供服务，如军队、银行等系统的网络。

7.1.5 网络传输介质与网络设备

1．有线传输介质

1）双绞线

双绞线又称双扭线，是两条相互绝缘的铜导线按一定密度互相绞合在一起。采用绞合的结构是为了减少相邻导线的电磁干扰，否则容易形成电容。绞合次数越多，抵消干扰的功能就越强，制作成本也就越高。

根据双绞线外是否有屏蔽层可以把双绞线分为屏蔽双绞线（Shielded Twisted Pair，STP）和非屏蔽双绞线（Unshielded Twisted Paired，UTP），如图 7-5、7-6 所示。两者相比，STP 性能更好一些，但价格稍贵。

双绞线的传输速率可达到每秒几兆字节，传输距离可达到几千米。由于价格便宜，被广泛应用在电话网和局域网中。

使用双绞线连接局域网时，需要在双绞线的两端固定 RJ-45 接头（又称“水晶头”），如图 7-7 所示，以便连接 HUB 和网卡。

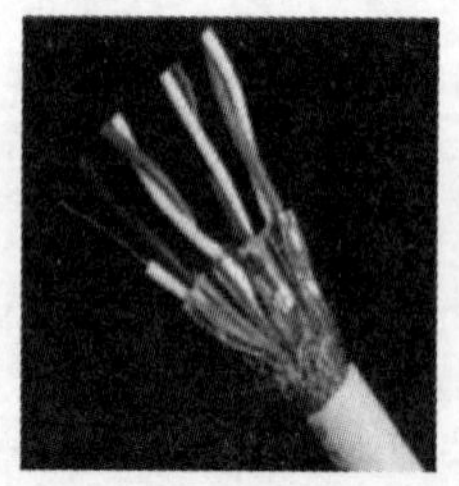

图 7-5 屏蔽双绞线（STP）

图 7-6 非屏蔽双绞线（UTP）

图 7-7 RJ-45 接头与双绞线的顺序

根据 EIA/TIA 接线标准，双绞线在水晶头中的排列顺序有两种，即 EIA/TIA 568A 标准和 EIA/TIA 568B 标准，如表 7-1 所示。

表 7-1 EIA/TIA 568A 标准和 EIA/TIA 568B 标准

EIA/TIA 标准	1	2	3	4	5	6	7	8
568A	白绿	绿	白橙	蓝	白蓝	橙	白棕	棕
568B	白橙	橙	白绿	蓝	白蓝	绿	白棕	棕

2）同轴电缆

同轴电缆由内导体铜芯、绝缘层、网状编织的外导体屏蔽层以及保护塑料外层构成，如图 7-8 所示。由于屏蔽层的作用，同轴电缆有较好的抗干扰能力。

同轴电缆根据直径的大小又分为粗缆和细缆。粗缆的连接距离长，可靠性高，最大传输距离达到 2 500 m，细缆最大传输距离为 925 m。粗缆和细缆均应用于总线拓扑结构的网络。在现代网络中，同轴电缆正在逐步被非屏蔽双绞线和光纤所替代。

3）光纤

光纤通常是由非常透明的石英玻璃拉成细丝做成的，利用光全反射原理，传输光脉冲形成的数字信号来实现通信，如图 7-9 所示。光纤是网络传输介质中性能最好、应用前途广泛的一种，光纤的电磁绝缘性能好，信号衰减小、频带宽、传输速度快、传输距离大，主要用于传输距离较长、布线条件特殊的主干网。

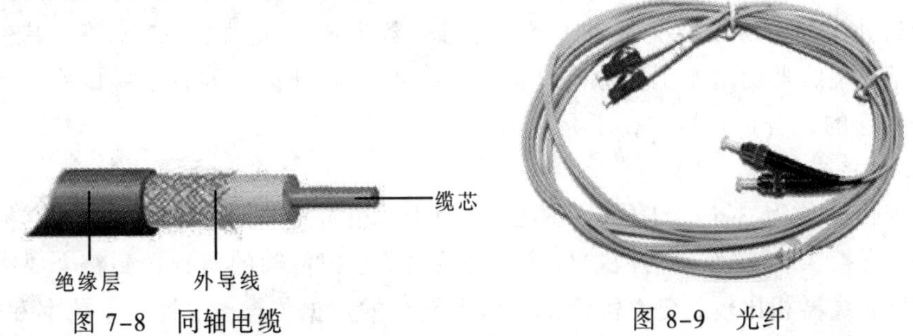

图 7-8 同轴电缆

图 8-9 光纤

光纤分为单模光纤和多模光纤：单模光纤由激光做光源，仅有一条光通路，传输距离长，能达到 2 km 以上，中心玻璃芯较细，只能传输一种模式的光，没有模间色散，适用于远程通信；多模光纤的光源为发光二极管，低速短距离，2 km 以内，中心玻璃芯较粗，可以传输多种模式的光。

2. 无线传输

无线传输介质包括微波、红外线、激光等。其中，微波是最常用的无线传输介质，主要有两种形式：微波接力通信和卫星通信。

1）微波接力通信

微波是指波长在 0.1 m~1 mm 之间的电磁波。微波是沿直线传播的，收发双方必须直视，而地球表面是一个曲面，因此传播距离受到限制，一般只有 50 km 左右。若采用 100 m 高的天线塔，则传播距离可以增大到 100 km。为实现远距离传输，必须设立若干中继站。中继站把收到的信号放大后再发送到下一站，因此称为接力通信。

因为工业和天气干扰的主要频谱成分比微波的频率低得多，所以微波受到的干扰比短波通信小得多，因而传输质量较高。另外微波有较高的带宽，通信容量很大。微波与通信电缆相比，投资小、可靠性高，但隐蔽性和保密性差。

2）卫星通信

卫星通信就是指地球上的无线通信站利用卫星作为中继站而进行的通信。卫星通信的最大特点是：通信费用与通信距离无关。卫星使用微波传送信号，要双方传输必须至少有一个上行频率和一个下行频率，才能区分开发送信号和接收的信号，而不至于混在一起。

3．网络设备

要实现网络的互联，除需要传输介质外还需要一些互连设备，这些设备除了包含物理层协议外，还可能包含数据链路层和网络层协议。

1）网卡

网络适配卡简称网卡（NIC），一般插在机器内部的总线槽上，网线则接在网卡上。每个网卡上都有一个固定的全球唯一地址，又称网卡的物理地址。网卡包含物理层协议和部分数据链路层协议。组建不同的网络，要选择不同的网卡，也就是选择线路的使用方式。在同一个局域网络中，必须使用工作方式相同的网卡。

2）集线器

集线器（HUB）实际上是一个多口的中继器（信号放大），集线器只包含物理层协议，与中继器处于同一协议层次。集线器一般端口数为 8、12、16、32 不等，其价格便宜，组网灵活。集线器的基本工作原理是信息“广播”，收到信息的各个端口检查该信息是否是发给自己的，若是则接收，不是则丢弃。

3）交换机

交换机又称为 Switch HUB，外观上与 HUB 相同，但工作原理不同。交换机的工作模式是“交换”，即按照通信两端传输信息的需要，把传输的信息送到符合要求的相应路由上。与集线器相比较，交换机降低了整个网络的数据传输量，提高了效率和传输速度。

4）路由器

路由器是把局域网接入广域网以及广域网主干网中的主要路由选择设备，工作在网络层，并使用网络层地址（如 IP 地址等）。路由器可以通过调制解调器与模拟线路相连，也可以通过通道服务单元/数据服务单元（CSU/DSU）与数字线路相连。路由器的主要工作就是为经过路由器的每个数据包寻找一条最佳的传输路径，并将该数据包有效地传送到目的地。

5）其他互连设备

（1）中继器：只起信号放大作用，当信号衰减到一定程度时必须进行放大，否则就会失真。中继器属于物理层设备，用中继器连接起来的仍是一个网络。

（2）网桥：是广泛用于局域网互连的一种设备，一般在计算机上插多块网卡，安装上支持的软件来构成。属于数据链路层互连设备。

（3）网关：多用软件来实现，工作在传输层以上各层，实现两种差异较大的网络互连。

（4）调制解调器：调制把数字信号转换为模拟信号，解调相反。

7.2 Internet 的基础知识

7.2.1 Internet 概述

Internet 是一个全球性的、开放的信息互联网络，它将世界范围内成千上万台相同类型或不同类型的网络或主机连接起来，遵循相同的协议，实现相互之间的通信和资源共享。

Internet 又称为因特网或国际互联网，由世界范围内众多计算机网络连接而成，是开放的、全球最大的计算机网络。Internet 对推动世界的科学、文化、教育、经济和社会的发展起着不可估量的作用。

7.2.2 TCP/IP 协议

TCP/IP（传输控制协议/互联网协议）是 Internet 赖以存在的基础，是目前计算机网络中最为成熟、应用最为广泛的一种网络协议标准。

TCP/IP 适合于异型机或异型网的互连。其中的互联网协议 IP 的作用是控制网上的数据传输。IP 协议为数据包定义了标准格式，定义了网络中每一台计算机的网络地址（即 IP 地址），使相互连接的多个网络像一个庞大的单一网络一样运行。IP 协议还包含路由选择协议，使得 IP 数据包通过路由器准确地传送到接收端。传输控制协议 TCP 协议和 IP 协议协同工作，它的作用是在发送端和接收端的计算机系统之间维持连接，提供无差错的通信服务。包括自动检测网上丢失的数据包并在丢失时重传数据、去除重复的数据包、准确地按原发送顺序重新组装数据等。TCP 协议还自动根据双方计算机的距离修改通信确认的超时值，从而利用确认和超时机制处理数据丢失问题，以此确保数据传输的完整性。

7.2.3 IP 地址与域名

1. IP 地址

Internet 上的每一台计算机都必须指定一个唯一的网络地址，通常称为 IP 地址，它为 Internet 网提供一种全局性的通用地址，是网络通信的基础。

目前使用的 IP 协议的版本为 IPv4，它规定计算机的 IP 地址长度为 4 个字节 32 位，通常显示为用圆点分割的 4 个十进制数，每个十进制数的取值范围是 0 ~ 255，例如某个 IP 地址为：195.0.48.66。这种地址格式被称为点分十进制地址。

为便于管理，IP 地址被划分为以下 3 类：

（1）A 类：第一个十进制数的值在 1 ~ 127 之间，一般用于大型网络。

（2）B 类：第一个十进制数的值在 128 ~ 191 之间，一般用于中型网络或网络设备（如路由器等）。

（3）C 类：第一个十进制数的值在 192 ~ 233 之间，一般用于小型网络。

在 Internet 中，一个主机可以有一个或多个 IP 地址，但不能把同一个 IP 地址分配给多个主机，否则将无法通信。

2. 域名系统

用数字表示的 IP 地址不够直观，也难以记忆。为了方便使用，TCP/IP 协议的专家们专门设计了一套用字符表示的网络和主机名字系统，这就是 Internet 的域名系统。每一个域名也必须是唯一的，并和一个 IP 地址一一对应。在 Internet 上有许多专用的域名服务器（Domain Name Server，DNS），能自动完成 IP 地址与其域名间的相互翻译工作（域名解析）。

域名的一般格式为：主机名.机构名.机构代码.国家代码

在域名表示方法中，从右向左，各部分域名依次从大到小。例如，北京市工商行政管理局网站的域名为“hd315.gov.cn”，其中最高域名为 cn，次高域名为 gov，最后一个域名为 hd315。

域名中的机构名在申请注册时确定。我国的域名注册由中国互联网络信息中心 cnnic 统一管理。机构代码由 3 个字母组成，常见的机构代码如表 7-2 所示。

表 7-2 常见机构代码

机构代码	机构类型	机构代码	机构类型
int	国际组织	mil	军事组织
com	商业组织	arts	文化艺术实体
edu	教育机构	net	网络服务机构
gov	政府部门	Web	与 www 相关的实体
org	非营利性组织	inf	提供信息服务的实体
firm	商业或公司	rec	娱乐休闲资源

国家代码是最高域名，由 Internet 国际特别委员会制定。一般采用两个字符的国家代码，如表 7-3 所示。由于美国是 Internet 的发源地，所以美国主机域名中的国家代码常被省略。

表 7-3 域名中的国家代码

国家代码	代表的国家	国家代码	代表的国家
.cn	中国	.fr	法国
.au	澳大利亚	.uk	英国
.de	德国	.jp	日本

7.2.4 Internet 的服务

Internet 之所以具有极强的吸引力，源于其强大的服务功能。目前因特网服务提供商（Internet Service Provider，ISP），为用户提供的服务多不胜数。

1. WWW 浏览

WWW（World Wide Web）又被称为万维网，把各种各样的信息（文本、图片、音频和视频等）有机地结合起来，组织到超文本文件（又称为网页）中，方便用户浏览、查找。用户运行 Web 浏览器软件，就可以浏览 Internet 上的信息了。WWW 浏览也称作 Web 浏览，就是浏览存放在 WWW 服务器上的网页信息，是 Internet 提供的最基本的服务。

2. 电子邮件（E-mail）

电子邮件是 Internet 上应用最为广泛的一种服务，是一种在全球范围内通过 Internet 进行互相联系的快速、简便、廉价的现代化通信手段。电子邮件通常采用 SMTP（Simple Mail Transfer Protocol）协议和 POP3（Post Office Protocol version 3）协议。与传统通信方式相比，电子邮件具有以下明显的优点：

（1）传递迅速，在分秒之间就可以将邮件传递给对方。

（2）费用低廉，使国际长途电话或传真望尘莫及。

（3）不论接收方是否开机，电子邮件都会自动送到接收者的电子邮箱。

（4）同一邮件可以同时方便地发送给多个接收者。

（5）无论何时何地，收发双方只要知道对方的电子邮件地址（不论实际所在地理位置有何变化），都可以迅速通信联系。

（6）可以将文字、图像、语音等多种信息集中在一封邮件中传送。

3. 文件传输（FTP）

文件传输服务提供了 Internet 中任意两台计算机相互之间传输文件的机制。两台计算机只要都连入了 Internet,并且都得到 TCP/IP 高层协议中的文件传输协议(File Transfer Protocol，FTP）的支持，就可以实现相互之间的文件传输。采用 FTP 传输文件时，可以传输文本文件、各种二进制文件和压缩文件等，并且在传输过程中不需要对这些文件进行复杂的转换，因而具有相当高的传输效率。

Internet 是一个资源宝库，保存有许多共享软件、学术文献、影像资料、图片与动画等，一般都允许用户使用 FTP 软件将它们下载下来。由于使用 FTP 服务时，用户在文件下载到本地计算机之前无法了解文件的具体内容，因而目前人们越来越倾向于直接使用 Web 浏览器去搜索、浏览所需要的文件，然后利用浏览器所支持的 FTP 功能下载文件。

4. 远程登录（Telnet）

远程登录是 Internet 最早提供的基本服务之一。远程登录使用 Telnet 协议，它是 TCP/IP 协议的一部分，精确地定义了远程登录客户机与远程登录服务器之间的交互过程。

连接到 Internet 上的用户进行远程登录，是指使用 telnet 命令使自己的计算机暂时成为远程主机上的一个仿真终端的过程。一旦用户成功地实现了远程登录，用户的本地计算机就可以像一台与对方主机直接连接的终端一样地进行工作，可以执行远程主机上的应用程序，并可管理文件、编辑文档、读写邮件等。

目前，Internet 上有许多信息服务机构提供开放式的远程登录服务，登录到这样的主机上时，使用公开的用户名就可以进入系统。

事实上，Internet 提供的服务不可胜数，如电子商务、电子政务、电子刊物、网络学校、金融服务、远程会议、远程医疗、网络游戏等。

7.2.5 网络的连接与设置

1. 连接网络

在 Windows 7 中与网络有关的控制程序都被整合在“网络和共享中心”中，相关操作也变得更加简单。

步骤 1：打开“控制面板”窗口，单击“网络和 Internet”选项，弹出“网络和 Internet”窗口，如图 7-10 所示。

图 7-10 “网络和 Internet”窗口

步骤 2：在“网络和 Internet”窗口中单击“网络和共享中心”选项，弹出“网络和共享中心”窗口，如图 7-11 所示。在此窗口中，用户很容易进行各种网络设置，实时了解当前网络的状态。

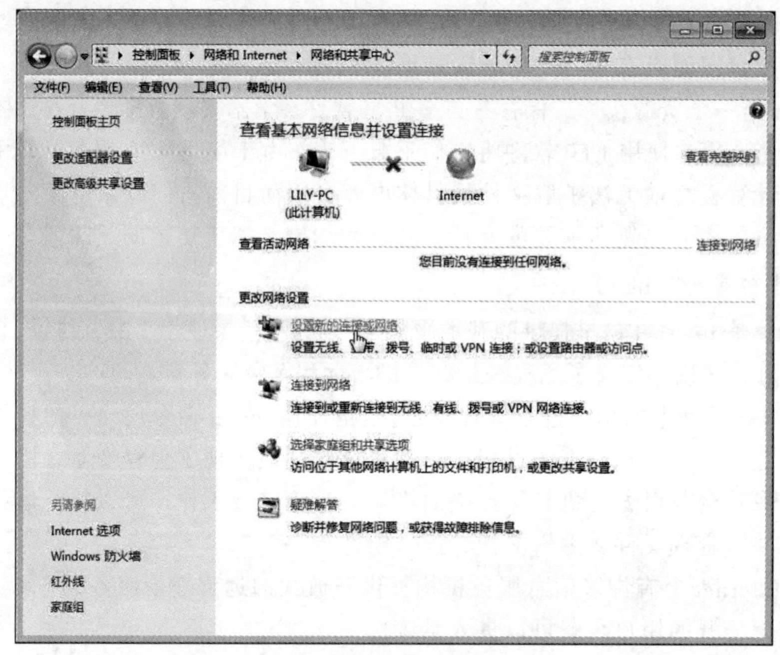

图 7-11 网络连接管理

步骤 3：由于 Windows 7 在安装时已经自动配置了网络协议，所以用户仅需准备用于上网的账号和密码。在“网络和共享中心”窗口中，单击“更改网络设置”中的“设置新的连接和网络”链接，弹出“设置连接或网络”对话框。在此对话框中选择“连接到 Internet”选项，然后单击“下一步”按钮。

步骤 4：此时，弹出“连接到 Internet”对话框，如果用户计算机配置了内部或外部

网络适配器，则在此对话框中还将显示“无线”选项，用户可以根据实际情况来选择连接类型。一般情况下接入互联网的方式为 ADSL 用户或小区宽带用户，这里选择“宽带（PPPoE）”选项即可。

步骤 5：随后在对话框中输入用户名和密码后，单击“连接”按钮即可连接网络。

2. 公用文件夹

在 Windows 7 中主要通过公用文件夹和家庭组两种途径实现文件共享，从而简化与家庭网络上的其他人共享文件的方式。Windows XP 用户都使用过“共享文件夹”的功能，而在 Windows 7 中将其称为“公用文件夹”。如果需要与使用这台计算机的其他家庭成员共享照片，只需将照片拖放到“公用图片”文件夹中。

“公用文件夹”十分有用，但用户需要将文件来回移动，如果用户不想这样麻烦而又想共享文件，可以使用 Windows 7 的“家庭组”功能。通过“家庭组”，用户无须将文件移动到“公用文件夹”就可以实现共享。

3. 家庭组的管理

1）认识家庭组

家庭组指的是家庭网络中可以实现共享文件与打印机的一组计算机。通过家庭组，用户与家庭网络中的其他成员共享视频、音乐、文档、图片和打印机等，不用再单独配置局域网络。

2）新建家庭组

如果家庭内多台计算机都安装了 Windows 7 操作系统，并且想利用家庭组功能共享资源，那么首先需要在一台计算机上新建家庭组。

步骤 1：打开“控制面板”窗口，单击“网络和 Internet”选项，弹出“网络和 Internet”窗口，在此窗口中单击“家庭组”选项。

步骤 2：弹出图 7-12 所示的窗口，这时窗口中的“创建家庭组”按钮不可用。

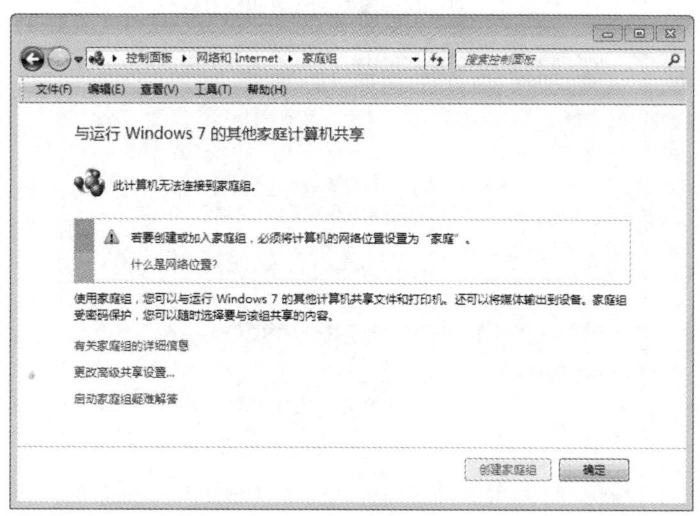

图 7-12 家庭组设置

步骤 3：单击“什么是网络位置”按钮，弹出图 7-13 所示的“设置网络位置”对话框。

虽然所有版本的 Windows 7 都可以使用家庭组功能，但是 Windows 7 简易版和家庭普通版无法创建家庭组；另外，若网络类型为“公共网络”或“工作网络”，需将其改为“家庭网络”，才能使用家庭组。

步骤 4：单击“家庭网络”，提示正在连接到网络并应用设置。

步骤 5：随后弹出图 7-14 所示的对话框，在此对话框中，根据实际需要勾选需要共享内容的项目。

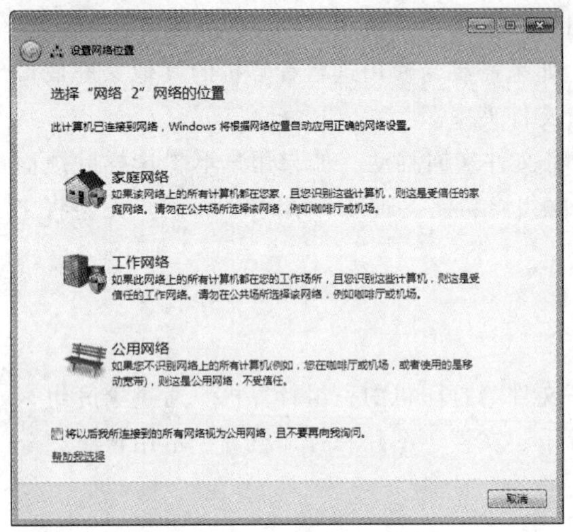

图 7-13　设置网络位置

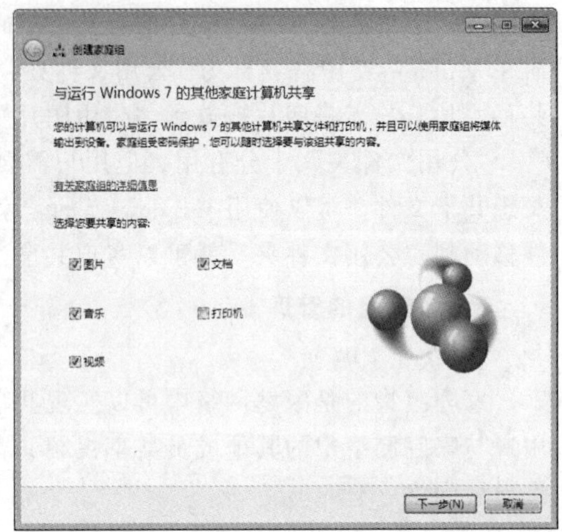

图 7-14　家庭组共享内容设置

步骤 6：设置完成后，单击“下一步”按钮，经过几秒的创建后，弹出图 7-15 所示的对话框。在此对话框中，系统将显示一个密码，其他人在加入“家庭组”时会使用这个密码。记下这个密码后，单击“完成”按钮。

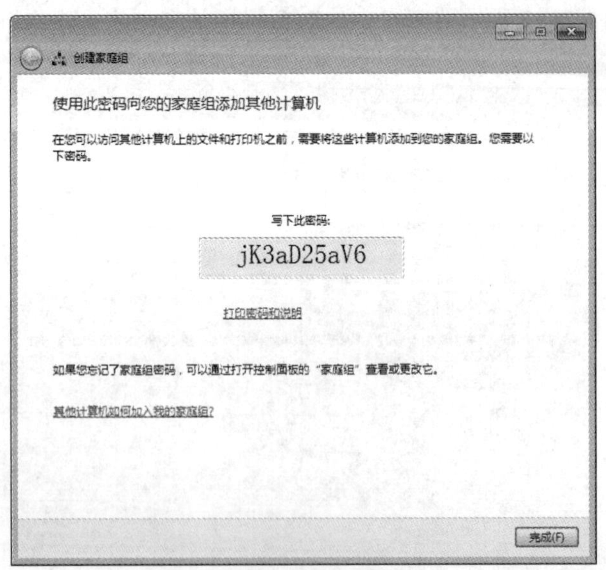

图 7-15　完成家庭组创建

步骤 7：在“控制面板”窗口中单击“网络和 Internet”选项，弹出“网络和 Internet”窗口，在此窗口中再次单击“家庭组”选项，这时会弹出图 7-16 所示的对话框。在此界面中，用户可以再次调整共享的项目和其他相关设置。用户还可以单击“更改密码”超链接，将之前生成的密码更改为便于记忆的密码。如果用户需要退出家庭组，可以单击“离开家庭组”超链接。修改后单击“保存修改”按钮即可保存设置。

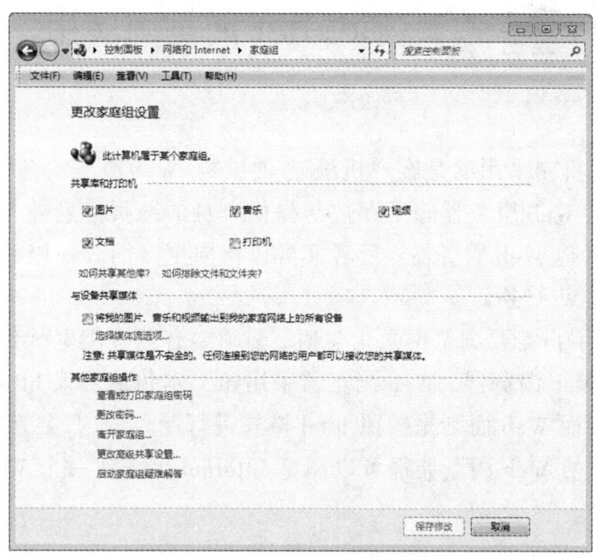

图 7-16　更改家庭组设置

3）加入家庭组

如果用户所在的家庭网络中已经有了“家庭组”，其他安装了 Windows 7 操作系统的计算机就可以凭密码加入该家庭组共享资源了。

步骤 1：在其他计算机上的“控制面板”窗口单击“家庭组”选项。

步骤 2：打开“与运行 Windows 7 的其他家庭计算机共享”界面，如图 7-17 所示。

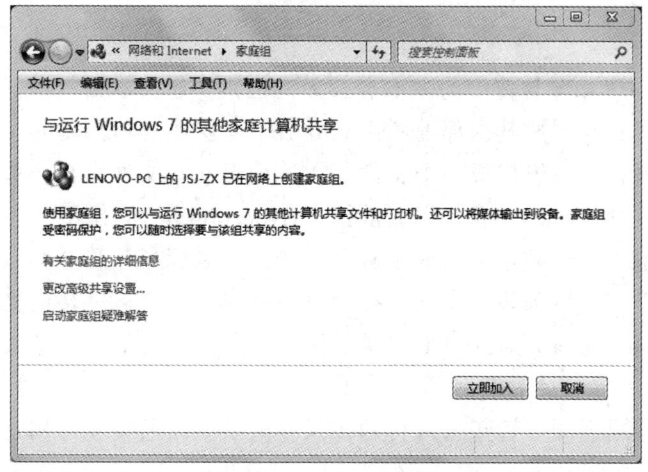

图 7-17　加入家庭组

步骤 3：单击“下一步”按钮，在打开的窗口中选择共享的内容。

步骤 4：单击“下一步”按钮，打开“加入家庭组”界面，输入创建家庭组时提供的密码。

步骤 5：单击“下一步”按钮，打开“您已经加入该家庭组”界面，说明加入成功，单击“完成”按钮。

7.3 Internet 的基本应用

7.3.1 Web 浏览器

WWW 信息浏览机制采用的是客户机/服务器结构。Web 服务器是 Internet 上保存 Web 信息的计算机，每个 Web 服务器除了存放与提供自身的网页信息外，还利用超级链接指向含有相关信息的其他 Web 服务器，后者又可以指向更多的其他服务器，从而为用户提供了覆盖全球的 WWW 服务。

Internet 网上的用户需要浏览网页信息时，必须要有网页浏览软件，能实现网页浏览的应用程序被称为 Web 浏览器。Web 浏览器采用超文本传输协议 http 协议与 Internet 上的 Web 服务器相连，而 Web 而则是按照 html 格式进行制作的，只要遵循 html 标准和 http 协议，Web 客户机上的 Web 浏览器都可以浏览 Internet 上任何一个 Web 服务器上存放的 Web 页。

7.3.2 统一资源定位器 URL

网页信息是存放在遍布世界各地网站的 Web 服务器上的，每个网页都有它在 Internet 上的唯一标识，这个标识就称为 URL（Uniform Resource Locators）地址，即统一资源定位器地址，一般也可称为网址。

URL 描述了 Web 浏览程序在 Internet 上检索信息时所使用的协议、信息资源所在的 Web 服务器名及在该服务器上存放的路径名和文件名。

7.3.3 超文本

超文本（HyperText）与传统的文本有较大的区别。超文本是一种非线性的结构，在制作超文本时可将其素材按其内部的联系划分成不同层次的信息单元，然后通过创作工具或超文本制作语言将其组织成一个文件。在这种超文本文件中，某些文字、符号或图形起着“热链接（HotLink）”或“超级链接（HyperLink）”的作用，为了区别于一般的文字，它们在显示时或有颜色变化或标有下画线，当鼠标指针移至其上并单击时，屏幕显示的内容就会迅速跳转到该文本被链接的另一处或另一个被链接的文档。

超媒体（HyperMedia）则进一步扩展了超文本所链接的信息类型。用户不仅能通过点击“热链接”从一个文本跳转到另一个文本，而且可以激活一段声音、显示一幅图画，甚至播放一段动画或视频。近年来流行的多媒体电子书籍通常就是用这种方式来组织其中的信息的。

7.3.4 Internet Explorer 浏览器

IE 是 Internet Explorer 的缩写，是最常用的 Web 网页浏览器之一。IE9.0 被集成到 Windows 7 系统安装盘中，是默认的网页浏览程序。

1. IE 工作窗口

IE 窗口的组成与其他 Windows 应用程序窗口类似，如图 7-18 所示。

图 7-18 IE9.0 的窗口

1）地址栏与搜索栏

地址栏是用户与 IE 进行交流的直接途径，用户可以在地址栏输入网址（URL)、文档路径以便访问网页，还可以在地址栏输入关键字进行搜索。

2）选项卡

IE9.0 是选项卡式的浏览器，可以在一个窗口中同时打开多个网页。如果窗口中有多个选项卡，关闭窗口时会提示“关闭所有选项卡”或“关闭当前的选项卡”，如图 7-19 所示。

3）页面浏览窗口

浏览窗口是浏览器的核心部分，显示网页内容。启动 IE 后，系统会自动打开一个页面，这就是主页。

与老版本 IE 不同的是，IE9.0 窗口界面上不直接显示菜单栏、收藏夹栏、命令栏、状态栏等项，若要显示这些工具栏，用户可以在窗口上方的空白区域右击或在窗口左上角单击，弹出图 7-20 所示的快捷菜单，在快捷菜单中设置需要显示的工具栏。

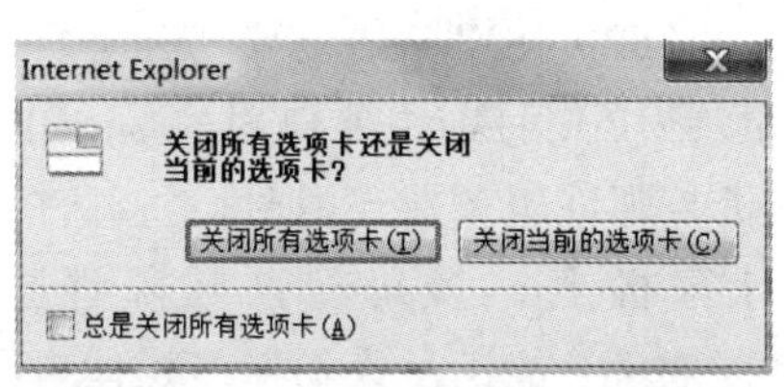

图 7-19 IE 9.0 的关闭提示

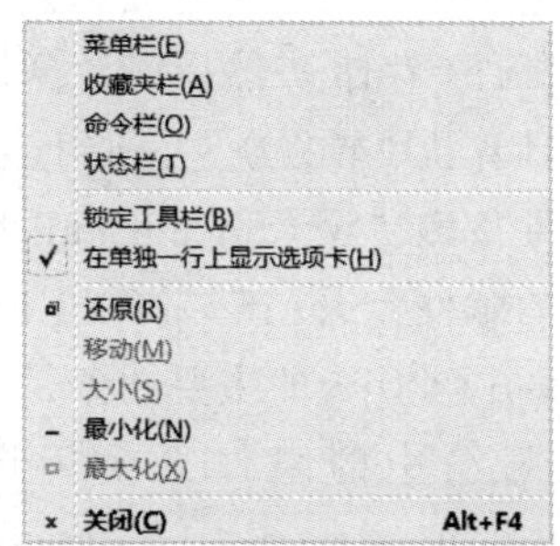

图 7-20 IE9.0 显示工具栏菜单

2．浏览网页

1）输入 Web 地址

将光标插入点移到地址栏内，输入 Web 地址，即可访问相应的网页。IE 为地址输入提高了许多方便。如不必输入“http://”这样的开始部分，IE 会自动补上。

2）浏览页面

网页中有链接的文字或图片会显示不同的颜色，也许会有下画线，把鼠标指针放到其上，鼠标指针会变成小手形状，单击该链接，IE 就会转到链接的内容。

3）查找页面内容

选择“编辑”→“在此页上查找”命令，或直接按【Ctrl+F】组合键，打开查找栏，在查找文本框中输入要查找的关键字，单击“下一个”按钮，IE 窗口会自动滚动到与关键字匹配的部分，并高亮显示关键字。

4）页面的保存

选择“文件”→“另存为”命令，打开保存网页对话框。根据需要从“网页，全部”“Web 档案，单个文件”“网页，仅 HTML”“文本文件”4 类中选择一种保存类型，即可保存当前的 Web 页面。

5）更改主页

选择“工具”→“Internet 选项”命令，打开“Internet 选项”对话框，如图 7-21 所示，在“常规”选项卡的“主页”项设置主页。

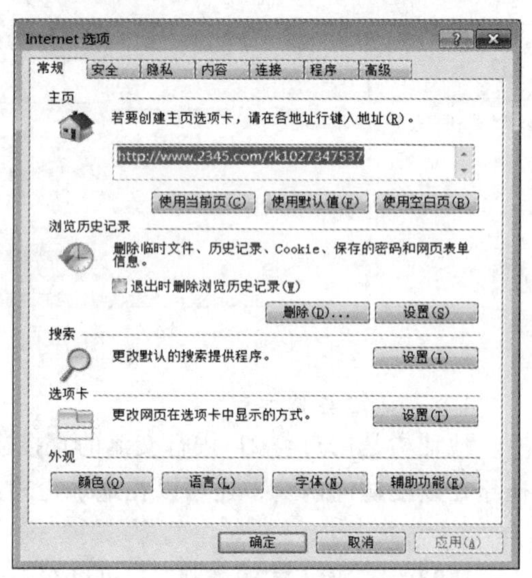

图 7-21 “Internet 选项”对话框

7.3.5 E-mail 概述

电子邮件（Electronic Mail，E-mail）是 Internet 上使用最频繁、应用范围最广的服务之一。Internet 用户借助 E-mail 可以在 Internet 上的各主机间发送、接受信息（邮件），即利用 E-mail 可以实现信件的接收和发送。与其他通信手段相比，E-mail 具有方便、快捷、廉价和可靠等优点。

电子邮件是一种存储转发系统。当一封邮件发出后，首先由 Internet 某台计算机接收该邮件（存储），然后该计算机经过地址识别，选择一条最佳路径发送到下一个 Internet 上的计算机（转发），直到到达目的地址。发送和接收电子邮件所用到的主要协议有：简单邮件传输协议（Simple Mail Transfer Protocol，SMTP），SMTP 的主要任务是负责服务器之间的邮件传送；邮局协议（Post Office Protocol，POP），目前主要使用的是 POP 第三版，即 POP3，POP3 的主要任务是实现当用户计算机与邮件服务器连通时，将邮件服务器的电子邮箱中的邮件直接传送到用户本地计算机上；多用途网际邮件扩展协议（Multipurpose Internet Mail Extensions，MIME），MIME 能满足人们对多媒体电子邮件和使用本国语言发送邮件的需求。

用户要收发电子邮件，必须拥有一个电子邮件地址。用户的 E-mail 地址格式为：用户名@主机名。

电子邮件一般由两个部分组成：邮件头与邮件体。邮件头是由多项内容构成的，其中一部分是系统自动生成的，如发信人地址，邮件发送的日期与时间；另一部分是由发件人自己输入的，如收信人的地址、抄送人地址、邮件主题等。邮件体实际就是要传输的信函内容，可以是文字、超文本、附件。

目前许多网站都提供免费的邮件服务，用户可以在这些网站上申请免费的邮箱，通过这些网站收发电子邮件，电子邮件就保存到网站的服务器上。如果想把邮件保存到本地计算机硬盘中，必须有相应的收发电子邮件软件支持。常用的收发电子邮件的软件有 Foxmail、Exchange、Outlook Express 等，这些软件提供邮件的接收、编辑、发送及管理功能。

7.4 网络安全与防护

计算机网络建设的目标之就是数据传输与资源共享，但这和计算机网络安全一直作为一对矛盾体而存在着。随着信息技术的飞速发展和计算机网络的普及，计算机网络安全问题日益突出。

计算机网络的安全主要涉及计算机终端的安全性和数据在网络中传输的安全性等问题。

7.4.1 计算机终端安全

计算机网络是指一组相互连接的独立自主的计算机的集合。计算机网络可以简单地划分为计算机终端和通信子网两大部分。计算机终端作为信息存储、传输、处理的基础设施，其安全性涉及系统安全、数据安全、网络安全等方面。

1. 终端安全风险

现代计算机系统使用访问控制机制来构建其安全性。简单地说，访问控制就是通过识别操作的主体（通常指计算机用户以及用户所运行的程序），并在主体对客体（通常指计算机系统的各种资源，如设备、文件等）进行操作时进行权限的审查和批准。授权的主体会得到访问许可，而未授权的主体则得不到访问许可。例如，计算机启动时需要输入开机密码，登录 Windows 7 操作系统时需要输入用户名和密码，这些都是遵循访问控制机制的安全措施。

如果系统能够保证只让合法授权的主体访问系统内的资源和信息，那么从理论上说，系统是安全的。但实际上，攻击者总是试图突破访问控制机制，以获取他们本不应获取的资源或信息。攻击者通过各种各样的手段和方法来突破访问控制机制，其中一些常见的攻击思路包括：

（1）直接攻击认证方式获取系统访问权限。例如，攻击者可以猜测计算机系统或应用软件的访问口令，在系统管理员口令设置不安全的情况下，攻击者可以利用这种方法很容易地入侵系统。

（2）利用系统或应用软件的安全缺陷获取系统访问权限。目前计算机操作系统和应用软件的功能越来越丰富，程序规模越来越庞大。以 Windows 7 操作系统为例，其源代码的规模达到了 4 千万行。编程人员在实现如此庞大的系统的时候，稍不留神就可能在程序中留下错误，甚至是安全缺陷。而这些安全缺陷在日后就会成为系统的隐患。攻击者常常通过各种巧妙的方法利用这些缺陷，取得他们想要的权限。

（3）利用使用者的不当操作来获取系统访问权限。随着计算机在办公场所和家庭中的普及，越来越多的人学会如何使用计算机进行工作、学习和娱乐。但并不是所有的人都清楚在使用计算机的过程应该注意安全问题，也不是所有的人都具备保护计算机安全的能力。不少使用者会随意地安装从互联网上下载的程序，打开陌生人发送的邮件及其附件。攻击者常常利用这一点，将病毒或木马植入攻击对象的计算机，控制他们的系统。

2. 木马的危害

攻击者常常使用木马控制目标主机，并通过木马盗取计算机系统中的机密信息。木马程序对一般用户而言，破坏性极大。

1）木马的概念

木马全称特洛伊木马（Trojan Horse），该词来源于古希腊的神话故事“木马记”，在计算机网络安全领域用来专指攻击者对目标实施远程控制的黑客工具。

木马通常包括木马端程序和控制端程序两部分。木马端程序在用户的计算机中运行，访问用户系统中的资源和信息；控制端程序则在攻击者自己的计算机中运行，攻击者通过它向木马端程序下达各种危害系统安全的指令。

从功能方面上来说，木马程序和一般的远程控制软件相似（如 Windows 7 系统自带的远程桌面功能，QQ 软件自带的远程协助功能等），均提供对计算机系统的远程管理能力。但与一般远程控制软件不同的是，木马程序具有隐蔽性，它总是使用一切可能的方式和手段来隐藏自己，不让被控制者感觉到它的存在，从而达到对计算机系统长期控制的目的。

另外，木马和病毒也有区别。病毒的主要目的是实施破坏，而木马的目的则是全面控制系统，盗取系统内的机密信息。木马通常比病毒更难发现，也更难清除，木马的危害性更大。

2）木马的植入

在被控制的计算机上安装木马端程序的过程，称为木马的“植入”。攻击者可以通过很多方法，在用户毫无察觉的情况下植入木马程序。

（1）利用操作系统或应用软件的漏洞攻击系统。例如，以 FTP 服务器软件 Serv-U 为例，该软件的 2.0 版本至 5.0 版本中均含有一个安全缺陷，攻击者可以通过该缺陷在服务器上执行任意的指令。

（2）诱骗用户访问恶意的网站。攻击者通过诱骗用户访问恶意的网站，通过网站中的恶意脚本攻击用户的浏览器程序，同样可以在用户的系统中植入木马。

（3）诱骗用户下载或接收含有恶意功能的软件。攻击者通过程序捆绑技术将木马程序和一个正常的软件合并到一起，或者干脆直接将木马功能设计到一些小程序内部，然

后通过邮件附件或聊天工具向用户发送。在用户以为运行了一个字处理程序、万年历程序或者一个小游戏的时候，实际上木马程序已经被悄悄地植入了。

3．主机防火墙的功能与不足

目前，在网络安全领域已经有一些比较成熟的终端安全防护技术，主机防火墙就是其中之一。

1）主机防火墙的功能

根据部署位置的不同，防火墙可以分为网络防火墙和主机防火墙。网络防火墙部署在一个网络与外部的边界上，通过对流经的网络数据的检查和过滤，保护网络的安全。主机防火墙则部署在用户的终端上，一方面使用类似于网络防火墙的技术，检查过滤出入主机的网络数据；另一方面通过审查应用程序的网络访问权限来保护主机。

通过对网络数据检查过滤，主机防火墙可以关闭不需要的网络通信通道，阻塞攻击流量，从而保护主机的网络服务程序。比如在 Windows 7 中，用户通过设置主机防火墙，可以限定“文件与打印共享”服务的范围，或者完全禁用“文件与打印共享”服务。

主机防火墙还审查所有使用网络的应用程序，当系统中有一个新的程序试图使用网络与外界进行通信时，向用户告警，只有用户批准的程序才被允许访问网络。

2）主机防火墙的不足

主机防火墙对终端安全防护起着很重要的作用，但是它并不能解决所有的安全防护问题。

本质上讲，主机防火墙是一种被动的安全技术，它不能自动判别终端中存在的安全风险，也不会主动发现主机中的病毒、木马等恶意程序。即使是防火墙提供的安全功能，也存在着不足。

（1）主机防火墙的网络数据检查过滤功能依赖于用户为防火墙设置的过滤规则。只有正确的过滤规则才能使防火墙发挥有效的保护作用。虽然目前的主机防火墙在安装时设置的默认规则适用于多数终端应用场景，但在复杂情况下，用户仍然需要根据实际情况设置规则。这一点会给安全水平不高的普通用户带来困难与不便，有时甚至会妨碍防火墙的使用。

（2）防火墙的防木马能力也是有限的。首先，防火墙不能阻止木马的植入。防火墙虽然可以在一定程度上保护系统中的网络服务，但攻击者仍然可以通过邮件、聊天工具等方式将木马植入用户的系统。其次，防火墙也不能完全阻止木马与外部的通信。木马可以采用多种技术绕过主机防火墙的应用程序审查功能，与外部进行通信。

（3）主机防火墙本身也是一个软件，同样也会存在安全缺陷，防火墙自身也可能成为被攻击的对象。

总之，防火墙并不能彻底解决终端的安全保护问题，它只是增加了攻击者攻击系统的难度。

7.4.2 网络传输安全

网络中的计算机要实现真正的交互，必然需要信息的传输。信息传输过程中的风险与安全也是网络安全的一个重要组成内容。

1. 信息传输的风险

目前，绝大多数的计算机网络使用TCP/IP作为其通信协议。由于TCP/IP协议在其设计之初并没有太多地考虑安全问题，随着网络规模的扩大，TCP/IP协议的设计缺陷导致的安全问题越来越突出。TCP/IP协议的设计缺陷主要体现在两个方面：一是缺乏有效的身份鉴别和认证机制，通信双方无法确认彼此的身份；二是缺乏有效的信息加密机制，通信内容易被第三方截获。

TCP/IP协议的安全问题给网络信息传输带来极大的安全隐患。这里重点讨论网络数据在传输过程中面临的截获风险，即网络安全中的嗅探问题。

1）嗅探器及其功能

嗅探就是网络数据的“窃听”技术。嗅探器（Sniffer）是能够捕获网络报文的工具，它能够利用计算机的网络接口截获目的地为其他计算机的数据报文。嗅探器的正当用途主要是分析网络的流量，发现网络中潜在的问题。具体地说，嗅探器的主要功能是：

（1）解释网络上传输的数据包的含义。

（2）为网络诊断提供参考。

（3）为网络性能分析提供参考，发现网络瓶颈。

（4）发现网络入侵迹象，为入侵检测提供参考。

（5）将网络事件记入日志。

但对于攻击者来说，使用嗅探器的目的则是窃取网络中传输的信息。现有的基于IPv4的网络对所有的数据使用明文传送，可以很容易地从网络数据中还原出传输的信息；另外从嗅探到的网络数据包中，还可以找到其他有利于攻击的信息，如域名服务器的地址、终端的IP地址、终端的MAC地址、TCP连接的序列号等。

2）嗅探的简单原理

计算机终端一般通过网络接口卡来接收网络数据。一台终端接收什么样的数据，取决于网卡的工作模式。任何网卡都有以下4种工作模式：

（1）广播模式：该模式下的网卡能够接收网络中的广播数据。

（2）组播模式：设置在该模式下的网卡能够接收组播数据。

（3）普通模式：在这种模式下，网卡只接收传给自己的数据。

（4）混杂模式：网卡的诊断模式，在这种模式下的网卡能够接收一切通过它的数据。

在正常的情况下，终端的网卡处于普通模式和广播模式，因此终端只会接收广播数据或者目标是自己主机的数据。而在运行嗅探器后，嗅探器将命令网卡进入混杂模式，接收所有的网络数据，不管该数据是否是传给它的。在接收到网络数据后，嗅探器使用自己的数据分析程序还原其中的信息。

目前绝大多数的局域网使用以太网（Ethernet）的组网方式。以太网的一个重要特性是，数据是广播的。从一台主机向外发送数据时，数据会广播到局域网的所有主机。如果攻击者就处于局域网当中，或者攻击者通过木马程序控制了局域网的一台主机，他就可以借助嗅探器得到网络中所有的传输数据。

攻击者还可能接入数据传输所必经的某个路由器上。在使用TCP/IP协议的网络中，路由器使用存储转发机制传输数据。路由器接收数据包，将它们临时保存在一个缓冲区

中，并根据某个特定的路径选择方法，选择合适的出口将数据包发送出去。如果攻击者能接入数据传输所必经的某个路由器上，他同样可以将轻松地得到这些数据。

2. 网络信息的加密传输

作为一种被动的攻击方法，嗅探器一般不会主动向外发送数据包，在网络中很难检查出嗅探器的存在。因此，保障信息传输的安全应着眼于信息的加密传输。加密传输使得攻击者即使能够得到传输数据，也无法还原其中的信息。现代密码学为我们提供了可靠的加密机制和方法。

在网络信息传输中应用的密码算法大致有 3 类，分别是分组密码算法、公钥密码算法和散列算法。

1）分组密码算法

分组密码算法又称为对称密码算法。它的特点是使用相同的密钥进行加密和解密运算，其流程如图 7-22 所示。

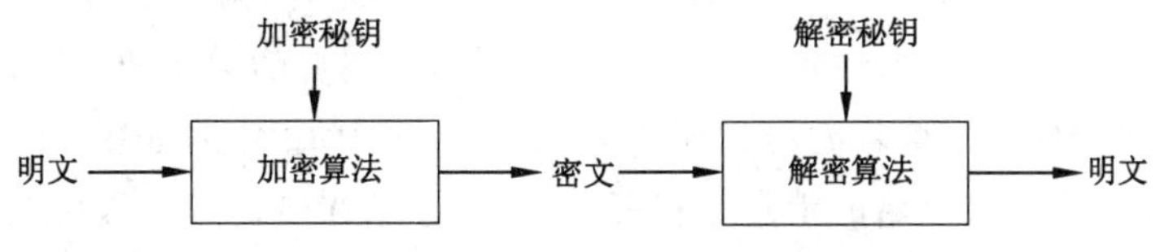

图 7-22 信息的加密与解密流程

发送方在发送信息前将明文通过密钥的加密处理生成密文，密文经过传输到达接收方后，接收方使用密钥进行解密可以还原出明文。

常用的对称密码算法包括 DES 算法、3DES 算法、AES 算法等。DES 算法（Data Encryption Standard）是最早获得广泛应用的分组密码算法，但对于现代计算能力来说，DES 算法已经不再安全。

分组密码算法的安全性是建立在密钥安全的基础之上的，也就是说在不知道密钥的情况下，攻击者无法从一段加密的数据中还原出对应的原始明文，因此分组密码算法的安全性依赖于密钥的安全性。但使用分组密码算法进行网络通信时，一个难以解决的问题是如何在通信双方之间分享密钥。

2）公钥密码算法

公钥密码算法又称为非对称密码算法。常见的公钥密码算法有 RSA 算法、椭圆曲线算法等。

与分组密码算法只使用同一个密钥进行加解密运算不同，公钥密码算法使用不同的密钥进行加解密运算。在使用公钥密码算法时，通信双方需要各有一对密钥。这一对密钥中，一个密钥公开告知所有的人，称为公钥；另一个自己秘密保存，称为私钥。在秘密通信过程中，如果 A 向 B 发送机密信息，A 应用 B 的公钥加密信息，B 在收到信息后使用自己的私钥解密信息。反之，当 B 向 A 发送机密信息，B 应用 A 的公钥加密信息，A 在收到信息后使用自己私钥解密信息。

公钥密码算法的安全性依赖于：在给定公钥情况下，攻击者要找到对应的私钥在实践中是不可能的；给定公钥和经过公钥加密过的密文，攻击者无法还原出对应的原始明文。

很显然，公钥密码算法的安全性要比分组密码算法更高，但公钥密码算法的计算过程比较慢，在一些追求速度的网络应用中不适合对大段明文进行加密。实际上，现在很多网络加密应用都采用两种算法相结合的方式。例如，网上银行系统就采用 RSA+DES 的方式，即用 DES（或 AES）算法对大段明文加密，产生的密钥再用 RSA 算法加密，从而追求更高的安全性。

3）散列函数

严格来说，散列函数并不属于一种密码算法，它是一种数字签名技术，但它普遍应用于各种加解密过程中。常见的散列函数有 MD5 和 SHA-1 等。

散列函数 MD 通常被称为消息摘要，它有 4 个重要特性：

（1）给定一段明文 P，很容易计算它的散列函数值，记为 MD(P)。

（2）给定 MD(P)，要想找到 P 在实践中是不可能的。

（3）在给定 P 的情况下，MD(P)的值是唯一的，即不可能存在 MD(P’) = MD(P) 。

（4）P 即使只有 1 位发生了变化，也会导致完全不同的输出。

在网络通信中，消息散列函数可以帮助接收方验证消息的完整性。发送方同时发送消息 P 和消息摘要 MD(P)，接收方接收到消息 P’后计算 MD(P’)，若 MD(P’)与 MD(P)相等，则说明接收到的消息 P’和原始的消息 P 相等，也即消息 P 在传输的过程中并没有被篡改。

此外，散列函数还常常和公钥密码算法结合起来鉴别通信方的身份。

综合上述的密码学方法，将它们综合集成到网络信息协议中，就可以设计出可靠的加密通信协议，实现网络信息的加密传输。

有些加密通信协议专用于某种特定的应用，如 HTTPS，SSH 协议，它们可分别实现 Web 应用和远程终端登录应用的加密通信。而有些加密通信协议则是通用的，如 IPSec，各种应用都可以通过它实现通信的加密。IPSec 常常集成到虚拟私有网络（VPN）技术中使用。目前，VPN 的使用越来越广泛。VPN 技术既可以用于主机到主机的加密通信，也可以用于网络到网络间的加密通信。

需要注意的是，加密传输所提供的安全性并不是绝对的。目前公开的加密算法只能保证在现有的计算能力下是安全的，并不能保证计算能力大幅度提高后仍然安全，密码算法的安全性也是相对的。同时，在网络信息的加密传输过程中，信息的保密性还很大程度依赖于密钥的安全性。如果攻击者得到密钥，就能直接通过密文还原出原始的明文信息。

7.4.3 安全防护方法

计算机网络技术的发展提高了人们采集信息、处理信息、存储信息、传输信息的能力，大大改变了人们的生活、学习和工作方式，已经成为现代社会不可或缺的基础设施。但同时我们也应该认识到网络安全风险的存在，当我们在互联网上学习娱乐，享受便利生活的同时也应该做到以下几点：

（1）使用主机防火墙产品，防范网络攻击。主机防火墙提供了数据检查过滤功能和应用程序的网络访问审查功能，可以在一定程度上阻止攻击者入侵系统，保护系统安全。

（2）使用杀毒软件，防范病毒、木马的破坏。通过及时更新的病毒和木马特征库，杀毒软件可以帮助用户应对不断发展变化的病毒和木马威胁。

（3）及时更新安全补丁，保持系统和应用软件安全。安全补丁能够修补在系统和应用软件中发现的安全缺陷。更新安全补丁可以防止攻击者利用这些安全缺陷入侵系统，保障系统安全。

（4）树立安全意识，谨慎浏览和下载，小心对待来自非可信源头的程序和文件。对大多数终端用户来说，浏览恶意网站，下载非可信的文件或邮件附件，是感染病毒或木马的最主要原因。养成良好的上网习惯，有助于保护计算机系统免受木马程序的侵害。

（5）养成定时备份的习惯，做好关键数据的备份。通过备份，可以减少系统被入侵所带来的损失。

习　　题

一、单选题

1. 按网络的范围和计算机之间的距离划分的是（　　）。
   A. Windows NT　　B. WAN 和 LAN
   C. 星状网络和环状网络　　D. 公用网和专用网
2. 网络的物理拓扑结构可分为（　　）。
   A. 星状、环状、树状和路径状　　B. 星状、环状、路径型和总线
   C. 星状、环状、局域型和广域型　　D. 星状、环状、树型和总线
3. 计算机网络最主要的功能是（　　）。
   A. 电子邮件　　B. 资源共享　　C. 文件传输　　D. 打印共享
4. Internet 网络协议的基础是（　　）。
   A. Windows　NT　　B. NetWare　　C. IPX/SPX　　D. TCP/IP
5. 常用的有线通信介质包括双绞线、同轴电缆和（　　）。
   A. 微波　　B. 红外线　　C. 光纤　　D. 激光
6. 主机域名 public.tpt.hz.cn 由 4 个子域组成，其中（　　）表示最高层域。
   A. public　　B. tpt　　C. hz　　D. cn
7. 下列（　　）软件不是浏览器软件。
   A. Internet Explorer　　B. Netscape Communicator
   C. Lotus 1-2-3　　D. Hot Java Browser
8. 以下（　　）软件是用来接收电子邮件的客户端软件。
   A. Internet Explorer　　B. Outlook Express
   C. ICQ　　D. NetMeeting
9. 下列（　　）不是 IE 的主要功能。
   A. 收集资料　　B. 浏览 Web 网页
   C. 发送电子邮件　　D. 搜索信息
10. 下面关于计算机木马叙述中，不正确的一项是（　　）。
    A. 木马是一个标记或一条命令

B. 木马是人为制造的一个程序

C. 木马的特点是隐蔽性，很难被用户发现

D. 木马能够控制其他用户的计算机

二、判断题

1. 分布式处理是计算机网络的特点之一。 (　　)
2. 网卡是网络通信的基本硬件，计算机通过它与网络通信线路相连接。 (　　)
3. 网桥又称协议转换器，是将不同类型的局域网相连接的设备。 (　　)
4. WWW 中的超文本文件是用超文本标识语言编写的。 (　　)
5. 广域网是一种广播网。 (　　)
6. 分组交换网也称 X.25 网。 (　　)
7. 多媒体文件都可以边下载边观看。 (　　)
8. Internet 是计算机网络的网络。 (　　)
9. 搜索引擎是一个应用程序。 (　　)
10. 网络安全的基本需求是信息机密性、完整性、可用性、可控性和不可抵赖性。 (　　)

三、简答题

1. 什么是计算机网络？计算机网络的主要作用是什么？
2. 按照网络覆盖范围，网络可以分为哪类？其特点分别是什么？
3. 什么是 TCP/IP 协议？

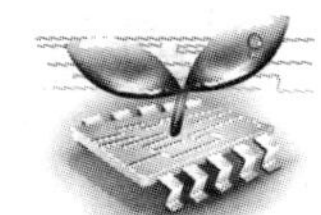

参考答案

第 1 章

一、单选题

1. A	2. B	3. C	4. B	5. A	6. C	7. C	8. D	9. A	10. B
11. D	12. D	13. B	14. B	15. B	16. A	17. B	18. C	19. B	20. D

二、简答题（略）

第 2 章

一、单选题

1. A	2. D	3. C	4. D	5. C	6. D	7. B	8. C	9. A	10. A
11. B	12. B	13. B	14. A	15. A	16. D	17. D	18. B	19. D	20. D

二、简答题（略）

第 3 章

一、单选题

1. B	2. C	3. C	4. A	5. B	6. B	7. D	8. C	9. B	10. C
11. C	12. A	13. D	14. D	15. D	16. A	17. C	18. B	19. B	20. C

二、判断题

1. √	2. √	3. ×	4. ×	5. √	6. ×	7. √	8. ×	9. ×	10. √

三、简答题（略）

第 4 章

一、单选题

1. A	2. D	3. D	4. D	5. B	6. C	7. C	8. C	9. A	10. A
11. C	12. B	13. D	14. A	15. C	16. D	17. B	18. D	19. B	20. A

二、判断题

1. ×	2. ×	3. ×	4. ×	5. √	6. ×	7. ×	8. √	9. √	10. √

三、简答题（略）

第 5 章

一、单选题

1. A	2. D	3. D	4. B	5. A	6. B	7. A	8. B	9. D	10. A
11. D	12. D	13. B	14. C	15. B	16. B	17. A	18. B	19. B	20. D

二、判断题

1. √	2. ×	3. ×	4. ×	5. √	6. ×	7. ×	8. ×	9. ×	10. ×

三、简答题（略）

第 6 章

一、单选题

1. C	2. B	3. A	4. A	5. B	6. D	7. B	8. C	9. C	10. C

二、简答题（略）

第 7 章

一、单选题

1. B	2. D	3. B	4. D	5. C	6. D	7. C	8. B	9. A	10. A

二、判断题

1. ×	2. √	3. ×	4. √	5. ×	6. √	7. ×	8. √	9. ×	10. √

三、简答题（略）